中文版 Revit 2016

完全自学教程

培训教材版

李鑫 编著

人民邮电出版社

北京

图书在版编目（CIP）数据

中文版Revit 2016完全自学教程：培训教材版 / 李
鑫编著. -- 北京：人民邮电出版社，2020.9（2022.12重印）
ISBN 978-7-115-52320-4

Ⅰ. ①中… Ⅱ. ①李… Ⅲ. ①建筑设计－计算机辅助
设计－应用软件－教材 Ⅳ. ①TU201.4

中国版本图书馆CIP数据核字(2019)第244769号

内 容 提 要

这是一本全面介绍 Revit 2016 基本功能及实际应用的书，本书是入门级读者快速、全面掌握 Revit 2016 的参考书。

本书从 Revit 2016 的基本操作入手，结合大量的可操作性案例，从规划体量、创建各类建筑图元构件，再到添加标注信息出图，系统讲解了建筑设计阶段的全过程，全面而深入地阐述了使用 Revit 2016 从建立标高轴网，创建墙、门、窗和板，再到添加注释标注的方法。在软件运用方面，本书结合当前比较常用的插件，细致解析了如何将 Revit 与各类插件相结合，更快、更好地完成创建模型的工作，让读者学以致用。

全书共分为 22 章。第 1～9 章分别介绍了各个板块的建模命令；第 10～19 章介绍了基于建筑信息完成分析、统计和出图等工作的方法；第 20 章详细描述了 Revit 建模过程中比较重要的"族"的制作方法与技巧；第 21 章介绍了在制作建筑信息模型前必不可少的"项目样板"的定制方法及原理，帮助读者快速、准确地完成项目；第 22 章安排了 3 个不同类型的建筑综合实例，案例讲解过程细腻，通过学习，读者可以有效地掌握软件技术。

本书结构清晰，语言通俗易懂，实用性强，便于读者学以致用。本书附带学习资源，内容包括书中案例的场景文件和实例文件，以及 PPT 教学课件和在线教学视频。读者可以通过在线方式获取这些资源，具体方法请参看本书前言。

本书适合作为院校建筑设计专业的基础课程教材，也可作为 BIM 软件培训班的教材，还可作为广大建筑信息模型爱好者及刚从事建筑设计的初、中级读者的参考用书。

◆ 编　著　李　鑫
　　责任编辑　张丹丹
　　责任印制　马振武

◆ 人民邮电出版社出版发行　　北京市丰台区成寿寺路 11 号
　　邮编　100164　　电子邮件　315@ptpress.com.cn
　　网址　https://www.ptpress.com.cn
　　固安县铭成印刷有限公司印刷

◆ 开本：787×1092　1/16　　　　彩插：10
　　印张：22.5　　　　　　　　　2020 年 9 月第 1 版
　　字数：729 千字　　　　　　　2022 年 12 月河北第 5 次印刷

定价：59.80 元

读者服务热线：(010)81055410　印装质量热线：(010)81055316
反盗版热线：(010)81055315

广告经营许可证：京东市监广登字 20170147 号

平面布置图

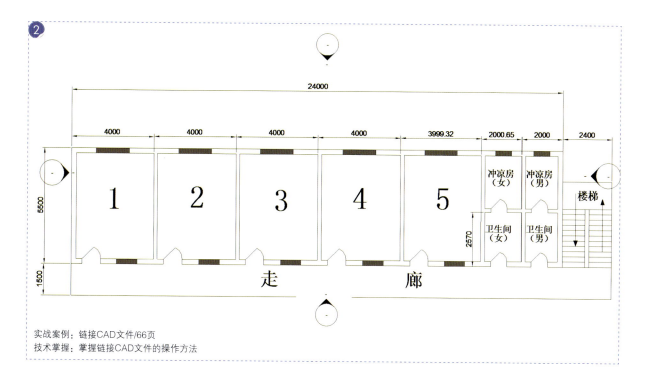

实战案例：链接CAD文件/66页
技术掌握：掌握链接CAD文件的操作方法

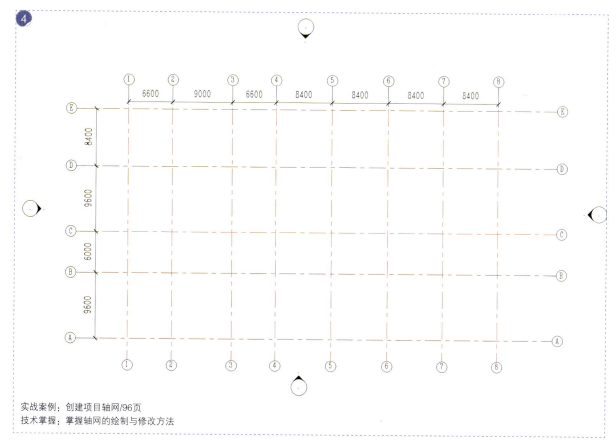

实战案例：创建项目轴网/96页
技术掌握：掌握轴网的绘制与修改方法

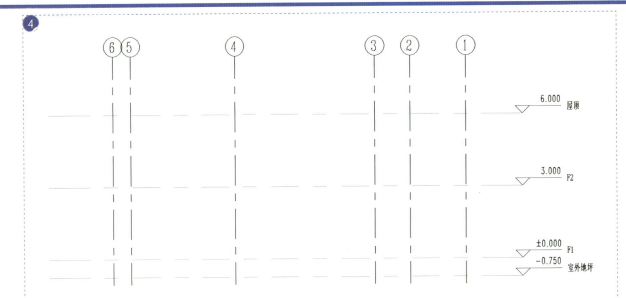

实战案例：使用RevitExtensions /98页
技术掌握：掌握使用RevitExtensions生成标高与轴网的方法

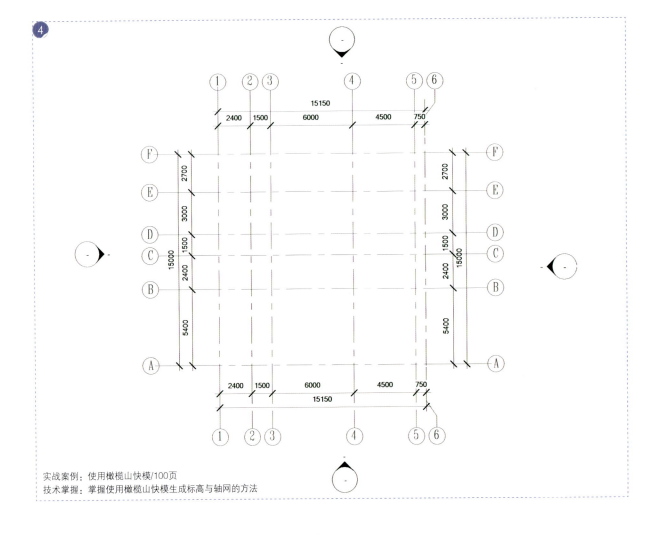

实战案例：使用橄榄山快模/100页
技术掌握：掌握使用橄榄山快模生成标高与轴网的方法

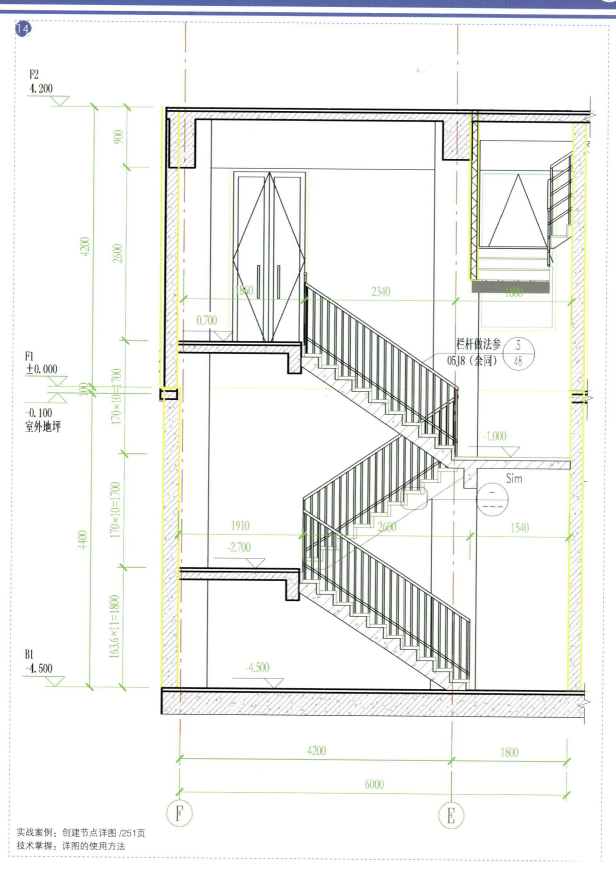

实战案例：创建节点详图 /251页
技术掌握：详图的使用方法

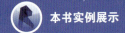

渲染效果图

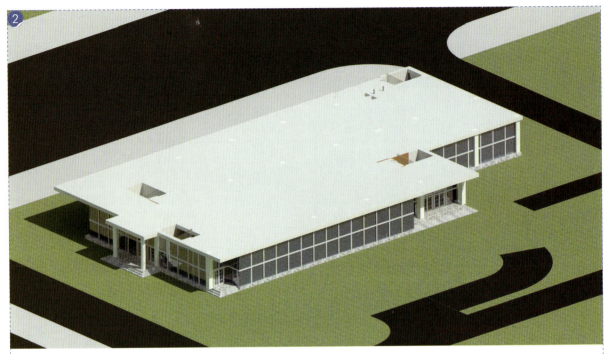

实战案例：替换图元类别图形显示 /55页
技术掌握：通过图元类别来控制在视图中的可见性

实战案例：导入图像文件/67页
技术掌握：掌握导入CAD文件的操作方法

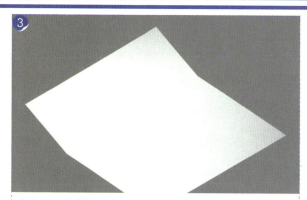

实战案例：使用放置点命令生成地形/76页

技术掌握：掌握使用外部CAD文件创建地形的方法

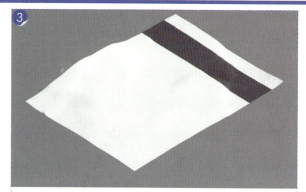

实战案例：使用子面域创建道路/80页

技术掌握：掌握地形分割及添加子面域的绘制方法

实战案例：添加办公楼建筑地坪/85页

技术掌握：掌握如何添加及调整建筑地坪

实战案例：放置停车场及场地构件/86页

技术掌握：掌握不同类型构件的载入及放置方法

⑤

实战案例：导入SketchUp模型/108页
技术掌握：掌握将三维模型导入Revit体量的方法与技巧

⑤

实战案例：通过概念体量创建图元/112页
技术掌握：掌握拾取体量面创建建筑图元的方法与技巧

实战案例：放置结构柱/116页
技术掌握：放置结构柱的方法与注意事项

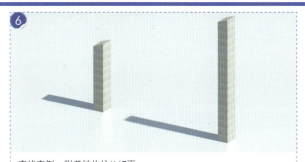

实战案例：附着结构柱/117页
技术掌握：附着与分离结构柱的方法

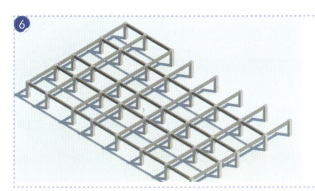

实战案例：放置结构梁/120页
技术掌握：绘制结构梁的方法与技巧

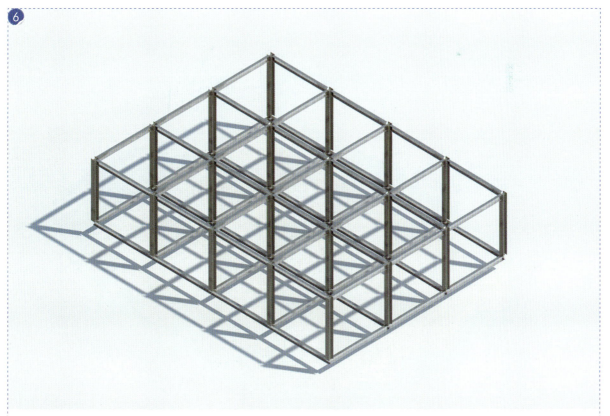

实战案例：使用Extensions自动创建梁柱/121页
技术掌握：利用插件完成梁柱的设置与生成

实战案例：创建叠层墙/127页
技术掌握：叠层墙结构的设置方法

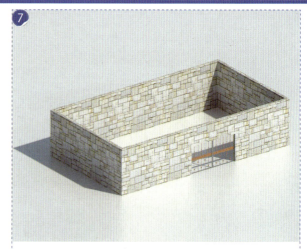

实战案例：编辑门洞形状/133页
技术掌握：处理墙体连接的方式

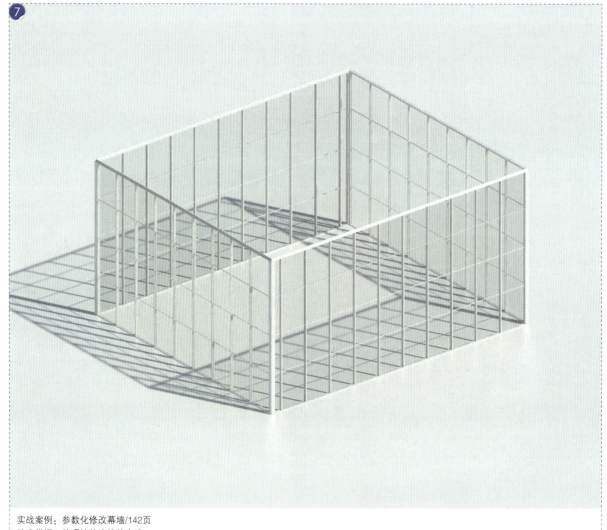

实战案例：参数化修改幕墙/142页
技术掌握：处理墙体连接的方式

实战案例：将墙体附着到参照平面/134页
技术掌握：处理墙体连接的方式

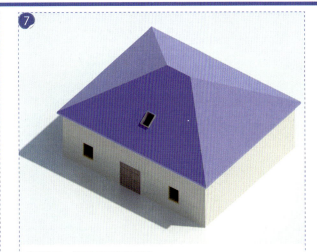

实战案例：放置屋面天窗/148页
技术掌握：天窗的放置方法与参数调整

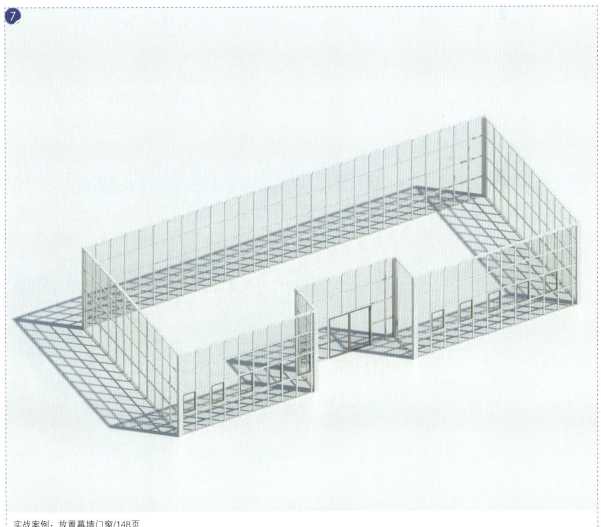

实战案例：放置幕墙门窗/148页
技术掌握：门窗的放置方法与参数调整

实战案例：放置首层门窗/145页
技术掌握：门窗的放置方法与参数调整

实战案例：创建压型板/155页
技术掌握：压型板的创建方法与技巧

8

实战案例：编辑卫生间楼板/152页
技术掌握：楼板形状编辑器的使用方法与技巧

8

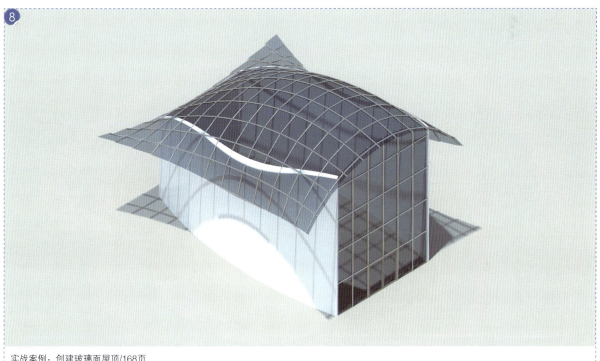

实战案例：创建玻璃面屋顶/168页
技术掌握：面屋顶工具的使用方法及技巧

⑧

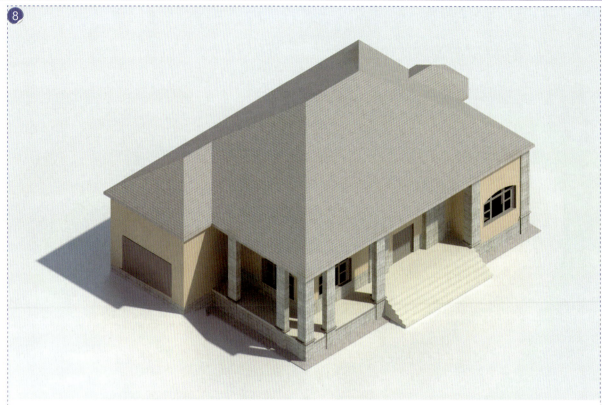

实战案例：创建迹线屋顶/162页
技术掌握：迹线屋顶工具的使用方法及技巧

⑧

实战案例：复杂形式的屋顶创建/166页
技术掌握：利用不同屋顶工具创建叠加屋顶

实战案例：创建拉伸屋顶/164页
技术掌握：拉伸屋顶工具的使用方法及技巧

实战案例：连接屋顶/165页
技术掌握：使用屋顶连接工具合并两个不同的屋顶

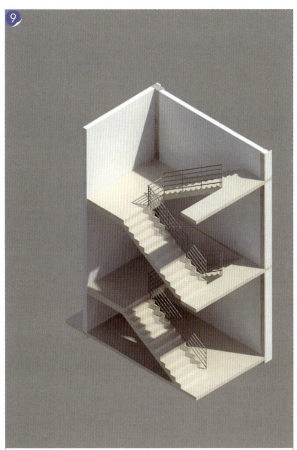

实战案例：创建双跑楼梯/179页
技术掌握：按构建创建楼梯的方法及技巧

实战案例：创建异形楼梯/180页
技术掌握：按草图创建楼梯的方法及技巧

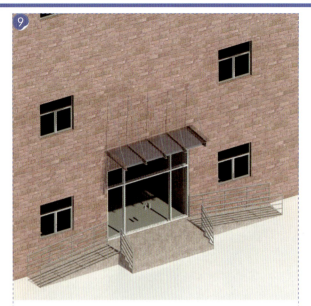

实战案例：创建残疾人坡道/186页
技术掌握：坡道工具的使用及参数设置

实战案例：深化卫生间/190页
技术掌握：不同类型构件的放置方法与注意事项

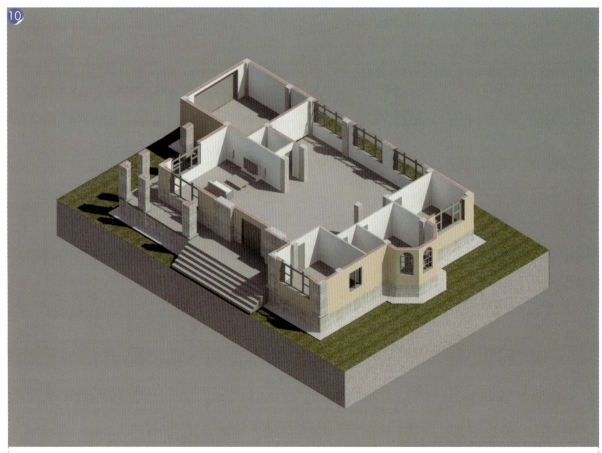

实战案例：总经理办公室布置/188页
技术掌握：常规构件的放置方法与参数调整

17

实战案例：生成部件图/274页
技术掌握：创建部件并生成相关图纸

19

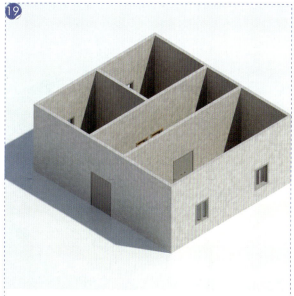

实战案例：设置图元阶段属性/292页
技术掌握：图元阶段属性的添加

12

实战案例：室内场景渲染/211页
技术掌握：光源布置与渲染参数调整

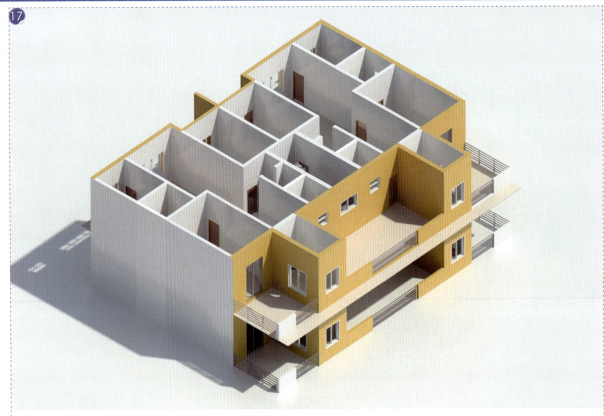

17

实战案例：创建模型组/270页
技术掌握：创建模型组的方法及模型组的使用方法

18

实战案例：链接Revit模型/276页
技术掌握：链接Revit模型时坐标的设置

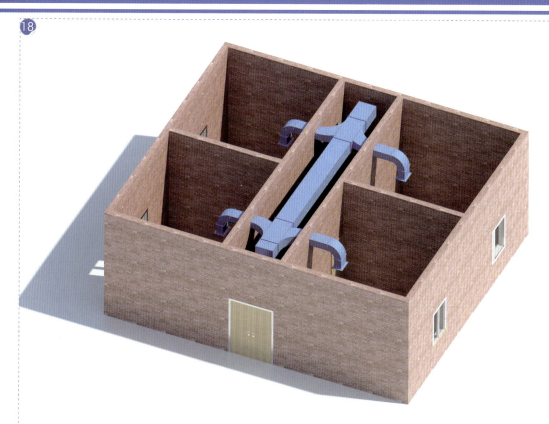

18

实战案例：碰撞检查/281页
技术掌握：使用链接模型实现多专业碰撞检查

22

综合实例：办公楼模型创建/359页
技术掌握：公共建筑的Revit建模方法与流程

综合实例：工业厂房模型创建/370页

技术掌握：Revit的技巧运用以及建模思路

综合实例：简欧风格别墅模型创建/330页

技术掌握：Revit整体建模流程

前 言

本书在编写的过程中充分考虑了读者在软件操作中的实际情形，从基础知识、具体操作和实战技巧3个方面介绍了使用Revit软件对模型进行创建、编辑和修改，以及Revit软件在项目中的使用、维护和管理等，充分地把Revit软件的优势展示给广大读者。

本书作者具有丰富的BIM项目实施及相关专业设计经验，为本书的专业性及易学性打下了良好的基础。为了使本书的内容更加丰富、专业，所有参编人员将多年来的项目实施经验进行归纳总结，沉淀于各个章节当中。

在这个"云"和"大数据"的时代，新的BIM技术或软件不断涌现，对于很多从业者来说，如何学习并驾驭这些新技术是个很大的难题。当然，除了用合理、有效的方法掌握先进技术之外，更重要的是创意、经验和平台的整合。本书除了表现一些新的技术之外，更多的是希望能够和大家分享经验和创意，实现从技术到创意的蜕变。

写书如做人，我们竭尽所能去完善图书的每个案例和章节，但由于编者水平有限，书中难免会有不妥之处，恳请广大读者批评指正。

我们相信这将是一本让读者为之兴奋的图书。我们为本书赋予了全新的生命和定位，也非常荣幸能把多年积累的知识和经验分享给各位读者。最后，非常感谢您选用本书，也衷心希望本书能让您有所收获！

本书结构与内容

本书共分为22章。第1~9章分别介绍各个板块的建模命令，共安排了79个案例；第10~19章介绍了基于建筑信息完成分析、统计和出图等工作的方法，共安排了70个案例；第20章详细描述了Revit建模过程中比较重要的"族"的制作方法与技巧，共安排了12个案例；第21章介绍了在制作建筑信息模型前必不可少的"项目样板"的定制方法及原理，帮助读者快速、准确地完成项目；第22章安排了3个不同类型的建筑综合实例，案例讲解过程细腻，通过学习，读者可以有效地掌握软件技术。

本书内容特色

为了让读者轻松、快速并深入地掌握中文版Revit 2016软件技术，本书专门设计了"技巧与提示""技术专题""知识链接""实战"和"综合实例"等项目，介绍如下所示。

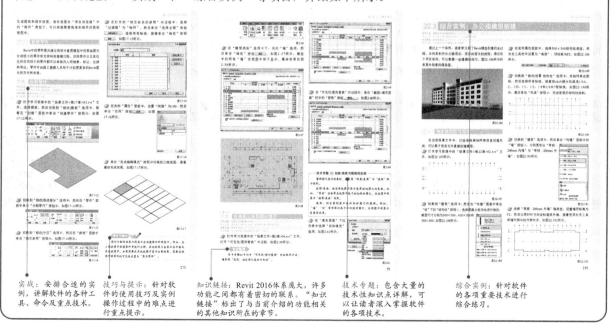

实战：安排合适的实例，讲解软件的各种工具、命令及重点技术。

技巧与提示：针对软件的使用技巧及实例操作过程中的难点进行重点提示。

知识链接：Revit 2016体系庞大，许多功能之间都有着密切的联系。"知识链接"标出了与当前介绍的功能相关的其他知识所在的章节。

技术专题：包含大量的技术性知识点详解，可以让读者深入掌握软件的各项技术。

综合实例：针对软件的各项重要技术进行综合练习。

资源与支持

本书由"数艺设"出品，"数艺设"社区平台（www.shuyishe.com）为您提供后续服务。

配套资源

书中案例的场景文件和实例文件
PPT教学课件
在线教学视频

资源获取请扫码

"数艺设"社区平台，为艺术设计从业者提供专业的教育产品。

与我们联系

我们的联系邮箱是 szys@ptpress.com.cn。如果您对本书有任何疑问或建议，请您发邮件给我们，并请在邮件标题中注明本书书名及ISBN，以便我们更高效地做出反馈。

如果您有兴趣出版图书、录制教学课程，或者参与技术审校等工作，可以发邮件给我们；有意出版图书的作者也可以到"数艺设"社区平台在线投稿（直接访问 www.shuyishe.com 即可）。如果学校、培训机构或企业想批量购买本书或"数艺设"出版的其他图书，也可以发邮件给我们。

如果您在网上发现针对"数艺设"出品图书的各种形式的盗版行为，包括对图书全部或部分内容的非授权传播，请您将怀疑有侵权行为的链接通过邮件发给我们。您的这一举动是对作者权益的保护，也是我们持续为您提供有价值的内容的动力之源。

关于"数艺设"

人民邮电出版社有限公司旗下品牌"数艺设"，专注于专业艺术设计类图书出版，为艺术设计从业者提供专业的图书、U书、课程等教育产品。出版领域涉及平面、三维、影视、摄影与后期等数字艺术门类，字体设计、品牌设计、色彩设计等设计理论与应用门类，UI设计、电商设计、新媒体设计、游戏设计、交互设计、原型设计等互联网设计门类，环艺设计手绘、插画设计手绘、工业设计手绘等设计手绘门类。更多服务请访问"数艺设"社区平台www.shuyishe.com。我们将提供及时、准确、专业的学习服务。

其他说明

本书附带一套学习资源，内容包括书中案例的场景文件和实例文件，以及PPT教学课件和在线教学视频。扫描"资源获取"二维码，关注"数艺设"的微信公众号，即可得到资源文件获取方式。如需资源获取技术支持，请致函szys@ptpress.com.cn。在学习的过程中，如果遇到问题，欢迎您与我们交流，客服邮箱：press@iread360.com。

资源获取

编者
2020年5月

目 录

注：★重点 为Revit 2016的软件技术重点（读者必须完全掌握）和重点实战（读者必须多加练习）

第1章

进入Revit 2016的世界

Employment Direction
从业方向

建筑设计	结构设计
机电设计	幕墙设计
室内设计	景观设计

1.1 认识Revit 2016

Autodesk Revit是为建筑信息模型（Building Information Modeling，BIM）而设计的软件，涉及建筑、结构及设备（水、暖和电）专业，可为建筑工程行业提供BIM解决方案。

Revit是一款非常智能的设计工具，它能通过参数驱动模型，即时呈现建筑师和工程师的设计，通过协同工作减少各专业之间的协调错误，通过模型分析支持节能设计和碰撞检查，通过自动更新所有变更减少整个项目设计的失误。

1.1.1 BIM相关软件介绍

目前，市场上创建BIM模型的软件多种多样，其中比较有代表性的有Autodesk Revit系列、Gehry Technologies、基于Dassault Catia的Digital Project（简称DP）、Bentley Architecture系列和GRAPHISOFT ArchiCAD等。在国内，应用较广、知名度较高的则是Autodesk Revit系列。下面介绍在实际工作中，经常与Autodesk Revit配合使用的BIM软件。

 Lumion

Lumion本身包含了一个庞大而丰富的内容库，包括建筑、汽车、人物、动物、街道、街饰、地表和石头等。通过Revit To Lumion Bridge插件，可以直接导出Revit模型。该插件有3个显著特点：一是操作简单，新手几乎不需要任何专业学习便可上手；二是"所见即所得"，通过使用快如闪电的GPU渲染技术，操作时能够实时预览3D场景的最终效果；三是不论是渲染高清影片还是效果图，速度都非常快。使用Revit的模型，可以在Lumion中创建出绚丽的建筑漫游动画，不仅花费的时间非常少，而且质量也非常高。因此，从业者都喜欢用BIM模型在Lumion中创建动画，如图1-1所示。

图1-1

 Lumen RT

Lumen RT是E-on Software公司推出的一款实时三维可视化虚拟现实建

筑项目的产品。建筑师借助Lumen RT，可以在图像品质要求一般或实时可视化的情况下，以完全交互的方式体验真实质量的灯光。并且，在Lumen RT实时环境中，建筑师可以随时将设计方案打包成方便的、独立的、跨平台的可执行文件。另外，Lumen RT与Revit之间可通过插件进行模型交换，IES灯光也可被直接转换。在实际运用过程中，Lumen RT比较适合于室内和小场景的室外模型的渲染，如图1-2所示。

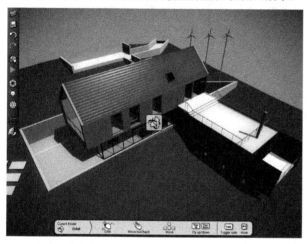

图1-2

 Navisworks

Autodesk Navisworks软件能够将AutoCAD和Revit系列等创建的设计数据，与来自其他设计工具的几何图形和信息相结合，并且将其作为整体的三维项目，通过多种文件格式进行实时审阅，甚至无须考虑文件的大小。Navisworks软件产品可以帮助所有相关人员，将项目作为一个整体来看待，从而优化设计决策、建筑实施、性能预测与规划以及设施管理与运营等各个环节，如图1-3所示。

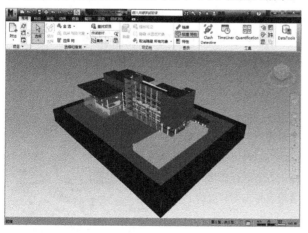

图1-3

1.1.2 BIM的特点

BIM（建筑信息模型）是以建筑工程项目的各项相关信息数据为基础而建立的建筑模型。它通过数字信息仿真，模拟建筑物所具有的真实信息。BIM是以从设计、施工到运营协调、项目信息为基础而构建的集成流程，具有可视化、协调性、模拟性、优化性和可出图性五大特点。建筑公司通过使用BIM，可以在建筑全生命周期，将统一的信息传递到设计、施工和运维阶段，还可以通过真实性模拟和建筑可视化来更好地沟通，以便让项目各方了解成本、工期和环境影响。

 可视化

可视化，即"所见即所得"的形式。对于建筑行业来说，可视化真正运用的作用非常大。例如，拿到的施工图纸通常只是各个构件的信息，在图纸上以线条绘制表达，但是真正的构造形式需要建筑业人员去自行想象。如果建筑结构简单，就没有太大的问题，但是近几年形式各异、复杂造型的建筑不断推出，光靠想象就不太实际了。所以，BIM提供了可视化的思路，将以往的线条式的构件形成一种三维的立体实物图形展示在人们的面前，如图1-4所示。

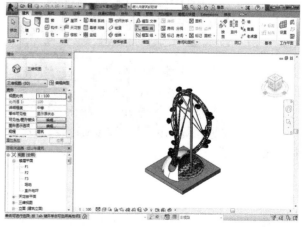

图1-4

以前，建筑业也会制作设计方面的效果图，但这种效果图是分包给专业的效果图制作团队的，他们根据线条式信息识读设计制作出来，并不是通过构件的信息自动生成，因此缺少同构件之间的互动性和反馈性。BIM提到的可视化，则是一种能够同构件之间形成互动性和反馈性的可视化。在BIM建筑信息模型中，由于整个过程都是可视的，所以可用于效果图的展示和报表的生成。更重要的是，通过建筑可视化，可以在项目的设计、建造和运营过程中进行沟通、讨论和决策。

🔵 协调性

协调是建筑业中的重点内容，无论是施工单位、设计单位还是业主，都在做着协调及相互配合的工作。一旦在项目实施过程中遇到问题，就需要将各相关人员组织起来进行协调，找出施工中问题发生的原因及解决办法，然后做出相应变更、补救措施等来解决问题。那么，协调只能等出现问题后再进行吗？在设计时，由于各专业设计师之间的沟通不到位，往往会出现各种专业之间的碰撞问题。例如，在布置暖通（供热、供燃气、通风及空调工程）等专业中的管道时，可能遇到构件阻碍管线的布置。这种问题是施工中常遇到的碰撞问题，而BIM的协调性服务，可以帮助处理这种问题，也就是说，BIM建筑信息模型可在建筑物建造前期，对各专业的碰撞问题进行协调，生成并提供协调数据。当然，BIM的协调作用也不只应用于解决各专业间的碰撞问题，它还可以解决电梯井布置与其他设计布置及净空要求的协调、防火分区与其他设计布置的协调以及地下排水布置与其他设计布置的协调等问题，如图1-5所示。

图1-5

🔵 模拟性

BIM并不是只能模拟、设计出建筑物的模型，还可以模拟难以在真实世界中进行操作的事件。在设计阶段，BIM可以对设计上需要进行模拟的一些事件进行模拟实验，如节能模拟、紧急疏散模拟、日照模拟和热能传导模拟等。

在招投标和施工阶段可以进行4D模拟（3D模型加上项目发展时间），即根据施工的组织设计模拟实际施工，从而确定合理的施工方案。同时，还可以进行5D模拟（基于3D模型的造价控制），从而实现成本控制。在后期运营阶段，还可以进行日常紧急情况处理方式的模拟，如地震人员逃生模拟和消防人员疏散模拟等，如图1-6所示。

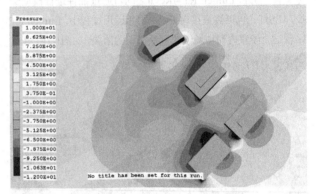

图1-6

🔵 优化性

事实上，整个设计、施工和运营的过程就是一个不断优化的过程。在BIM的基础上，我们可以更好地进行优化。优化通常受信息、复杂程度和时间的制约。BIM模型提供了建筑物实际存在的信息，包括几何信息、物理信息以及规则信息。对于高度复杂的项目，由于参与人员本身的原因，往往无法掌握所有信息，因此需要借助一定的科学技术和设备。现代建筑物的复杂程度大多超过参与人员本身的能力极限，BIM及与其配套的各种优化工具提供了对复杂项目进行优化的服务。基于BIM的优化，可以完成以下两项任务。

第1项：对项目方案的优化。把项目设计和投资回报分析结合起来，实时计算出设计变化对投资回报的影响。这样业主对设计方案的选择就不会停留在对形状的评价上，而是哪种项目设计方案更有利于自身需求。

第2项：对特殊项目的设计优化。在大空间随处可看到异型设计，如裙楼、幕墙和屋顶等，如图1-7所示。这些内容看似占整个建筑的比例不大，但是占投资和工作量的比例往往很大，通常也是施工难度较大和施工问题较多的地方。对这些内容的设计施工方案进行优化，可以显著地改善工期和造价。

图1-7

可出图性

使用BIM绘制的图纸，不同于建筑设计院设计的图纸或者一些构件加工的图纸，它是通过对建筑物进行可视化展示、协调、模拟和优化，绘制出的综合管线图（经过碰撞检查和设计修改，消除了相应的错误）、综合结构留洞图（预埋套管图）以及碰撞检查侦错报告和建议改进方案，如图1-8所示。

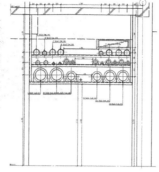

图1-8

1.1.3 Revit的应用领域

Revit如今已被广泛应用于建筑及基础设施行业，在设计、施工和运营阶段起着必不可缺的作用。它的优点是，在建立一个完整的BIM模型的时候，可以通过BIM模型快速得到各专业所需要的图纸、明细表和工程量清单等。当变更设计数据时，Revit会自动更新所有与之关联的信息，做到"一处更改，处处更新"，以确保设计数据的完整性和准确性。

在施工阶段，通过将BIM模型与实际现场进行对比，可以尽早地发现项目在施工现场中出现的错、漏、碰和缺等设计失误，从而提高设计质量，减少现场施工变更，以缩短工期。

通常在进行工程项目设计时，会由建筑、结构和机电等多个专业的设计人员共同完成。在与设计师绘制的二维AutoCAD图纸进行协同时，很难发现各专业之间潜在的设计问题，而Revit平台强大的协同设计能力，非常容易发现三维模型中的此类问题，如图1-9所示。

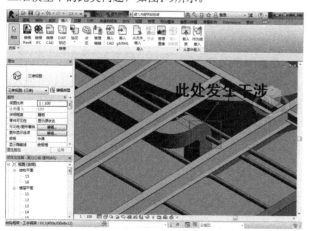

图1-9

1.2 Revit基础介绍

"千里之行，始于足下"，通过学习本节的内容，读者将了解Revit的一些基本且重要的功能。在学习道路上，只有脚踏实地，才会走得更远。

1.2.1 Revit 2016的界面

安装好Revit 2016之后，可以通过双击桌面上的快捷图标来启动Revit 2016，或者在Windows开始菜单中找到Revit 2016程序，如图1-10所示。

图1-10

在启动Revit 2016的过程中，可以观察到Revit 2016的启动画面，如图1-11所示。首次启动软件会自动验证软件许可，在打开的许可激活对话框中单击"激活"按钮或者"试用"按钮，如图1-12和图1-13所示。

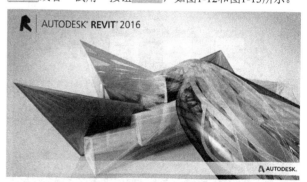

图1-11

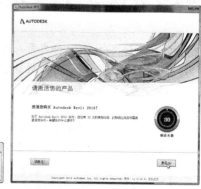

图1-12　　　　　　　　　图1-13

激活完成后，如图1-14所示，软件会自动保存激活信息到计算机C盘中的"ProgramData\Autodesk\Adlm\RVT2016zh_CNRegInfo.html"文件中，如图1-15所示。单击"完成"按钮 ![完成] 后进入软件工作界面，然后单击"建筑样例项目"选项，可打开样例文件，如图1-16所示。

图1-14

图1-15

图1-16

Revit 2016使用了Ribbon界面，不再像传统界面方式一样将命令隐藏于各个菜单下，而是按照日常使用习惯，将不同命令进行归类，分布于不同选项卡中。当我们选择相应的选项卡时，便可直接找到自己需要的命令。Revit 2016的工作界面分为"应用程序菜单""快速访问工具栏""信息中心""选项栏""类型选择器""'属性'面板""项目浏览器""状态栏""视图控制栏""绘图区域"和"功能区"等13个部分，如图1-17所示。

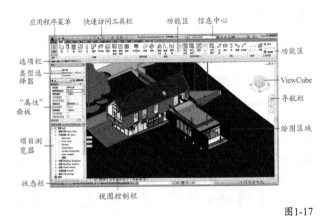

图1-17

应用程序菜单

单击"应用程序菜单"图标 ![icon]，可以打开应用程序下拉菜单。Revit与Autodesk的其他软件一样，包含"新建""打开""保存"和"导出"等基本命令。右侧会默认显示最近打开过的文档，选择文档可快速调用。如果希望某个文件一直显示在"最近使用的文档"列表中，可以单击文件名称右侧的图钉图标 ![图钉] 将其锁定，如图1-18所示。锁定的文件一直显示在列表中，这样不会被其他新打开的文件所替换。

图1-18

应用程序菜单介绍

新建 ![icon]：该命令用于新建项目与族文件，共包含5种方式，如图1-19所示。

图1-19

项目🗐：新建一个项目，并选择相应的项目样板。

族🗐：新建一个族，需要选择相应的族样板。

概念体量🗐：使用概念体量样板，创建概念体量族。

标题栏🗐：使用标题栏样板，创建标题栏（图框）族。

注释符号🗐：使用注释族样板，创建各类型标记与符号族。

技巧与提示

一般情况下，新建项目都用快捷键来完成。按快捷键Ctrl+N可以打开"新建项目"对话框，在该对话框中可以按类型选择项目样板来创建项目或项目样板，如图1-20所示。

图1-20

打开📂：该命令用于打开项目、族、IFC及各类Revit支持格式的模型，包含6种类型，如图1-21所示。

图1-21

项目🗐：执行该命令可以打开"打开"对话框，在该对话框中可以选择要打开的Revit项目和族文件，如图1-22所示。

图1-22

技巧与提示

除了可以用"打开"命令打开场景以外，还可以在文件夹中选择要打开的场景文件，然后将其直接拖曳到Revit的操作界面，如图1-23所示。

图1-23

族🗐：执行该命令可以打开"打开"对话框，在该对话框中可以选择自带族库中的族文件或自行创建的族文件，如图1-24所示。

图1-24

Revit文件🗐：执行该命令可以打开"打开"对话框，在该对话框中可以打开Revit所支持的大部分文件类型，包括RVT、RFA、ADSK和RTE格式，如图1-25所示。

图1-25

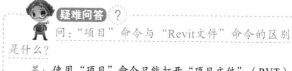

疑难问答

问："项目"命令与"Revit文件"命令的区别是什么？

答：使用"项目"命令只能打开"项目文件"（RVT）与"族文件"（RTE）。使用"Revit文件"命令，除了可以打开上述两种文件格式以外，还可以直接打开Autodesk交换文件（ADSK）与样板文件（RTE）。

建筑构件📁：执行该命令可以打开"打开ADSK文件"对话框，在该对话框中可以打开Autodesk交换文件，如图1-26所示。

图1-26

IFC⚙：执行该命令可以打开"打开IFC文件"对话框，在该对话框中可以打开IFC类型文件，如图1-27所示。

图1-27

技巧与提示

IFC文件是用Industry Foundation Classes文件格式创建的模型文件，可以使用BIM程序打开。IFC文件既含有模型的建筑物或设施，也包括空间的元素、材料和形状。IFC文件通常用于BIM工业程序之间的交互。

IFC选项⚙：执行该命令可以打开"导入IFC选项"对话框，在该对话框中可以设置IFC类名称所对应的Revit类别，如图1-28所示。该命令只有在打开Revit文件的状态下才可以使用。

图1-28

样例文件📂：执行该命令将直接跳转到Revit自带的样例文件夹下，打开软件自带的样例项目文件及族文件，如图1-29所示。

图1-29

保存💾：执行该命令可以保存当前项目。如果先前没有保存过该项目，执行"保存"命令后，在打开的"另存为"对话框中设置文件的保存位置、文件名以及保存类型，如图1-30所示。

图1-30

另存为💾：该命令可以将文件保存为4种类型，分别是"项目""族""样板"和"库"，如图1-31所示。

图1-31

项目📁：执行该命令可以打开"另存为"对话框，在该对话框中可以设置文件的保存位置和文件名，如图1-32所示。

图1-32

族：执行该命令可以打开"另存为"对话框，在该对话框中可以设置族文件的保存位置和文件名，如图1-33所示。

图1-33

样板：执行该命令可以打开"另存为"对话框，在该对话框中可以设置样板文件的保存位置和文件名，如图1-34所示。

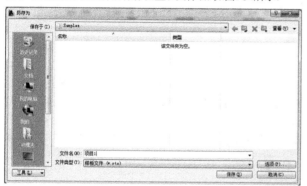

图1-34

库：执行该命令可以将文件保存为3种文件类型，分别是"族""组"和"视图"，如图1-35所示。

图1-35

导出：执行该命令可以将项目文件导出为13种其他文件格式，如图1-36所示。

图1-36

CAD格式：执行该命令可以将Revit模型导出为多种CAD格式，以用于其他软件，包括DWG、DXF、DGN和ACIS（SAT）4种格式，如图1-37所示。

图1-37

DWF/DWFx：执行该命令可以打开"DWF导出设置"对话框，在该对话框中可以设置需要导出的视图及模型的相关属性，如图1-38所示。

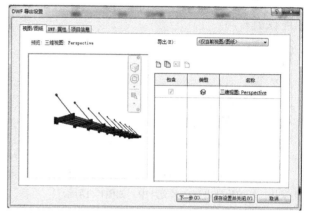

图1-38

技巧与提示

使用DWF文件可以安全又轻松地共享设计信息，可以避免意外修改项目文件，还可以与客户以及没有Revit的其他人共享项目文件。并且，DWF文件明显比原始RVT文件小，可以很轻松地将其通过电子邮件发送或发布到网站上。

建筑场地：执行该命令可以打开"建筑场地导出设置"对话框，在该对话框中可以设置需要导出的项目及相关属性，如图1-39所示。

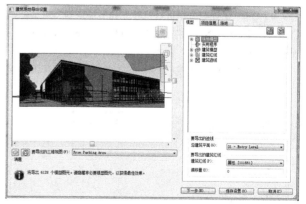

图1-39

建筑设计师可以在Revit中进行建筑设计，然后将相关建筑内容以三维模型的形式导出到接受Autodesk交换文件（ADSK）的土木工程应用程序（如AutoCAD Civil 3D）中。

FBX：执行该命令可以打开"导出3ds Max（FBX）"对话框，在该对话框中输入文件名称，即可将模型保存为FBX格式供3ds Max使用，如图1-40所示。

图1-40

族类型：执行该命令可以打开"导出为"对话框，将族类型从打开的族导出到文本文件中，如图1-41所示。

图1-41

NWC：执行该命令可以打开"导出场景为"对话框，将项目文件导出为NWC格式文件，以供Autodesk Navisworks使用，如图1-42所示。

图1-42

在安装Autodesk Navisworks软件时，需要选择相应的插件，才能正常将文件保存为NWC格式。

gbXML：执行该命令可以打开"导出gbXML-设置"对话框，将设计导出为gbXML文件，并使用第三方荷载分析软件来执行荷载分析，如图1-43所示。

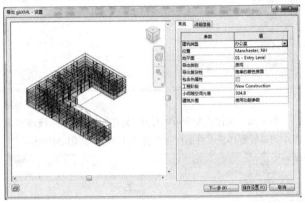

图1-43

体量模型gbXML：执行该命令可以打开"导出gbXML-保存到目标文件夹"对话框，将设计导出为XML文档，如图1-44所示。

图1-44

IFC：执行该命令可以打开"导出IFC"对话框，将模型导出为IFC文件，如图1-45所示。

图1-45

ODBC数据库🗄：选择数据源，可以将模型构件数据导出到ODBC（开发数据库连接）数据库中，如图1-46所示。

图1-46

图像和动画🖼：执行该命令可以将项目文件中所制作的漫游、日光研究以及图像，以相对应的文件格式保存至外部，如图1-47所示。

图1-47

报告：执行该命令可以将项目文件中的明细表及房间/面积报告，以相对应的文件格式保存至外部，如图1-48所示。

图1-48

选项🔧：执行该命令可以预设导出各种文件格式时所需要的参数设置，如图1-49所示。

图1-49

Suite工作流🖼：执行该命令可以打开工作流管理器，以实现将项目无缝传递到套包内的各个软件当中，如图1-50所示。

图1-50

发布🖼：执行该命令可以将当前场景导出的不同文件格式发布到Autodesk Buzzsaw中，以实现资源共享。可以发布的格式共有5种，如图1-51所示。

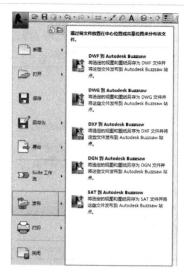

图1-51

疑难问答 ?

问：Autodesk Buzzsaw是什么软件？

答：Autodesk Buzzsaw是一款数据管理软件，可以存储、管理和共享来自任何Internet连接的项目文档，从而提高团队的生产效率并降低成本。

打印🖨：执行该命令可进行文件打印、打印预览及打印设置，如图1-52所示。

图1-52

打印🖨：执行该命令可以打开"打印"对话框，设置相应属性后就可以执行文件打印了，如图1-53所示。

图1-53

打印预览：执行该命令可以预览视图打印效果，如没有问题可直接点击"打印"按钮 打印(P) 进行打印，如图1-54所示。

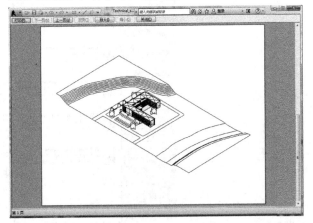

图1-54

打印设置：执行该命令可以设置打印机的各项参数，包括纸张大小、页边距等，如图1-55所示。

图1-55

快速访问工具栏

快速访问工具栏默认放置了一些常用的命令和按钮，如图1-56所示。

图1-56

单击"自定义快速访问工具栏"按钮 ，如图1-57所示。查看工具栏中的命令，选择或关闭以显示或隐藏命令。用鼠标右键单击功能区的按钮，选择"添加到快速访问工具栏"，可向快速访问工具栏中添加命令，如图1-58所示。反之，用鼠标右键单击快速访问工具栏中的按钮，选择"从快速访问工具栏中删除"命令，可将该命令从快速访问工具栏中删除，如图1-59所示。选择"自定义快速访问工具栏"选项，可在打开的对话框中对命令进行排序、删除，如图1-60所示。

图1-57

图1-58　　　　　　　　　　　　图1-59

图1-60

技巧与提示

模型搭建过程中，经常需要打开多个视图。打开视图的数量过多，会严重影响计算机的运行效率。单击快速访问工具栏中的"关闭隐藏窗口"按钮 ，可将除当前视图以外的窗口全部关闭。

信息中心

对于初学者而言，"信息中心"是一个非常重要的部分。可以直接在检索框中输入所遇到的软件问题，Revit将会检索出相应的内容。如果购买了Autodesk公司的速博服务，还可通过该功能登录速博服务中心。个人用户也可以通过申请的Autodesk账户，登录到自己的云平台。单击Exchange app按钮 ，可以登录到Autodesk官方的App网站，网站内有不同系列软件的插件供用户下载，如图1-61所示。

检索框　速博中心　　Exchageapp

Autodesk 360

通讯中心

图1-61

选项栏

选项栏位于功能区下方，如图1-62所示，根据当前工具或选定的图元显示条件工具。要将选项栏移动到 Revit 窗口的底部（状态栏上方），可在选项栏上单击鼠标右键，选择"固定在底部"命令。

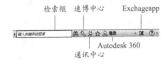

图1-62

类型选择器

如果有一个用来放置图元的工具处于活动状态，或者在绘图区域中选择了同一类型的多个图元，则"属性"面板的顶部将显示"类型选择器"。"类型选择器"标识当前选择的族类型，并提供一个可从中选择其他类型的下拉列表，如图1-63所示。单击"类型选择器"时，会显示搜索框，在搜索框中输入关键字可快速查找所需的内容类型。

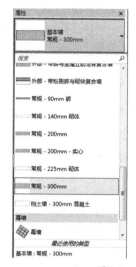

图1-63

"属性"面板

Revit默认将"属性"面板显示在界面左侧，可查看和修改用来定义Revit中图元属性的参数，如图1-64所示。

图1-64

属性过滤器：用于显示当前选择的图元类别及数量，如图1-65所示。在选择多个图元的情况下，默认显示为"通用"名称及所选图元的数量，如图1-66所示。

图1-65　　　　　　　图1-66

实例属性：显示视图参数信息和图元属性参数信息。切换到某个视图，会显示当前视图中的相关参数信息，如图1-67所示。在当前视图选择图元后，会显示所选图元的参数信息，如图1-68所示。

图1-67　　　　　　　图1-68

类型属性：显示当前视图或所选图元的类型参数，如图1-69所示。进入修改类型参数对话框共有两种操作方法，一种是选择图元，单击"类型属性"按钮，如图1-70所示；另一种是单击"属性"面板中的"编辑类型"按钮，如图1-71所示。

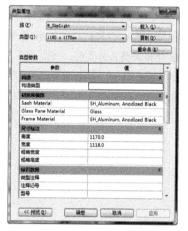

图1-69

图1-70　　　　　　　图1-71

疑难问答

问：视图中没有显示"属性"面板，如何让其显示？

答：如果视图中没有显示"属性"面板，可以通过以下3种方式进行操作。

第1种：单击功能区中的"属性"按钮，打开"属性"面板，如图1-72所示。

图1-72

第2种：单击功能区"视图"选项卡中的"用户界面"下拉菜单，然后选择"属性"选项，如图1-73所示。

第3种：在绘图区域空白处单击鼠标右键并选择"属性"命令，如图1-74所示。

图1-73　　　　图1-74

项目浏览器

项目浏览器用于显示当前项目中所有视图、明细表、图纸、族、组和链接的Revit模型与其他部分的结构树。展开和折叠各分支时，将显示下一层项目。选择某视图并单击鼠标右键，打开快捷菜单，可以对该视图进行"复制视图""删除""重命名"和"查找相关视图"等操作，如图1-75所示。

图1-75

状态栏

状态栏位于Revit应用程序框架的底部，使用当前命令时，其左侧会显示一些相关的技巧或者提示。例如，调用一个命令（如"旋转"）时，状态栏会显示有关当前命令后续操作的提示，如图1-76所示。在图元或构件被选择高亮显示时，状态栏会显示族和类型的名称。

图1-76

工作集：提供对工作共享项目的"工作集"对话框的快速访问。

设计选项：提供对"设计选项"对话框的快速访问。设计完某个项目的大部分内容后，可使用设计选项开发项目的备选设计方案。例如，使用设计选项根据项目范围中的修改进行调整、查阅其他设计，便于用户演示变化部分。

选择控制：提供多种控制选择的方式，可自由开关。

过滤器：显示选择的图元数并优化在视图中选择的图元类别。

视图控制栏

视图控制栏位于Revit窗口底部和状态栏上方，可以快速访问用来设置绘图区域的功能，如图1-77所示。

图1-77

视图控制栏工具介绍

比例1：100：视图比例是在图纸中用于表示对象的比例系统。

详细程度：可根据视图比例设置新建视图的详细程度，提供"粗略""中等"和"精细"3种模式。

视觉样式：可以为项目视图指定许多不同的图形样式。

打开日光/关闭日光/日光设置：打开日光路径并进行设置。

打开阴影/关闭阴影：打开或关闭模型中阴影的显示。

显示渲染对话框：对图形渲染方面的参数进行设置，仅3D视图显示该按钮。

打开裁剪视图/关闭裁剪视图：控制是否应用视图裁剪。

显示裁剪区域/隐藏裁剪区域：显示或隐藏裁剪区域范围框。

保存方向并锁定视图：将三维视图锁定，以在视图中标记图元并添加注释记号，仅3D视图显示该按钮。

临时隐藏/隔离：将视图中的个别图元暂时独立显示或隐藏。

显示隐藏的图元：临时查看隐藏的图元或将其取消隐藏。

临时视图样板：在当前视图应用临时视图样板或进行设置。

显示或隐藏分析模型：在任何视图中显示或隐藏结构分析模型。

高亮显示位移集：在视图中高亮显示位移后的图元。

> **技巧与提示**
>
> 选择"比例"中的"自定义"按钮，可自定义当前视图的比例，但不能将此自定义比例应用于该项目中的其他视图。

绘图区域

绘图区域显示当前项目的视图（以及图纸和明细表）。每次打开项目中的某一视图时，此视图会显示在绘图区域中打开的其他视图的上面。其他视图仍处于打开状态，但都在当前视图的下面。使用"视图"选项卡➤"窗口"面板中的工具可排列项目视图，以合适的状态进行显示，如图1-78所示。

图1-78

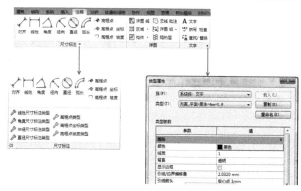

图1-82

功能区

软件功能区面板显示当前选项卡关联的命令按钮，其提供了3种显示方式，分别是"最小化为选项卡""最小化为面板标题"和"最小化为面板按钮"。当选择"最小化为选项卡"时，可最大化绘图区域，增加模型显示面积。单击功能区中的三角形按钮，可对不同显示方式进行切换，也可单击按钮上的三角符号直接选择，如图1-79所示。

图1-79

在功能区面板中，当把光标放到某个工具按钮上时，会显示当前按钮的功能信息，如图1-80所示。如停留时间稍长，还会提供当前命令的图示说明，如图1-81所示。复杂的工具按钮提供简短的动画说明，便于用户更直观地了解该命令的使用方法。

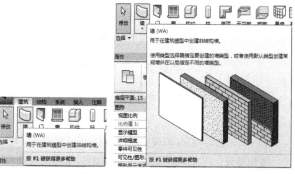

图1-80   图1-81

在Revit中还有一些隐藏工具，带有下三角或斜向小箭头的面板都会有隐藏工具。通常以展开面板、弹出对话框两种形式显示，如图1-82所示。单击 按钮，可让展开面板中的隐藏工具永久显示在视图中。

Revit中的任何一个面板都可以变成自由面板，可放置在当前窗口上的任何位置。以"构造"面板为例，将光标放在"构造"面板的标题位置或空白处，按住鼠标左键并拖曳，可脱离当前位置成为自由面板，也可以和其他面板交换位置。注意，"构建"面板只属于"建筑"选项卡类别，不可以放置到其他选项卡中，如图1-83所示。如果想将其回归到原始位置，可以将光标放置在自由面板上，当出现"将面板返回到功能区"按钮时，单击按钮便可回归到其原始位置，如图1-84所示。

图1-83   图1-84

技术专题 01 显示或隐藏工具面板

Revit界面中显示了许多控制面板，有些面板在实际操作过程中并不常用。如果显示屏比较小，可以将这些面板隐藏掉，以增加绘图区域的范围，同时也避免了很多软件误操作。

若要隐藏功能区或其他区域面板，可单击功能区中"视图"选项卡下的"用户界面"下拉菜单，清除相关的选择标记即可，如图1-85所示。

图1-85

ViewCube

通过ViewCube可以对视图进行自由旋转，切换不同方向的视图等操作，单击"主视图"按钮还可将视图恢复到原始状态，如图1-86所示。

图1-86

导航栏

用于访问的导航栏，包括"控制盘"和"区域放大"工具，如图1-87所示。单击"控制盘"工具，可打开"全导航控制盘"，如图1-88所示。

图1-87　　　图1-88

类型选择器：显示当前选择的族类型，并提供一个可从中选择其他类型的下拉列表。如在"类型选择器"中显示的当前墙类型为"常规–200mm"，在下拉菜单中显示出所有类型的墙，如图1-89所示。可通过"类型选择器"指定或替换图元类型。

图1-89

1.2.2 常用文件格式

在制作一个项目的过程中，可能需要用到多种软件，不同的软件所生成的文件格式也不尽相同，所以需要了解软件支持的文件格式，以便在实际应用过程中更好地进行数据交互。

 基本文件格式

绘制建筑信息设计图时，常用的文件格式有以下4种。

RTE格式：Revit的项目样板文件格式包含项目单位、标注样式、文字样式、线型、线宽、线样式和导入/导出设置等内容。为规范设计和避免重复设置，对Revit自带的项目样板文件根据用户自身的需求、内部标准先行设置，并保存成项目样板文件，便于用户新建项目文件时选用。

RVT格式：Revit生成的项目文件格式包含项目所有的建筑模型、注释、视图和图纸等内容。通常基于项目样板文件（RTE文件）创建项目文件，编辑完成后保存为RVT文件，作为设计所用的项目文件。

RFT格式：创建Revit可载入族的样板文件格式。创建不同类别的族，要选择不同的族样板文件。

RFA格式：Revit可载入族的文件格式。用户可以根据项目需要创建自己的常用族文件，以便随时在项目中调用。

 **支持的其他文件格式**

实施项目设计和管理时，用户经常会使用多种设计、管理工具实现自己的目标。为了实现多软件环境的协同工作，Revit提供了"导入""链接"和"导出"工具，支持CAD、FBX、DWF、IFC和gbXML等多种文件格式。用户可以根据需要选择性地导入和导出，如图1-90所示。

图1-90

**疑难问答 ?**

问：如何在导出文件格式列表中添加新的文件格式？

答：Revit本身提供的文件格式比较通用，能满足大多数软件的使用。但某些软件支持导入的文件格式，Revit并没有提供，如Lumion、Autodesk Navisworks等。这种情况下，可以安装相应软件提供的插件，完成不同格式文件的导出，如图1-91所示。一般此类插件会在安装软件时提示安装，或从官方网站下载进行独立安装。

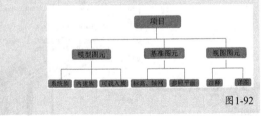

Navisworks 2015
Navisworks SwitchBack 2015
Revit To Lumion Bridge

图1-91

1.3 Revit的基本术语

在Revit中，项目是单个设计信息数据库模型。项目文件包含建筑的所有设计信息（从几何图形到构造数据），这些信息包括用于设计模型的构件、项目视图和设计图纸。通过使用单个项目文件，用户可以轻松地修改设计，还可以将修改结果反映在所有关联区域（如平面视图、立面视图、剖面视图和明细表等），跟踪一个文件，便可进行项目管理，如图1-92所示。

图1-92

Revit分为3种图元，即模型图元、基准图元和视图图元。

模型图元：代表建筑的实际三维几何图形，如墙、柱、楼板和门窗等。Revit按照类别、族和类型对图元进行分级，如图1-93所示。

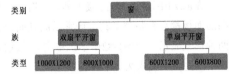

图1-93

视图图元： 只显示在放置这些图元的视图中，对模型图元进行描述或归档，如尺寸标注、标记和二维详图。

基准图元： 协助定义项目范围，如轴网、标高和参照平面。

轴网： 有限平面，可以在立面视图中拖曳其范围，使其不与标高线相交。轴网可以是直线，也可以是弧线。

标高： 无限水平平面，用作屋顶、楼板和天花板等以层为主体的图元的参照。

参照平面： 精确定位、绘制轮廓线条等的重要辅助工具。参照平面对于族的创建非常重要，有二维参照平面及三维参照平面，其中三维参照平面显示在概念设计环境（公制体量RFT）中。

Revit图元的主要特点就是参数化。参数化是Revit实现协调、修改和管理功能的基础，大大提高了设计的灵活性。Revit图元可以由用户直接创建或者修改，无须编程。

类别是指在设计建模归档中进行分类。例如，模型图元的类别包括家具、门窗和卫浴设备等。注释图元的类别包括标记和文字注释等。

1.3.1 项目与项目样板

在Revit中创建的三维模型、设计图纸和明细表等信息都被存储在RVT的文件中，这个文件被称为项目文件。在建立项目文件之前，需要有项目样板做基础。项目样板的功能相当于AutoCAD中的DWT文件，它会定义好相关的参数，如度量单位、尺寸标注样式和线型设置等。在不同的样板中，包含的内容也不相同。如绘制建筑模型时，需要选择建筑样板。在项目样板中会默认提供一些门、窗和家具等族库，以便在实际建立模型时快速调用，从而节省制作时间。Revit还支持自定义样板，可以根据专业及项目需求针对性地制作样板，方便日后的设计工作。

1.3.2 族

族是组成项目的构件，同时也是参数信息的载体。族根据参数（属性）集的共用、使用上的相同和图形表示的相似对图元进行分组。一个族中，不同图元的部分或全部属性可能有不同的值，但是属性的设置（其名称与含义）是相同的。例如，"餐桌"作为一个族可以有不同的尺寸和材质。

Revit中一共包含以下3种族。

可载入族： 使用族样板在项目外创建的RFA文件可以载入项目，具有高度可自定义的特征。因此，可载入族是用户经常创建和修改的族。

系统族： 已经在项目中预定义并只能在项目中进行创建和修改的族类型（如墙、楼板和天花板等）。它们不能作为外部文件载入或创建，但可以在项目和样板之间复制和粘贴或者传递系统族类型。

内建族： 在当前项目中新建的族，它与之前介绍的"可载入族"的不同之处在于，"内建族"只能存储在当前的项目文件里，不能单独存成RFA文件，也不能用在别的项目文件中。

族可以有多种类型，类型用于表示同一族的不同参数（属性）值。如打开系统自带门族"双扇平开格栅门2.rfa"，它包含1400×2100mm、1500×2100mm和1600×2100mm（宽×高）3种不同类型，如图1-94所示。

图1-94

在这个族中，不同的类型对应了门的不同尺寸，如图1-95和图1-96所示。

图1-95　　　　　　　　　　图1-96

1.3.3 参数化

参数化设计是Revit的核心内容，包含两部分内容：一部分是参数化图元，另一部分是参数化修改。参数化图元是指在设计过程中，调整其中一面墙的高度或者一扇门的大小，都可以通过其内部所添加的参数来进行控制。参数化修改是指当我们修改了某个构件的时候，与之相关联的构件也会随之发生相应的变化，避免了在设计过程中数据不同步造成的设计错误，从而大大提高了设计效率。例如，修改一面墙上窗户的高度和大小，与之相关联的尺寸标注也会自动更新，如图1-97和图1-98所示。

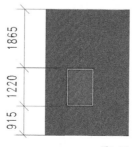 

图1-97　　　　　　　　　　图1-98

第2章

Revit基础操作

Employment Direction
从业方向

建筑设计

结构设计

机电设计

幕墙设计

室内设计

景观设计

2.1　视图控制工具

第1章介绍了Revit 2016视图控制工具的一些基础功能，本节将针对这些常用的视图工具进行详细的讲解。熟练掌握这些工具的使用方法，用户在实际工作中可以提高工作效率。

★重点★　2.1.1　使用项目浏览器

在实际项目中，"项目浏览器"扮演着非常重要的角色。项目开始以后，创建的图纸、明细表和族库等内容，都会在"项目浏览器"中体现出来。在Revit中，"项目浏览器"用于管理数据库，其文件表示形式为结构树，不同层级下对应不同内容，看起来非常清晰，如图2-1所示。

图2-1

如果创建的模型类型不同，或建模阶段不同，Revit也会有不同的"项目浏览器"组织形式供用户选择。用户可以根据实际需要进行自定义"编辑""新建"等操作，如图2-2所示。

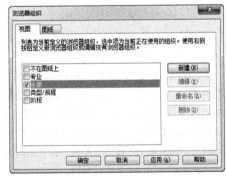

图2-2

将光标移动到"视图"上并单击鼠标右键，选择"浏览器组织"命令，然后单击"新建"按钮 新建(N) 输入名称，如图2-3所示，打开"浏览器组织属性"对话框，如图2-4所示。

图2-3

图2-4

此对话框中有两个选项卡，分别为"过滤"与"成组和排序"，如图2-5所示。

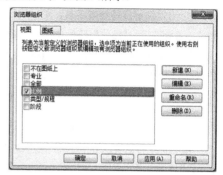

图2-5

实战：按视图比例分类

场景位置　场景文件>第2章>01.rvt
实例位置　实例文件>第2章-实战：按视图比例分类.rvt
难易指数　★★☆☆☆
技术掌握　使用不同的参数对视图进行分类汇总

01 打开学习资源中的"场景文件>第2章>01.rvt"文件，然后新建项目浏览器形式，如图2-6所示。

图2-6

知识链接

关于步骤01中新建"浏览器组织"的方法，请参阅本章"2.1.1 使用项目浏览器"中的相关内容。

02 分别设置"成组条件"为"视图比例""规程"和"类型"，然后单击"确定"按钮 确定 ，如图2-7所示，设置完成后的"项目浏览器"最终效果如图2-8所示。

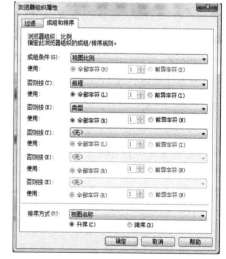

图2-7

图2-8

疑难问答

问："规程"与"类型"两个选项分别是什么意思？

答："规程"是软件默认的对专业的系统分类，如"建筑"与"结构"规程分别指两个专业；"类型"是视图类别的分类，如平面图、立面图和剖面图等。

2.1.2 视图导航

Revit提供了多种导航工具，可以实现对视图进行"平移""旋转"和"缩放"等操作。使用鼠标结合键盘上的功能按键或使用Revit提供的"导航栏"，都可实现对视图的操作，分别用于控制二维及三维视图。

键盘结合鼠标

键盘结合鼠标的操作分为以下6个步骤。

第1步：打开Revit中自带的建筑样例项目文件，单击快速访问工具栏中的"主视图"按钮切换到三维视图。

第2步：按住Shift键，同时按下鼠标滚轮，可以对当前视图进行旋转操作。

第3步：直接按下鼠标滚轮，移动鼠标可以对视图进行平移操作。

第4步：双击鼠标滚轮，视图返回到原始状态。

第5步：将光标放置到模型上的任意位置向上滚动滚轮，会以当前光标所在位置为中心放大视图，反之缩小。

第6步：按住Ctrl键的同时按下鼠标滚轮，上下拖曳鼠标可以放大或缩小当前视图。

导航盘

"导航栏"默认在绘图区域的右侧，如图2-9所示。如果视图中没有"导航栏"，可以执行"视图>用户界面>导航栏"菜单命令，将其显示。单击"导航栏"中的"导航控制盘"按钮，可以打开控制盘，如图2-10所示。

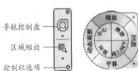

导航控制盘
区域缩放
控制栏选项

图2-9　　图2-10

将光标放置到"缩放"按钮上，这时该区域会高亮显示，单击控制盘消失，视图中出现绿色球形图标，表示模型中心所在的位置。通过上下移动鼠标，可实现视图的放大与

缩小。完成操作后，松开鼠标左键，控制盘恢复，可以继续选择其他工具进行操作。

视图默认显示为全导航控制盘，软件还提供了多种控制盘样式供用户选择。在控制盘下方单击三角按钮，会打开样式下拉菜单，如图2-11所示。全导航盘包含其他样式控制盘中的所有功能，只是显示方式不同，用户可以自行切换体验。

图2-11

技巧与提示

"控制盘"不仅可以在三维视图中使用，也可以在二维视图中使用，包括"缩放""回放"和"平移"3个工具。"全导航控制盘"中的"漫游"按钮，不可以在默认的三维视图中使用，必须在相机视图中才可以使用。通过键盘的上下箭头控制键可以控制相机的高度。

视图缩放

导航栏中的视图缩放工具，可以对视图进行"区域放大"和"缩放匹配"等操作。单击"区域放大"按钮下方的三角按钮，会打开相应的选项供用户选择，如图2-12所示。

图2-12

控制栏选项

控制栏选项主要提供对控制栏样式的设置，包括是否显示相关工具，如图2-13所示。控制栏不透明度的设置，如图2-14所示；控制栏位置的设置，如图2-15所示。

图2-13　　　　图2-14　　　　图2-15

2.1.3 使用ViewCube

除了使用控制盘中所提供的工具外，Revit还提供了ViewCube工具来控制视图，默认位置在绘图区域的右上角，如图2-16所示。使用ViewCube可以很方便地将模型定位于各个方向和轴侧图视点。使用鼠标拖曳ViewCube，还可以实现自由观察模型。

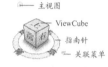

图2-16

单击"应用程序菜单"图标，然后单击"选项"命令，打开"选项"对话框，在该对话框中可以以对ViewCube工具进行设置，如图2-17所示。其中，可以设置的选项包括"大小""位置"和"不透明度"等。

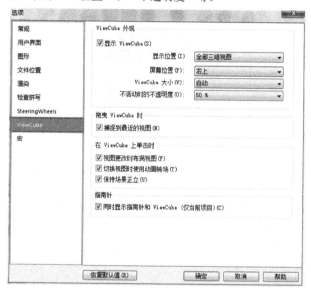

图2-17

主视图

单击"主视图"按钮，视图将停留在之前设置好的视点位置。在"主视图"按钮上单击鼠标右键，然后选择"将当前视图设定为主视图"命令，如图2-18所示，可把当前视点位置设定为主视图。旋转视图方向，再次单击"主视图"按钮，可将主视图切换到设置完成的视点。

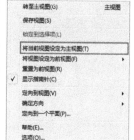

图2-18

ViewCube

单击ViewCube中的"上"按钮，视点将切换到模型的顶面位置，如图2-19所示。单击左下角点的位置，视图将切换到"西南轴侧图"的位置，如图2-20所示。将光标放置在ViewCube上，按下鼠标左键拖曳鼠标，可以自由观察视图中的模型。

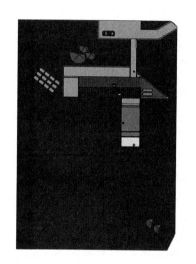

图2-19

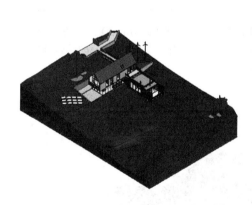

图2-20

指南针

使用"指南针"工具可以快速切换到相应方向的视点，如图2-21所示。单击"指南针"工具上的"南"，三维视图中的视点会快速切换到正南方向的立面视点。将光标移动到"指南针"的圆圈上，按下鼠标左键左右拖曳鼠标，如图2-22所示，视点将按照当前高度，随鼠标移动的方向而左右旋转。

图2-21

图2-22

工具不同，所提供的功能也不相同。下面以三维视图中的控制栏为例进行简单介绍，如图2-26所示。

图2-26

关联菜单

"关联菜单"主要提供一些关于ViewCube的设置选项及常用的定位工具。单击绘图区域中的 ➖ 图标，会打开相应的菜单选项，选择"定向到视图"命令，如图2-23所示，然后在打开的子菜单选项中选择"剖面"命令，如图2-24所示，可打开当前项目中所有剖面的列表信息。

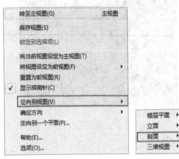

图2-23　　图2-24

选择任意一个剖面，视图将剖切当前模型的位置。旋转当前视点，会看到所选剖面剖切的位置已经在三维视图中显示，如图2-25所示。用户可以自由旋转查看当前剖切位置的内部信息。

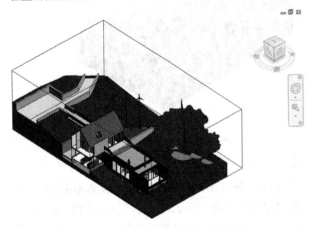

图2-25

2.1.4 使用视图控制栏

Revit在各个视图中均提供了视图控制栏，用于控制各视图中模型的显示状态。不同类型视图的视图控制栏样式

视图比例

打开建筑样例模型，然后在"项目浏览器"中找到"楼层平面"，打开"Level1"，接着单击"视图比例"按钮 1:100，如图2-27所示，打开的菜单中包含常用的一些视图比例供用户选择。

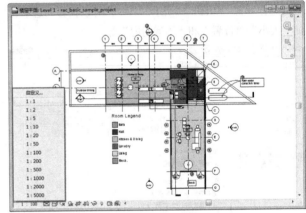

图2-27

如果发现没有需要的比例，用户可以通过"自定义"选项进行设置。当前视图中，默认的比例为1:100，切换到1:50的比例后，视图中的模型图元及注释图元都会发生相应的改变。

详细程度

使用局部缩放工具局部放大右下方的墙体，在视图控制栏中单击"详细程度"按钮 □，选择"粗略"选项，观察墙体显示样式的变化，如图2-28所示；切换到"中等"选项，如图2-29所示。

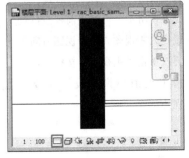

图2-28

图2-29

一般情况下，平面与立面视图将"详细程度"调整为"粗略"即可，以节省计算机资源。在详图节点等细部图纸中，将"详细程度"调整为"精细"，以满足出图的要求。

视觉样式

在当前模型中，单击"主视图"按钮，可以切换到默认三维视图。单击"视觉样式"按钮，选择列表中的"隐藏线"模式，将以单色调显示当前模型，如图2-30所示。

图2-30

在列表中选择"图形显示选项"命令，在打开的"图形显示选项"对话框中，可以设置"阴影""照明"和"背景"等属性，如图2-31所示。

图2-31

展开"背景"选项组，在下拉菜单中选择"天空"选项，如图2-32所示，然后单击"确定"按钮，在三维视图中选择人视点，背景将会变为天空样式。

图2-32

在普通二维视图中将"视觉样式"调整为"隐藏线"模式，在三维或相机视图中将"视觉样式"设置为"着色"，这样可以充分使用计算机资源，同时满足图形显示方面的需要。

实战：自定义视图背景

场景位置 场景文件>第2章>02.rvt
实例位置 实例文件>第2章>实战：自定义视图背景.rvt
难易指数 ★★☆☆☆
技术掌握 视图背景设置为自定义图像的设置方法

大多数情况下，在Revit中添加相机，将相机视图导出为图像文件，就可用于方案讨论了，但效果并不是很理想。为了得到更真实的效果，又不想通过渲染浪费太多时间，可以将视图背景调整为自定义的图像，来获得更逼真的感觉。本例的完成效果如图2-33所示。

图2-33

01 打开学习资源中的"场景文件>第2章>02.rvt"文件，选择"三维视图>FromYard"，如图2-34所示。

02 在视图控制栏中单击"视觉样式"按钮，然后选择"图形显示选项"，如图2-35所示。

图2-34　　　　　图2-35

03 展开"背景"选项组，在"背景"选项中选择"图像"，然后单击"自定义图像"按钮 [自定义图像...]，如图2-36所示。

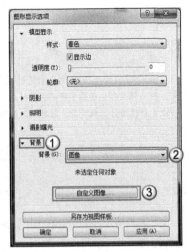

图2-36

04 在"背景图像"对话框中单击"图像"按钮 [图像(I)...]，如图2-37所示，然后在"导入图像"对话框中选择指定的图像文件，接着单击"打开"按钮 [打开(O)]，如图2-38所示。

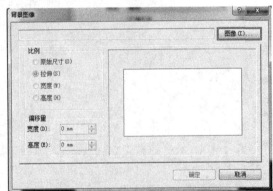

图2-37

图2-38

05 在"背景图像"对话框中设置相关参数，然后单击"确定"按钮 [确定]，如图2-39所示，效果如图2-40所示。

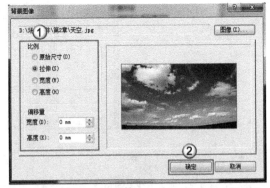

图2-39

图2-40

日光路径

在视图控制栏中单击"关闭日光路径"按钮 ☼，然后选择"打开日光路径"，如图2-41所示，视图中会出现日光路径图形，如图2-42所示。

日光设置...
☼ 关闭日光路径
☼ 打开日光路径

图2-41

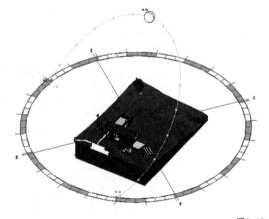

图2-42

用户可以通过在菜单中选择"日光设置"命令，对太阳所在的方向、出现的时间等进行相关设置，如图2-43所示。如果同时打开阴影开关，视图中将会出现阴影，可以实时查看当前日光的设置、所形成的阴影位置及大小。

图2-43

锁定三维视图

在视图控制栏中单击"解锁的三维视图"按钮，然后选择"保存方向并锁定视图"命令，如图2-44所示。

图2-44

在打开的对话框中输入相应的名称后，当前三维视图的视点就被锁定了，如图2-45所示。

图2-45

锁定后的视图，视点将固定到一个方向，不允许用户进行旋转视图等操作。如果用户需要解锁当前视图，可以单击"解锁的三维视图"按钮，选择"解锁视图"命令即可。

裁剪视图

裁剪视图工具可以控制对当前视图是否进行裁剪，此工具需与"显示或隐藏裁剪区域"配合使用。单击"裁剪视图"按钮，当"裁剪视图"按钮呈状态时表示已启用，也可以在视图实例"属性"面板中开启裁剪视图状态，如图2-46所示。

图2-46

显示或隐藏裁剪区域

在视图控制栏上单击"显示裁剪区域"按钮（"显示裁剪区域"或"隐藏裁剪区域"），可以根据需要显示或隐藏裁剪区域。在绘图区域中，选择裁剪区域，则会显示注释和模型裁剪。内部裁剪是模型裁剪，外部裁剪则是注释裁剪，如图2-47所示。外部剪裁需要在视图的实例属性面板中打开，如图2-48所示。

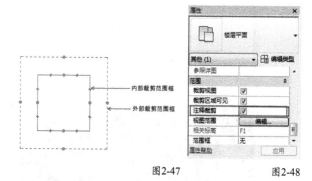

图2-47   图2-48

知识链接

裁切视图范围框的使用方法将在第13章中进行详细介绍。

临时隐藏/隔离

在二维或三维视图中，选择某个图元，然后单击"临时隐藏/隔离"按钮，接着选择"隐藏图元"选项，如图2-49所示，这时所选择的图元在当前视图中就已经被隐藏了。单击"临时隐藏/隔离"按钮，选择"重设临时隐藏/隔离"即可恢复隐藏的图元。

图2-49

技巧与提示

以上操作是临时性隐藏或隔离，可以随时恢复默认状态。如果需要永久性隐藏或隔离图元，可以在下拉菜单中单击"将隐藏/隔离应用到视图"选项，这样图元就被永久性地隐藏或隔离了。

显示隐藏的图元

如果想让隐藏的图元在当前视图中重新显示，需要单击"显示隐藏的图元"按钮，视图中以红色边框形式显示全部被隐藏的图元，如图2-50所示。

选择需要恢复显示的图元，单击功能区面板内的"取消隐藏类别"按钮，再次单击"显示隐藏的图元"按钮，所选图元在当前视图中便可恢复显示，如图2-51所示。

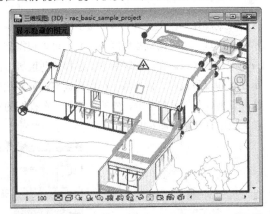

图2-50

图2-51

在绘图区域单击鼠标右键，选择"取消在视图中隐藏"子菜单中的"类别"命令，也可以显示图元，如图2-52所示。

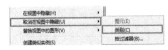

图2-52

临时视图属性

在视图控制栏中单击"临时视图属性"按钮，打开下拉菜单，如图2-53所示，可以为当前视图应用临时视图样板，满足视图显示需求的同时，提高计算机的运行效率。关于视图样板的设置与应用方法，将在之后的章节中进行详细介绍。

图2-53

知识链接

"视图样板"的设置非常重要，在第20章中将作为重点内容进行讲解。

2.1.5 可见性和图形显示

"可见性/图形"按钮主要控制项目中各个视图的模型图元、基准图元和视图专有图元的可见性与图形显示，可以替换模型类别和过滤器的截面、投影与表面显示。对于注释类别和导入的类别，可以编辑投影和表面显示。另外，对于模型类别和过滤器，还可以将透明应用于面，指定图元类别、过滤器或单个图元的可见性、半色调显示和详细程度。其设置界面如图2-54所示。

图2-54

实战：指定图元类别可见性

场景位置 场景文件>第2章>03.rvt
实例位置 实例文件>第2章>实战：指定图元类别可见性.rvt
难易指数 ★★☆☆☆
技术掌握 掌握通过图元类别来控制在视图中的可见性

01 打开学习资源中的"场景文件>第2章>03.rvt"文件，如图2-55所示。

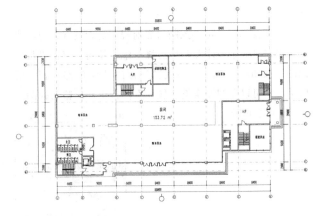

图2-55

02 单击功能区中的"视图"选项卡，在"图形"面板中单击"可见性/图形"按钮，如图2-56所示。

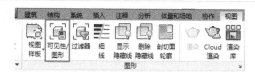

图2-56

03 在"模型类别"选项卡下，关闭"墙"选项，然后单击"确定"按钮 确定 ，如图2-57所示。模型中的所有"墙"在视图中将不显示，最终效果如图2-58所示。

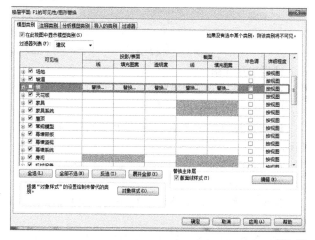

图2-57

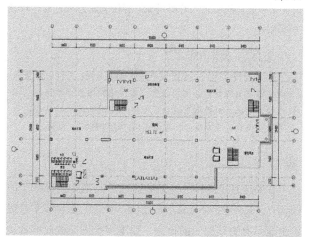

图2-58

★★★
实战：替换图元类别图形显示

场景位置：场景文件>第2章>04.rvt
实例位置：实例文件>第2章>实战：替换图元类别图形显示.rvt
难易指数：★★☆☆☆
技术掌握：通过图元类别来控制在视图中的可见性

01 打开学习资源中的"场景文件>第2章>04.rvt"文件，打开"可见性/图形替换"对话框，如图2-59所示。

知识链接

关于步骤01中打开"可见性/图形替换"对话框的方法，请参阅"实战：指定图元类别可见性"。

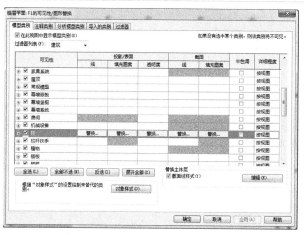

图2-59

02 在"可见性/图形替换"对话框中，单击"截面>填充图案"栏中的"替换"按钮 替换... ，如图2-60所示。

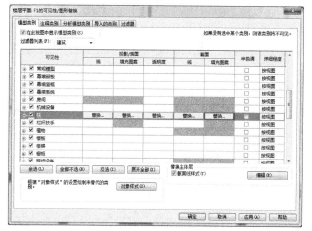

图2-60

技术专题 02 投影/表面与截面的区别

替换图元显示效果时，会出现"投影/表面"与"截面"两个类别。

投影/表面：指当前视图中显示没有剖切图元的表面。例如，"家具"顶面等在视图中低于剖切线的图元，在视图中将显示"投影/表面"效果。

截面：指当前视图中被剖切后图元的截面。例如，"墙""柱"等顶面均高于剖切线的图元，在视图中将显示其截面效果。

03 在"填充图案"下拉列表中选择"实体填充"选项，如图2-61所示。

图2-61

疑难问答

问：除了对当前模型进行样式替换外，可以对链接的模型进行样式替换吗？

答：可以替换。在"可见性/图形替换"对话框中，切换到"导入的类别"选项卡便可实现有链接模型的样式替换。

04 单击"确定"按钮 确定 ，关闭所有对话框，最终效果如图2-62所示。

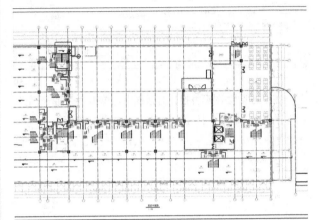

图2-62

知识链接

关于视图范围的设置方法，将在"第14章 施工图设计"中进行详细的讲解。

2.2 修改项目图元

Revit提供了多种图元编辑和修改工具，包括"移动""旋转"和"复制"等常用工具。在修改图元前，用户要选择需要编辑的图元。

2.2.1 选择图元

在Revit中，选择图元共有3种方法：第1种是使用单击选择；第2种是使用框选选择；第3种是使用键盘功能键结合鼠标循环选择。无论使用哪种方法选择图元，都需要使用"修改"工具才可以执行。

修改工具

"修改"工具本身不需要手动选择，默认状态下，软件退出执行所有的命令，就会自动切换到"修改"工具。所以，在操作软件的时候，几乎不用手动切换选择工具。但在某些情况下，为了能更方便地选择相应的图元，需要对修改工具做一些设置，来提高用户的选择效率。

在功能区的"修改"工具下，单击"选择"展开下拉菜单，如图2-63所示。绘图区域右下角的选择按钮，与"选择"下拉菜单中的命令是对应的，如图2-64所示。

图2-63   图2-64

选择工具介绍

选择链接 ⃗：若要选择链接的文件和链接中的各个图元时，则启用该选项。

选择基线图元 ⃗：若要选择基线中包含的图元时，则启用该选项。

选择锁定图元 ⃗：若选择被锁定到位且无法移动的图元时，则启用该选项。

按面选择图元 ⃗：若要通过单击内部面而不是边来选择图元时，则启用该选项。

选择时拖拽图元 ⃗：启用"选择时拖拽图元"选项，可拖曳无须选择的图元。若要避免选择图元时意外移动，可禁用该选项。

技巧与提示

在不同的情况下，要使用不同的选择工具。例如，若要在平面视图中选择楼板，可以打开"按面选择图元"选项，以方便选择。如果当前视图中链接了外部CAD图纸或Revit模型，为了避免在操作过程中误选，可以关闭"选择链接"选项。

选择图元的方法

若要选择单个图元，则将光标移动到绘图区域中的图元上，Revit将高亮显示该图元，并在状态栏和工具提示中显示有关该图元的信息。如果多个图元彼此非常接近或者互相重叠，可将光标移动到该区域并按Tab键，直至状态栏描述所需图元为止，如图2-65所示。按快捷键Shift+Tab，可以按相反的顺序循环切换图元。

若要选择多个图元，则在按住Ctrl键的同时，单击每个图元进行加选。反之，在按住Shift键的同时单击每个图元，可以从一组选定图元中取消选择该图元。将光标放在要选择的图元一侧，并对角拖曳光标以形成矩形边界，从而绘制一个选择框进行框选，如图2-66所示。按Tab键高亮显示连接的图元，然后单击这些图元，可以进行墙链或线链的选择。

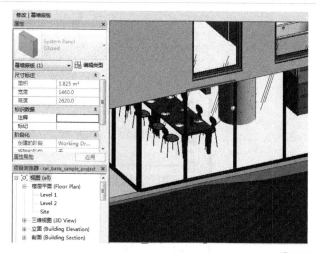

图2-65

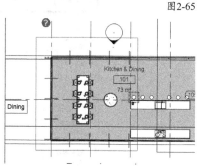

图2-66

若要选择某个类别的图元，则在任意视图中的某个图元，或者项目浏览器中的某个族类型上单击鼠标右键，然后选择"选择全部实例"命令，再选择"在视图中可见"或"在整个项目中"命令，可按类别选择图元，如图2-67所示。

图2-67

若要使用过滤器选择图元，则在选择包含不同类别的图元时，可以使用"过滤器"从选择中删除不需要的类别。"过滤器"对话框中列出当前选择的所有类别的图元，"合计"列指示每个类别中的已选择图元数。当前选定图元的总数显示在对话框的底部，如图2-68所示。

图2-68

在"过滤器"对话框中，可以选择包含的图元类别。若要排除某一类别中的所有图元，则清除其复选框；若要包含某一类别中的所有图元，则选择其复选框；若要选择全部类别，则单击"选择全部"按钮 选择全部(A)；若要清除全部类别，则单击"放弃全部"按钮 放弃全部(N)。修改选择内容时，对话框和状态栏上的总数会随之更新。

技巧与提示

使用框选方式选择图元时，若要仅选择完全位于选择框边界之内的图元，则从左至右拖曳光标；若要选择全部或部分位于选择框边界之内的任意图元，则从右至左拖曳光标。

◆ 选择集

当需要保存当前的选择状态，以供之后快速选择时，可以使用"选择集"工具。在已打开的项目中，可任意选择多个图元。在"修改"选项卡中，会出现"选择集"的相应按钮，如图2-69所示。

图2-69

单击"保存"按钮，打开"保存选择"对话框，输入任意字符之后单击"确定"按钮 确定，这时，当前选择的状态已经被保存在项目中，可随时调用。单击绘图区域空白处，可退出当前选择。如需恢复之前所保存的选择集，可单击"管理"选项卡，在"选择"面板中选择"载入"按钮，打开"恢复过滤器"对话框，如图2-70所示。

图2-70

2.2.2 图元属性

图元属性分为两种，分别是"实例属性"与"类型属性"。接下来，将着重介绍两种属性的区别，及修改其中参数的注意事项。

实例属性

一组共用的实例属性适用于属于特定族类型的所有图元，但是这些属性的值可能会因图元在建筑或项目中的位置而异。修改实例属性的值，将只影响选择集内的图元或者将要放置的图元。

例如，选择一面墙，并且在"属性"面板中修改它的某个实例属性值，则只有该墙受到影响，如图2-71所示。选择一个用于放置墙的工具，并且修改该墙的某个实例属性值，则新值将应用于该工具放置的所有墙。

图2-71

类型属性

同一组类型属性可使一个族中的所有图元共用，而且特定族类型所有实例的每个属性都具有相同的值。

例如，属于"窗"族的所有图元都具有"宽度"属性，但该属性的值因族类型而异。因此，在"窗"族内，族类型为900×1200mm的所有实例，其"宽度"值都为915，如图2-72所示；而族类型为0406×0610mm的所有实例，其"宽度"值都为406，如图2-73所示。修改类型属性的值，会影响该族类型当前和将来的所有实例。

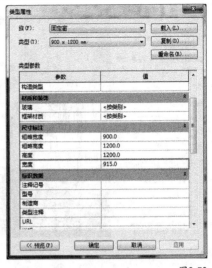

图2-72

图2-73

2.2.3 编辑图元

模型绘制过程中，经常需要对图元进行修改。Revit提供了大量的图元修改工具，包括"移动""旋转"和"缩放"等。在"修改"选项卡中，可以找到这些工具，如图2-74所示。

图2-74

疑难问答 ?

问：Revit修改命令可以像AutoCAD一样，完全使用快捷键操作吗？

答：可以。大部分修改命令提供快捷键供用户使用。如果软件没有预设快捷键，用户也可以设置自己习惯的快捷键完成命令操作。

对齐工具

使用"对齐"工具可将一个或多个图元与选定图元对齐。此工具通常用于对齐墙、梁和线，但也可以用于其他类型的图元。例如，在三维视图中，将墙的表面填充图案与其他图元对齐。可对齐同一类型的图元，也可对齐不同族的图元，并且能够在平面视图、三维视图或立面视图中对齐图元。

切换到"修改"选项卡，单击"修改"面板中的"对齐"按钮![],此时会显示带有对齐符号的光标![],然后在选项栏上选择"多重对齐"选项，将多个图元与所选图元对齐（也可以按住Ctrl键选择多个图元进行对齐），如图2-75所示。在对齐墙时，可使用"首选"选项指明对齐所选墙的方式，如"参照墙面""参照墙中心线""参照核心层表面"或"参照核心层中心"。选择参照图元（要与其他图元对齐的图元），然后选择要与参照图元对齐的一个或多个图元，如图2-76所示。完成对齐命令后，最终效果如图2-77所示。

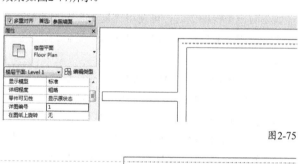

图2-75

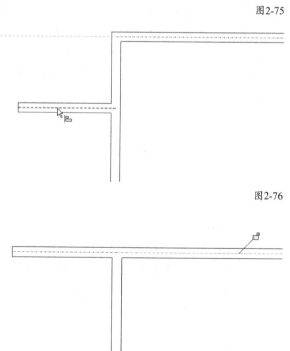

图2-76

图2-77

技巧与提示

使用对齐工具时，如果按Ctrl键，会临时选择"多重对齐"命令。

若要使选定图元与参照图元（稍后将移动它）保持对齐状态，则单击挂锁符号来锁定对齐，如图2-78所示。如果由于执行了其他操作而使挂锁符号消失，则单击"修改"选项并选择"参照图元"命令，使该符号重新显示出来。若要使用新的对齐，则按Esc键；若要退出"对齐"工具，则按两次Esc键。

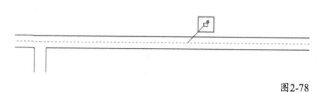

图2-78

使用"偏移"工具，可对选定模型线、详图线、墙和梁进行复制、移动。可对单个图元或属于相同族的图元链应用该工具，通过拖曳选定图元或输入值来指定偏移距离。

单击"修改"选项卡，在"修改"面板中选择"偏移"工具![],选择选项栏上的"复制"选项，可创建并偏移所选图元的副本（如果在上一步中选择了"图形方式"，则按住Ctrl键的同时移动光标可以达到相同的效果）。

选择要偏移的图元或链，若在放置光标的一侧使用"数值方式"选项指定了偏移距离，将会在高亮显示图元的内部或外部显示一条预览线，如图2-79所示。

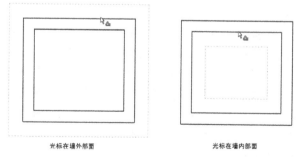

光标在墙外部面　　　　　　光标在墙内部面

图2-79

根据需要移动光标，以便在所需的偏移位置显示预览线，然后单击将图元或链移动到该位置，或在该位置放置一个副本。若要选择"图形方式"选项，则单击以选择高亮显示的图元，然后将其拖曳到所需距离并再次单击。拖曳后将显示一个关联尺寸标注，可以输入特定的偏移距离。

镜像工具

"镜像"工具使用一条线作为镜像轴，对所选模型图元执行镜像（反转其位置）。用户可以拾取镜像轴，也可以绘制临时轴。使用"镜像"工具可翻转选定图元，或者生成图元的一个副本并反转其位置。

选择要镜像的图元，切换到"修改"选项卡，单击"修改"面板上的"镜像-拾取轴"按钮 或"镜像-绘制轴"按钮 ，选择要镜像的图元并按Enter键，如图2-80所示，将光标移动至墙中心线，单击完成镜像，如图2-81所示。若要移动选定项目（不生成副本），则清除选项栏上的"复制"选项。

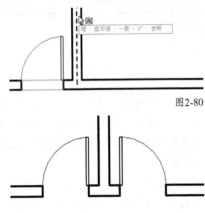

图2-80

图2-81

技巧与提示

若要选择代表镜像轴的线，则选择"镜像-拾取轴"工具 ；若要绘制一条临时镜像轴线，则选择"镜像-绘制轴"工具 。

移动工具

"移动"工具的工作方式类似于拖曳，但它在选项栏上还提供了其他功能，允许进行更精确的放置。

选择要移动的图元，切换到"修改|<图元>"选项卡，单击"修改"面板中的"移动"按钮 （或切换到"修改"选项卡，单击"修改"面板中的"移动"按钮 ），按Enter键，在选项栏上选择所需的选项，如图2-82所示。

修改 | 家具 □约束 □分开 □多个

图2-82

选择"约束"选项，可限制图元沿着与其垂直或共线的矢量方向的移动；选择"分开"选项，可在移动前中断所选图元和其他图元之间的关联。例如，要移动连接到其他墙的墙时，使用"分开"选项将依赖于主体的图元从当前主体移动到新的主体上。建议使用此功能时，清除"约束"选项。

单击一次以输入移动的起点，将会显示该图元的预览图像。沿着图元移动的方向移动光标，光标会捕捉到捕捉点，此时会显示尺寸标注作为参考，再次单击以完成移动操作。如果要更精确地进行移动，则输入图元要移动的距离值，然后按Enter键，如图2-83所示。

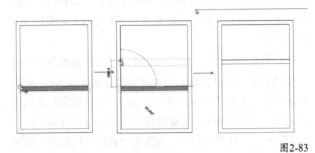

图2-83

复制工具

"复制"工具可复制一个或多个选定图元，并可随即在图纸中放置这些副本。"复制"工具与"复制到剪贴板"工具不同，要复制某个选定图元并立即放置该图元时（如在同一个视图中），可使用"复制"工具；当需要在放置副本之前切换视图时，可使用"复制到剪贴板"工具。

选择要复制的图元，切换到"修改|<图元>"选项卡，单击"修改"面板中的"复制"按钮 （或切换到"修改"选项卡，单击"修改"面板中的"复制"按钮 ），选择要复制的图元按Enter键。单击绘图区域开始移动和复制图元，将光标从原始图元上移动到要放置副本的区域，单击以放置图元副本（或输入关联尺寸标注的值）。可继续放置更多图元，或者按Esc键退出"复制"工具，如图2-84所示。

图2-84

旋转图元

使用"旋转"工具可使图元围绕轴旋转。在楼层平面视图、天花板投影平面视图、立面视图和剖面视图中，图元会围绕垂直于视图的轴进行旋转。在三维视图中，该轴垂直于视图的工作平面。并非所有图元均可以围绕任何轴旋转。例如，墙不能在立面视图中旋转，窗不能在没有墙的情况下旋转。

选择要旋转的图元，切换到"修改|<图元>"选项卡，然后单击"修改"面板中的"旋转"按钮 ，选择要旋转的图元按Enter键。

在放置构件时，选择选项栏上的"放置后旋转"选项，"旋转控制"图标●将显示在所选图元的中心。若要将旋转控制拖至新位置，则将光标放置到"旋转控制"图标●上，按Space键并单击新位置；若要捕捉到相关的点和线，则在选项栏上选择"旋转中心：放置"按钮并单击新位置，如图2-85所示。单击选项栏上的"旋转中心：默认"按钮，可重置旋转中心的默认位置。

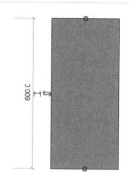

图2-87

使用关联尺寸标注旋转图元。单击指定旋转的开始放射线之后，角度标注将以粗体形式显示。使用键盘输入数值，按Enter键确认可实现精确自动旋转。

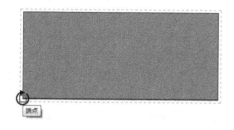

图2-85

在选项栏中，软件提供3个选项供用户选择。选择"分开"选项，可在旋转之前中断选择图元与其他图元之间的连接；选择"复制"选项，可旋转所选图元的副本，而在原来位置上保留原始对象；选择"角度"选项指定旋转的角度，然后按Enter键，Revit会以指定的角度执行旋转。

单击指定旋转的开始放射线，此时显示的线表示第一条放射线。如果在指定第一条放射线时对光标进行捕捉，则捕捉线将随预览框一起旋转，并在放置第二条放射线时捕捉屏幕上的角度。移动光标以放置旋转的结束放射线，此时会显示另一条线，表示此放射线。在旋转时，会显示临时角度标注，并出现一个预览图像，表示选择集的旋转，如图2-86所示。

修剪和延伸图元

使用"修剪"和"延伸"工具可以修剪或延伸一个或多个图元至由相同图元类型定义的边界，也可以延伸不平行的图元以形成角，或者在它们相交时，对它们进行修剪以形成角。选择要修剪的图元时，光标位置指示要保留的图元部分，可以将这些工具用于墙、线、梁或支撑。

修剪或延伸图元，可将两个所选图元修剪或延伸成一个角。切换到"修改"选项卡，在"修改"面板中选择"修剪/延伸为角"按钮，然后选择需要修剪的图元，将光标放置到第二个图元上，屏幕上会以虚线显示完成后的路径效果，如图2-88所示。单击完成修剪，完成后的效果如图2-89所示。

图2-88

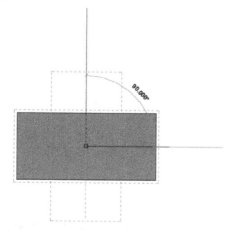

图2-86

单击以放置结束放射线并完成选择集的旋转，选择集会在开始放射线和结束放射线之间旋转，如图2-87所示。Revit会返回到"修改"工具，旋转的图元仍处于选中状态。

图2-89

要将一个图元修剪或延伸到其他图元定义的边界，可切换到"修改"选项卡，在"修改"面板中单击"修剪/延伸单个图元"按钮，选择用作边界的参照图元，并选择要修剪或延伸的图元，如图2-90所示。如果此图元与边界交叉，则保留所单击的部分，而修剪边界另一侧的部分，完成后的效果如图2-91所示。

技巧与提示

可以在工具处于活动状态时，选择不同的"修剪"或"延伸"选项，这也会清除使用上一个选项所做的任何最初选择。

拆分工具

"拆分"工具有两种使用方法，分别是"拆分图元"和"用间隙拆分"。通过"拆分"工具，可将图元分割为两个单独的部分，可删除两个点之间的线段，也可在两面墙之间创建定义的间隙。它可以拆分为墙、线、梁和支撑。

切换到"修改"选项卡，然后在"修改"面板中选择"拆分图元"按钮。如果在选项栏上选择"删除内部线段"选项，Revit会删除墙或线上所选点之间的线段，如图2-94所示。

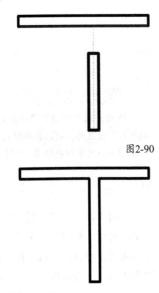

图2-90

图2-91

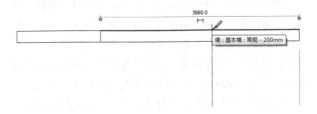

图2-94

切换到"修改"选项卡，单击"修改"面板中的"修剪/延伸多个图元"按钮，选择用作边界的参照图元，并选择要修剪或延伸的每个图元，如图2-92所示。对于与边界交叉的任何图元，只保留单击的部分，而修剪边界另一侧的部分，如图2-93所示。

在图元上要拆分的位置处单击鼠标，如果选择了"删除内部线段"选项，则单击另一个点来删除一条线段，如图2-95所示。拆分某一面墙后，所得到的各部分都是单独的墙，可以单独进行处理。

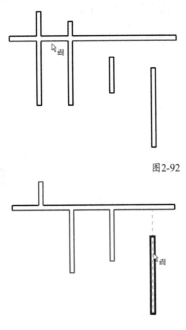

图2-92

图2-93

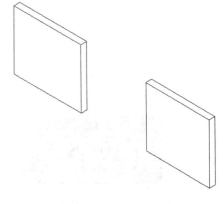

图2-95

要使用定义的间隙拆分墙，可切换到"修改"选项卡，在"修改"面板中单击"用间隙拆分"按钮，在选项栏的"连接间隙"参数中输入数值，如图2-96所示。

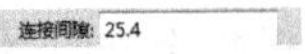

图2-96

"连接间隙"参数的值限制在1.6到304.8之间，将光标移到墙上，然后单击以放置间隙，该墙将被拆分为两面单独的墙，如图2-97所示。

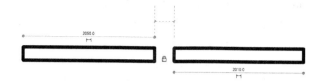

图2-97

要连接使用间隙拆分的墙，可选择"用间隙拆分"按钮，创建某一面墙时，绘图区域中将显示"允许连接"按钮。单击"创建或删除长度或对齐约束"图标，取消对尺寸标注限制条件的锁定。选择"拖曳墙端点"（选定墙上的蓝圈指示），单击鼠标右键，选择"允许连接"命令，如图2-98所示。

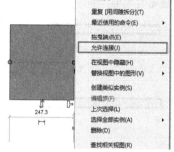

图2-98

将该墙拖曳到第二面墙，将两面墙进行连接。或者单击"创建或删除长度或对齐约束"图标，取消对所有限制条件的锁定后，单击"允许连接"按钮，允许墙不带任何间隙而重新连接。如果间隙数值超过100，图元将无法自动连接；如果需要取消墙体连接，可以选择一面墙，在"拖曳墙端点"选项上单击鼠标右键，然后选择"不允许连接"命令。

解锁工具

"解锁"工具用于对锁定的图元进行解锁。解锁后，可以移动或删除该图元，而不会显示任何提示信息。用户可以选择多个要解锁的图元。如果所选的一些图元没有被锁定，则"解锁"工具无效。

选择要解锁的图元，切换到"修改|<图元>"选项卡，单击"修改"面板中的"解锁"按钮，选择要解锁的图元按Enter键，在绘图区域中单击图钉控制柄将图元解锁后，锁定控制柄附近会显示×，用以指明该图元已解锁，如图2-99所示。

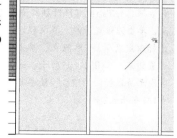

图2-99

阵列工具

阵列的图元可以是沿一条线的"线性阵列"，也可以是沿一个弧形的"半径阵列"。选择要在阵列中复制的图元，切换到"修改|<图元>"选项卡，单击"修改"面板中的"阵列"按钮，选择要在阵列中复制的图元按Enter键，在选项栏上单击"线性"按钮，然后选择所需的选项，如图2-100所示。

图2-100

技巧与提示

使用"成组并关联"选项可以将阵列的每个成员包括在一个组中。如果未选择此选项，Revit将会创建指定数量的副本，而不会使它们成组。放置后，每个副本都独立于其他副本，无法再次修改阵列图元的数量。"项目数"选项可以指定阵列中所有选定图元的总数；"移动到"选项包括"第二个"和"最后一个"两个选项，"第二个"选项可以指定阵列中每个成员间的间距，其他阵列成员出现在第二个成员之后，而"最后一个"选项可以指定阵列的整个跨度，阵列成员会在第一个成员和最后一个成员之间以相等间隔分布；"约束"选项用于限制阵列成员沿着与所选图元在垂直或水平方向上的移动。

设置完成后，将光标移动到指定位置，单击鼠标左键确定起始点。移动光标到终点位置，再次单击完成第二个成员的放置。放置完成后，还可以修改阵列图元的数量，如图2-101所示。如不需要修改，可按Esc键退出，或按Enter键确认。在光标移动的过程中，两个图元之间会显示临时的尺寸标注，通过输入数值确定两个图元之间的距离，然后按Enter键确认。

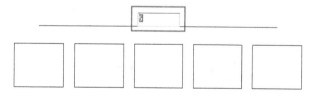

图2-101

要创建半径阵列，先选择在阵列中复制的图元，切换到"修改|<图元>"选项卡，单击"修改"面板中的"阵列"按钮，按Enter键确认，然后在选项栏上单击"径向"按钮，选择所需的选项，选项内容与线性阵列相同。

通过拖曳旋转中心控制点，将其重新定位到所需的位置，也可以单击选项栏上的"旋转中心：放置"选项，然后单击以选择一个位置，阵列成员将放置在以该点为中心的弧形边缘。大部分情况下，都需要将旋转中心控制点从所选图元的中心移走或重新定位，该控制点会捕捉到相关的点和线，也可以将其定位到开放空间中。

将光标移动到半径阵列的弧形开始的位置（一条自旋转符号的中心延伸至光标位置的线），单击以指定第一条旋转放射线。移动光标以放置第二条旋转放射线，此时会显示另一条线，表示此放射线。旋转时会显示临时角度标注，并出现一个预览图像，表示选择集的旋转，如图2-102所示。再次单击可放置第二条放射线，完成阵列，如图2-103所示。此时，在输入框中输入阵列的数量，按Enter键完成，如图2-104所示。

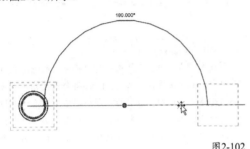

图2-102

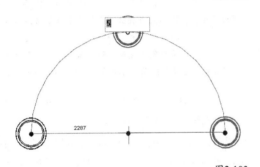

图2-103

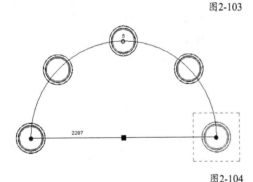

图2-104

缩放工具

若要同时修改多个图元，可使用造型操纵柄或"比例"工具。"比例"工具适用于线、墙、图像、参照平面、DWG和DX以及尺寸标注的位置，以图形方式或数值方式按比例缩放图元。

调整图元大小时，需要定义一个原点，图元将相对于该固定点等比改变大小。所有图元必须位于平行平面中，选择集中的所有墙必须都具有相同的底部标高。

如果选择并拖曳多个图元的操纵柄，Revit会同时调整这些图元的大小。拖曳多个墙控制柄，可同时调整它们

的大小。将光标移到要调整大小的第一个图元上，然后按Tab键，当所需操纵柄呈高亮显示时，单击选择即可。例如，要调整墙的长度，可将光标移动到墙的端点上，按Tab键高亮显示该操纵柄，然后单击选择。

将光标移到要调整大小的下一个图元上，然后按Tab键，直到所需操纵柄高亮显示，在按Ctrl键的同时，单击将其选择。对所有剩余图元重复执行此操作，直到选择了所有所需图元上的控制柄，如图2-105所示。在单击选择其他图元时，需要按Ctrl键。单击所选图元之一的控制柄，并拖曳该控制柄以调整大小，将同时调整其他选定图元的大小。

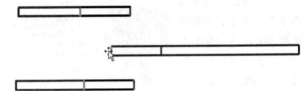

图2-105

技巧与提示

若要取消选择某个选定的图元（但不取消选择其他图元），则将光标移动到所选图元上，然后在按Shift键的同时单击该图元。

以图形方式进行比例缩放时需要单击3次，第1次单击确定原点，后两次单击定义比例。Revit通过确定两个距离的比率来计算比例系数。例如，假定绘制的第1个距离为5cm，第2个距离为10cm，此时比例系数的计算结果为2，图元将变成其原始大小的两倍。

选择要进行比例缩放的图元，切换到"修改|<图元>"选项卡，单击"修改"面板中的"缩放"按钮，接着按Enter键确认，在选项栏上选择"图形方式"选项，如图2-106所示，然后在绘图区域中单击以设置原点。

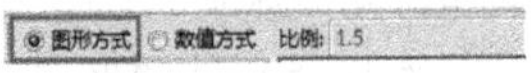

图2-106

技巧与提示

原点是图元相对于它改变大小的点，光标可捕捉到多种参照，按Tab键可修改捕捉点移动光标以定义第一个参照点，单击以设置长度。再次移动光标以定义第2个参照点，单击设置该点，如图2-107所示。选定图元将进行比例缩放，使参照点1与参照点2重合。

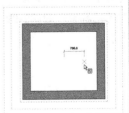

图2-107

若要以数值方式进行比例缩放，可先选择要进行比例缩放的图元，切换到"修改|<图元>"选项卡，单击"修改"面板中的"缩放"按钮，按Enter键确认，然后在选项栏上选择"比例方式"选项，在"比例"框内输入参数，如图2-108所示，最后在绘图区域中单击设置原点，如图2-109所示，图元将以原点为中心缩放。

图2-108

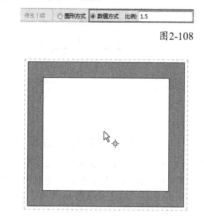

图2-109

删除工具

"删除"工具可将选定图元从绘图中删除，但不会将删除的图元粘贴到剪贴板中。

选择要删除的图元，切换到"修改|<图元>"选项卡，单击"修改"面板中的"删除"按钮，然后按Enter键确认，如图2-110所示。

图2-110

族编辑器界面

族编辑器界面与项目界面非常类似，如图2-111所示，其菜单和项目界面也基本相同，在此不再赘述。值得注意的是，族编辑器界面会随着族类别或族样板的不同有所区别，主要是在"创建"面板中的工具以及"项目浏览器"中的视图等会有所不同。

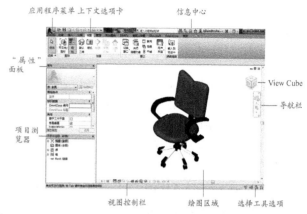

图2-111

概念体量是Revit用于创建体量族的特殊环境，其特征是默认在3D视图中操作，形体创建的工具也与常规模型有所不同，如图2-112所示。

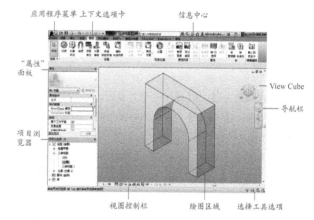

图2-112

2.3 文件的插入与链接

开始搭建模型时，经常需要从外部载入族、CAD图纸或链接其他专业的Revit模型。在这个过程中，插入、链接这类操作出现得非常频繁。但不论是插入还是链接，都需要注意明确目标图元的坐标信息与单位，这样才能保证模型可以顺利地载入项目中。

构建Revit模型就像搭积木，需要不断地向模型中添加不同的图元。一些图元需要载入项目中，另外一些图元只需链接进来作为参考。Revit充分地考虑到了这点，为用户提供了多种命令来实现不同目的的插入与链接，如图2-113所示。

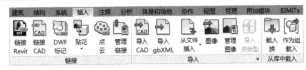

图2-113

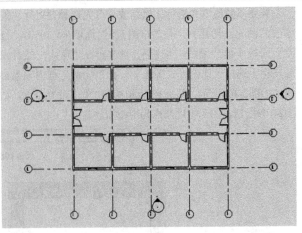

图2-116

2.3.1 链接外部文件

在项目实施过程中，用户经常会用不同的软件来创建模型与图纸。例如，方案阶段会使用Sketchup来创建三维模型，使用AutoCAD来绘制简单的二维图纸，这些文件都可以链接到Revit文件中，作为参考使用。

RVT：使用Revit软件来创建的文件格式。

DWG：通常是由AutoCAD软件创建的文件格式。

SKP：由Sketchup软件创建的文件格式。

SAT：由ACIS核心开发出来的应用程序的共通格式。

DGN：由MicroStation软件创建的文件格式。

DWF：由Revit或AutoCAD等软件导出的文件格式。

技术专题 03 绑定链接模型

使用链接方式载入的模型文件，不可以进行编辑。如果需要编辑链接模型，可以将模型绑定到当前项目中。选择链接模型，然后单击选项栏中的"绑定链接"按钮 ，如图2-117所示，在打开的对话框中选择需要绑定的项目，然后单击"确定"按钮 确定 ，如图2-118所示。

图2-117   图2-118

实战：链接Revit文件

场景位置　场景文件>第2章>05.rvt
实例位置　实例文件>第2章>实战：链接Revit文件.rvt
难易指数　★★☆☆☆
技术掌握　掌握链接Revit模型的操作方法

01 新建项目文件，打开任意平面视图，然后切换到"插入"选项卡，接着单击"链接"面板中的"链接Revit"按钮 ，如图2-114所示。

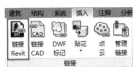

图2-114

02 在对话框中选择学习资源中的"场景文件>第2章>05.rvt"文件，设置"定位"为"自动—原点到原点"，如图2-115所示，效果如图2-116所示。

实战：链接CAD文件

场景位置　场景文件>第2章>06.dwg
实例位置　实例文件>第2章>实战：链接CAD文件.rvt
难易指数　★★☆☆☆
技术掌握　掌握链接CAD文件的操作方法

01 新建项目文件，切换到"插入"选项卡，然后单击"链接"面板中的"链接CAD"按钮 ，如图2-119所示。

图2-119

02 在打开的对话框中设置文件格式，然后选择文件并设置好相关参数，接着单击"打开"按钮 打开(O) ，如图2-120所示，最终完成效果如图2-121所示。

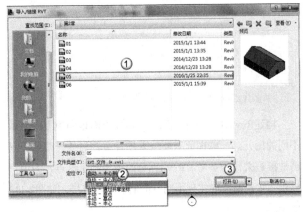

图2-115

图2-120

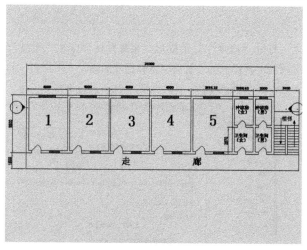

图2-121

技术专题 04 绑定链接模型

链接CAD对话框中提供了丰富的设置供用户选择，用户可以根据实际情况进行设置，如图2-122所示。

图2-122

仅当前视图：选择此选项，链接或导入的文件只显示在当前视图，不会出现在其他视图中。

颜色：提供3种选项，分别是"反选""保留"和"黑白"，代表文件原始颜色是否替换。默认选项为"保留"，导入文件后保存原始颜色状态。

图层/标高：提供3种选项，分别是"全部""可见"和"指定"。默认选项为"全部"，即原文件全部图层都会被链接或导入；"可见"选项为只链接或导入原文件中的可见图层；"指定"选项为用户提供图层信息表，可自定义选择导入的图层。

导入单位：指原文件的单位尺寸，一般为毫米，软件提供"自动检测""英尺""英寸"等。

定位：链接文件的坐标位置，一般选择"自动-原点到原点"统一文件坐标，也可选择手动，进行文件位置的手动放置。

放置于：链接文件的空间位置。选择某一标高后，链接文件将放置于当前标高位置。在三维视图或立面视图中，可以体现出链接空间高度。

2.3.2 导入外部文件

除了可以链接文件外，Revit还支持向项目内部导入文件。支持导入的格式与链接方式中所包含的格式大致相同，它还支持图像及gbxlm文件的导入。

疑难问答 ?

问：链接DWG文件与导入DWG文件有什么区别？

答：链接方式相当于AutoCAD软件中的外部参照，所链接的文件只是引用关系，一旦源文件更新后，链接到项目中的文件也会相应更新。如果是导入方式，所导入的文件将成为项目文件的一部分，用户可以对其进行"分解"等操作。

实战：导入图像文件

场景位置 场景文件>第2章>07.jpg
实例位置 实例文件>第2章>实战：导入图像文件.rvt
难易指数 ★★☆☆☆
技术掌握 掌握导入CAD文件的操作方法

01 新建项目文件，切换到"插入"选项卡，然后单击"导入"面板中的"图像"按钮，如图2-123所示。

图2-123

02 在"导入图像"对话框中选择场景文件的图片，然后单击"打开"按钮 打开(O)，如图2-124所示。

图2-124

03 移动光标到合适的位置后，单击确认放置图片，如图2-125所示，效果如图2-126所示。

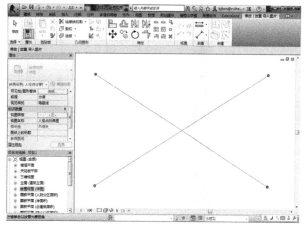

图2-125

图2-126

可以将图像文件导入二维视图或图纸中，但不能将图像导入三维视图中。

2.4 选项工具的使用方法

"选项"工具提供Revit全局设置，包括界面的UI、快捷键和文件位置等常用选项设置。可以在开启Revit文件或关闭状态下对其进行设置更改。

打开Revit后，单击"应用程序菜单"图标，打开下拉菜单，如图2-127所示。单击"选项"按钮，打开"选项"对话框，其中提供了常用的设置选项供用户选择。

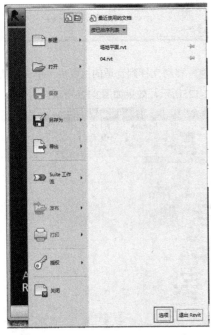

图2-127

2.4.1 修改文件保存提醒时间

打开"选项"对话框后，系统默认停留在"常规"选项栏，其提供的设置有"保存提醒间隔""用户名"和"工作共享更新频率"等，如图2-128所示。

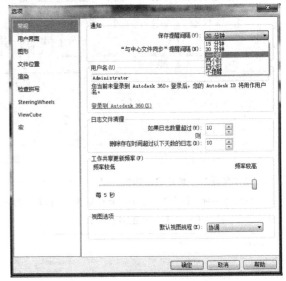

图2-128

"保存提醒间隔"用来设置软件自动提示保存对话框的打开时间，软件的默认预设值为30分钟。如果模型文件较大，建议用户将其调整为1小时，以达到增加绘图时间的目的。

展开"保存提醒间隔"下拉菜单，其会提供几种不同的时间分隔供用户选择，单击选择"一小时"，如图2-129所示，然后单击"确定"按钮，"保存提醒间隔"的时间就由默认的"30分钟"调整为"一小时"。如果当前文件为中心文件副本，可将"与中心文件同步"提醒间隔也做相应的修改。

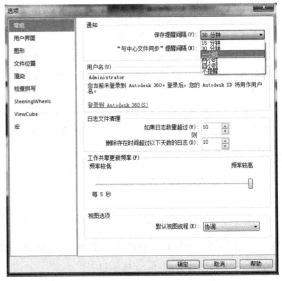

图2-129

一般将"与中心文件同步"提醒间隔时间设置为"两小时",因为同步过程中文件需上传到服务器端,时间相对较长。这样可以保证工作组内的人可以即时看到模型更新的内容,也不会将过多的时间浪费在模型同步上。

2.4.2 软件背景颜色调整

许多用户在初次接触Revit的时候,可能不太习惯软件的背景。大部分建筑师或其他专业工程师习惯了AutoCAD的黑色背景,而Revit默认的绘图背景为白色。下面介绍如何将Revit的背景调整成与AutoCAD一致的黑色。

打开"选项"对话框,将当前选项切换到"图形",将光标定位于"颜色"面板,然后在"颜色"面板中单击背景后的色卡,在打开的颜色对话框中选择黑色,再单击"确定"按钮 确定 ,如图2-130所示。

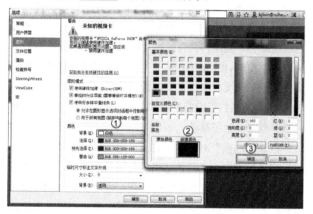

图2-130

除了调整背景色以外,图形选项中还提供了其他设置。譬如"使用硬件加速(Direct3D®)",选择后,可以加快显示模型的速度与视图切换。但如果图形显示有问题,或软件因此意外崩溃,要取消此项选择。

2.4.3 快捷键使用及更改

为了高效率地完成设计任务,设计师都会为软件设置一些快捷键来提高绘图效率。同样,要在Revit中高质量、快速地完成设计任务,同样需要设置一些常用的快捷键来提高效率。可以通过"搜索文字"或"过滤器"两种方式显示相关的命令,然后赋予相应的快捷键即可。如果设置的快捷键为单个字母或数字,使用快捷键时可能需要按下快捷键后再按Space键才起作用。

★重点★
实战：添加与删除快捷键

场景位置 无
实例位置 实例文件>第2章>实战：添加与删除快捷键.rvt
难易指数 ★☆☆☆☆
技术掌握 掌握快捷键添加与删除的方法

01 在"选项"对话框中切换到"用户界面"选项,然后单击"自定义"按钮 自定义(C)... ,如图2-131所示。

图2-131

02 在搜索框内输入"移动",选择"移动"命令,然后在"按新键"文本框内输入新的快捷键,接着单击"指定"按钮 指定(A) ,如图2-132所示。

图2-132

03 在快捷方式一栏中,选择需要删除的快捷键,然后单击"删除"按钮 删除(R) ,接着单击"确定"按钮 确定 ,如图2-133所示。

图2-133

疑难问答 ?

问：Revit支持单个命令设置多个快捷键吗？

答：支持，默认添加新的快捷键时会保留原始快捷键。其优点是在日常工作中可以使用自定义的快捷键，当他人操作软件时也可以使用默认快捷键，不发生冲突。

实战： 导入与导出快捷键设置

场景位置　无
实例位置　实例文件>第2章>实战：导入与导出快捷键设置.xml
难易指数　★★☆☆☆
技术掌握　掌握修改完成的快捷键文件的使用方法

01 打开"快捷键"对话框，单击"导出"按钮 导出(E)... ，如图2-134所示。

图2-134

02 在"另存为"对话框中输入文件名称，然后单击"保存"按钮 保存(S) ，如图2-135所示。

图2-135

2.4.4 指定渲染贴图位置

许多用过3ds Max的用户都遇到过文件拷贝到其他计算机后贴图丢失的情况。3ds Max本身提供贴图打包功能，可以将当前模型中所用到的贴图包括模型文件一并打包进压缩包。同样，具有渲染功能的Revit也会有类似的事情发生。在Revit中渲染，如果有自定义材质，需要将贴图文件放到一个文件夹中，到其他计算机打开文件后，指定贴图文件的路径就可以避免贴图丢失的情况。下面介绍如何指定自定义贴图路径。

打开"选项"对话框，将当前选项切换到"渲染"，然后将光标定位于"其他渲染外观路径"面板。单击"添加值"按钮，在右侧地址栏中输入贴图路径，如图2-136所示，或单击 按钮定位到所需位置，单击"打开"按钮 确定 完成操作，如图2-137所示。

图2-136

图2-137

如果需要删除现有路径，可以选择列表中的路径，并单击"删除值"按钮━。若要修改列表中路径的顺序，可以使用"向上移动行"按钮╬或者"向下移动行"按钮╬进行调节。

技巧与提示

如果为渲染外观和贴花指定了图像文件，当Revit需要访问图像文件时，首先会使用绝对路径在为该文件指定的位置中查找。如果在该位置找不到相应文件，则Revit将按照路径在列表中的显示顺序，依次在这些路径中搜索。

第3章

场地模型的建立

Employment Direction
从业方向 ↙

建筑设计   结构设计

机电设计   幕墙设计

室内设计   景观设计

3.1 项目位置

项目开始之初，需要对项目的地理位置进行定位，以为后期进行相关的分析、模拟提供有效的数据。根据地理位置得到的气象信息，将在能耗分析中被充分应用。可以使用街道地址、距离最近的主要城市或经纬度来指定它的地理位置。

3.1.1 Internet映射服务

在设置项目的地理位置时，用户需要新建一个项目文件，才可以继续后面的操作。单击"应用程序菜单"图标，执行"新建>项目"命令，打开"新建项目"对话框，在"样板文件"中选择"建筑样板"选项，然后单击"确定"按钮 确定 。切换到"管理"选项卡，在"项目位置"面板中单击"地点"按钮 。如果当前计算机已经连接到互联网，可以在"定义位置依据"下拉列表中选择"Internet映射服务"选项，通过Bing地图服务显示互动的地图，如图3-1所示。

图3-1

输入详细地址查找----------

在"项目地址"处键入"北京"，然后单击"搜索"，Bing地图自动将地理位置定位到北京。此时将看到一些地理信息，包括项目地址、经纬度等，如图3-2所示。如需精确定位到当前城市的具体位置，可以将光标移动到 图标上，按下鼠标左键进行拖曳，直至拖曳到合适的位置。

图3-2

● 输入经纬度坐标查找------------------------

除了使用Bing地图的搜索功能，还可以在"项目地址"栏里输入经纬度坐标，按照"纬度，经度"的格式进行输入，如图3-3所示。

图3-3

技巧与提示

如果当前无法连接网络，但可得知项目地点精确的经纬度，此时可以直接输入经纬度信息来确定地理位置，相应的天气数据信息等系统会自动调用，不影响后期日光分析等功能的使用。

3.1.2 默认城市列表

如果计算机无法连接互联网，可以通过软件自身的城市列表进行选择。在"定义位置依据"列表下，选择"默认城市列表"选项，然后在"城市"列表中选择所在的城市，如图3-4所示。同样，也可以直接输入城市的经纬度值来指定项目的位置，如图3-5所示。

图3-4

图3-5

打开"位置、气候和场地"对话框，切换到"天气"选项卡，可以看到这里已经提供了相应的气象信息，如图3-6所示。"天气"选项卡中会填入最近一个气象站提供的数据。

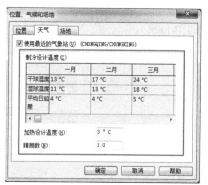

图3-6

疑难问答 ?

问：为什么要事先设置地理位置信息，对后期项目设置有什么影响？

答：只有输入正确的地理位置信息，对后期的日光、风向等分析的数据才会准确，有利于建筑师把控项目的各项指标。

实战： 设置项目的实际地理位置

场景位置	无
实例位置	实例文件>第3章>实战：设置项目的实际地理位置.rvt
难易指数	★★☆☆☆
技术掌握	掌握使用经纬度信息来定位地理信息的方法

⓪① 打开软件后，在初始界面中单击"建筑样板"，创建一个项目文件，如图3-7所示。

图3-7

⓪② 切换到"管理"选项卡，然后单击"项目位置"面板

中的"地点"按钮⑩，如图3-8所示。

图3-8

03 在"位置、气候和场地"对话框中，将"定义位置依据"选项改为"默认城市列表"，如图3-9所示。

图3-9

04 设置"纬度"为39.943849°、"经度"为116.470377°，如图3-10所示。

图3-10

05 切换到"天气"选项卡，可以看到软件已经根据经纬度信息，自动切换到了最近城市的气象站数据，如图3-11所示。

图3-11

3.2 场地设计

绘制一个地形表面，然后添加建筑红线、建筑地坪、停车场和场地构件，并为这一场地设计创建三维视图或进行渲染，以提供真实的演示效果。

3.2.1 场地设置

开始场地设计之前，可以根据需要对场地做一个全局设置，包括定义等高线间隔、添加用户定义的等高线，以及选择剖面填充样式等。

切换到"体量和场地"选项卡，然后单击"场地建模"面板中的"场地设置"按钮 ⬛，如图3-12所示。

图3-12

🔵 **显示等高线并定义间隔**----------------------------

在"显示等高线"中选择"间隔"选项，并输入一个值作为等高线间隔，如图3-13所示。如果将等高线间隔设置为10000mm、"经过高程"为0mm时，等高线将出现在0m、10m和20m的位置。当"经过高程"的值设置为5000mm时，则等高线出现在5m、15m和25m的位置。

图3-13

🔵 **将自定义等高线添加到平面中**------------------------

在"显示等高线"中取消选择"间隔"选项，就可以在"附加等高线"中添加自定义等高线。当"范围类型"为单一值时，可为"起点"指定等高线的高程，为"子类别"指定等高线的线样式，如图3-14所示。

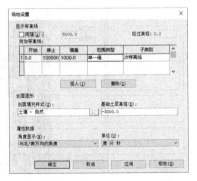

图3-14

当"范围类型"为多值时，可指定"附加等高线"的"起点""终点"和"增量"属性，为"子类别"指定等高线的线样式，如图3-15所示。

图3-15

指定剖面图形----------------------

"剖面填充样式"选项可为剖面视图中的场地赋予不同效果的材质。"基础土层高程"用于控制土壤横断面的深度，该值控制项目中全部地形图元的土层深度，如图3-16所示。

图3-16

指定属性数据设置----------------------

"角度显示"提供了两种选项，分别是"度"和"与北/南方向的角度"。如果选择"度"，则在建筑红线方向角表中，以360度方向标准显示建筑红线，使用相同的符号显示建筑红线标记。

"单位"提供了两种选项，分别是"度分秒"和"十进制度数"。如果选择"十进制度数"，建筑红线方向角表中的角度则显示为十进制数而不是度、分和秒。

问：设置场地各项参数会影响哪些视图？

答：通常只要是有显示场地的视图都会受影响。例如，在剖面视图中如剖切到地形，那么在当前视图中就会按照事先设置好的剖面填充样式来显示。

3.2.2 场地建模

在建筑设计过程中，首先要确定项目的地形结构。Revit中提供了多种建立地形的方式，根据勘测到的数据，可以将场地的地形直观地复原到计算机中，以便为后续建筑设计提供有效的参考。

创建地形表面----------------------

"地形表面"工具用点或导入的数据来定义地形表面，可以在三维视图或场地平面中创建地形表面，在场地平面视图或三维视图中查看地形表面。在查看地形表面时，请考虑以下事项。

"可见性"列表中有两种地形点子类别，即"边界"和"内部"，Revit会自动将点进行分类。"三角形边缘"选项默认情况下是关闭的，从"可见性/图形替换"对话框的"模型类别/地形"类别中将其选中，如图3-17所示。

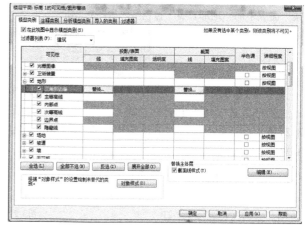

图3-17

通过放置点来创建地形表面----------------------

打开三维视图或场地平面视图，切换到"体量和场地"选项卡，单击"场地建模"面板中的"地形表面"按钮。默认情况下，功能区上的"放置点"工具处于活动状态。在选项栏上设置"高程"的值，然后设置"高程"为"绝对高程"选项，指定点将会显示在高程处，可以将点放置在活动绘图区域中的任何位置。选择"相对于表面"选项，可以将指定点放置在现有地形表面上的高程处，从而编辑现有地形表面。要使该选项的使用效果更明显，需要在着色的三维视图中工作，依次输入不同的高程点，并在绘图区域单击完成高程点的放置，如图3-18所示，然后单击"完成"按钮，完成当前地形的创建。

图3-18

实战：使用放置点命令生成地形

场景位置　场景文件>第3章>01.rvt
实例位置　实例文件>第3章>实战：使用放置点命令生成地形.rvt
难易指数　★★☆☆☆
技术掌握　掌握使用外部CAD文件创建地形的方法

01 打开学习资源中的"场景文件>第3章>01.rvt"文件，如图3-19所示。

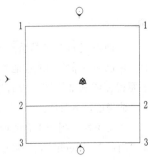

图3-19

02 切换到"体量和场地"选项卡，然后单击"场地建模"面板中的"地形表面"按钮，如图3-20所示。

图3-20

03 在"工具"面板中单击"放置点"工具，如图3-21所示，然后在选项栏中设置"高程"为200，如图3-22所示。

图3-21

图3-22

04 在视图中依次单击标识为1的交点放置高程点，标识为2的交点设置高程为1000并放置高程点，标识为3的交点设置高程为4000并放置高程点，如图3-23所示。

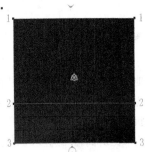

图3-23

05 放置完成后，单击"完成表面"按钮，切换到三维视图查看，最终效果如图3-24所示。

图3-24

疑难问答 ?

问：放置完成的高程点，还可以修改吗？

答：可以修改。只要选中相应的高程点，在工具选项栏中可以修改其高程参数，也可以按住鼠标左键进行位置的拖曳。

● 使用导入的三维等高线数据

可以根据以DWG、DXF或DGN格式导入的三维等高线数据自动生成地形表面，Revit会分析数据并沿等高线放置一系列高程点（此过程在三维视图中进行）。

切换到"插入"选项卡，单击"导入"面板中的"导入CAD"按钮，在弹出的对话框中选择地形文件，单击"打开"按钮。切换到"修改|编辑表面"选项卡，在"工具"面板中设置"通过导入创建"为"选择导入实例"命令，选择绘图区域中已导入的三维等高线数据，此时出现"从所选图层添加点"对话框，选择要将高程点应用于其的图层，如图3-25所示，单击"确定"按钮，然后单击"完成"按钮，完成当前地形的创建。

图3-25

实战：使用CAD文件生成地形

场景位置　场景文件>第3章>02.dwg
实例位置　实例文件>第3章>实战：使用CAD文件生成地形.rvt
难易指数　★★☆☆☆
技术掌握　掌握使用CAD文件创建地形的方法

01 新建项目文件，切换到"场地"视图，如图3-26所示。

图3-26

02 切换到"插入"选项卡，然后单击"导入"面板中的"导入CAD"按钮，如图3-27所示。

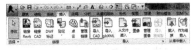

图3-27

03 在打开的"导入CAD格式"对话框中，选择要导入的文件，然后设置"导入单位"为"米"，接着单击"打开"按钮 [打开(Q)]，如图3-28所示。

图3-28

04 切换到"体量和场地"选项卡，然后单击"场地建模"面板中的"地形表面"按钮，如图3-29所示。

图3-29

05 在"工具"面板中单击"通过导入创建"选项，然后选择"选择导入实例"命令，如图3-30所示，拾取已导入的CAD图形文件，效果如图3-31所示。

图3-30

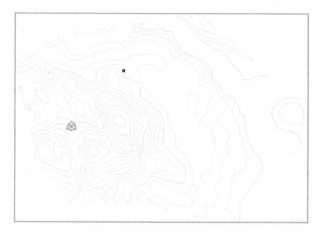

图3-31

疑难问答

问：导入CAD文件后，无法拾取CAD图形生成地形是怎么回事？

答：请检查导入CAD文件时是否选择了"仅当前视图"选项。如已选择，则无法在平面视图中拾取。

06 在"从所选图层添加点"对话框中选取有效的图层，然后单击"确定"按钮 [确定]，如图3-32所示。

图3-32

07 单击"完成表面"按钮，完成当前地形的创建，如图3-33所示，然后切换到三维视图，查看地形的最终效果，如图3-34所示。

图3-33

图3-34

使用点文件

切换到"修改|编辑表面"选项卡，在"工具"面板中，选择"通过导入创建"菜单下的"指定点文件"命令。在打开的"打开"对话框中，定位到点文件所在的位置，在"格式"对话框中指定用于测量点文件中的点的单位，如图3-35所示，然后单击"确定"按钮 [确定]，Revit将根据文件中的坐标信息生成点和地形表面，单击"完成表

面"按钮✔，完成当前地形的创建。

图3-35

技巧与提示

点文件通常是由土木工程软件应用程序来生成的。使用高程点的规则网格，该文件提供等高线数据。要提高具有大量高程点的地形表面运算性能，可以进行表面简化。

实战：使用点文件生成地形

场景位置　场景文件>第3章>03.txt
实例位置　实例文件>第3章>实战：使用点文件生成地形.rvt
难易指数　★★☆☆☆
技术掌握　掌握使用点文件创建地形的方法

01 新建项目文件，切换到"场地"视图，如图3-36所示。

图3-36

02 切换到"体量和场地"选项卡，然后单击"场地建模"面板中的"地形表面"按钮，如图3-37所示。

图3-37

03 单击"通过导入创建"选项下的"指定点文件"命令，如图3-38所示。

图3-38

04 在"打开"对话框中设置"文件类型"为"逗号分隔文本"，然后选择要导入的高程点文件，接着单击"打开"按钮，如图3-39所示。

图3-39

05 在"格式"对话框中设置单位为"米"，如图3-40所示，然后单击"完成表面"按钮✔，完成当前地形的创建，如图3-41所示。

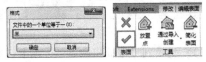

图3-40　　　　图3-41

06 切换到三维视图，查看地形的最终效果，如图3-42所示。

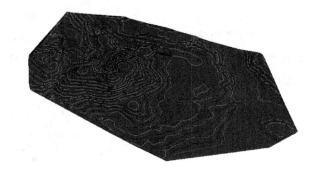

图3-42

简化地形表面

地形表面上的每个点会创建三角几何图形，这样会增加计算耗用。当使用大量的点创建地形表面时，可以简化表面来提高系统性能。

切换到"修改|地形"选项卡，单击"表面"面板中的"编辑表面"按钮，切换到"编辑表面"选项卡，单击"工具"面板中的"简化表面"按钮，打开场地平面视图，选择地形表面，输入表面精度值，单击"确定"按钮，如图3-43所示，然后单击"完成表面"按钮✔。

图3-43

3.2.3 修改场地

当原始的地形模型建立完成后，为了更好地进行后续工作，还需要对生成之后的地形模型进行一些修改与编辑，其中包括地形的拆分和平整等工作。

拆分地形表面--------------------------------

用户可以将一个地形表面拆分为多个不同的表面，然后分别编辑各个表面。拆分表面后，可以为这些表面指定不同的材质来表示公路、湖、广场或丘陵，也可以删除地形表面的一部分。

如果导入文件时未测量区域出现了瑕疵，可以使用"拆分表面"工具，删除由导入文件生成的多余的地形表面。

打开场地平面或三维视图，切换到"体量和场地"选项卡，单击"修改场地"面板中的"拆分表面"按钮 ，在绘图区域中选择要拆分的地形表面，Revit将进入草图模式，绘制拆分表面，如图3-44所示，单击"确定"按钮 确定 ，然后单击"完成"按钮 ✔，完成后的地形效果如图3-45所示。

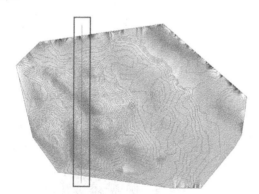

图3-44

图3-45

合并地形表面--------------------------------

使用"合并 表面"命令可以将两个单独的地形表面合并为一个表面，此工具对于重新连接拆分表面非常有用。要合并的表面必须重叠或共享公共边。

切换到"体量和场地"选项卡，单击"修改场地"面板中的"合并 表面"按钮 ，在选项栏上去掉选择"删除公共边上的点"选项（此选项可删除表面被拆分后所被插入的多余点，在默认情况下处于选中状态），选择一个要合并的地形表面，然后选择另一个地形表面，如图3-46所示，这两个表面将合并为一个，如图3-47所示。

图3-46

图3-47

地形表面子面域--------------------------------

"地形表面子面域"是在现有地形表面中绘制的区域。例如，可以使用子面域在平整表面、道路或岛上绘制停车场。创建子面域不会生成单独的表面，仅定义可应用不同属性集（例如材质）的表面。

打开一个显示地形表面的场地平面，切换到"体量和场地"选项卡，单击"修改场地"面板中的"子面域"按钮 ，Revit将进入草图模式，单击绘制工具在地形表面上创建一个子面域，如图3-48所示，然后单击"完成表面"

按钮✔，完成子面域的添加，如图3-49所示。

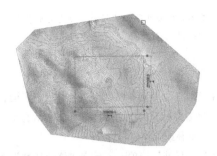

图3-48

图3-49

　　若要修改子面域，可选择子面域并切换到"修改|地形"选项卡，然后单击"模式"面板中的"编辑边界"按钮🔲，再单击"拾取线"按钮🖊（或使用其他绘制工具修改地形表面上的子面域）即可。

实战：使用子面域创建道路

场景位置　场景文件>第3章>04.rvt
实例位置　实例文件>第3章>实战：使用子面域创建道路.rvt
难易指数　★★☆☆☆
技术掌握　掌握地形分割及添加子面域的绘制方法

01 打开学习资源中的"场景文件>第3章>04.rvt"文件，切换到"场地"视图，如图3-50所示。

图3-50

02 切换到"体量和场地"选项卡，然后单击"修改场地"面板中的"拆分表面"按钮🔲，如图3-51所示。

图3-51

03 拾取之前绘制完成的地形，然后在"绘图"面板中选择"矩形"绘制工具▭，如图3-52所示。

图3-52

04 在地形上绘制拆分区域，然后单击"完成编辑模式"按钮✔，如图3-53所示。

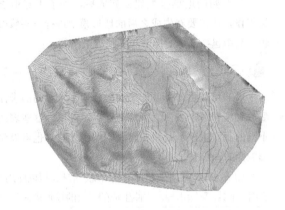

图3-53

05 选择需要删除的地形，按键盘上的Delete键或单击"修改"面板上的"删除"按钮✖，将多余地形删除，如图3-54所示。

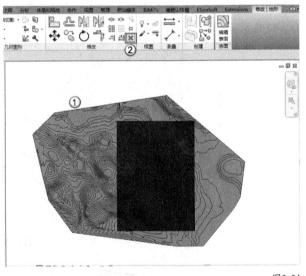

图3-54

06 单击"修改场地"面板中的"子面域"按钮🔲，如图3-55所示，然后在"绘图"面板中选择"矩形"绘制工具▭，如图3-56所示。

图3-55　　　　图3-56

07 在地形上绘制子面域的形状，然后单击"完成编辑模式"按钮✔，如图3-57所示。

08 选择创建完成的子面域，然后在"属性"面板中单击"材质"属性后的▭按钮，如图3-58所示。

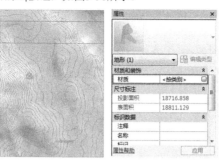

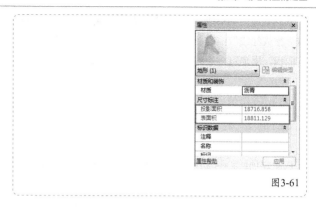

图3-57　　　　图3-58

09 在"材质浏览器"对话框中，选择"沥青"材质，然后单击"确定"按钮 确定 ，如图3-59所示。最终完成的效果如图3-60所示。

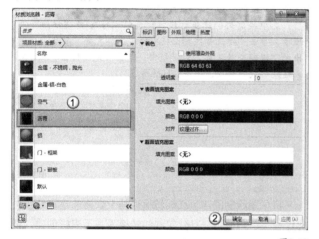

图3-59

图3-61

3.2.4 建筑红线

在Revit中创建建筑红线，可以选择"通过输入距离和方向角来创建"和"通过绘制来创建"。绘制完成的建筑红线，系统会自动生成面积信息，并可以在明细表中统计。

🍩 通过绘制来创建-----------------------------

打开一个场地平面视图，切换到"体量和场地"选项卡，单击"修改场地"面板中的"建筑红线"按钮，在"创建建筑红线"对话框中选择"通过绘制来创建"选项，如图3-62所示，然后单击"拾取线"按钮（或使用其他绘制工具来绘制线），如图3-63所示，再单击"完成红线"按钮✔，如图3-64所示。

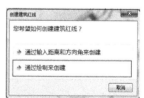

图3-62

图3-63

图3-60

疑难问答 ?

问：可以统计子面域的面积吗？

答：可以统计。选中创建完成的子面域，然后在实例"属性"面板中可以看到其投影面积与表面积，如图3-61所示。

图3-64

这些线应当形成一个闭合环，如果绘制一个开放环并单击"完成红线"按钮✔，Revit会发出一条警告，说明无法计算面积。用户可以忽略该警告继续工作，或将环闭合。

实战：绘制办公楼建筑红线

场景位置	无
实例位置	实例文件>第3章>实战：绘制办公楼建筑红线.rvi
难易指数	★★☆☆☆
技术掌握	掌握建筑红线的绘制方法与技巧

01 新建项目文件，切换到"场地"视图，如图3-65所示。

图3-65

02 切换到"体量和场地"选项卡，然后单击"修改场地"面板中的"建筑红线"按钮，如图3-66所示，接着在打开的"创建建筑红线"对话框中选择"通过绘制来创建"选项，如图3-67所示。

图3-66

图3-67

03 在"绘图"面板中选择"直线"绘制工具，如图3-68所示，然后在场地视图中单击鼠标左键确定起始点，依次输入各线段长度完成红线的绘制，如图3-69所示。

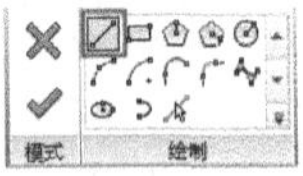

图3-68

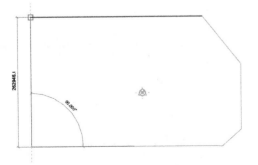

图3-69

04 单击"完成编辑模式"按钮✔，最终效果如图3-70所示。

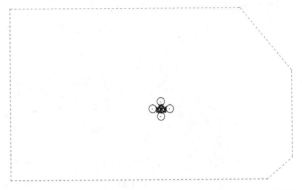

图3-70

技术专题 05 将草图绘制建筑红线转换为基于表格

使用草图方式绘制建筑红线后，可以将其转换为基于表格的建筑红线，方便后期对数据做精确修改。

选中绘制好的建筑红线，切换到"修改|建筑红线"选项卡，单击"建筑红线"面板中的"编辑表格"命令，在弹出的"限制条件丢失"对话框中，单击"是"按钮 是(Y) 完成建筑红线的转换，如图3-71所示。

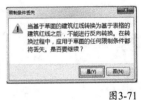

图3-71

将草图绘制的建筑红线转换为基于表格的建筑红线，此过程是单向的。一旦建筑红线转换为基于表格创建，便不能再使用草图方式调整。

通过输入距离和方向角来创建

在"创建建筑红线"对话框中，选择"通过输入距离和方向角来创建"选项，如图3-72所示。在"建筑红线"对话框中，单击"插入"按钮 插入 ，然后从测量数据中添加距离和方向角，将建筑红线描绘为弧，根据需要插入其余的线，再单击"向上"按钮 向上 或"向下"按钮 向下 修改建筑红线的顺序，如图3-73所示，在绘图区域中将建筑红线移动到确切位置，单击放置建筑红线。

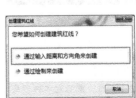

图3-72

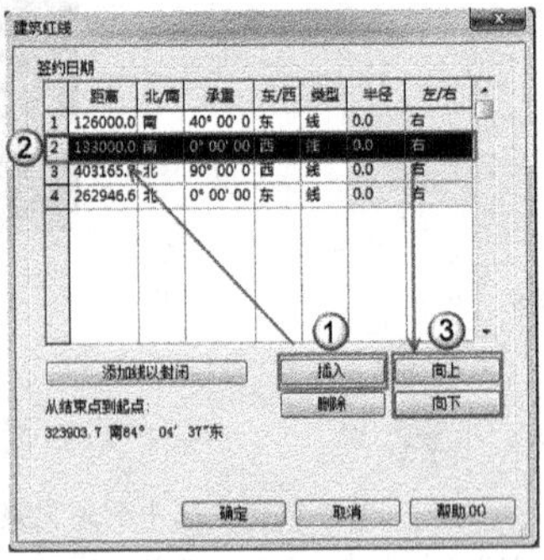

图3-73

建筑红线面积------------------------------

单击选中"建筑红线",在"属性"面板中可以看到建筑红线面积值,如图3-74所示。该值为只读,不可在此参数中输入新的值,在项目所需的经济技术指标中可根据此数据填写基地面积。

图3-74

修改建筑红线------------------------------

选择已有的建筑红线,切换到"修改|建筑红线"选项卡,然后单击"建筑红线"面板中的"编辑草图"按钮,进入草图编辑模式,可以对现有的建筑红线进行修改。

3.2.5 项目方向

根据建筑红线的形状,确定本项目所建对象的建筑角为"北偏东30度",以此可确定项目文件中的项目方向。

在Revit中有两种项目方向,一种为"正北",另一种是"项目北"。"正北"是绝对的正南北方向,当建筑不是正南北方向时,通常在平面图纸上不易表现为成角度的、反映真实南北的图形。此时可以通过将项目方向调整为"项目北",达到使建筑模型具有正南北布局效果的图形表现。

旋转正北------------------------------

默认情况下,场地平面的项目方向为"项目北"。在"项目浏览器"中单击"场地"平面视图,观察"属性"面板,可见"方向"为"项目北",如图3-75所示。

图3-75

切换到"管理"选项卡,在"项目位置"面板中单击"位置"菜单下的"旋转正北"命令,如图3-76所示,在选项栏中输入"从项目到正北方向的角度"为30°,方向选择为"东",然后按Enter键确认,如图3-77所示。

图3-76

图3-77

可以直接在绘图区域进行旋转,此时再将"场地"平面视图的"方向"调整为"项目北",建筑红线会自动根据项目北的方向调整角度,如图3-78所示。

图3-78

旋转项目北------------------------------

旋转项目北,可调整项目偏移正南北的方向。当"场地"平面视图的"方向"为"项目北"时,切换到"管理"选项卡,单击"项目位置"面板中的"地点"按钮,在"位置、气候和场地"对话框中单击"场地"选项卡,可确认目前项目的方向,如图3-79所示。

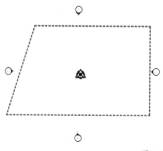

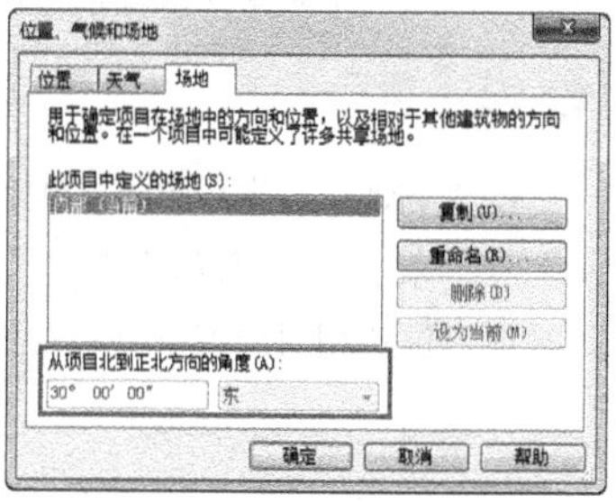

图3-79

切换到"管理"选项卡,然后在"项目位置"面板中单击"位置"菜单下的"旋转项目北"命令,如图3-80所示。

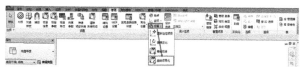

图3-80

在"旋转项目"对话框中选择"顺时针90º"选项，如图3-81所示。在右下角的警告对话框中单击"确定"按钮，此时项目方向将自动更新。再次查看"位置、气候和场地"下"场地"选项卡中的方向数据，可发现角度已调整为120°。

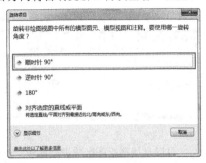

图3-81

> **技巧与提示**
>
> 通常情况下，"场地"平面视图采用的是"正北"方向，其余楼层平面视图采用的是"项目北"方向。

3.2.6 项目基点与测量点

每个项目都有"项目基点"⊗和"测量点"△，但是由于可见性设置和视图剪裁，它们不一定在所有的视图中都可见。这两个点是无法删除的，在"场地"视图中默认显示"测量点"和"项目基点"。

项目基点定义了项目坐标系的原点(0，0，0)。此外，项目基点还可用于在场地中确定建筑的位置以及定位建筑的设计图元。参照项目坐标系的高程点坐标和高程点，将相对于此点显示相应数据。

测量点代表现实世界中的已知点（如大地测量标记），可用于在其他坐标系（如在土木工程应用程序中使用的坐标系）中确定建筑几何图形的方向。

移动项目基点和测量点

在"场地"视图中单击"项目基点"，分别输入"北/南"和"东/西"的值为（1000，1000），如图3-82所示。此时项目位置相对于测量点将发生移动，如图3-83所示。

图3-82

图3-83

固定项目基点和测量点

为了防止因为误操作而移动了项目基点和测量点，可以在选中点后，切换到"修改|项目基点"选项卡（或"修改|测量点"选项卡），然后单击"视图"面板中的"锁定"按钮来固定这两个点的位置，如图3-84所示。

图3-84

修改建筑地坪

编辑建筑地坪边界，可为该建筑地坪定义坡度。选中需要修改的地坪，切换到"修改|建筑地坪"选项卡，然后单击"模式"面板中的"编辑边界"按钮，使用绘制工具进行修改。若要使建筑地坪倾斜，则使用坡度箭头。

> **技巧与提示**
>
> 要在楼层平面视图中看见建筑地坪，请将建筑地坪偏移设置为比标高1更高的值或调整视图范围。

3.2.7 建筑地坪

通过在地形表面绘制闭合环，可以添加建筑地坪，修改地坪的结构和深度。绘制地坪后，可以指定一个值来控制其距标高的高度偏移，还可以指定其他属性。通过在建筑地坪的周长之内绘制闭合环来定义地坪中的洞口，可为该建筑地坪定义坡度。

通过在地形表面绘制闭合环可添加建筑地坪。打开场地平面视图，切换到"体量和场地"选项卡，单击"场地建模"面板中的"建筑地坪"按钮，使用绘制工具绘制闭合环形式的建筑地坪，在"属性"面板中，根据需要设置"相对标高"和其他建筑地坪属性，然后单击"完成编辑模式"按钮，最后单击按钮，切换到三维视图查看，如图3-85所示。

图3-85

实战：添加办公楼建筑地坪

场景位置　场景文件>第3章>05.rvt
实例位置　实例文件>第3章>实战：添加办公楼建筑地坪.rvt
难易指数　★★☆☆☆
技术掌握　掌握如何添加及调整建筑地坪

01 打开学习资源中的"场景文件>第3章>05.rvt"文件，如图3-86所示。

图3-90

图3-86

02 切换到"体量和场地"选项卡，然后单击"修改场地"面板中的"建筑地坪"按钮□，如图3-87所示，接着在"绘图"面板中选择"拾取线"工具，如图3-88所示。

图3-87

图3-88

图3-91

3.2.8 停车场及场地构件

处理完成场地模型后，需要基于场地布置一些相关构件。下面来学习如何布置停车位及绿植等构件。

🔘 停车场构件----------------------------------

可以将停车位添加到地形表面中，并将地形表面定义为停车场构件的主体。

03 拾取视图中绘制好的详图线，如图3-89所示，然后在"属性"面板中设置"标高"为"标高1"，"目标高的高度偏移"为-300，接着选择"房间边界"选项，如图3-90所示，最后单击"完成编辑模式"按钮✔，最终效果如图3-91所示。

打开显示要修改的地形表面的视图，切换到"体量和场地"选项卡，单击"模型场地"面板中的"停车场构件"按钮□，将光标放置在地形表面上，单击鼠标来放置构件，如图3-92所示。可按需要放置更多的构件，也可创建停车场构件阵列。

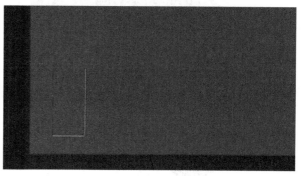

图3-92

图3-89

场地构件

可在场地平面中放置场地专用构件（如树、电线杆和消防栓）。如果未在项目中载入场地构件，则会出现提示消息"指出尚未载入相应的族"。

打开显示要修改的地形表面的视图，切换到"体量和场地"选项卡，单击"场地建模"面板中的"场地构件"按钮，从类型选择器中选择所需的构件，在绘图区域中单击添加一个或多个构件，如图3-93所示。

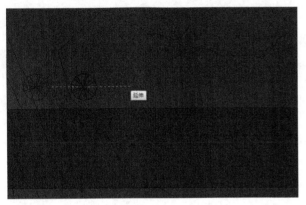

图3-93

实战：放置停车场及场地构件

场景位置　场景文件>第3章>06.rvt
实例位置　实例文件>第3章>实战：放置停车场及场地构件.rvt
难易指数　★★☆☆☆
技术掌握　掌握不同类型构件的载入及设置方法

01 打开学习资源中的"场景文件>第3章>06.rvt"文件，如图3-94所示。

图3-94

02 切换到"体量和场地"选项卡，然后单击"场地建模"面板中的"停车场构件"按钮，如图3-95所示，接着在"属性"面板列表中选择合适的族文件，如图3-96所示。

图3-95

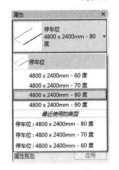

图3-96

03 将鼠标指标移动到合适的位置后，单击进行放置，如图3-97所示，然后使用"阵列"或"复制"工具完成其他停车位的放置，如图3-98所示。

图3-97

图3-98

技巧与提示

　　如需在放置前修改停车位的方向，可以按Space键进行方向的切换，默认为沿逆时针方向进行90° 旋转。

04 切换到"体量和场地"选项卡，然后单击"场地建模"面板中的"场地构件"按钮 ⛰，如图3-99所示，接着选择相应的场地构件进行放置，如图3-100所示，最终完成的效果如图3-101所示。

图3-99

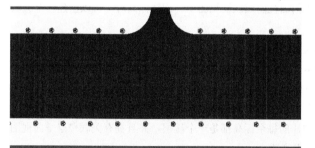

图3-100

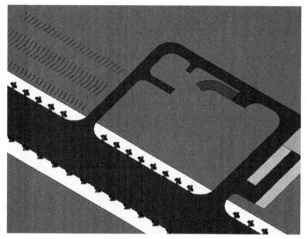

图3-101

技巧与提示

　　切换到"建筑"选项卡，在"构建"面板中单击"构件"选项中的"放置构件"命令 ⬚，也可以找到相应构件进行放置。

第4章

标高和轴网

Employment Direction
从业方向

建筑设计　结构设计
机电设计　幕墙设计
室内设计　景观设计

4.1 创建和修改标高

在Revit中首先要创建标高部分，几乎所有的建筑构件都是基于标高创建的。当标高修改后，这些建筑构件也会发生高度上的偏移。

4.1.1 创建标高

使用"标高"工具，可定义垂直高度或建筑内的楼层标高，为每个已知楼层或其他建筑参照（如第二层、墙顶或基础底端）创建标高。要添加标高，必须处于剖面视图或立面视图中。添加标高时，可以创建一个关联的平面视图。

打开要添加标高的剖面视图或立面视图，切换到"建筑"选项卡（或"结构"选项卡），单击"基准"面板中的"标高"按钮，将光标放置在绘图区域，单击并水平移动光标绘制标高线。

在选项栏上，默认情况下"创建平面视图"处于选择状态，如图4-1所示。因此，所创建的每个标高都是一个楼层，并且拥有关联楼层平面视图和天花板投影平面视图。

图4-1

如果在选项栏上单击"平面视图类型"，仅可以选择创建在"平面视图类型"对话框中指定的视图类型，如图4-2所示。如果取消了"创建平面视图"选项，则认为标高是非楼层的标高或参照标高，并且不创建关联的平面视图。墙及其他以标高为主体的图元，可以将参照标高用作自己的墙顶定位标高或墙底定位标高。

图4-2

绘制标高线时，标高线的头和尾可以相互对齐。选择与其他标高线对齐的标高线时，将会出现一个锁以显示对齐，如图4-3所示。如果水平移动标高线，则全部对齐的标高线都会随之移动。

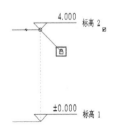

图4-3

当标高线达到合适的长度时单击鼠标，通过单击其编号选择该标高，可以改变其名称，也可单击其尺寸标注改变标高的高度。

Revit会为新标高指定标签（如"标高1"）和"标高"图标▽。如果需要，可以使用"项目浏览器"重命名标高。如果重命名标高，则相关的楼层平面和天花板投影平面的名称也将随之更新。

技巧与提示

标高只能在立面或剖面视图中创建。当放置光标以创建标高时，如果光标与现有标高线对齐，则光标和该标高线之间会显示一个临时的垂直尺寸标注。

4.1.2 修改标高

当标高创建完成后，需要进行一些适当的修改，才能符合项目与出图要求，如标头样式、标高线线型图案等。

修改标高类型

可以在放置标高前进行修改，也可以对绘制完成的标高进行修改。切换到立面或者剖面视图，在绘图区域中选择标高线，在类型选择器中选择其他标高类型，如图4-4所示。

图4-4

在立面视图中编辑标高线

调整标高线的尺寸。选择标高线，单击蓝色尺寸操纵柄，并向左或向右拖曳光标，如图4-5所示。

图4-5

升高或降低标高。选择标高线，单击与其相关的尺寸标注值，然后输入新尺寸标注值，如图4-6所示。

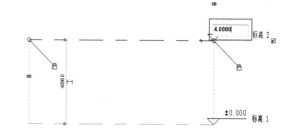

图4-6

重新标注标高。选择标高并单击标签框，输入新标高标签，如图4-7所示。

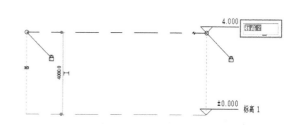

图4-7

移动标高

选择标高线，在该标高线与其直接相邻的上下标高线之间，将显示临时尺寸标注。若要上下移动选定的标高，可以单击临时尺寸标注，输入新值并按Enter键确认，如图4-8所示。

图4-8

如果要移动多条标高线，先选择要移动的多条标高线，将鼠标指标放置在其中一条标高上，然后按住鼠标左键进行上下拖曳，如图4-9所示。

图4-9

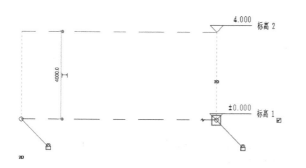

89

● 使标高线从其编号上偏移-----------------------------

　　绘制一条标高线，或选择一条现有的标高线，然后选择并拖曳编号附近的控制柄，以调整标高线的大小。单击"添加弯头"图标↓，如图4-10所示，将控制柄拖曳到正确的位置，从而将编号从标高线上移开，如图4-11所示。

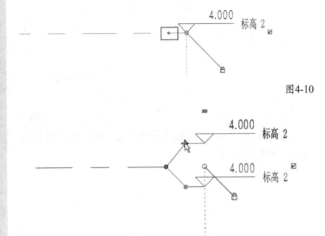

图4-10

图4-11

技巧与提示

　　当编号移动偏离轴线时，其效果仅在本视图中显示，而不影响其他视图。通过拖曳编号所创建的线段为实线，拖曳控制柄时，光标在类似相邻标高线的点处捕捉。当线段形成直线时，光标也会进行捕捉。

● 自定义标高-----------------------------

　　打开显示标高线的视图，选择一条现有标高线，然后切换到"修改|标高"选项卡，单击"属性"面板中的"类型属性"按钮。在"类型属性"对话框中，可以对标高线的"线宽""颜色"和"符号"等参数进行修改，如图4-12所示。修改"符号"及"颜色"参数后的效果如图4-13所示。

图4-12

图4-13

● 显示和隐藏标高编号-----------------------------

　　控制标高编号是否在标高的端点显示，可以对视图中的单个轴线执行此操作，也可以通过修改类型属性对某个特定类型的所有轴线执行此操作。

　　显示或隐藏单个标高编号。打开立面视图，选择一条标高，Revit会在标高编号附近显示一个复选框，如图4-14所示，可能需要放大视图，才能清楚地看到该圆点。清除该复选框以隐藏标头，或选择该复选框以显示标头，可以重复此步骤，以显示或隐藏该轴线另一端点上的标头。

4.500　　F2

☑ ←——单击此处隐藏标头

图4-14

　　使用类型属性显示或隐藏标高编号。打开立面视图，选择一条标高，在打开的"类型属性"对话框中，选择"端点1处的默认符号"选项，如图4-15所示。这样，视图中标高的两个端点都会显示标头，如图4-16所示。如果只选择端点1，标头会显示在左侧端点；如果只选择端点2，标头则会显示在右侧端点处。

图4-15

图4-16

◀ **知识链接** ▶

　　关于打开"类型属性"对话框的方法，请参阅第2章中的"2.2.2 图元属性"。

切换标高2D/3D属性

标高绘制完成后会在相关立面及剖面视图中显示，在任何一个视图中修改都会影响到其他视图。但出于某些情况，例如出施工图纸的时候，可能立面与剖面视图中所要求的标高线长度不一。如果修改立面视图中的标高线长度，也会直接显示在剖面视图中。为了避免这种情况的发生，软件提供了2D方式调整。选择标高后单击3D字样，如图4-17所示，标高将切换到2D属性，如图4-18所示，这时拖曳标头延长标高线的长度后，其他视图不会受到任何影响。

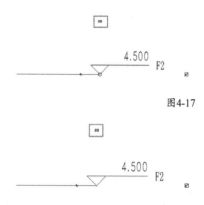

图4-17

图4-18

除了以上介绍的方法之外，软件还提供批量转换2D属性。打开当前视图范围框，选择标高拖曳至视图范围框内松开鼠标，此时所有的标高都变为2D属性，如图4-19所示。再次将标高拖曳至初始位置，标高批量转换2D属性完成。

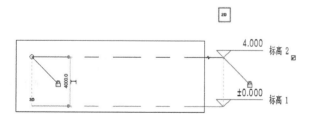

图4-19

技巧与提示

通过第一种方法转换为2D属性的标高，可以通过单击2D图标重新转换为3D属性。但使用第二种方法，2D图标是灰显的，无法单击。这种情况下，需要将标高拖曳至范围框内，然后拖曳3D控制柄与2D控制柄重合，可恢复3D属性状态，如图4-20和图4-21所示。此过程无法批量处理，需逐个更改。

图4-20　　　　　　　图4-21

标高属性

标高图元共有两种属性参数，分别是实例属性与类型属性。修改实例属性，可以指定标高的高程、计算高度和名称等，如图4-22所示。

图4-22

实例属性参数介绍

立面： 标高的垂直高度。

上方楼层： 与"建筑楼层"参数结合使用，此参数指示该标高的下一个建筑楼层。

计算高度： 在计算房间周长、面积和体积时要使用的标高之上的距离。

名称： 标高的标签。可以为该属性指定任何所需的标签或名称。

结构： 将标高标识为主要结构（如钢顶部）。

建筑楼层： 指示标高对应模型中的功能楼层或楼板，与其他标高（如平台和保护墙）相对。

若要修改实例属性，则在"属性"面板上选择图元并修改其属性。对实例属性的更改，只会影响当前所选中的图元。可以在"类型属性"对话框中修改标高类型属性，例如"基面"和"线宽"，如图4-23所示。若要修改类型属性，先要选择一个图元，然后单击"属性"面板中的"类型属性"按钮。对类型属性的更改，将应用于项目中的所有相同类型及名称的图元。

图4-23

类型属性参数介绍

基面： 如果"基面"设置为"项目基点"，则在某一标高上报告的高程基于项目原点。如果"基面"设置为"测量点"，则报告的高程基于固定测量点。

线宽： 设置标高类型的线宽。可以使用"线宽"工具修改线宽编号的定义。

颜色： 设置标高线的颜色。可以从Revit定义的颜色列表中选择颜色，或自定义颜色。

线型图案： 设置标高线的线型图案。线型图案可以为实线或虚线和圆点的组合，可从Revit定义的值列表中选择线型图案，或自定义线型图案。

符号： 确定标高线的标头是否显示编号中的标高号（标高标头-圆圈）、显示标高号但不显示编号（标高标头-无编号）或不显示标高号（<无>）。

端点1处的默认符号： 默认情况下，在标高线的左端点放置编号。选择标高线时，标高编号旁边将显示复选框。取消选择该复选框以隐藏编号，再次选择它以显示编号。

端点2处的默认符号： 默认情况下，在标高线的右端点放置编号。

★重点★
实战： 创建项目标高

场景位置	无
实例位置	实例文件>第4章>实战：创建项目标高.rvt
难易指数	★★☆☆☆
技术掌握	掌握标高的绘制与修改

01 新建项目文件，然后切换到东立面视图，如图4-24所示。

图4-24

> **知识链接**
> 关于步骤01中新建项目文件的方法，请参阅第3章"实战：设置项目的实际地理位置"中的步骤01。

02 切换到"建筑"选项卡，然后单击"基准"面板中的"标高"按钮，如图4-25所示，接着在"属性"面板中选择"下标头样式"，最后在选项栏中设置"偏移量"为-4500，如图4-26所示。

图4-25

图4-26

03 沿着正负零标高单击鼠标以确定起始点，再次单击确定终点，完成地下标高的绘制，如图4-27所示，然后选择"标高2"，单击"立面标高值"，设置其值为4.5，接着按Enter键确认，如图4-28所示。

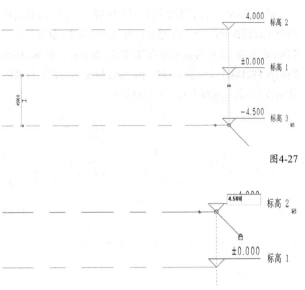

图4-27

图4-28

04 切换为上标头，将"偏移量"设置为4500，并设置绘制工具为"拾取线"，然后单击"标高2"自动生成上一层标高，如图4-29所示，接着选择-4.500的标高，再设置立面名称为B1，如图4-30所示，最后按Enter键确认，在打开的Revit对话框中选择"是"按钮，如图4-31所示。

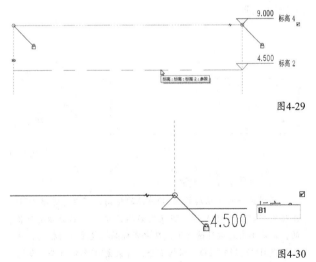

图4-29

图4-30

图4-31

使用拾取线方式创建标高时，要注意光标的位置。如果光标在现有标高上方的位置，就会在当前标高上方生成标高；如果光标在现有标高的下方位置，就会在当前标高下方生成标高。在拾取时，视图会以虚线表示即将生成的标高的位置，可以根据此预览来判断标高位置是否正确。

05 使用同样的方法完成其他标高的修改，最终效果如图4-32所示。

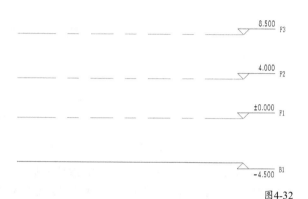

图4-32

技术专题 06 使用阵列工具批量创建标高

使用"建筑样板"创建项目文件后，在立面视图中默认有两条绘制好的标高。如果是住宅或者是普通办公楼的项目，可以使用"阵列"工具 ⊞ 批量创建标准层的标高。

第1步：切换到立面视图，使用"阵列"工具 ⊞ 对现有标高进行复制，设置"阵列数量"为5，如图4-33所示。

图4-33

第2步：按Enter键确认，阵列完成后的效果如图4-34所示。

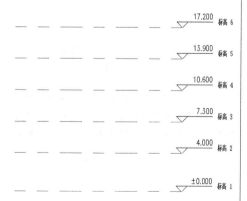

图4-34

第3步：切换到"视图"选项卡，然后单击"平面视图"面板中的"楼层平面"按钮 ，如图4-35所示。

图4-35

第4步：在打开的"新建楼层平面"对话框中，选择全部新建标高，然后单击"确定"按钮 确定 ，如图4-36所示。

图4-36

第5步：在"项目浏览器"中新建的标高如图4-37所示。

图4-37

使用"标高"工具创建标高，Revit将提供"创建平面视图"选项，绘制完成标高后会生成相应的视图。但使用"阵列" ⊞ 或"复制"工具 ⅛ 创建标高，只是单纯地创建标高符号而不会生成相应的视图，所以需要手动创建平面视图。

4.2 创建和修改轴网

在Revit中，轴网的绘制与基于AutoCAD绘制的方式没有太多区别。但需要注意的是，Revit中的轴网具有三维属性，它与标高共同构成模型中的三维网格定位体系。多数构件与轴网也有紧密联系，譬如结构柱与梁。

4.2.1 创建轴网

使用"轴网"工具可以在模型中放置柱轴网线，然后沿着柱的轴线添加柱。轴线是有限平面，可以在立面视图中拖曳其范围，使其不与标高线相交，这样便可以确定轴线是否出现在为项目创建的每个新平面视图中。轴网可以是直线、圆弧或多段。

切换到"建筑"选项卡（或"结构"选项卡），单击"基准"面板中的"轴网"按钮，然后在"修改|放置轴网"选项卡的"绘制"面板中选择"草图"选项。

选择"直线"绘制一段轴线，在绘图区单击确定起始点，当轴线达到正确的长度时再次单击完成。Revit会自动为每个轴线编号，如图4-38所示。可以使用字母作为轴线的值，如果将第一个轴网编号修改为字母，则所有后续的轴线将进行相应的更新。

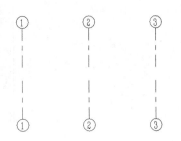

图4-38

当绘制轴线时，可以让各轴线的头部和尾部相互对齐。如果轴线是对齐的，则选择线时会出现一个锁以指明对齐；如果移动轴网范围，则所有对齐的轴线都会随之移动。

4.2.2 修改轴网

当轴网创建完成后，通常需要对它进行一些适当的设置与修改。下面介绍修改轴网的多种方法。

修改轴网类型

修改轴网类型的方法与标高相同，可以在放置前或放置后进行修改。切换到平面视图，在绘图区域中选择轴线，在类型选择器中选择其他轴网类型，如图4-39所示。

图4-39

更改轴网值

在轴网标题或"名称"实例"属性"面板中直接更改轴网值。选择轴网标题，然后单击轴网标题中的值输入新值，如图4-40所示。可以输入数字或字母，也可以选择轴

网线并在"属性"面板上输入其他的"名称"属性值，如图4-41所示。

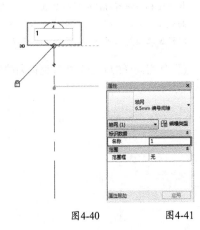

图4-40   图4-41

使轴线从其编号上偏移

绘制轴线或选择现有的轴线，在靠近编号的线端有拖曳控制柄。若要调整轴线的大小，可选择并移动靠近编号的端点拖曳控制柄。单击"添加弯头"图标，如图4-42所示，然后将图标拖曳到合适的位置，从而将编号从轴线中移开，如图4-43所示。

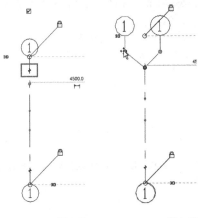

图4-42   图4-43

将编号移动偏离轴线时，其效果仅在本视图中显示。通过拖曳编号创建的线段为实线，且不能改变这个样式。拖曳控制柄时，光标在类似相邻轴网的点处捕捉。当线段形成直线时，光标也会进行捕捉。

显示和隐藏轴网编号

控制轴网编号是否在轴线的端点显示。可以对视图中的单个轴线执行此操作，也可以通过修改类型属性对某个特定类型的所有轴线执行此操作。

显示或隐藏单个轴网编号。打开显示轴线的视图，选择一条轴线，Revit会在轴网编号附近显示一个复选框，如图4-44所示。可能需要放大视图，才能清楚看到该圆点。清除该复选框以隐藏编号，或选择该复选框以显示编号。

图4-44

使用类型属性显示或隐藏轴网编号。打开显示轴线的视图，选择一条轴线，然后切换到"修改|轴网"选项卡，单击"属性"面板中的"类型属性"按钮 。在"类型属性"对话框中，若要在平面视图中轴线的起点处显示轴网编号，则选择"平面视图轴号端点1（默认）"；若要在平面视图中轴线的终点处显示轴网编号，则选择"平面视图轴号端点2（默认）"，如图4-45所示。

图4-45

在除平面视图之外的其他视图（如立面视图和剖面视图）中，指明显示轴网编号的位置。对于"非平面视图轴号（默认）"，选择"顶""底""两者"（顶和底）或"无"，如图4-46所示，单击"确定"按钮 ，Revit将更新所有视图中该类型的所有轴线。

图4-46

调整轴线中段

调整各轴线中段的间隙或轴线中段的长度，需要调整间隙，以便轴线不显示为穿过模型图元的中心。在类型属性中，当轴线的"轴线中段"参数为"自定义"或"无"的轴网类型时，该功能才可用，如图4-47所示。

图4-47

选择视图中的轴线，轴线上显示一个 图标，将 图标沿着轴线拖曳，轴线末段会相应地调整其长度，如图4-48所示。

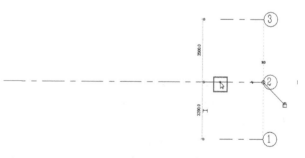

图4-48

切换轴网2D/3D属性

除了标高有这些属性以外，轴网同样具有这样的特性。操作方法与标高的一致，限于篇幅，本书不做详细介绍。

> **知识链接**
> 关于轴网属性的切换方法，请参阅本章"4.1.2修改标高"中的切换标高2D/3D属性。

自定义轴线

打开显示轴线的视图，选择一条轴线，切换到"修改|轴网"选项卡，单击"属性"面板中的"类型属性"按钮 。在"类型属性"对话框中，可以对标高线的"线宽""颜色"和"符号"等参数进行修改，如图4-49所示。

图4-49

轴网属性

同标高图元相同，轴网的属性参数也分为实例属性与类型属性两种。实例属性可以更改单个轴线的属性，如"名称"或"范围框"，如图4-50所示。

图4-50

轴网实例属性参数介绍

名称：轴线的值。可以是数字值或字母数字值，第一个实例默认为1。

范围框：应用于轴网的范围框。

在"类型属性"对话框中可以修改轴线，例如轴线中段或用于轴线端点的符号，如图4-51所示。

图4-51

轴网类型属性参数介绍

符号：用于轴线端点的符号。该符号可以在编号中显示

轴网号（轴网标头-圆）、显示轴网号但不显示编号（轴网标头-无编号）和无轴网编号或轴网号（无）。

轴线中段：设置轴线中显示的轴线中段的类型，包括"无""连续"或"自定义"3个选项。

轴线末段宽度：表示连续轴线的线宽，在"轴线中段"为"无"或"自定义"的情况下表示轴线末段的线宽。

轴线末段颜色：表示连续轴线的线颜色，在"轴线中段"为"无"或"自定义"的情况下表示轴线末段的线颜色。

轴线末段填充图案：表示连续轴线的线样式，在"轴线中段"为"无"或"自定义"的情况下表示轴线末段的线样式。

轴线末段长度：在"轴线中段"参数为"无"或"自定义"的情况下表示轴线末段的长度（图纸空间）。

平面视图轴号端点1（默认）：平面视图中，在轴线的起点处显示编号的默认设置（绘制轴线时，编号在其起点处显示）。如果需要，可以显示或隐藏视图中各轴线的编号。

平面视图轴号端点2（默认）：平面视图中，在轴线的终点处显示编号的默认设置（绘制轴线时，编号显示在其终点处）。如果需要，可以显示或隐藏视图中各轴线的编号。

非平面视图符号（默认）：在非平面视图的项目视图（如立面视图和剖面视图）中，轴线上显示编号的默认位置为"顶""底""两者"（顶和底）或"无"。如果需要，可以显示或隐藏视图中各轴线的编号。

★ 重 点 ★
实战 ：创建项目轴网

场景位置　场景文件>第4章>01.rvt
实例位置　实例文件>第4章>实战：创建项目轴网.rvt
难易指数　★★☆☆☆
技术掌握　掌握轴网的绘制与修改方法

01 打开学习资源中的"场景文件>第4章>01.rvt"文件，切换到"建筑"选项卡，单击"基准"面板中的"轴网"按钮，如图4-52所示。

图4-52

02 在视图中单击确定起始点，再次单击完成轴线1的绘制，如图4-53所示。

图4-53

13 使用"绘制"和"复制"工具完成1—8轴线的绘制，间距分别为6600、9000、6600、8400、8400、8400、8400，如图4-54所示，再使用相同的方法绘制水平轴网，如图4-55所示。

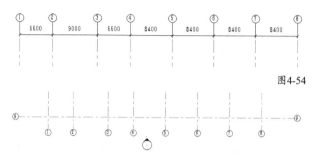

图4-54

图4-55

04 选择绘制好的水平轴网，单击轴网标头中的编号，然后输入A，并按下Enter键确认，如图4-56所示。

图4-56

05 继续使用绘制工具完成A-E轴线的绘制，间距分别为9600、6000、9600和8400，如图4-57所示。轴网全部绘制完成后，最终效果如图4-58所示。

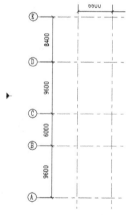

图4-57

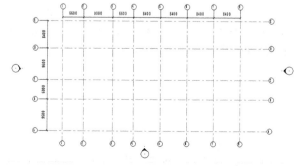

图4-58

技术专题 07 控制轴网显示范围

通常情况下，创建模型都是先建立标高，然后建立轴网。这样可以保证所创建的轴网显示在每一层的平面视图中。如果是按照相反步骤操作，轴网则不会出现在新建标高所关联的平面视图中。发生这种情况后，可以手动进行调整，让轴网重新显示在新建视图中。

新建项目文件，在平面视图中任意绘制轴网，如图4-59所示。

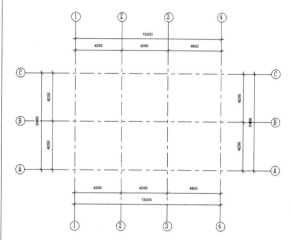

图4-59

切换到立面视图中，新建两条标高，如图4-60所示。

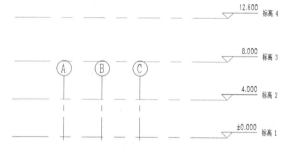

图4-60

切换到新建标高平面上会发现，其中并没有显示轴网。在立面视图中选择任意轴线，向上拖曳轴网编号下方的小圆圈，直至与标高4发生交叉时停止，如图4-61所示。按照同样的方法，在其他立面视图中将1-4轴线也拖曳至与标高4交叉，标高4平面中重新显示轴网。

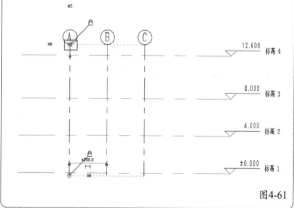

图4-61

如需让单根轴网不显示在某个平面视图中，可以选择该轴线后单击■图标将其解锁，便可实现单独拖曳。只有该轴线与其标高交叉，才会在此标高平面显示该轴线，如图4-62所示。

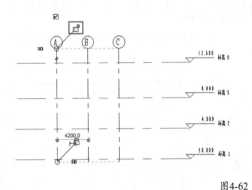

图4-62

4.3 使用插件生成标高与轴网

使用Revit自身提供的标高与轴网工具进行绘制非常方便，但在一些大型项目中就略显吃力了。可以尝试使用插件，完成一些标准化操作。例如，Autodesk自行开发的一些插件或国内软件服务商提供的插件，都可以很好地提高工作效率。

4.3.1 RevitExtensions

RevitExtensions是Autodesk官方为速博用户提供的应用插件，其中有许多实用的功能，包括结构框架自动配筋、结构分析等，如图4-63所示。为了提高用户的工作效率，下面主要介绍插件中的创建标高与轴网功能。

图4-63

🔵 批量创建标高-----------------------------

插件安装完成后，在功能区切换到"附加模块"选项卡，单击"轴网增强"面板中的"创建/编辑"按钮，如图4-64所示。在打开的"轴网生成器"对话框中，默认选择"标高"选项，可根据实际项目需求，添加相应楼层标高与名称，如图4-65所示，然后单击"确定"按钮完成当前命令。除了对标高批量添加，还可以对项目内标高进行管理。如后期需要调整某一楼层的名称或层高，都可以通过插件进行修改。

图4-64

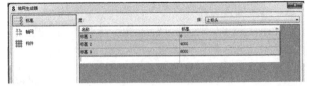

图4-65

🔵 批量创建轴网-----------------------------

标高添加完成后，单击"轴网"选项，可进行轴网的绘制。轴网选项中提供了两种轴网类型，分别是"直角坐标"与"柱坐标"。其中，"直角坐标"是指矩形轴网，"柱坐标"是指弧形轴网。选择"直角坐标"，然后在"水平轴线"和"竖向轴线"中分别输入"轴线间距"与"跨数量"，在"编号"后选择相应的数字排序和字母排序，最后单击"确定"按钮完成当前命令，如图4-66所示。使用字母轴号时，根据规范说明需要跳过I、O、Z，可选择"高级"复选框，在"排除"选项后输入需要排除的字母。

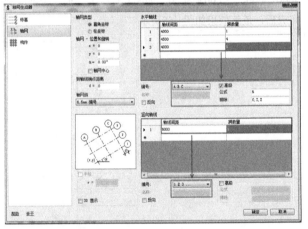

图4-66

> **技巧与提示**
>
> "编辑增强器"插件从Revit 2012版本后独立于Extensions插件包，需用户单独安装。速博用户可以搜索"Autodesk Revit Architecture 2015编辑增强器"进行下载。

实战：使用RevitExtensions

场景位置　无
实例位置　实例文件>第4章>实战：使用RevitExtensions.rvt
难易指数　★★☆☆☆
技术掌握　掌握使用RevitExtensions生成标高与轴网的方法

01 新建项目文件，切换到"附加模型"选项卡，然后单击"轴网增强"面板中的"创建/编辑"按钮，如图4-67所示。

图4-67

在"标高"中分别输入-750、0、3000和6000，在"名称"一列中分别输入"室外地坪"、F1、F2和"屋顶"，如图4-68所示。

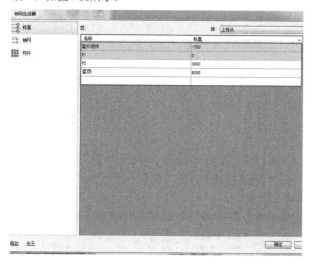

图4-68

切换到"轴网"选项，然后在"水平轴线"参数的"轴线间距"中分别输入5400、2400、1500、3000和2700，接着将编号改为ABC，再在"竖向轴线"参数的"轴线间距"中分别输入2400、1500、6000、4500和750，最后单击"确定"按钮 确定 ，如图4-69所示，效果如图4-70所示。

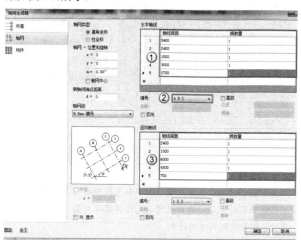

图4-69

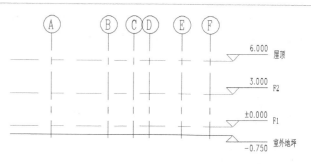

图4-70

4.3.2 橄榄山快模

除了官方提供的插件以外，国内的众多软件公司也开发了基于Revit的插件，本地化效果更佳，符合国内工程师的习惯。下面推荐一款名为"橄榄山快模"的插件，同样可以实现批量添加标高、轴网。插件内还提供了更多的实用功能，可免费下载及使用部分功能。

批量添加标高

插件安装完成后，切换到"橄榄山快模"选项卡，单击"快速楼层轴网工具"面板中的"楼层"工具。在打开的"楼层管理器"对话框中，在左侧列表中选择其中一个现有标高，然后在右侧控制面板中输入"层高"及层数量，选择"当前层下加层"或"当前层上加层"进行标高的添加，如图4-71所示。信息录入完成后，单击"确定"按钮 确定 完成当前命令。

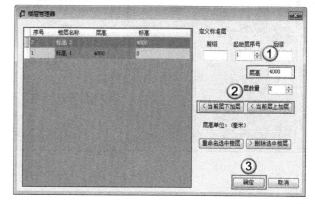

图4-71

管理现有标高

项目实施过程中，可能会遇到标高修改的问题。如果手动逐个修改，效率会很低。通过插件管理标高，实现自动化修改，会带来很大的方便，提高效率。

在功能区单击"橄榄山快模"的"楼层"工具，打开"楼层管理器"对话框，在左侧列表中选择全部标高，单击"重命名选中楼层"按钮 重命名选中楼层 ，然后在打开的"重命名楼层"对话框中为"前缀"输入相应的名称，如图4-72所示。单击"确定"按钮 <u>确定</u> 完成当前命令，效果如图4-73所示。

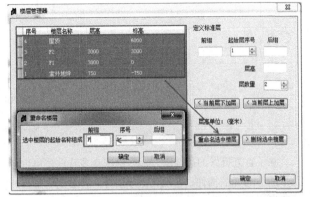

图4-72

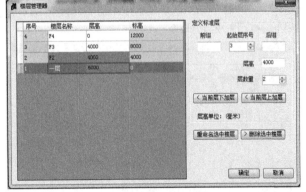

图4-73

除了上述方法以外，如果需要修改当前标高的"楼层名称"或"层高"参数的话，可以直接在表格内输入需要修改的"楼层名称"或"层高"，如图4-74所示。

图4-74

批量创建轴网

插件分别提供了"矩形"和"弧形"两种轴网形式的绘制工具。单击橄榄山快模插件中的"轴网工具"，在对话框中输入相应的信息，便可自动生成轴网并按照国内规范进行轴网标注。操作方式与天正建筑极为相似，大部分建筑师可快速上手。添加完成后，单击"确定"按钮 <u>确定</u> ，在绘图区域指定基点放置轴网，如图4-75所示。在"轴号设置"面板中还可设置更多相关参数，本书不做叙述，用户可以自行体验。

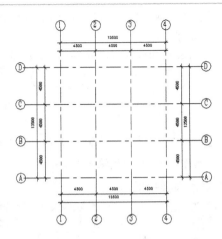

图4-75

实战：使用橄榄山快模

场景位置 无
实例位置 实例文件>第4章>实战：使用橄榄山快模.rvt
难易指数 ★★☆☆☆
技术掌握 掌握使用橄榄山快模生成标高与轴网的方法

01 新建项目文件，切换到"橄榄山快模"选项卡，然后单击"快速楼层轴网工具"面板中的"楼层"按钮，如图4-76所示。

图4-76

02 设置"层高"为750，"层数量"为1，然后选择现有"标高1"，接着单击"当前层下加层"按钮 ，完成室外地坪标高的创建，如图4-77所示。

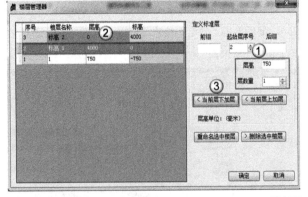

图4-77

设置"层高""层数量"参数和选择现有标高这一步骤，没有明确前后顺序。用户也可以先选择现有标高，再设置相关参数，都能达到同样的效果。

03 按照同样的方法添加地上标高。选择相应标高，单击楼层名称的内容进行修改，如图4-78所示。

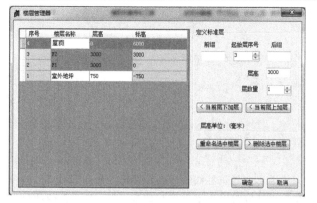

图4-78

04 切换到平面视图，单击"矩形轴网"工具，然后在打开的"矩形轴网"对话框中选择"下开"方式，接着依次单击或直接输入"键入"为2400、1500、6000、4500和750，如图4-79所示。

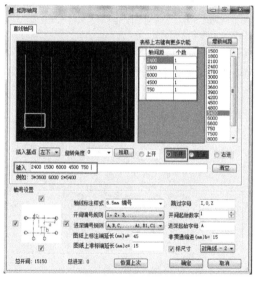

图4-79

05 选择"左进"方式，按照同样的方法输入5400、2400、1500、3000和2700，如图4-80所示。

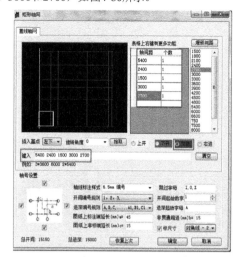

图4-80

06 单击"确定"按钮，进行轴网的放置，最终效果如图4-81所示。

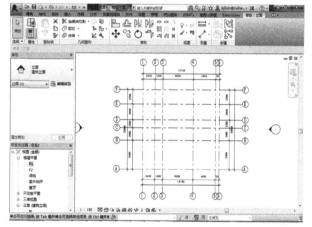

图4-81

REVIT

第5章

建立概念体量模型

5.1 设计前的场地调整

概念设计环境是一种族编辑器，主要应用于建筑概念及方案设计阶段。通过在该环境中创建设计，建筑师便于推敲建筑体量，加快设计进度。

通常在创建完成地形、建筑红线和标高轴网等一系列图元后，就可以使用"体量"工具完成建筑的方案分析与体量推敲。但在创建体量之前，应先对建立好的场地文件做一些相应的设置，这样可以帮助用户更加快捷方便地完成后续设计任务。需要设置的内容包括视图深度、项目方向等。

★ 重点 ★

实战：调整场地文件

场景位置	场景文件>第5章>01.rvt
实例位置	实例文件>第5章>实战：调整场地文件.rvt
难易指数	★★☆☆☆
技术掌握	使用不同的参数对视图进行分类汇总

01 打开学习资源中的"场景文件>第5章>01.rvt"文件，如图5-1所示。

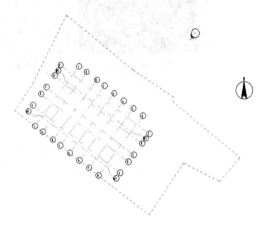

图5-1

02 在"属性"面板中单击"视图范围"后面的"编辑"按钮 **编辑...**，如图5-2所示。

图5-2

03 在激活的"视图范围"对话框中，设置"主要范围"类别中的"底"和"视图深度"类别中的"标高"值为"标高之下（-F1）"，如图5-3所示，然后单击"确定"按钮 确定 退出。

图5-3

04 将场地项目方向调整为"项目北"，最终完成的效果如图5-4所示。

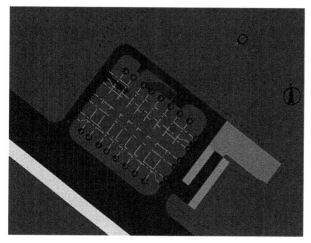

图5-4

> **知识链接**
>
> 关于项目方向的具体调整方法，请参阅第3章"3.2.5 项目方向"章节中的详细介绍。

5.2 概念设计环境词汇

建立概念体量的过程中会涉及许多专业词汇。为了方便用户理解各个词汇所代表的意思及用途，下面将对概念体量的相关词汇做详细介绍。

体量：使用体量实例观察、研究和解析建筑形式的过程。

体量族：形状的族，属于体量类别。内建体量随项目一起保存，它不是单独的文件。

体量实例或体量：载入体量族的实例或内建体量。

概念设计环境：一类族编辑器，可以使用内建和可载入族体量图元来创建概念设计。

体量形状：每个体量族和内建体量的整体形状。

体量研究：在一个或多个体量实例中对一个或多个建筑形式进行的研究。

体量面：体量实例上的表面，可用于创建建筑图元（如墙或屋顶）。

体量楼层：在已定义的标高处穿过体量的水平切面。体量楼层提供了有关切面上方体量直至下一个切面或体量顶部之间尺寸标注的几何图形信息。

建筑图元：可以从体量面创建的墙、屋顶、楼板和幕墙系统。

分区外围：建筑必须包含在其中的法定定义的体积。分区外围可以作为体量进行建模。

5.3 创建体量实例

Revit概念设计环境在设计过程的早期为建筑师、结构工程师和室内设计师提供了灵活性的方式，使他们能够表达想法并创建可集成到建筑信息建模（BIM）中的参数化体量族。通过这种环境，可以直接操纵设计中的点、边和面，形成可构建的形状。

5.3.1 创建与编辑体量

在概念设计环境中创建的设计是可用在Revit项目环境中的体量族，可以以这些族为基础，通过应用墙、屋顶、楼板和幕墙系统创建更详细的建筑结构。也可以使用项目环境创建楼层面积的明细表，并进行初步的空间分析。

★ 重点 ★
实战：内建概念体量

场景位置　场景文件>第5章>02.rvt
实例位置　实例文件>第5章>实战：内建概念体量.rvt
难易指数　★★☆☆☆
技术掌握　学握概念体量创建的方法及工具的使用

01 打开学习资源中的"场景文件>第5章>02.rvt"文件，如图5-5所示。

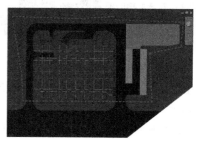

图5-5

02 切换到功能区中的"体量和场地"选项卡，然后单击"概念体量"面板中的"内建体量"按钮，如图5-6所示，接着输入"名称"为"综合楼"，最后单击"确定"按钮。

图5-6

03 在绘制面板中选择"矩形"工具，然后在绘图区域中单击"轴线1"和E的交点，拖曳至"轴线8"和A的交点处再次单击，如图5-7所示，接着按两次Esc键退出绘制状态。

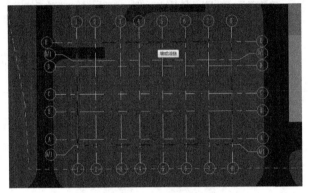

图5-7

04 单击选择绘制的矩形轮廓，然后切换到功能区中的"修改|线"选项卡，单击"形状"面板中的"创建形状"按钮，接着切换到三维视图，这样一个立方体就创建完成了，如图5-8所示。

图5-8

05 将光标移至该形状的上表面处，此时该表面会高亮显示，单击选中后将出现一个"三维控件"，如图5-9所示。

06 切换到立面视图，使用鼠标左键按住蓝色箭头向下拖曳，直至与标高F4对齐，如图5-10所示，然后单击任意绘

图区域空白处或按Esc键，退出对该表面的控制。

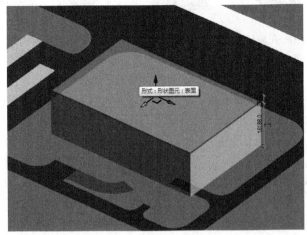

图5-9

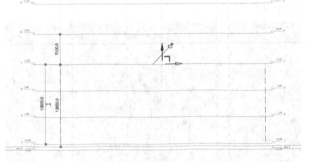

图5-10

技巧与提示

编辑体量时，如果不能选中需要的表面或控制线，可按Tab键进行切换选择，直至选中合适的对象，再按下鼠标左键即可。同理，在立面视图中，默认会优先选择线段，可以使用Tab键选择上表面。

07 体量编辑完成后单击"完成"按钮，最终效果如图5-11所示。

图5-11

问： 通过内建体量建立的族，可以保存为可载入族放置在其他项目文件中使用吗？

答： 内建体量不可以直接保存为族，需选择当前内建体量，然后单击"创建组"按钮[🔲]，如图5-12所示。

图5-12

保存当前组文件的选择状态，然后单击"应用程序菜单"图标[🔴]，执行"另存为>库>组"命令，如图5-13所示，输入文件名称，单击"保存"按钮 保存(S)。

图5-13

当建立新的项目后，切换到"插入"选项卡，单击"从库中载入"面板中的"作为组载入"按钮[🔲]，如图5-14所示，这样就可以将之前项目内建体量放置在当前项目中了。

图5-14

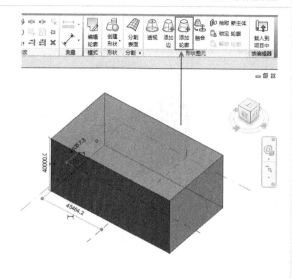

图5-16

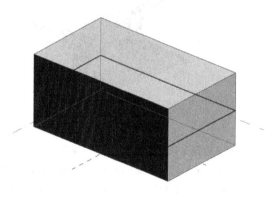

图5-17

实战：编辑概念体量形状

场景位置　场景文件>第5章>03.rfa
实例位置　实例文件>第5章>实战：编辑概念体量形状.rvt
难易指数　★★☆☆☆
技术掌握　掌握概念体量修改方法及编辑工具的使用

01 打开学习资源中的"场景文件>第5章>03.rfa"文件，如图5-15所示。

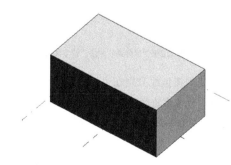

图5-15

02 选择体量模型，然后单击"添加轮廓"按钮[🔲]，如图5-16所示，接着在现有体量模型的中间位置添加一条轮廓线，如图5-17所示。

技巧与提示

除了添加轮廓以外，Revit还提供了"添加边"工具[🔲]等，方便用户在实际操作时灵活运用。编辑添加后的轮廓或边线时，可以选择单条线段或点进行操作，如移动、旋转等。

如果对所生成的体量表面不满意，可以单击"融合"按钮[🔲]添加所有表面，视图中将只保留其轮廓，如图5-18所示。

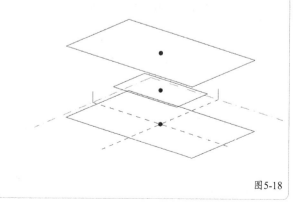

图5-18

03 选中添加的轮廓线，选择"缩放"工具并将缩放点放置在体量中心位置，如图5-19所示，完成缩放，最终效果如图5-20所示。

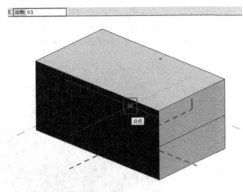

图5-19

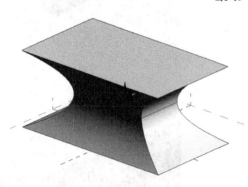

图5-20

技术专题 08 使用透视模式编辑体量

体量创建完成后，所添加的轮廓线与边线是不会直接在视图中显示的，只有当用户选择后才可以看到。为了在编辑过程中更加直观地看到体量的结构，用户可以选择使用透视模式，具体操作如下。

打开任一体量模型，选择体量后单击"透视"按钮，如图5-21所示。

图5-21

体量模型将以几何骨架的形式在三维视图中显示，如图5-22所示。

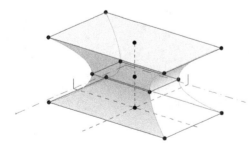

图5-22

用户可以任意选中其控制点或线段，进行移动、旋转等操作。如需取消透视模式，选中体量模型，单击"透视"按钮即可。

★ 重点 ★
实战：创建不规则概念体量

场景位置　无
实例位置　实例文件>第5章>实战：创建不规则概念体量.rvt
难易指数　★★☆☆☆
技术掌握　掌握概念体量修改方法及编辑工具的使用

01 启动Revit，然后单击"新建概念体量"按钮，如图5-23所示。

图5-23

02 选择"公制体量"样板，单击"打开"按钮，新建概念体量族，如图5-24所示，然后在立面视图中创建两条标高，间距均为4500，如图5-25所示。

图5-24

图5-25

▶ 知识链接 ◀
关于步骤02中创建标高的方法，请参阅第4章的"4.1.1 创建标高"。

03 使用模型线分别在"标高1"到"标高3"之间创建6边形，并依次进行20°、40°的旋转，如图5-26所示。

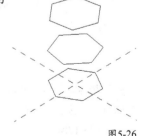

图5-26

04 选中刚刚创建完成的六边形，然后单击"创建形状"按钮 ⬚，如图5-27所示，最终完成的效果如图5-28所示。

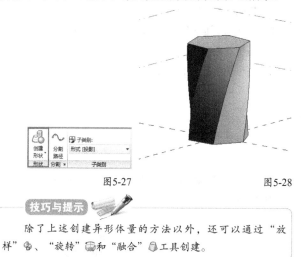

图5-27　　　　　　　　　　图5-28

> **技巧与提示**
>
> 除了上述创建异形体量的方法以外，还可以通过"放样" ⬚、"旋转" ⬚和"融合" ⬚工具创建。

实战：有理化分割体量表面

场景位置　场景文件>第5章>04.rfa
实例位置　实例文件>第5章>实战：有理化分割体量表面.rvt
难易指数　★★☆☆☆
技术掌握　掌握体量表面有理化分割的方法及原理

01 打开学习资源中的"场景文件>第5章>04.rfa"文件，如图5-29所示。

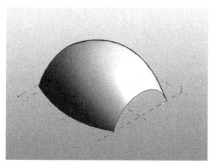

图5-29

02 选择要进行分割的体量表面，然后单击"分割表面"按钮 ⬚，如图5-30所示，默认为无填充图案表面分割效果，如图5-31所示。

图5-30

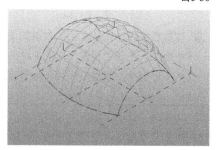

图5-31

03 在"属性"面板中选择"菱形"图案，如图5-32所示，然后设置"U网格"属性中的"布局"为"固定数量"，"编号"为15，接着设置"V网格"类别中的"布局"为"最大间距"，"距离"为1500，最后单击"应用"按钮 应用(A)，如图5-33所示，体量表面分割完成，最终效果如图5-34所示。

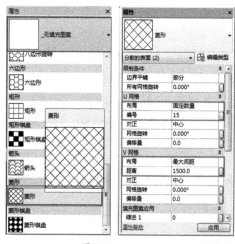

图5-32　　　　　　　　　图5-33

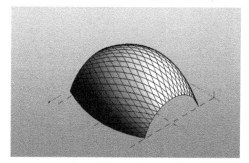

图5-34

5.3.2 从其他应用程序中导入体量

可以使用三维设计软件（如3ds Max、TrimbleSketchUp或AutoDesSys）创建大比例体量研究，然后使用Revit将主体图元（墙、屋顶等）与体量面关联。

为了使Revit能够将导入的几何图形视为体量对象，请使用设计软件创建设计，并将该设计导出为受支持的文件格式（如DWG或SAT），然后将该文件导入Revit的体量族。Revit会将几何图形视为体量，从而可以选择体量构件的面，并将其与Revit主体图元（如墙、楼板和屋顶）关联。

> **技巧与提示**
>
> 导出的对象是由镶嵌面组成的，而不是平滑的。导出时，可以对曲线图元进行三角测量。

107

实战：导入SketchUp模型

场景位置　场景文件>第5章>05.skp
实例位置　实例文件>第5章>实战：导入SketchUp模型.rfa
难易指数　★★☆☆☆
技术掌握　掌握将三维模型导入Revit体量的方法与技巧

01 新建概念体量，然后单击"导入CAD"按钮，如图5-35所示。

图5-35

知识链接

关于新建概念体量的方法，请参阅本章"实战：创建不规则概念体量"中的步骤01。

02 在打开的"导入CAD格式"对话框中，设置"文件类型"为"SketchUp 文件（*.skp）"，然后选择需要导入的文件，接着单击"打开"按钮 打开(O)，如图5-36所示，效果如图5-37所示。

图5-36

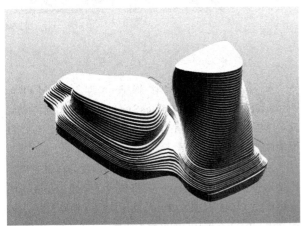

图5-37

技巧与提示

导入SketchUp或3ds Max等软件创建的三维模型时，建议用户不要导入特别精细的模型，否则会使计算机运行速度下降。当导入的三维模型作为体量使用时，只参考其形体表面，所以一般只需要导入草图体块即可，细部深化在Revit中完成。

5.3.3 体量楼层的应用

在Revit中，可以使用"体量楼层"工具划分体量，这对计算建筑楼板面积、容积率等数据非常有帮助。体量楼层将在每一个标高处得到创建，它在三维视图中显示为一个在标高平面处穿过体量的切面。

★重点★
实战：快速统计建筑面积

场景位置　场景文件>第5章>06.rvt
实例位置　实例文件>第5章>实战：快速统计建筑面积.rvt
难易指数　★★☆☆☆
技术掌握　掌握体量工具的使用方法及其作用

01 打开学习资源中的"场景文件>第5章>06.rvt"文件，如图5-38所示。

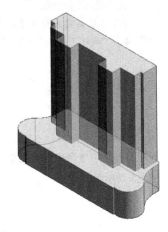

图5-38

02 选中体量模型，然后单击"体量楼层"按钮，如图5-39所示，接着选择所有需要创建楼层的标高，最后单击"确定"按钮 确定，如图5-40所示。

图5-39　　　　　　　　　　图5-40

03 体量楼层添加完成之后的效果如图5-41所示。选择任一体量楼层，在其"属性"面板中将报告一些有关该楼层的几何图形信息，如楼层周长、楼层面积、外表面积和楼层体积，如图5-42所示。

04 切换到"视图"选项卡，然后在"创建"面板中单击"明细表"下拉菜单中的"明细表/数量"按钮，如图5-43所示。

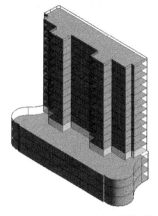

图5-41　　　　　　　图5-42

图5-43

知识链接

明细表非常重要，请参阅"第15章 明细表详解"中的详细设置及使用说明。

05 在"新建明细表"对话框中，选择"体量"类别下的"体量楼层"选项，然后单击"确定"按钮 [确定]，如图5-44所示。

图5-44

06 在"明细表属性"对话框中，选择"可用的字段"列表中的"标高"字段，然后单击"添加"按钮 [添加(A) -->]，如图5-45所示，"标高"将被添加至"明细表字段"中。用同样的方法继续将"楼层面积"和"合计"添加至"明细表字段"中，如图5-46所示。

图5-45

图5-46

07 在"明细表属性"对话框中，切换到"排序/成组"选项卡，然后在"排序方式"下拉菜单中选择"标高"，接着选择"总计"选项，并选择"标题、合计和总数"选项，如图5-47所示。

图5-47

08 切换到"格式"选项卡，然后在"字段"列表中选择"楼层平面"选项，接着选择"计算总数"选项，如图5-48所示。

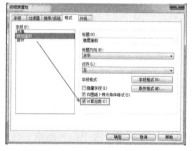

图5-48

09 单击"确定"按钮，最终生成"体量楼层明细表"，如图5-49所示。

\<体量楼层明细表\>		
A	B	C
标高	楼层面积	合计
D12	662.64	1
F1	1553.61	1
F2	1553.61	1
F3	1553.61	1
F4	662.64	1
F5	662.64	1
F6	662.64	1
F7	662.64	1
F8	662.64	1
F9	662.64	1
F10	662.64	1
F11	662.64	1
F13	662.64	1
F14	662.64	1
F15	662.64	1
F16	662.64	1
F17	662.64	1
总计: 17	13937.80	

图5-49

5.3.4 概念能量分析

Revit 2016中的能量分析借助的是Autodesk Green Building Studio平台，通过对概念体量模型或建筑图元模型在云中执行整体建筑能量模拟分析，交付给用户一份建筑能量分析报告。

使用概念体量分析模型，可以轻松定义建筑类型、位置、楼层、大小、形状、方向、窗墙比和材质等信息，然后将模拟方案提交到Autodesk Green Building Studio平台。用户也可以显示多个模拟结果，进行多方案并列比较，在方案初期就了解建筑的未来能量使用情况，推动设计方案逐步向可持续性设计转型。

目前，在Revit中进行能量分析，需要先登录到Autodesk360。这项服务不是免费的，而是仅对于速博（Subscription）用户开放的收费服务。如果已经是速博用户，可以单击右上角"登录"下拉菜单中的Sign In to A360选项，在"Autodesk-登录"对话框中输入账号和密码登录，如图5-50所示。

图5-50

实战：概念体量能量分析

场景位置　场景文件>第5章>07.rvt
实例位置　实例文件>第5章>实战：概念体量能量分析.rvt
难易指数　★★☆☆☆
技术掌握　掌握概念体量的分析方法及注意事项

01 打开学习资源中的"场景文件>第5章>07.rvt"文件，如图5-51所示。

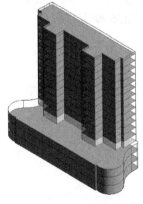

图5-51

02 切换到"分析"选项卡，然后单击"能量分析"面板中的"使用概念体量模式"按钮，将能量分析模式调整为对概念体量进行分析，如图5-52所示。

图5-52

03 切换到"分析"选项卡，然后单击"能量分析"面板中的"能量设置"按钮，具体的能量设置如图5-53所示。

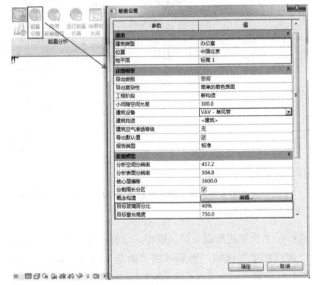

图5-53

04 切换到"分析"选项卡，然后单击"能量分析"面板中的"启用能量模型"按钮，Revit会帮助用户自动分割建筑内部空间，满足能量分析需求，如图5-54所示。

图5-54

05 在三维视图中，切换到"分析"选项卡，然后单击

"能量分析"面板中的"运行能量仿真"按钮，如图5-55所示。

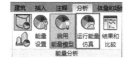

图5-55

06 在"运行能量模拟分析"对话框中，为分析指定一个名称，然后选择"Green Building Studio 项目"中的"新建"选项，接着单击"继续"按钮 继续(C)，如图5-56所示。

图5-56

07 分析完成后，切换到"分析"选项卡，单击"能量分析"面板中的"结果和比较"按钮，然后从项目中选择该分析，如图5-57所示，生成的分析报告如图5-58所示。

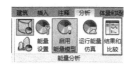

图5-57

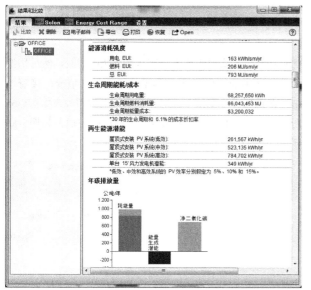

图5-58

08 切换到"分析"选项卡，然后单击"能量分析"面板中的"结果和比较"按钮，接着在"结果和比较"对话框中单击"设置"选项卡，就可以按照报告要求自行调整页眉和页脚的商标，同时选择出需要提供给客户的能量分析选项，如图5-59所示。

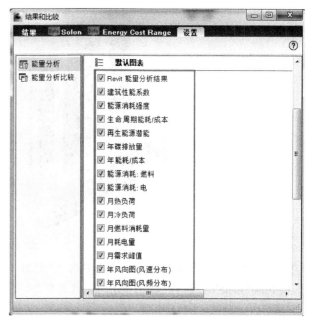

图5-59

5.4 从体量实例创建建筑图元

可以从体量实例、常规模型、导入的实体和多边形网格的面创建建筑图元。

抽象模型：如果要对建筑进行抽象建模，或者要将总体积、总表面积和总楼层面积录入明细表，则使用体量实例。通过拾取面所生成的图元，不会跟随体量形状的改变而自动更新。

常规模型：如果必须创建一个唯一的、与众不同的形状，并且不需要对整个建筑进行抽象建模，则使用常规模型。墙、屋顶和幕墙系统可以从常规模型族中的面来创建。

导入的实体：要从导入实体的面创建图元，在创建体量族时必须将这些实体导入概念设计环境，或者在创建常规模型时必须将它们导入族编辑器。

多边形网格：可以从各种文件类型导入多边形网格对象。对于多边形网格几何图形，推荐使用常规模型族，因为体量族不能从多边形网格中提取体积的信息。

实战：通过概念体量创建图元

场景位置　场景文件>第5章>08.rvt
实例位置　实例文件>第5章>实战：通过概念体量创建图元.rvt
难易指数　★★☆☆☆
技术掌握　掌握拾取体量面创建建筑图元的方法与技巧

01 打开学习资源中的"场景文件>第5章>08.rvt"文件，如图5-60所示。

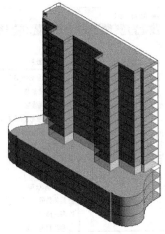

图5-60

02 切换到"体量和场地"选项卡，然后单击"面模型"面板中的"楼板"按钮，如图5-61所示，接着在"类型选择器"中选择默认的楼板类型。

图5-61

03 在绘图区域内框选所有新建的体量楼层，然后切换到功能区中的"修改|放置面楼板"选项卡，接着单击"多重选择"面板中的"创建楼板"按钮，如图5-62所示。

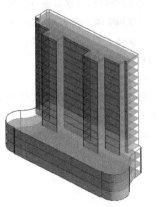

图5-62

04 按Esc键退出命令，楼板创建完成，如图5-63所示。

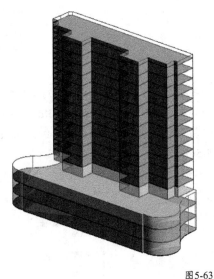

图5-63

技巧与提示

编辑体量时，如不能选中需要的表面或控制线，可按Tab键进行切换选择，直至选中合适对象单击鼠标左键即可。同理，在立面视图中，默认会优先选择线段，可以按Tab键选择上表面。

05 切换到功能区中的"体量和场地"选项卡，然后单击"面模型"面板中的"幕墙系统"按钮，如图5-64所示，接着在"类型选择器"中选择默认的幕墙系统类型。

图5-64

06 选择体量实例中要添加到幕墙系统中的面，然后切换到功能区中的"修改|放置面幕墙系统"选项卡，接着单击"多重选择"面板中的"创建系统"按钮，如图5-65所示，最后按Esc键退出命令，幕墙创建完成，如图5-66所示。

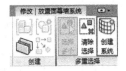

图5-65

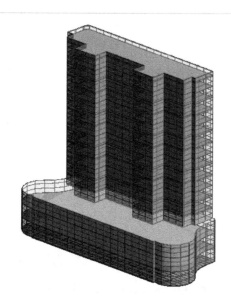

图5-66

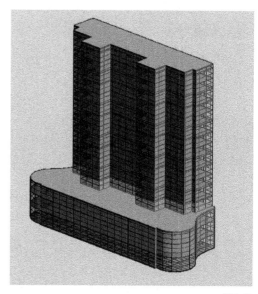

图5-67

图5-68

07 单击体量实例中要添加到幕墙系统中的面，然后切换到功能区中的"修改|放置面屋顶"选项卡，接着单击"多重选择"面板中的"创建屋顶"按钮 🗊，如图5-67所示，最后按Esc键退出命令完成屋顶创建，最终效果如图5-68所示。

第6章
结构布置

Learning Objectives
学习要点

Employment Direction
从业方向

 建筑设计

 结构设计

 机电设计

 幕墙规划

 室内工程

 景观设计

6.1 布置结构柱与建筑柱

建筑设计过程中需要排布柱网，包含结构柱与建筑柱。其中，结构柱应由结构工程师经过专业计算后，确定截面尺寸；建筑柱不参与承重，主要起到装饰的目的，所以由建筑师确定外观，并进行摆放。在Revit中，这两种柱子的属性全然不同。以下内容将对两种柱子的属性进行详细讲解。

★ 重点 ★
6.1.1 结构柱属性

结构柱用于对建筑中的垂直承重图元建模。尽管结构柱与建筑柱共享许多属性，但结构柱还具有许多由它自己的配置和行业标准定义的其他属性。在行为方面，结构柱也与建筑柱不同。

🌐 结构柱实例属性--------

修改结构柱实例属性可更改标高偏移、几何图形对正、阶段化数据和其他属性，如图6-1所示。

图6-1

结构柱实例属性参数介绍

柱定位标记：项目轴网上的垂直柱的坐标位置。

底部标高：柱底部标高的限制。

底部偏移：从底部标高到底部的偏移。

顶部标高：柱顶部标高的限制。

顶部偏移：从顶部标高到顶部的偏移。

柱样式：包括"垂直""倾斜-端点控制"和"倾斜-角度控制"3个选项。

随轴网移动：将垂直柱限制条件改为轴网。

房间边界：将柱限制条件改为房间边界条件。

已附着顶部：指定柱的顶部从中间连接到梁或附着到结构楼板或屋顶，该参数为只读类型。

已附着底部：指定柱的底部从中间连接到梁或附着到结构楼板或屋顶，该参数为只读类型。

基点附着对正：包括"最小相交""相交柱中线""最大相交"和"切点"4个选项。

从基点附着点偏移：柱底部与中间连接的梁或附着的图元之间的偏移。

顶部附着对正：包括"最小相交""相交柱中线""最大相交"和"切点"4个选项。

结构材质：控制结构柱所使用的材料信息及外观样式。

关于材质的具体使用方法，请参阅第12章"12.1 材质"章节中的详细介绍。

启用分析模型：显示分析模型，并将它包含在分析计算中，默认情况下处于选中状态。

钢筋保护层-顶面：设置与柱顶面间的钢筋保护层距离，只适用于混凝土柱。

钢筋保护层-底面：设置与柱底面间的钢筋保护层距离，只适用于混凝土柱。

钢筋保护层-其他面：设置从柱到其他图元面间的钢筋保护层距离，只适用于混凝土柱。

体积：所选柱的体积，该值为只读类型。

注释：添加用户注释。

标记：为柱所创建的标签，可以用于施工标记。对于项目中的每个图元，该值都必须是唯一的。

创建的阶段：指明在哪一个阶段中创建了柱构件。

拆除的阶段：指明在哪一个阶段中拆除了柱构件。

技术专题 09 柱端点的截面样式

可以定义在柱末端未附着到图元时，柱末端的显示方式。柱末端几何图形将按照为它的"截面样式"属性选择的选项，相对于其定位线进行剖切，如图6-2所示。可以通过增加或减小"顶部延伸"或"底部延伸"属性来偏移柱末端几何图形的剖切面。

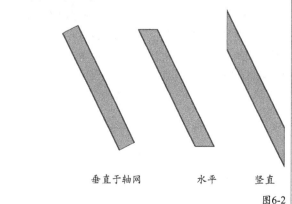

垂直于轴网　　水平　　竖直

图6-2

结构柱类型属性 - 混凝土

修改结构柱类型属性来更改混凝土柱截面的宽度、深度、标识数据和其他属性，如图6-3所示。

图6-3

混凝土结构柱参数介绍

b：设置柱的宽度。

h：设置柱的深度。

结构柱类型属性 - 钢

修改结构柱类型属性来更改钢柱翼缘宽度、腹杆厚度、标识数据和其他属性，如图6-4所示。

图6-4

钢结构柱参数介绍

W：设置钢柱的公称宽度。

A：设置钢柱的剖面面积。

bf：设置钢柱的翼缘宽度。

d：设置钢柱剖面的实际深度。

k：设置钢柱的k距离。

kr：设置钢柱的kr距离，只读属性。

tf：设置钢柱的翼缘厚度。

Tw：设置钢柱的腹杆厚度。

★ 重点 ★

实战：放置结构柱

场景位置　场景文件>第6章>01.rvt
实例位置　实例文件>第6章>实战：放置结构柱.rvt
难易指数　★★☆☆☆
技术掌握　放置结构柱的方法与注意事项

01　打开学习资源中的"场景文件>第6章>01.rvt"文件，如图6-5所示。

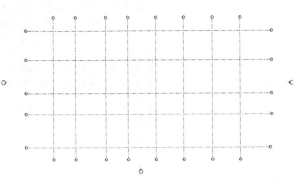

图6-5

02　切换到"建筑"选项卡，在"构建"面板中单击"柱"下拉列表中的"结构柱"命令，如图6-6所示。然后在"属性"面板中选择类型下拉列表下的"钢管混凝土柱-矩形"类型，如图6-7所示。

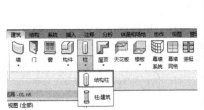

图6-6　　　　图6-7

03　在选项栏中设置参数为"高度"，标高为F2，如图6-8所示，然后在绘制区域单击即可放置结构柱，Revit会自动捕捉轴网交点，如图6-9所示。

图6-8

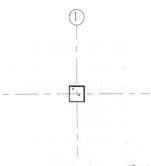

图6-9

04　切换到"修改|放置结构柱"选项卡，然后单击"在轴网处"按钮，如图6-10所示，接着框选当前平面视图中

的轴网，会生成结构柱预览，最后单击"完成"按钮，如图6-11所示。

图6-10

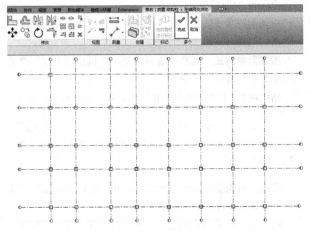

图6-11

技巧与提示

基于绘制完成的轴网，可以在轴网交点处批量创建结构柱。同样，如果有绘制完成的建筑筑，也可以选择"在柱处"命令批量布置结构柱。批量放置结构柱的方法，仅适用于垂直柱，斜柱无法使用此处命令按钮。

05　切换到"修改|放置结构柱"选项卡，单击"斜柱"按钮，进行斜柱的放置，如图6-12所示，然后在选项栏中分别设置"第一次单击"与"第二次单击"的标高和偏移量，如图6-13所示。

图6-12

| 第一次单击: F1 | ▼ | 0.0 | 第二次单击: F2 | ▼ | 0.0 | ☑ 三维捕捉 |

图6-13

06　在平面视图中单击鼠标确定柱底部的起始位置，再次单击确定柱顶部的结束位置，如图6-14所示。如需修改结构柱的高度，可选择任意结构柱，在属性面板中设置高度，如图6-15所示。

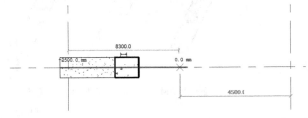

图6-14

图6-15

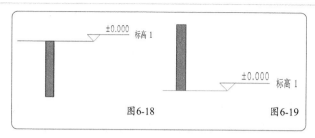

图6-18　　　　　　图6-19

★ 实 战 ★
实战：附着结构柱

场景位置　场景文件>第6章>02.rvt
实例位置　实例文件>第6章>实战：附着结构柱.rvt
难易指数　★★☆☆☆
技术掌握　附着与分离结构柱的方法

结构柱不会自动附着到屋顶、楼板和天花板。选择一根柱（或多根柱）时，可以将其附着到屋顶、楼板、天花板、参照平面、结构框架构件以及其他参照标高。

疑难问答 ?

问：如果需要修改结构柱的底部或顶部正好超过标高一段距离，如何进行设置？

答：可以使用底部偏移和顶部偏移来进行设定。底部偏移是指结构柱在底部标高基础上向下延伸的部分，顶部偏移是指在顶部标高基础上向上延伸的部分，如图6-16所示。

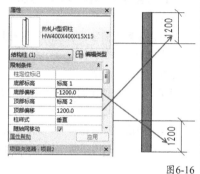

图6-16

01 打开学习资源中的"场景文件>第6章>02.rvt"文件，如图6-20所示，然后切换到"建筑"选项卡，接着单击"工作平面"面板中的"参照平面"按钮，如图6-21所示。

图6-20

07 切换到三维视图，查看最终完成的效果，如图6-17所示。

图6-21

02 在当前立面视图中绘制一条倾斜的工作平面，如图6-22所示，然后选中当前视图中的结构柱，接着切换到"修改|柱"选项卡，单击"附着顶部/底部"按钮，如图6-23所示，最后在工具选项栏中设置"附着柱"为"顶"，"附着对正"为"最大相交"，如图6-24所示。

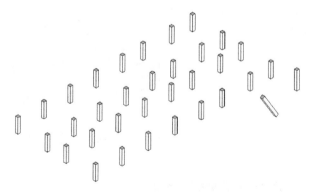

图6-17

技术专题 ⑩ 深度与高度的区别

无论是在放置建筑柱还是结构柱时，选项栏中都提供了两个选项，分别是"高度"与"深度"。"深度"是指以当前标高为基准，向下延伸至某个标高或一定的偏移量，如图6-18所示。

"高度"与之恰恰相反，是指以当前标高为基准，向上延伸至某个标高或一定的偏移量，如图6-19所示。

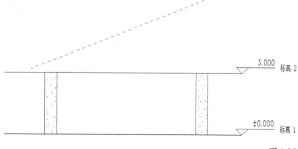

图6-22

图6-23

图6-24

03 选择之前绘制完成的参照平面，完成结构柱顶部附着，如图6-25所示。此时结构柱顶部将与参照平面联动，单击"分离顶部/底部"按钮取消联动关系，然后选择参照平面，如图6-26所示。

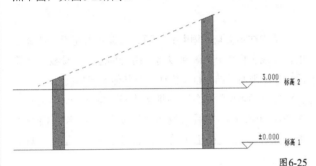

图6-25

图6-26

★ 重点 ★
6.1.2 建筑柱属性

建筑柱主要起到装饰作用，并不参与结构计算，所以其属性参数也与结构柱不尽相同。

🌑 建筑柱实例属性 --------------------------------

通过修改实例属性可以更改柱底部和顶部的标高、偏移、附着设置以及其他属性，如图6-27所示。

图6-27

建筑柱实例属性参数介绍

底部标高： 指定柱基准所在的标高，默认标高是标高1。

底部偏移： 指定距底部标高的距离，默认值为0。

顶部标高： 指定柱顶部所在的标高，默认标高是标高1。

顶部偏移： 指定距顶部标高的距离，默认值为0。

随轴网移动： 柱随网格线移动。

房间边界： 确定此柱是否为房间边界。

已附着底部： 指定将柱的底部附着到表面，该参数为只读类型。

已附着顶部： 指定将柱的顶部附着到结构楼板或屋顶，该参数为只读类型。

基点附着对正： 将柱附着到表面时，可以根据条件设置底部对正。

从顶部附着点偏移： 将柱附着到表面时，可以指定"剪切目标/柱条件"的偏移值。

顶部附着对正： 将柱附着到表面时，可以设置顶部对正作为条件。

从基点附着点偏移： 将柱附着到表面时，可以指定"剪切目标/柱条件"的偏移值。

注释： 添加用户注释。

标记： 为柱所创建的标签，可以用于施工标记。对于项目中的每个图元，此值都必须是唯一的。

创建的阶段： 指明在哪一个阶段中创建了柱构件。

拆除的阶段： 指明在哪一个阶段中拆除了柱构件。

🌑 建筑柱类型属性 --------------------------------

修改类型属性来定义列的尺寸标注、材质、填充图案和其他属性，如图6-28所示。

图6-28

建筑柱类型属性参数介绍

粗略比例填充颜色： 指定在任一粗略平面视图中粗略比例填充样式的颜色。

粗略比例填充样式： 指定在任一粗略平面视图中柱内显示的截面填充图案。

材质： 指定柱的材质。

深度： 设置柱的深度。

偏移基准： 设置柱基准的偏移。

偏移顶部： 设置柱顶部的偏移。

宽度：设置柱的宽度。

技巧与提示

建筑柱类型参数会根据柱样式不同，所涉及的参数也会发生改变。当用户建立建筑柱族时，可以根据实际情况添加不同参数。

★重点★
实战：放置建筑柱

场景位置	无
实例位置	实例文件>第6章>实战：放置建筑柱.rvt
难易指数	★★☆☆☆
技术掌握	附着与分离结构柱的方法

01 新建项目文件，切换到"建筑"选项卡，然后在"构建"面板中选择"柱"下拉菜单中的"柱：建筑"命令，如图6-29所示。

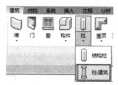

图6-29

02 在属性面板类型选择器中选择合适的建筑柱类型，然后在选项栏中设置参数，如图6-30所示，接着在绘制区域中单击进行放置，如图6-31所示。

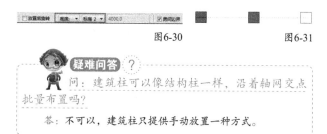

图6-30　　　　　　　图6-31

疑难问答 ❓

问：建筑柱可以像结构柱一样，沿着轴网交点批量布置吗？

答：不可以，建筑柱只提供手动放置一种方式。

6.2 结构柱与建筑柱的区别

结构柱与建筑柱本身存在物体属性方面的区别。结构柱主要用于承重，建筑柱主要起到装饰作用。同样，在Revit中，结构柱与建筑柱的设定也有类似的区别。在Revit中，结构柱由结构专业布置，并可以进行结构分析计算。建筑柱由建筑装饰布置，不参与结构计算，只起到装饰的作用。

建筑柱将继承连接到的其他图元的材质，墙的复合层包络建筑柱，而结构柱不具备此特性，如图6-32所示。

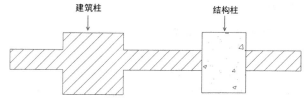

图6-32

6.3 绘制结构梁

结构梁一般不需要在建筑模型中进行绘制，通常由结构工程师创建完成后，链接到建筑模型中使用。如果没有结构模型，建筑剖面图中又需要体现梁的截面大小，这时需要建筑师在模型中绘制结构梁以供出图使用。较好的做法是先添加轴网和柱，然后创建梁。将梁添加到平面视图中时，必须将底剪裁平面设置为低于当前标高，否则梁在该视图中不可见。但如果使用结构样板，视图范围和可见性设置会相应地显示梁。

Revit中提供混凝土与钢梁两种不同属性的梁，其属性参数也稍有不同。

6.3.1 结构梁实例属性

修改梁实例属性用来修改标高偏移、几何图形对正以及阶段化数据等，如图6-33所示。

图6-33

梁实例属性参数介绍

参照标高：标高限制。该值为只读类型，取决于放置梁的工作平面。

工作平面：放置了图元的当前平面，该值为只读类型。

起点标高偏移：梁起点与参照标高间的距离。当锁定构件时，会重设此处输入的值。

终点标高偏移：梁端点与参照标高间的距离。当锁定构件时，会重设此处输入的值。

方向：梁相对于图元所在的当前平面的方向。

横截面旋转：控制旋转梁和支撑。从梁的工作平面和中心参照平面方向测量旋转角度。

YZ 轴对正：包括"统一"和"独立"两个选项。使用"统一"选项，可为梁的起点和终点设置相同的参数；使用"独立"选项，可为梁的起点和终点设置不同的参数。

Y 轴对正：指定物理几何图形相对于定位线的位置为"原点""左侧""中心"或"右侧"。

Y 轴偏移值：几何图形偏移的数值。在"Y 轴对正"参数中设置的定位线与特性点之间的距离。

Z 轴对正：指定物理几何图形相对于定位线的位置为"原点""顶部""中心"或"底部"4个选项。

Z 轴偏移值：在"Z 轴对正"参数中设置的定位线与特性点之间的距离。

结构材质：控制结构材质的属性。

剪切长度：显示梁的物理长度，该值为只读类型。

结构用途：指定梁的用途，可以是"大梁""水平支撑""托梁""其他""檩条"或"弦"。

启用分析模型：显示分析模型，并将它包含在分析计算中，默认情况下处于选中状态。

钢筋保护层 - 顶面：只适用于混凝土梁，设置与梁顶面之间的钢筋保护层距离。

钢筋保护层 - 底面：只适用于混凝土梁，设置与梁底面之间的钢筋保护层距离。

钢筋保护层 - 其他面：只适用于混凝土梁，设置从梁到邻近图元面之间的钢筋保护层距离。

长度：显示梁操纵柄之间的长度。

体积：显示所选梁的体积，该参数为只读类型。

注释：添加用户注释信息。

标记：为梁创建的标签。

创建的阶段：指明在哪一个阶段中创建了梁构件。

拆除的阶段：指明在哪一个阶段中拆除了梁构件。

6.3.2 结构梁类型属性

修改梁类型属性来更改翼缘宽度、腹杆厚度、标识数据和其他属性，其中包括混凝土梁与钢梁两种族类型，如图6-34和图6-35所示。

图6-34

图6-35

混凝土梁属性参数介绍

b：设置梁截面宽度，适用于混凝土梁。

h：设置梁截面深度，适用于混凝土梁。

钢梁属性参数介绍

A：设置剖面面积。

W：设置公称宽度。

bf：设置翼缘宽度。

d：剖面的实际深度。

k：设置k距离。

k2：设置k2距离，该参数为只读类型。

tf：设置翼缘厚度。

tw：设置腹杆厚度。

实战：放置结构梁

场景位置　场景文件>第6章>03.rvt
实例位置　实例文件>第6章>实战：放置结构梁.rvt
难易指数　★★☆☆☆
技术掌握　绘制结构梁的方法与技巧

01 打开学习资源中的"场景文件>第6章>03.rvt"文件，如图6-36所示，然后切换到"结构"选项卡，接着单击"结构"面板中的"梁"按钮，如图6-37所示。

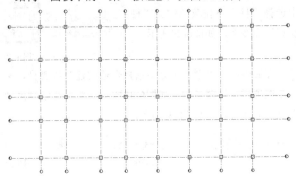
图6-36

图6-37

02 切换到"修改|放置梁"选项卡，然后单击"绘制"面板中的"直线"按钮，如图6-38所示，接着在选项栏中设置"放置平面"为"标高：F2"，"结构用途"为"<自动>"，如图6-39所示。

图6-38　　　　　　　　　　图6-39

技巧与提示

选项栏中提供了"链"参数供用户选择，当绘制完成一段梁后，可以连续绘制其他梁，进行首尾相接。当选择三维捕捉后，可以在三维视图中捕捉到结构柱的中点或边缘线，进行结构梁的绘制。

03 在视图中开始单击确定梁的起点，再次单击确定梁的终点，如图6-40所示，然后切换到"修改|放置梁"选项卡，单击"在轴网上"按钮，如图6-41所示。

04 框选视图中绘制好的轴网，然后单击"完成"按钮，如图6-42所示。切换到三维视图，最终效果如图6-43所示。

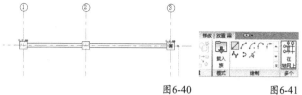

图6-40　　　　　图6-41

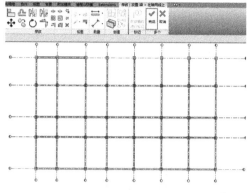

图6-42

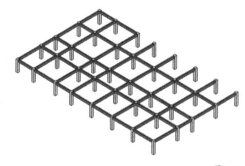

图6-43

6.4 自动化生成梁柱

除了使用Revit自身所提供的绘制命令以外，还可以通过Extensions插件实现梁柱的自动生成，在很大程度上节省了用户手动绘制的时间，避免了烦琐的操作。

★重点★
实战：使用Extensions自动创建梁柱

场景位置　无
实例位置　实例文件>第6章>实战：使用Extensions自动创建梁柱.rvt
难易指数　★★☆☆☆
技术掌握　利用插件完成梁柱的设置与生成

01 新建项目文件，然后切换到"附加模块"选项卡，接着单击"轴网增强"面板中的"创建/编辑"按钮，如图6-44所示。

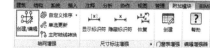

图6-44

02 在打开的"轴网生成器"对话框中，选择左侧列表中的"轴网"选项，然后为项目添加轴网信息，如图6-45所示。

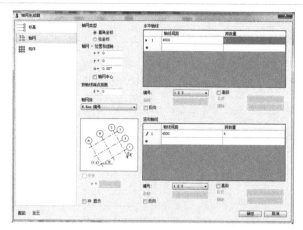

图6-45

技巧与提示
使用插件生成梁柱时，只适用于梁柱截面保持一致的项目。如果在同一项目中，柱或梁存在多种截面，需要人工修改。

03 在"轴网生成器"对话框中，选择左侧列表中的"构件"选项，然后选择需要创建构件的标高，接着选择"生成柱"及"生成梁"选项，并选择相应的族和类型，最后单击"确定"按钮，如图6-46所示，最终完成的效果如图6-47所示。

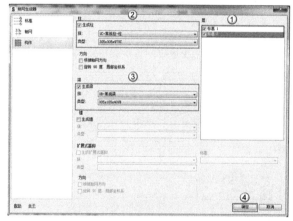

图6-46

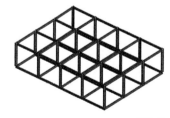

图6-47

疑难问答 ?
问：使用插件可以在创建完成的轴网标高处进行布置吗？

答：不可以，Extensions插件只在其创建轴网时添加结构柱与梁，其他状态下无法单独生成。

第7章

墙体与门窗的建立

7.1 创建墙体

与建筑模型中的其他基本图元类似，墙也是预定义系统族类型的实例，表示墙功能、组合和厚度的标准变化形式。通过修改墙的类型属性来添加或删除层、将层分割为多个区域，以及修改层的厚度或指定的材质，用户可以自定义这些特性。在图纸中放置墙后，可以添加墙饰条或分隔缝、编辑墙的轮廓，以及插入主体构件，如门和窗等。

★重点★

7.1.1 创建实体外墙

创建墙体之前，我们需要对墙体结构形式进行设置，如修改结构层的厚度，添加保温层、抗裂防护层与饰面层等，还可以在墙体形式中添加墙饰条、分隔缝等。

🔵 **墙体结构**

Revit中的墙包含多个垂直层或区域，墙的类型参数"结构"中定义了墙的每个层的位置、功能、厚度和材质。Revit预设了6种层的功能，分别为"面层1[4]""保温层/空气[3]""涂膜层""结构[1]""面层2[5]"和"衬底[2]"。[]内的数字代表优先级，可见"结构"层具有最高优先级，"面层2"具有最低优先级。Revit会首先连接优先级高的层，然后连接优先级低的层，如图7-1所示。

图7-1

预设层参数介绍

面层1[4]： 通常是外层。

保温层/空气[3]： 隔绝并防止空气渗透。

涂膜层： 通常用于防止水蒸气渗透薄膜，涂膜层的厚度通常为0。

结构[1]： 支撑其余墙、楼板或屋顶的层。

面层2[5]： 通常是内层。

● 墙的定位线

墙的"定位线"用于在绘图区域中指定路径来定位墙，也就是墙体的哪一个平面作为绘制墙体的基准线。

墙的定位方式共有6种，包括"墙中心线"（默认）、"核心层中心线""面层面：外部""面层面：内部""核心面：外部"和"核心面：内部"，如图7-2所示。墙的核心是指其主结构层，在非复合的砖墙中，"墙中心线"和"核心层中心线"会重合。

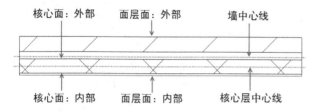

图7-2

实战：绘制建筑外墙

场景位置　场景文件>第7章>01.rvt
实例位置　实例文件>第7章>实战：绘制建筑外墙.rvt
难易指数　★★★☆☆
技术掌握　墙体结构的设置方法与定位线的使用技巧

01 打开学习资源中的"场景文件>第7章>01.rvt"文件，如图7-3所示。

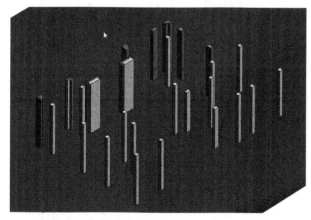

图7-3

02 切换到"F1"楼层平面，然后在"建筑"选项卡下单击"构建"面板中的"墙"按钮，如图7-4所示。

图7-4

03 在属性面板中选择"类型"为"基本墙：常规-200mm"，然后单击"编辑类型"按钮，如图7-5所示。

图7-5

04 在"类型属性"对话框中单击"复制"按钮，然后输入相应的名称，接着单击"编辑"按钮，打开墙体编辑器，如图7-6所示。

图7-6

05 打开"编辑部件"对话框后，单击"插入"按钮，然后分别插入"保温层"与"面层"并设置"厚度"，再通过"向上"或"向下"按钮来调整当前层所在的位置，最后单击"确定"按钮关闭当前对话框，如图7-7所示。

图7-7

技巧与提示

如需删除现有的墙层，可以选中任一墙层，然后单击"删除"按钮即可删除现有墙层。

06 "保温层"与"面层"添加完成后，将光标切换到"结构"层"<按类别>"单元格中，然后单击□按钮，打开"材质浏览器"，如图7-8所示。

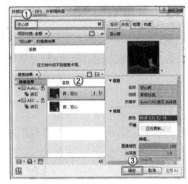

图7-8

07 打开"材质浏览器"后，在搜索框中输入"空心砖"，然后选择搜索列表中的"砖，空心"材质，接着单击"确定"按钮 确定，如图7-9所示。

图7-9

> **知识链接**
>
> 关于材质编辑的方法，请参阅第12章"12.1.3 材质的添加与编辑"章节中的详细介绍。

08 按照相同的方法，将"保温层"与"面层"也赋予不同的材质，如图7-10所示。

图7-10

09 单击"预览"按钮 预览(P) >>，然后设置"视图"为"剖面：修改类型属性"，如图7-11所示。

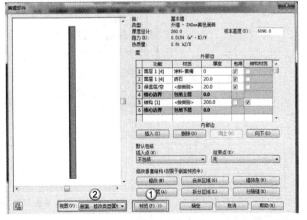

图7-11

10 单击"拆分区域"按钮 拆分区域(L)，然后将光标移动到墙体拆分的位置后单击，如图7-12所示。

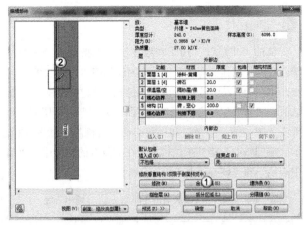

图7-12

11 若拆分墙面高度不能满足要求，可以单击"修改"按钮 修改(M)，然后将光标移动到分割线上单击，输入相应的高度数值，接着单击"确定"按钮，如图7-13所示。

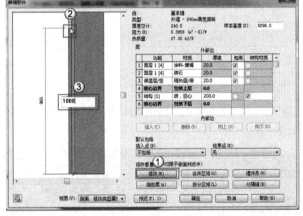

图7-13

12 选择"面层1[4]涂料 - 黄褐"层，然后单击"指定层"按钮，并将光标放置到墙体外侧单击，接着单击"确定"按钮 确定，如图7-14所示。

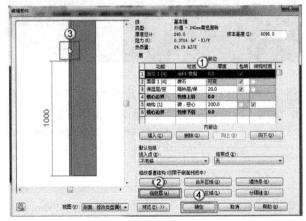

图7-14

13 在实例"属性"面板中,设置墙体"定位线"为"墙中心线","底部限制条件"为"室外地坪","顶部约束"为"直到标高:F2",如图7-15所示。

图7-15

14 在"修改|放置墙"选项卡中,选择"直线"工具 ✐ 进行墙体绘制,如图7-16所示。

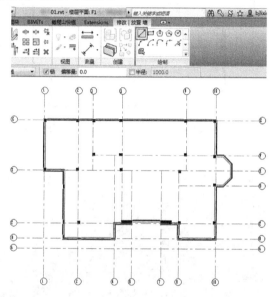

图7-16

技巧与提示

绘制墙体时,应该按照顺时针方向绘制。如果采用相反方向,绘制的墙体内侧将反转为外侧。如需调整墙体内外侧翻转,也可以选中墙体按Space键进行切换。

15 全部外墙绘制完成后,切换到三维视图查看最终效果,如图7-17所示。

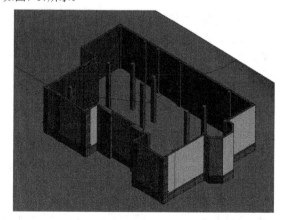

图7-17

7.1.2 创建室内墙体

室内隔墙与剪力墙同外墙的创建方法相同,只是在墙体构造上的设置稍有区别。同理,绘制剪力墙时应该使用结构墙来绘制,方便后期结构专业在此基础上进行计算、调整并配筋。结构墙"属性"面板如图7-18所示,建筑墙"属性"面板如图7-19所示。

图7-18   图7-19

实战: 绘制室内墙体

场景位置	场景文件>第7章>02.rvt
实例位置	实例文件>第7章>实战:绘制室内墙体.rvt
难易指数	★★☆☆☆
技术掌握	绘制内墙时进行墙功能分类

01 打开学习资源中的"场景文件>第7章>02.rvt"文件,如图7-20所示。

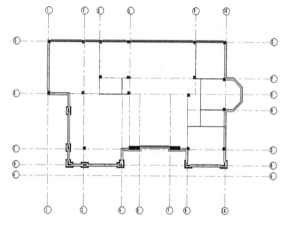

图7-20

02 单击"墙"命令,然后选择"内墙-200mm空心砖"墙类型,接着单击"编辑类型"按钮 ,如图7-21所示。

图7-21

03 在"类型属性"对话框中，将"功能"设置为"内部"，然后单击"确定"按钮 确定 ，如图7-22所示。

图7-22

疑难问答 ？

问：为什么要将功能参数修改为内部，对所建立的模型有什么影响？

答：之所以要对不同用途的墙体进行功能参数的修改，主要是供后期明细表统计中可以使用此参数进行分类。通过功能参数，可以快速将内墙与外墙分开进行统计。

04 切换到"修改|放置墙"选项卡，然后选择"拾取线"按钮，接着将"定位线"设置为"墙中心线"，如图7-23所示。

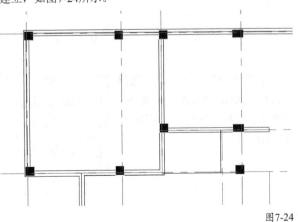

图7-23

05 在视图中拾取已经绘制好的详细线，进行部分墙体的建立，如图7-24所示。

图7-24

技巧与提示

在绘制墙体的过程中，一定要仔细查看当前所绘制墙体的标高限制是否正确。如按软件默认"高度"为8000，极易将墙体绘制到其他层。在设计协作过程中，会对其他设计人员造成影响。

06 切换墙体类型为"内墙 - 100mm轻钢龙骨石膏板"，完成剩余部分墙体的建立，如图7-25所示。

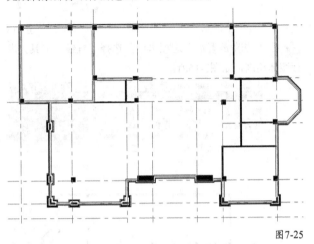

图7-25

07 建筑内墙全部创建完成后，三维效果如图7-26所示。

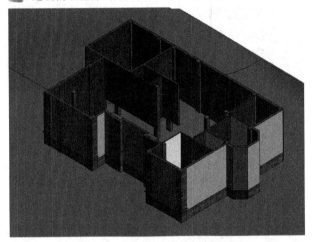

图7-26

技术专题 ⑪ 控制剪力墙在不同视图中的显示样式

通常在高层或超高层建筑中都会用到框架剪力墙结构，基于出图考虑，剪力墙在平面视图与详图中所表达的截面样式并不同。在Revit中是基于一套模型完成整套施工图纸，所以通过Revit对墙体的设置可以实现这样的效果。

在项目中选择"常规-300mm"墙体类型，复制为"剪力墙-300mm"。在"类型属性"对话框中，设置"粗略比例填充样式"为"实体填充"，"粗略比例填充颜色"为（R:128，G:128，B:128），如图7-27所示。视图的"详细程度"为"精细"时，将显示这里定义的截面样式及颜色。

编辑墙体结构，修改其结构层材质为"混凝土，现场浇注"，然后切换到"图形"标签栏，修改"截面填充图案"为"混凝土-钢砼"，如图7-28所示。视图的"详细程度"

为"精细"时，将显示结构材质中所定义的截面样式及颜色。

图7-27

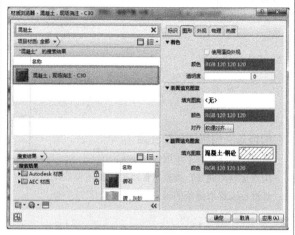

图7-28

在普通平面图中，设置视图的"详细程度"为"粗略"，显示效果如图7-29所示。在详图平面中，设置视图的"详细程度"为"精细"，显示效果如图7-30所示。

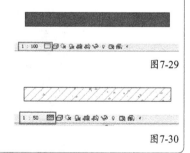

图7-29

图7-30

★ 重点 ★
实战：创建叠层墙

场景位置　无
实例位置　实例文件>第7章>实战：创建叠层墙.rvt
难易指数　★★☆☆☆
技术掌握　叠层墙结构的设置方法

01 使用"建筑样板"新建项目文件，然后单击"墙体"命令，在"属性"面板的类型选择器中选择"叠层墙"，如图7-31所示。

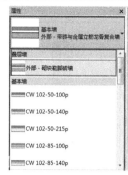

图7-31

12 单击"编辑类型"按钮，打开"类型属性"对话框，然后单击"编辑"按钮，编辑叠层墙的墙体结构，如图7-32所示。

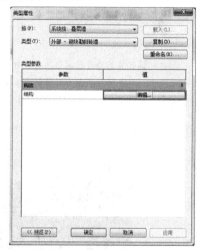

图7-32

13 单击"预览"按钮，可以预览当前墙体的结构，如图7-33所示。

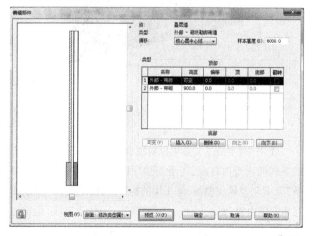

图7-33

14 单击"插入"按钮，然后选择项目中现有的墙体类型，设置"高度"为900，"样本高度"为3000，接着单击"确定"按钮，如图7-34所示。

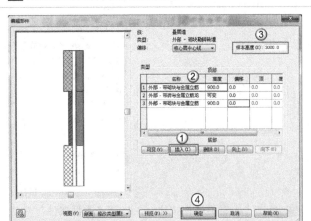

图7-34

问：样本高度数值具体有什么作用，对项目中所绘制的墙体有什么影响？

答：编辑叠层墙或普通墙体时，打开预览视图都会有样本高度参数，其主要控制当前所编辑墙体类型在预览视图中显示的高度。在项目中绘制的墙体，不受此参数控制。

05 在视图中创建墙体，最终效果如图7-35所示。

图7-35

7.1.3 创建墙饰条

使用"墙饰条"工具可以对现有墙体添加踢脚线、装饰线条和散水等内容。在工业厂房项目中，还可以使用"墙饰条"工具创建墙皮檩条。基于墙的构件，只要是具有一定规律且重复的内容，都可以使用"墙饰条"工具快速完成。但需注意的是，墙饰条都是通过轮廓族进行创建的。如果所需创建的对象不是闭合的轮廓，则无法通过墙饰条来创建。

添加墙饰条有两种方法，分别是基于墙体构造添加和单独添加。

基于墙体构造添加：基于墙体构造添加多个墙饰条，可以控制不同墙饰条的高度及样式，绘制墙体时，墙饰跟随墙体一同出现。其优点是可以批量添加多个墙饰条，并跟随墙体一同绘制，而无须单独添加。缺点是无法单独控制，如果修改某一段墙饰台，必须通过修改墙体构件才可以控制。

单独添加：指建立完成墙体后，在某一面墙体上单独添加墙饰条。每次只能单独对一面墙体进行创建，如果要创建多条，则需要手动多次添加。其优点是灵活多变，可以随意更改墙饰台的位置及长短；缺点是无法批量添加。如果多面墙体需要在同一位置添加墙饰条，则无法批量完成，需要逐个拾取完成添加。

墙饰条实例属性

要修改墙饰条的实例属性，可按修改实例属性中所述修改相应参数的值，如图7-36所示。

图7-36

墙饰条实例属性参数介绍

与墙的偏移：设置距墙面的距离。

相对标高的偏移：设置距标高的墙饰条偏移。

长度：设置墙饰条的长度，该参数为只读类型。

墙饰条类型属性

要修改墙饰条的类型属性，可按修改类型属性中所述修改相应参数的值，如图7-37所示。

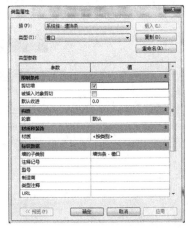

图7-37

墙饰条类型属性参数介绍

剪切墙：指定在几何图形和主体墙发生重叠时，墙饰条是否会从主体墙中剪切掉几何图形。清除此参数，可以提高带有许多墙饰条的大型建筑模型的性能。

被插入对象剪切：指定门和窗等插入对象是否会从墙饰

条中剪切掉几何图形。

默认收进: 此值指定墙饰条从每个相交的墙附属件收进的距离。

轮廓: 指定用于创建墙饰条的轮廓族。

材质: 设置墙饰条的材质。

★重点★
实战: 添加装饰角线

场景位置　场景文件>第7章>03.rvt
实例位置　实例文件>第7章>实战: 添加装饰角线.rvt
难易指数　★★☆☆☆
技术掌握　使用墙构造批量添加装饰角线

01 打开学习资源中的"场景文件>第7章>03.rvt"文件,选中建筑外墙并打开"编辑部件"对话框,如图7-38所示。

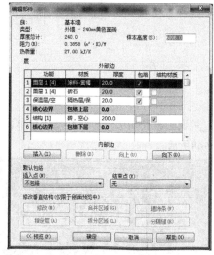

图7-38

◣**知识链接**

关于进入墙体编辑部件的方法,请参阅本章"实战: 绘制建筑外墙"中的步骤05。

02 打开"编辑部件"对话框,设置"视图"为"剖面: 修改类型属性",然后单击"墙饰条"按钮 [墙饰条(W)],如图7-39所示。

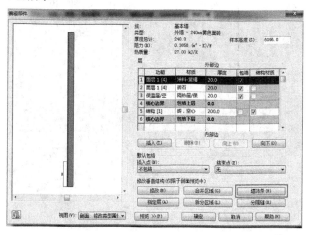

图7-39

03 在打开的"墙饰条"对话框中,单击"添加"按钮 [添加(A)] 添加一个新的墙饰条,如图7-40所示。

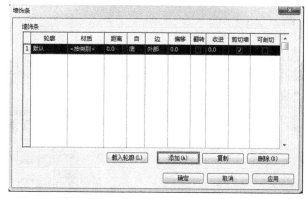

图7-40

04 设置"轮廓"为"线条2",将"材质"修改为"大理石","自"为"顶",然后单击"确定"按钮 [确定],如图7-41所示,最终完成的效果如图7-42所示。

图7-41

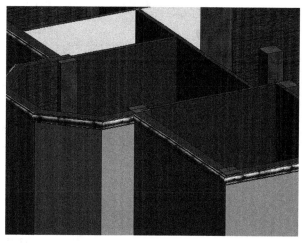

图7-42

技巧与提示

如需添加多个标高的墙饰条,可以单击"添加"按钮 [添加(A)] 进行添加。添加完成后,更改距离参数即可实现多条墙饰条平行的效果。

实战：添加室外散水

场景位置　场景文件>第7章>04.rvt
实例位置　实例文件>第7章>实战：添加室外散水.rvt
难易指数　★★☆☆☆
技术掌握　使用"墙饰条"功能批量添加室外散水

01 打开学习资源中的"场景文件>第7章>04.rvt"文件，然后切换到"建筑"选项卡，接着单击"墙"面板中的"墙：饰条"按钮，如图7-43所示。

图7-43

02 在"属性"面板中单击"编辑类型"按钮，如图7-44所示。

图7-44

03 单击"复制"按钮，然后在打开的"名称"对话框中输入名称为"散水"，接着单击"确定"按钮，如图7-45所示。

图7-45

04 在"类型属性"对话框中，设置"轮廓"为"散水"，"材质"为"混凝土-现场浇注混凝土"，然后单击"确定"按钮，如图7-46所示。

05 切换到"修改|放置墙饰条"选项卡，单击"水平"按钮，如图7-47所示。

图7-46

图7-47

06 在三维视图中，拾取外墙底边单击进行放置，如图7-48所示。

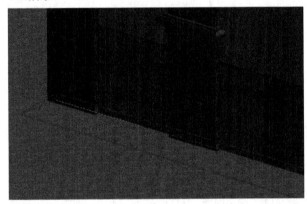

图7-48

07 按照相同的方法，完成其他部分散水的布置。布置完成后，某些转角部分散水无法自动连接，如图7-49所示。

图7-49

08 选中未成功的散水，然后单击"修改|墙饰条"选项卡中的"修改转角"按钮，如图7-50所示。

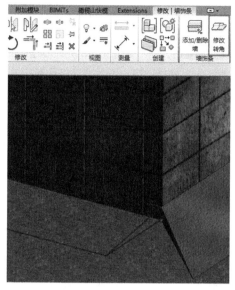

图7-50

09 将光标放置到散水的截面上，然后单击完成连接，如图7-51所示。

图7-51

10 按照同样的方法连接所有转角位置，最终效果如图7-52所示。

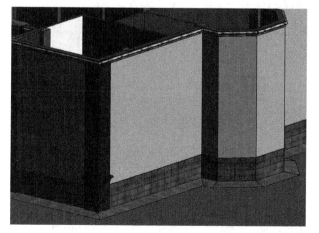

图7-52

7.1.4 创建分隔缝

分隔缝与墙饰条的创建方法相同，都是基于墙体进行创建的，并且分隔缝与墙饰条所使用的部分轮廓族也可以通用。不同之处在于，当分隔缝与墙饰条共用同一个轮廓族时，所创建出的效果正好相反，如图7-53所示。

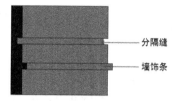

图7-53

疑难问答

问：什么样的轮廓族在墙饰条与分隔缝命令之间通用？

答：通过"公制轮廓"样板所建立的轮廓族，可以在这两种命令之间共同使用。

实战：添加外墙装饰槽

场景位置	场景文件>第7章>05.rvt
实例位置	实例文件>第7章>实战：添加外墙装饰槽.rvt
难易指数	★★☆☆☆
技术掌握	使用墙构造批量添加装饰槽

01 打开学习资源中的"场景文件>第7章>05.rvt"文件，选中建筑外墙并打开"编辑部件"对话框，然后单击"分隔缝"按钮 分隔缝(R)，如图7-54所示。

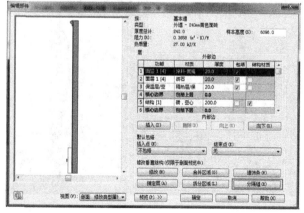

图7-54

知识链接

关于打开编辑部件的方法，请参阅本章"实战：绘制建筑外墙"中的步骤05和步骤09。

02 在打开的"分隔缝"对话框中，单击"添加"按钮 添加(A) 添加3条分隔缝，如图7-55所示。

131

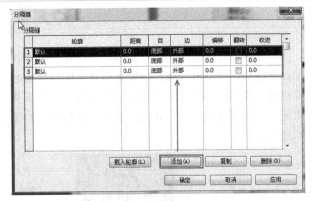

图7-55

03 设置"轮廓"为"分割缝：分割缝"，"距离"分别修改为1100、1300和1500，如图7-56所示，然后单击"确定"按钮 确定 ，逐个关闭对话框，最终三维效果如图7-57所示。

图7-56

图7-57

7.2 编辑墙

　　墙体绘制完成后，一般情况下还需要对其进行一些修改，以适应当前项目中的具体要求。其中包括墙体外轮廓形状、墙体连接方式、墙体附着等方面的调整。

★ 重点 ★
7.2.1 墙连接与连接清理

　　墙相交时，Revit默认情况下会创建"平接"方式并清理平面视图中的显示，删除连接的墙与其相应的构件层之间的可见边。在不同情况下，处理墙连接的方式也不同，大致分为清理连接与不清理连接两种方法，如图7-58所示。除了连接方式不同以外，还可以限制墙体端点允许或不允许连接，以达到墙体之间保持较小间距的目的。

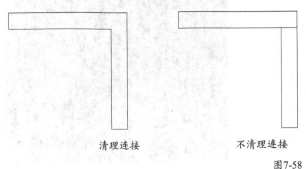

清理连接　　　　　　　　　　不清理连接

图7-58

★ 重点 ★ 实战：修改墙连接

场景位置　　场景文件>第7章>06.rvt
实例位置　　实例文件>第7章>实战：修改墙连接.rvt
难易指数　　★★☆☆☆
技术掌握　　处理墙体连接的方式

01 打开学习资源中的"场景文件>第7章>06.rvt"文件，然后切换到"修改"选项卡，接着单击"几何图形"面板中的"墙连接"按钮 ，如图7-59所示。

图7-59

02 在当前视图中，单击云线内垂直方向的墙体，出现黑色的矩形范围框，然后将"显示"方向设置为"不清理连接"，单击空白处确定绘制，如图7-60所示。此时两种不同材质墙体断开连接，按下Esc键结束命令。

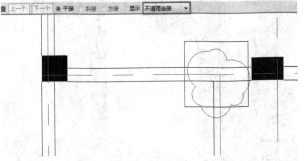

图7-60

03 将光标移动到另一个云线中的墙体上，然后单击鼠标右键，接着选择"不允许连接"命令，如图7-61所示。

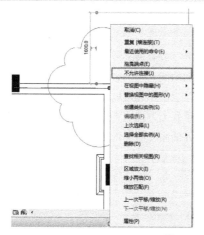

图7-61

04 此时所选墙体将与外墙取消连接状态，将内墙端点拖动至外墙内侧，如图7-62所示。在这种状态下，两面墙体将永不会发生连接关系。

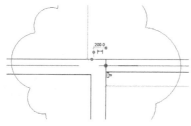

图7-62

05 如果需要取消不允许连接状态，可以再次在内墙一侧的端点上单击鼠标右键，选择"允许连接"命令，或者直接单击视图中的"允许连接"图标，如图7-63所示。

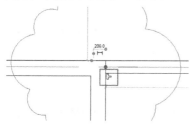

图7-63

06 按照同样的方法，将视图中所有需要处理的墙体进行修改，最终完成后的效果如图7-64所示。

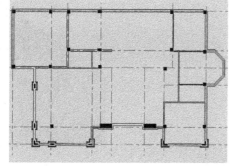

图7-64

★ 重点 ★
7.2.2 编辑墙轮廓

大多数情况下，当放置直墙时，墙的轮廓为矩形。如果设计要求其他的轮廓形状，或要求墙中有洞口，这时就需要使用"编辑轮廓"命令来帮助完成这部分工作了。例如，在遇到一些不规则的墙体时，或者墙上需有不同形状的洞口，如图7-65所示。

图7-65

> **技巧与提示**
>
> 弧形墙不能使用编辑"轮廓"工具，若要在弧形墙上放置矩形洞口，需要使用"墙洞口"工具。该工具同样适用于直墙。

★ 重点 ★
实战：编辑门洞形状

场景位置	场景文件>第7章>07.rvt
实例位置	实例文件>第7章>实战：编辑门洞形状.rvt
难易指数	★★☆☆☆
技术掌握	处理墙体连接的方式

01 打开学习资源中的"场景文件>第7章>07.rvt"文件，如图7-66所示。

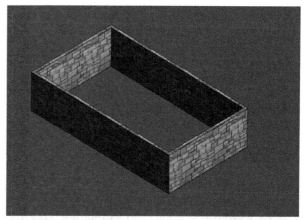

图7-66

02 切换到南立面视图，然后选中当前墙体，接着单击"修改|墙"选项卡中的"编辑轮廓"按钮，如图7-67所示。

03 进入草图编辑模式后，单击"修改|墙>编辑轮廓"选项卡中的"拾取线"工具，如图7-68所示。

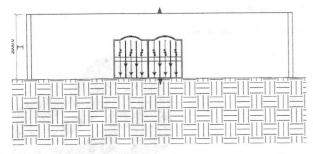

图7-67

图7-68

04 拾取当前视图中铁艺大门的外轮廓，形成一个封闭的轮廓，然后单击"完成"按钮✔，如图7-69所示，最终三维效果如图7-70所示。

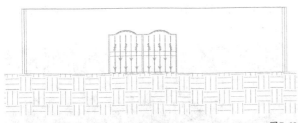

图7-69

图7-70

7.2.3 墙附着与分离

放置墙之后，可以将其顶部或底部附着到同一个垂直面的图元上，替换其初始墙顶定位标高和墙底定位标高。附着的图元可以是楼板、屋顶、天花板和参照平面，或位于正上方抑或正下方的其他墙，墙的高度会随着所附着图元的高度而变化。

实战：将墙体附着到参照平面

场景位置	场景文件>第7章>08.rvt
实例位置	实例文件>第7章>实战：将墙体附着到参照平面.rvt
难易指数	★★☆☆☆
技术掌握	处理墙体连接的方式

01 打开学习资源中的"场景文件>第7章>08.rvt"文件，然后选中墙体并单击"修改|墙"选项卡中的"附着顶部/底部"按钮🔲，如图7-71所示。

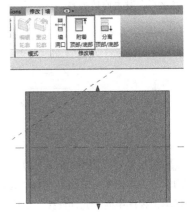

图7-71

02 在工具选项栏中选择"附着墙"方式为"顶部"，如图7-72所示。

修改|墙　附着墙：◉顶部 ○底部

图7-72

03 单击要附着的参照平面，所选墙体底部将附着到参照平面上，如图7-73所示。

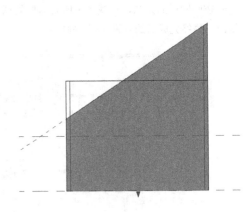

图7-73

04 按照同样的方法将另一面墙体也附着到参照平面上，最终三维效果如图7-74所示。

图7-74

★重点★
实战：将墙体附着到屋面

场景位置　场景文件>第7章>09.rvt
实例位置　实例文件>第7章>实战：将墙体附着到屋面.rvt
难易指数　★★☆☆☆
技术掌握　处理墙体连接的方式

01 打开学习资源中的"场景文件>第7章>09.rvt"文件，如图7-75所示。

图7-75

02 将光标放置于墙体上，按Tab键直至选中全部墙体，然后单击"修改|墙"选项卡中的"附着顶部/底部"按钮，如图7-76所示。

图7-76

03 将光标移动到屋顶上单击，墙体顶部将附着到屋面底部，如图7-77所示。

图7-77

★重点★
实战：将墙体从参照平面中分离

场景位置　场景文件>第7章>10.rvt
实例位置　实例文件>第7章>实战：将墙体从参照平面中分离.rvt
难易指数　★★☆☆☆
技术掌握　取消墙体对参照平面的附着关系

01 打开学习资源中的"场景文件>第7章>10.rvt"文件，然后选中墙体并切换到"修改|墙"选项卡，接着单击"分离顶部/底部"按钮，如图7-78所示。

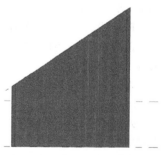

图7-78

02 单击参照平面，墙体从参照平面中分离出来，如图7-79所示。

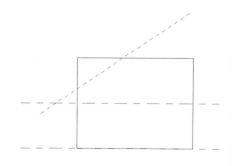

图7-79

03 按照同样的方法将另一面墙体也附着到参照平面上，最终三维效果如图7-80所示。

图7-80

7.3 创建玻璃幕墙

　　幕墙属于一种外墙，附着到建筑结构，而且不承担建筑的楼板或屋顶荷载。在一般应用中，幕墙常常定义为薄的、带铝框的墙，包含填充的玻璃、金属嵌板或薄石。绘制幕墙时，单个嵌板可延伸墙的长度。如果所创建的幕墙具有自动幕墙网格，则该墙将被分为多个嵌板。

　　在幕墙中，网格线定义放置竖梃的位置。竖梃是分割相邻窗单元的结构图元，可通过选择幕墙并单击鼠标右键访问快捷菜单来修改该幕墙。快捷菜单上有几个用于操作幕墙的选项，如选择嵌板和竖梃。

　　Revit中默认提供了3种幕墙类型，分别代表不同复杂程度的幕墙。用户可根据实际情况，在此基础上进行复制修改。

　　幕墙： 没有网格或竖梃，没有与此墙类型相关的规则，可以随意更改。

　　外部玻璃： 具有预设网格，简单预设了横向与纵向的幕墙网格的划分。

　　店面： 具有预设网格，根据实际情况精确预设了幕墙网格的划分。

　　若要修改实例属性，则在"属性"面板上选择图元并修改其属性，如图7-81所示。

图7-81

幕墙实例属性参数介绍

　　底部限制条件： 幕墙的底部标高。

　　底部偏移： 设置幕墙距墙底定位标高的高度。

　　已附着底部： 指示幕墙底部是否附着到另一个模型构件，如楼板。

　　顶部约束： 幕墙的底部标高。

　　无连接高度： 绘制时幕墙的高度。

　　顶部偏移： 设置距顶部标高的幕墙偏移。

　　已附着顶部： 指示幕墙顶部是否附着到另一个模型构件，如屋顶或天花板。

　　房间边界： 如果选中，则幕墙成为房间边界的组成部分。

　　与体量相关： 指示此图元是否是从体量图元创建的。

　　编号： 如果将"垂直/水平网格样式"下的"布局"设置为"固定数量"，可在此输入幕墙实例上放置的幕墙网格的数量值，最大值为200。

　　对正： 确定在网格间距无法平均分割幕墙图元面的长度时，Revit如何沿幕墙图元面调整网格间距。

　　角度： 将幕墙网格旋转到指定角度。

　　偏移量： 从起始点到开始放置幕墙网格位置的距离。

　　幕墙类型属性包括幕墙嵌板、横梃和竖梃参数设置等，如图7-82所示。

图7-82

幕墙类型属性参数介绍

　　功能： 指明墙的作用，包括外墙、内墙、挡土墙、基础墙、檐底板和核心竖井6个类型。

　　自动嵌入： 指示幕墙是否自动嵌入墙中。

　　连接条件： 控制幕墙竖梃交叉的位置，截断垂直或者水平方向的竖梃。

　　布局： 沿幕墙长度设置幕墙网格线的自动垂直/水平布局方式。

　　间距： 控制幕墙网格之间的间距数值。当"布局"设置为"固定距离"或"最大间距"时启用。

调整竖梃尺寸：调整网格线的位置，以确保幕墙嵌板的尺寸相等（如果可能）。

内部类型：指定内部垂直竖梃的竖梃族。

边界 1 类型：指定左边界上垂直或水平竖梃的竖梃族。

边界 2 类型：指定右边界上垂直或水平竖梃的竖梃族。

★重点★
7.3.1 手动分割幕墙网格

绘制幕墙的方法与绘制墙体的方法相同，但幕墙与普通幕墙的构造并不相同。普通墙体均是由结构层、面层等构件组成的，幕墙则是由幕墙网格、横梃、竖梃和幕墙嵌板等图元组成的。其中，幕墙网格是最基础也是最重要的，它主要控制整个幕墙的划分，横梃、竖梃以及幕墙嵌板都要基于幕墙网格建立。进行幕墙网格划分的方式有两种，一种是自动划分，另一种是手动划分。

自动划分：设置网格之间固定的间距或数量，然后通过软件自动进行幕墙网格分割。

手动划分：没有任何预设条件，通过手工操作方式进行幕墙网格的添加。可以添加从上到下的垂直或水平网格线，也可以基于某个网格内部添加一段，如图7-83所示。

图7-83

疑难问答 ?

问：划分幕墙网格时除了水平或垂直方向，可以进行自由分割不规则状态吗？

答：不能，Revit进行幕墙分割时只提供了垂直和水平两个方向的分割。如果需要调整幕墙网格线的角度，只能在幕墙的实例属性中更改"角度"参数。更改完成后，所有的垂直或水平的网格将遵循同一角度，不能对单个网格线进行调整。

★重点★
实战：建立并分割幕墙

场景位置	场景文件>第7章>11.rvt
实例位置	实例文件>第7章>实战：建立并分割幕墙.rvt
难易指数	★★☆☆☆
技术掌握	处理墙体连接的方式

01 打开学习资源中的"场景文件>第7章>11.rvt"文件，然后单击"墙"命令，接着在"类型选择器"中选择"幕墙"选项，如图7-84所示。

图7-84

02 设置"顶部约束"为"直到标高：标高2"，如图7-85所示，然后选择"拾取线"绘制方式，如图7-86所示。

图7-85　　　　图7-86

03 在"标高1"平面视图中，将光标放置于详细线后按Tab键连续选择，然后单击创建幕墙，如图7-87所示。

图7-87

04 切换到南立面视图中，然后切换到"建筑"选项卡，接着单击"构建"面板中的"幕墙网格"按钮▦，如图7-88所示。

图7-88

05 将光标移动到幕墙垂直边上，生成水平网格线预览，如图7-89所示。当移动到满意的位置后，单击确定绘制。

图7-89

06 切换到"修改|放置 幕墙网格"选项卡，然后单击"放置"面板中的"一段"按钮╬，如图7-90所示。

图7-90

07 将光标放置于幕墙水平边上，垂直预览后单击，放置垂直方向网格，如图7-91所示。

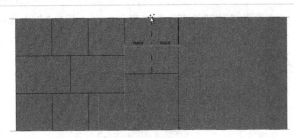

图7-91

08 按照同样的方法划分另一侧的幕墙，最终三维效果如图7-92所示。

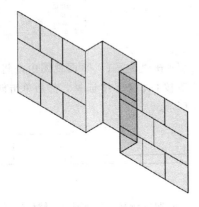

图7-92

7.3.2 设置幕墙嵌板

上文已经介绍过，幕墙在Revit中是由幕墙嵌板、幕墙网格以及横梃、竖梃等图元组成的，所以幕墙嵌板也是一个非常重要的组成部分。在Revit中，可以将幕墙嵌板修改为任意墙类型或嵌板。修改幕墙嵌板的方式有两种，一种是选择单个嵌板，在类型选择器中选择一种墙类型或嵌板；另一种是设置幕墙类型属性，实现嵌板的替换。嵌板的尺寸不能通过嵌板属性或拖曳方式进行控制，控制嵌板尺寸及外形的唯一方法是修改围绕嵌板的幕墙网格线。

★ 重点 ★
实战：修改幕墙网格并替换嵌板

场景位置　场景文件>第7章>12.rvt
实例位置　实例文件>第7章>实战：修改幕墙网格并替换嵌板.rvt
难易指数　★★☆☆☆
技术掌握　编辑幕墙网格及幕墙嵌板的替换方式

01 打开学习资源中的"场景文件>第7章>12.rvt"文件，如图7-93所示。

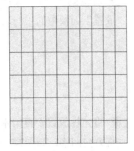

图7-93

02 选中其中水平方向倒数第二条网格线，然后单击"添加/删除线段"按钮，如图7-94所示。

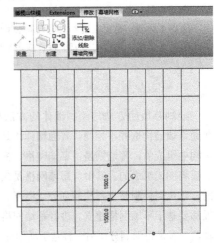

图7-94

03 将光标移动到幕墙网格线上单击，网格线将被删除，如图7-95所示。

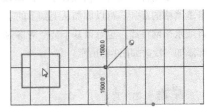

图7-95

04 按照相同的方法完成其他网格线的删除，完成后的效果如图7-96所示。

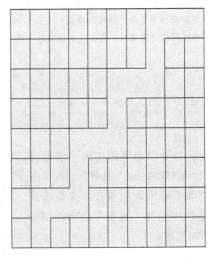

图7-96

技巧与提示

删除幕墙网格线的方法与添加的方法相同。选中幕墙网格线，然后在整条线段中单击虚线部分（没有网格线的地方），网格线就会在原先删除的地方重新生成。

将光标放置于梯形幕墙嵌板上，然后按Tab键切换选中为止，单击选择，接着在类型选择器中选择"常规-90mm砖"墙类型，如图7-97所示，最终完成的效果如图7-98所示。

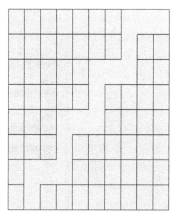

图7-97

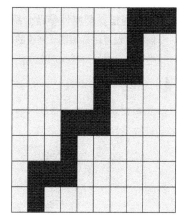

图7-98

7.3.3 添加幕墙横梃与竖梃

之前创建的实例中，没有添加横、竖梃，是因为默认系统中所给的幕墙类型都没有指定横、竖梃的类型，所以创建出来的幕墙中自然也不会显示。竖梃都是基于幕墙网格创建的，若需要在某个位置添加竖梃，则要先创建幕墙网格。将竖梃添加到网格上时，竖梃将调整尺寸，以便与网格拟合。如果将竖梃添加到内部网格上，它将位于网格的中心处；如果将竖梃添加到周长网格上，它会自动对齐，以防止跑到幕墙以外。

添加幕墙横、竖梃有两种方式：一种是修改当前所使用的幕墙类型，在类型参数中设置横、竖梃的类型；另一种是创建完幕墙后选择"竖梃"命令进行手动添加，添加方式有多种，分别是"网格线" 、"单段网格线" 与"全部网格线" ，如图7-99所示。

图7-99

技巧与提示

网格线：创建当前选中的连续的水平或垂直的网格线，从头到尾的竖梃。

单段网格线：创建当前网格线中所选网格内的其中一段竖梃。

全部网格线：创建当前选中幕墙中全部网格线上的竖梃，如图7-100所示。

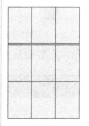  

网格线　　　　　　单段网格线　　　　　　全部网格线

图7-100

● 角竖梃类型

角竖梃是单根竖梃，可放置在两个幕墙的端点之间或玻璃斜窗的窗脊之间，也可放置在弯曲幕墙图元（如弧形幕墙）的任何内部竖梃上。Revit包括4种角竖梃类型。

技巧与提示

当使用角竖梃作为幕墙内部竖梃时，只能通过竖梃命令手动添加。在幕墙属性中，无法直接将内部竖梃设置为角竖梃，只能选择常规竖梃类型。

L形角竖梃使幕墙嵌板或玻璃斜窗与竖梃的支脚端部相交，如图7-101所示。可以在竖梃的类型属性中，指定竖梃支脚的长度和厚度。

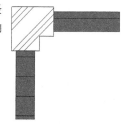

图7-101

V形角竖梃使幕墙嵌板或玻璃斜窗与竖梃的支脚侧边相交，如图7-102所示。可以在竖梃的类型属性中，指定竖梃支脚的长度和厚度。

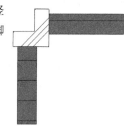

图7-102

四边形角竖梃使幕墙嵌板或玻璃斜窗与竖梃的支脚侧边相交，可以指定竖梃在两个部分的深度。

如果两个竖梃部分相等并且连接不是90°角，则竖梃会呈现出风筝的形状，如图7-103所示。

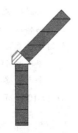

图7-103

如果两个部分相等并且连接处是90°角，则竖梃是方形的，如图7-104所示。

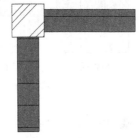

图7-104

梯形角竖梃使幕墙嵌板或玻璃斜窗与竖梃的侧边相交，如图7-105所示。可以在竖梃的类型属性中，指定沿着与嵌板相交的侧边的中心宽度和长度。

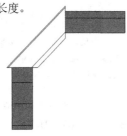

图7-105

常规竖梃可以应用于幕墙的边界竖梃，也可以用作幕墙的内部竖梃，系统对其没有进行功能性的限制。Revit包括两种常规竖梃类型。

圆形竖梃作为幕墙嵌板之间分隔或幕墙边界时使用，截面形状为圆形，如图7-106所示。

图7-106

矩形竖梃作为幕墙嵌板之间分隔或幕墙边界时使用，截面形状为矩形，如图7-107所示。

图7-107

圆形竖梃类型属性

圆形竖梃类型属性包括竖梃偏移、半径参数的设置，如图7-108所示。

图7-108

圆形竖梃类型属性参数介绍

偏移： 设置距幕墙图元嵌板的偏移。

半径： 设置圆形竖梃的半径。

矩形竖梃类型属性

矩形竖梃类型属性包括"竖梃偏移"和"轮廓"等参数的设置，如图7-109所示。

图7-109

矩形竖梃类型属性参数介绍

角度： 放置竖梃后沿 Y 轴方向旋转的角度数，默认值为0。

偏移量： 水平方向竖梃中心距幕墙网格的间距。

轮廓： 设置竖梃的轮廓形状，用户可以自定义。

位置： 旋转竖梃轮廓，通常是"垂直于面"。"与地面平行"适用于倾斜幕墙嵌板，如玻璃斜窗。

角竖梃： 表示竖梃是否为角竖梃。

厚度：设置矩形竖梃的宽度方向数值。

材质：竖梃的材质。

边2上的宽度：以网格中间为边界，竖梃右侧的宽度。

边1上的宽度：以网格中间为边界，竖梃左侧的宽度。

实战：添加幕墙竖梃

场景位置　场景文件>第7章>13.rvt
实例位置　实例文件>第7章>实战：添加幕墙竖梃.rvt
难易指数　★★☆☆☆
技术掌握　编辑幕墙网格及幕墙嵌板的替换方式

01　打开学习资源中的"场景文件>第7章>13.rvt"文件，如图7-110所示。

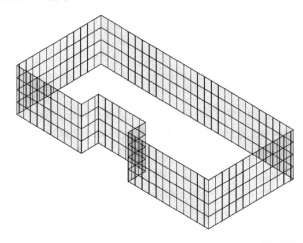

图7-110

02　切换到"建筑"选项卡，然后单击"构建"面板中的"竖梃"按钮，如图7-111所示。

图7-111

03　在"属性"面板的类型选择器中选择"L形竖梃1"，如图7-112所示。

图7-112

04　切换到"修改|放置 竖梃"选项卡，然后单击"网格线"按钮，接着单击幕墙所有的垂直转折位置，用以添加转角竖梃，如图7-113所示。

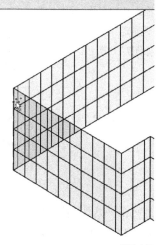

图7-113

05　切换竖梃类型为50×150 mm，分别单击幕墙顶部及底部添加边界横梃，如图7-114所示。

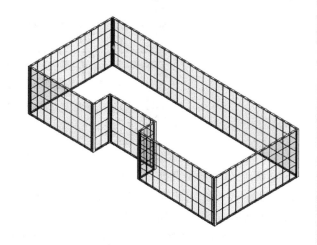

图7-114

▶ **知识链接**

关于切换竖梃类型的方式，请参阅本实战中的步骤03。

06　选择竖梃类型为"30mm正方形"，然后单击"编辑类型"按钮，如图7-115所示。

图7-115

07 在"类型属性"对话框中单击"复制"按钮 复制(D)... ，然后在打开的"名称"对话框中输入新的名称，接着单击"确定"按钮 确定 ，如图7-116所示。

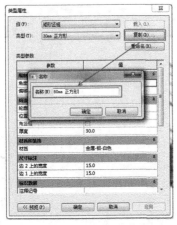

图7-116

08 在"类型属性"对话框中，设置"厚度"为60，再设置边1/边2上的宽度为30，然后单击"确定"按钮 确定 ，如图7-117所示。

图7-117

09 切换到"修改|放置 竖梃"选项卡，然后单击"全部网格线"按钮，接着将光标移动至幕墙表面上单击，创建竖梃，如图7-118所示，最终效果如图7-119所示。

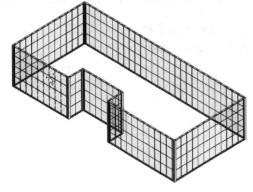

图7-118

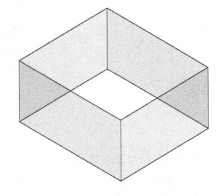

图7-119

★重点★ 7.3.4 自动修改幕墙

前面介绍了如何通过手动方式对幕墙进行编辑，包括如何建立幕墙、对幕墙进行网格划分、替换幕墙嵌板以及添加与更改竖梃。手工修改幕墙的方式，适用于幕墙的局部修改。在一些情况下，幕墙的某些网格分割形式和嵌板类型通常与整个幕墙系统不同，这时只有使用手动修改这种方式来实现需要的效果。创建幕墙的初期阶段，尤其是大面积使用玻璃幕墙的项目，不适用于这种方式。多数情况下，大部分玻璃幕墙会有一定的分割规律，如固定的分割距离或固定的网格数量。基于这种情况，就必须使用系统提供的参数来实现幕墙的自定分割，包括幕墙嵌板的定义等。

★重点★ 实战：参数化修改幕墙

场景位置	场景文件>第7章>14.rvt
实例位置	实例文件>第7章>实战：参数化修改幕墙.rvt
难易指数	★★☆☆☆
技术掌握	处理墙体连接的方式

01 打开学习资源中的"场景文件>第7章>14.rvt"文件，如图7-120所示。

图7-120

02 选中其中一面幕墙，然后单击"编辑类型"按钮，如图7-121所示。

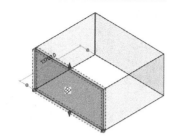

图7-121

03 在"类型属性"对话框中，设置"幕墙嵌板"为"系统嵌板：玻璃"，"连接条件"为"边界和垂直网格连续"，如图7-122所示。

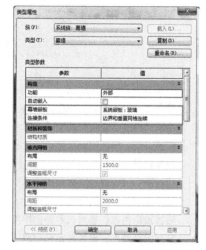

图7-122

04 设置"垂直网格"与"水平网格"的"布局"方式均为"固定距离"，间距分别为1500、2000，如图7-123所示。

图7-123

05 设置"垂直竖梃"参数中的"内部类型"为"矩形竖梃：50×150mm"，"边界1类型"与"边界2类型"均为

"L形角竖梃"；"水平竖梃"参数中的"内部类型"为"矩形竖梃：30mm正方形"，"边界1类型"与"边界2类型"均为"四边形角竖梃"，如图7-124所示，然后单击"确定"按钮，关闭对话框。

图7-124

06 最终完成的三维效果如图7-125所示。如果需要对网格分布以及竖梃类型配置进行修改，还可以继续使用以上方法，从而实现参数化修改。

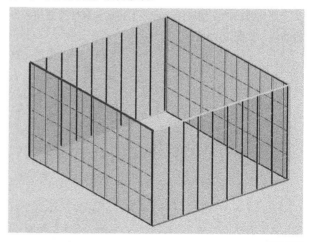

图7-125

技术专题 12 将幕墙嵌入普通墙体

幕墙与普通墙在Revit中都属于墙体，所以在绘制过程中，如果要在同一位置既绘制普通墙体又绘制幕墙的话，就可能发生墙体重叠的现象。但在实际项目中，一般情况下，幕墙需要嵌入普通墙体充当窗户、门等构件。遇到这种情况时，可使用Revit提供的自动嵌入的功能，如图7-126所示。选择状态下，所绘制的幕墙就可以直接嵌入墙体了，如图7-127所示。

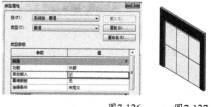

图7-126　　　　图7-127

7.4 放置门/窗

创建完成墙体之后，下一任务就是放置门窗。门窗在Revit中属于可载入族，可以在外部制作完成后导入项目中使用。门窗必须基于墙体才可以放置，放置后墙上会自动剪切一个门窗"洞口"。平、立、剖或三维视图都可以放置门窗。

★ 重点 ★ 7.4.1 添加普通门窗

放置门窗后，可以通过修改属性参数来更改门窗规格样式。门窗族提供了实例属性与类型属性两种参数分类，修改实例属性只会影响当前选中的实例文件，如果修改类型属性，则会影响整个项目中相同名称的文件。下面将对门窗的实例属性与类型属性做详细介绍。

门实例属性

要修改门的实例属性，可按下述实例属性修改相应参数的值，如图7-128所示。

图7-128

门实例属性参数介绍

标高：放置此实例的标高。

底高度：设置相对于放置此实例的标高的底高度。

框架类型：门框类型。

框架材质：框架使用的材质。

完成：应用于框架和门的面层。

注释：显示输入或从下拉列表中选择的注释。

标记：添加自定义标识数据。

创建的阶段：指定创建实例时的阶段。

拆除的阶段：指定拆除实例时的阶段。

顶高度：设置相对于放置此实例的标高的实例顶高度。

防火等级：设定当前门的防火等级。

门类型属性

要修改门的类型属性，可按下述类型属性修改相应参数的值，如图7-129所示。

图7-129

门类型属性参数介绍

墙闭合：门周围的层包络。

功能：指示门是内部的（默认值）还是外部的。

构造类型：门的构造类型。

框架材质：门框架的材质。

门材质：门的材质（如金属或木质）。

贴面宽度：设置门贴面的宽度。

贴面投影内部：设置内部贴面厚度。

贴面投影外部：设置外部贴面厚度。

厚度：设置门的厚度。

高度：设置门的高度。

宽度：设置门的宽度。

粗略宽度：设置门的粗略宽度。

粗略高度：设置门的粗略高度。

窗实例属性

要修改窗的实例属性，可按下述实例属性修改相应参数的值，如图7-130所示。

图7-130

窗实例属性参数介绍

标高：放置此实例的标高。

底高度：设置相对于放置此实例的标高的底高度。

窗类型属性

要修改窗的类型属性，可按下述类型属性修改相应参数的值，如图7-131所示。

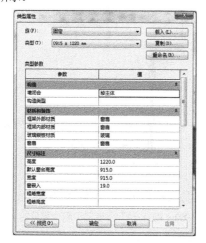

图7-131

窗类型属性参数介绍

墙闭合：设置窗周围的层包络。

构造类型：窗的构造类型。

玻璃嵌板材质：设置窗中玻璃嵌板的材质。

窗扇：设置窗扇的材质。

高度：窗洞口的高度。

默认窗台高度：窗底部在标高以上的高度。

宽度：窗宽度。

窗嵌入：将窗嵌入墙内部。

粗略宽度：窗的粗略洞口的宽度。

粗略高度：窗的粗略洞口的高度。

★重点★ 实战：放置首层门窗

场景位置	场景文件>第7章>15.rvt
实例位置	实例文件>第7章>实战：放置首层门窗.rvt
难易指数	★★☆☆☆
技术掌握	门窗的放置方法与参数调整

① 打开学习资源中的"场景文件>第7章>15.rvt"文件，如图7-132所示。

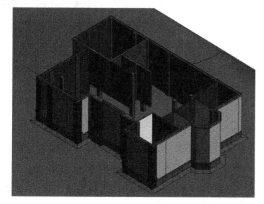

图7-132

② 切换到"插入"选项卡，然后单击"从库中载入"面板中的"载入族"按钮，如图7-133所示。

图7-133

技巧与提示

打开存放族文件的文件夹，选择需要载入的族直接拖动至视图中。通过这样的方式，可以更快捷地载入族并进行使用。

③ 在打开的"载入族"对话框中，选择"建筑>窗>装饰窗>西式"文件夹，然后选择"弧形欧式窗1"族，接着单击"打开"按钮 ，如图7-134所示。

图7-134

④ 进入F1楼层平面，然后切换到"建筑"选项卡，接着单击"构建"面板中的"窗"按钮，如图7-135所示。

图7-135

⑤ 在"属性"面板中设置"底高度"为600，然后单击"编辑类型"按钮，如图7-136所示。

图7-136

⑥ 单击"复制"按钮，然后输入新的名称，接着单击"确定"按钮 确定，复制一个新的窗类型，如图7-137所示。

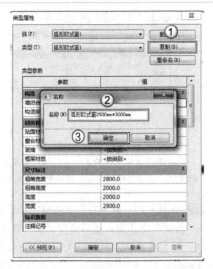

图7-137

07 设置"高度"和"宽度"分别为3000、2500，如图7-138所示。

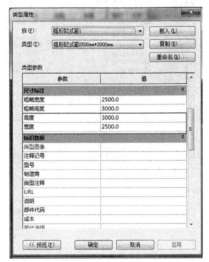

图7-138

08 将光标放置于墙体上，然后单击放置窗户，如图7-139所示。

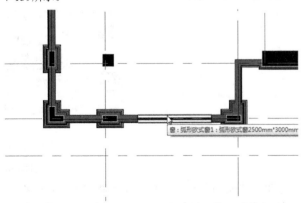

图7-139

09 按照同样的方法，将窗户分别放置于墙体各处，如图7-140所示。

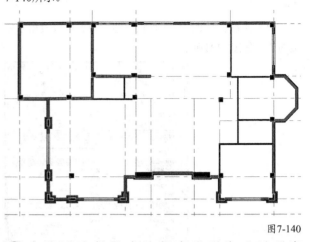

图7-140

10 在类型选择器中选择窗类型为"弧顶窗1900×1800mm"，放置于阳台部分的墙体，如图7-141所示。

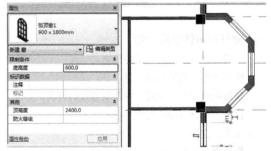

图7-141

11 切换到"建筑"选项卡，然后单击"构建"面板中的"门"按钮，如图7-142所示。

图7-142

12 在类型选择器中选择"双扇平开木门3 1800 ×2100 mm"，如图7-143所示。

图7-143

13 将光标放置于正下方的墙上，然后单击进行入户门的放置。如果需要修改门的开启方向，可以单击 ↰ 图标修改开启方向。修改临时尺寸的数值，可以实现精确放置，如图7-144所示。

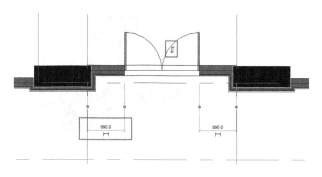

图7-144

技巧与提示

放置门窗时，按Space键可以切换门窗的方向，或放置完成后，选择相应的门窗按下空格键也可以实现相同效果。

⑭ 按照同样的方法，分别放置车库门及室内单扇门，如图7-145所示。最终完成的三维效果如图7-146所示。

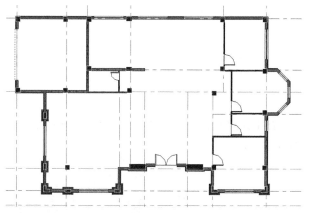

图7-145

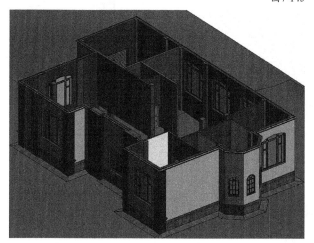

图7-146

技术专题 ⑬ 控制平面视图窗的显示状态

一般项目中，同一平面视图所放置的窗都可以通过调整剖切面的高度，剖切到当前平面中的窗，从而实现窗平面图形的显示。但如果类似于博物馆或电影院，个别窗底部高度高于剖

切面，就会造成平面中无法显示窗平面图形。这时，如果需要显示未被剖切到的窗平面图形，可以通过以下方法实现。

第1步：选中窗底部高于剖切面的窗户，单击"编辑族"按钮，进入编辑族环境，如图7-147所示。

图7-147

第2步：切换到楼层平面参照标高视图，并将视觉样式调整为"隐藏线"，然后框选视图中的窗平面，单击"过滤器"按钮，如图7-148所示。

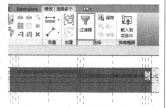

图7-148

第3步：在"过滤器"对话框中单击"放弃全部"按钮，然后选择"线"，接着单击"确定"按钮，如图7-149所示。

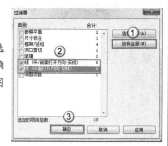

图7-149

第4步：单击"可见性设置"按钮，打开"族图元可见性设置"对话框，如图7-150所示。

图7-150

第5步：关闭"仅当实例被剖切时显示"复选框，然后单击"确定"按钮，如图7-151所示。

图7-151

第6步：单击"载入到项目中"按钮，将族文件载入项目，如图7-152所示。覆盖之前的族文件，这时高于剖切面的窗平面图形也可以正常显示，如图7-153所示。

图7-152

图7-153

实战：放置屋面天窗

场景位置　场景文件>第7章>16.rvt
实例位置　实例文件>第7章>实战：放置屋面天窗.rvt
难易指数　★★☆☆☆
技术掌握　天窗的放置方法与参数调整

01 打开学习资源中的"场景文件>第7章>16.rvt"文件，如图7-154所示。

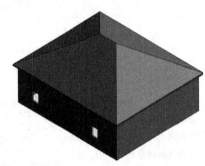

图7-154

02 从系统默认族库中载入天窗族，如图7-155所示。

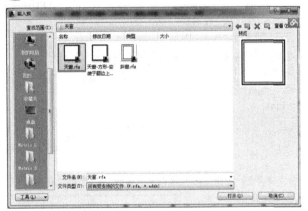

图7-155

> **知识链接**
>
> 关于载入族的方法，请参阅本章"实战：放置首层门窗"中的步骤02和03。

03 切换视图到F2标高，然后将光标放置于屋顶上，单击放置天窗，如图7-156所示，回到三维视图查看最终完成效果，如图7-157所示。

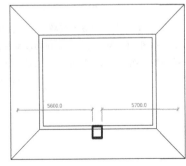

图7-156

图7-157

7.4.2 替换幕墙门窗嵌板

　　幕墙上的门窗与普通门窗不同。普通门窗可以直接插入墙内，并形成门窗洞口。但如果要在幕墙上放置门窗，则需要使用替换幕墙嵌板的方式来实现。在幕墙中所使用的门窗，跟普通门窗不属于同一类别，所以无法共同使用。在幕墙中插入门窗，是通过更改嵌板来实现的。在Revit中，系统提供了大量的门窗嵌板，以便用户使用。

实战：放置幕墙门窗

场景位置　场景文件>第7章>17.rvt
实例位置　实例文件>第7章>实战：放置幕墙门窗.rvt
难易指数　★★☆☆☆
技术掌握　门窗的放置方法与参数调整

01 打开学习资源中的"场景文件>第7章>17.rvt"文件，如图7-158所示。

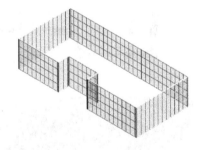

图7-158

02 选择凹面幕墙，然后使用"添加/删除线段"工具编辑幕墙网格，并删除多余竖梃，完成后的效果如图7-159所示。

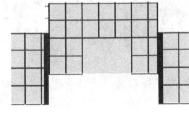

图7-159

> **知识链接**
>
> 关于编辑幕墙网格的方法，请参阅本章"实战：修改幕墙网格并替换嵌板"中的步骤02和03。

03 按Tab键选择合并后的嵌板，然后在类型选择器中选择"70系列无横档"，如图7-160所示。

图7-160

04 按照同样的方法将其他部分嵌板替换为窗嵌板，最终效果如图7-161所示。

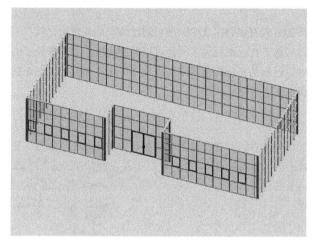

图7-161

★ 重点 ★
实战：使用匹配类型属性工具替换嵌板

场景位置　场景文件>第7章>18.rvt
实例位置　实例文件>第7章>实战：使用匹配类型属性工具替换嵌板.rvt
难易指数　★★☆☆☆
技术掌握　匹配类型属性工具的使用方法与技巧

01 打开学习资源中的"场景文件>第7章>18.rvt"文件，如图7-162所示。

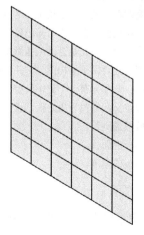

图7-162

02 选择其中一块嵌板，然后替换为"窗嵌板50-70系列上悬铝窗50系列"，如图7-163所示。

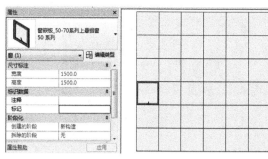

图7-163

03 切换到"修改"选项卡，单击"剪贴板"面板中的"匹配类型属性"按钮 ，如图7-164所示。

图7-164

04 单击初始幕墙嵌板，然后选择其他嵌板，其嵌板样式将匹配为初始嵌板的状态，如图7-165所示。

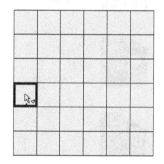

图7-165

05 单击同一行的所有嵌板，匹配完成的最终效果如图7-166所示。

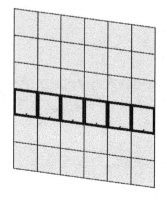

图7-166

技巧与提示

匹配类型属性工具同样适用于其他图元，任何图元都可以使用同样的方法进行图元之间的匹配。

第8章

楼板/天花板/屋顶的建立

Learning Objectives
学习要点↙

150页
楼板的创建方法

158页
天花板的创建方法

161页
不同样式屋顶的创建规则

Employment Direction
从业方向↙

建筑设计

结构设计

机电设计

幕墙设计

室内设计

景观设计

8.1 添加楼板

楼板作为建筑物中不可缺少的部分，起着重要的结构承重作用。Revit中提供了3种楼板类型，分别是建筑楼板、结构楼板和面楼板。同时，楼板命令中还提供了"楼板：楼板边"命令，供用户创建一些沿楼板边缘放置的构件，如结构设计中常用的圈梁。

★ 重点 ★
8.1.1 添加室内楼板

创建室内楼板的方式有多种，其中一种可通过拾取墙或使用"线"工具绘制楼板来创建楼板。在三维视图中同样可以绘制楼板，但需要注意的是，在绘制楼板时，绘制的楼板可基于标高或水平工作平面创建，但无法基于垂直或倾斜的工作平面创建。

🔵 楼板实例属性--

要修改楼板的实例属性，可按"修改实例属性"中所述在"属性"面板上修改相应参数的值，如图8-1所示。

图8-1

楼板实例属性参数介绍

标高： 将楼板约束到的标高。

目标高的高度偏移： 楼板顶部相对于当前标高参数的高程。

房间边界： 表明楼板是否作为房间边界图元。

与体量相关： 表明此图元是否是从体量图元创建的，该参数为只读类型。

结构： 当前图元是否属于结构图元，并参与结构计算。

启用分析模型： 此图元有一个分析模型。

坡度： 将坡度定义线修改为指定值，且无须编辑草图。

周长： 设置楼板的周长。

面积： 设置楼板的面积。

厚度： 设置楼板的厚度。

🔵 楼板类型属性--

修改楼板的类型属性，可按修改类型属性下述修改相应参数的值，如图8-2所示。

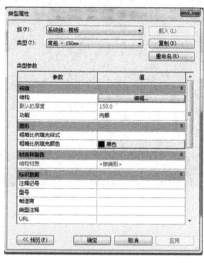

图8-2

楼板类型属性参数介绍

结构： 创建复合楼板层集。

默认的厚度： 显示楼板类型的厚度，通过累加楼板层的厚度得出。

功能： 指示楼板是内部的还是外部的。

粗略比例填充样式： 粗略比例视图中楼板的填充样式。

粗略比例填充颜色： 为粗略比例视图中的楼板填充样式应用颜色。

实战： 绘制室内楼板

场景位置　场景文件>第8章>01.rvt
实例位置　实例文件>第8章>实战：绘制室内楼板.rvt
难易指数　★★☆☆☆
技术掌握　绘制内墙时进行墙功能分类

01 打开学习资源中的"场景文件>第8章>01.rvt"文件，并切换到F1楼层平面，如图8-3所示。

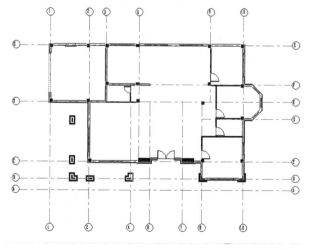

图8-3

02 切换到"建筑"选项卡，然后在"构建"面板中单击"楼板"按钮，如图8-4所示。

图8-4

03 在类型选择器中选择"常规-150mm"，然后单击"编辑类型"按钮，如图8-5所示。

图8-5

04 在打开的"类型属性"对话框中单击"复制"按钮，然后输入相应的名称，并单击"确定"按钮，接着单击"编辑"按钮 [编辑...] 打开编辑部件对话框，如图8-6所示。

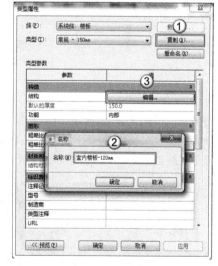

图8-6

05 在"编辑部件"对话框中，设置"结构"层的"厚度"为90，然后分别插入衬底与面层，接着设置"厚度"为20、10，如图8-7所示。

06 选择绘图方式为直线，然后在当前视图中绘制客厅区域的楼板，如图8-8所示，接着单击"完成"按钮，完成客厅部分的楼板绘制。

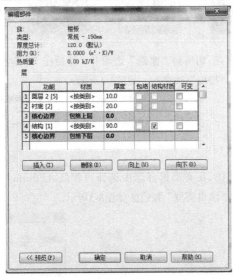

图8-7

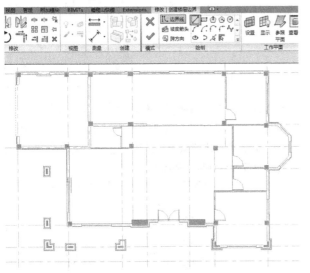

图8-8

07 按照同样的方法完成其他房间楼板的绘制，然后在实例属性面板中设置各个房间楼板的高程属性，如图8-9所示，最终完成的三维效果如图8-10所示。

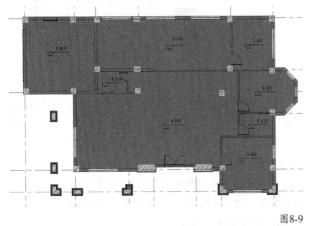

图8-9

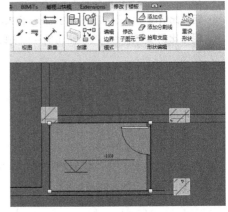

图8-10

★重点★

实战：编辑卫生间楼板

场景位置	场景文件>第8章>02.rvt
实例位置	实例文件>第8章>实战：编辑卫生间楼板.rvt
难易指数	★★★☆☆
技术掌握	楼板形状编辑器的使用方法与技巧

01 打开学习资源中的"场景文件>第8章>02.rvt"文件，然后选中卫生间楼板，接着单击"添加点"按钮 ，如图8-11所示。

图8-11

02 将光标放置于楼板上单击放置控制点，如图8-12所示，然后单击"修改子图元"按钮 ，选中刚刚放置好的控制点，如图8-13所示。

图8-12　　　　图8-13

03 单击控制点旁边的高程值并设置为-50，然后按Enter键确认，如图8-14所示，接着将卫生间楼板孤立显示，最终三维效果如图8-15所示。

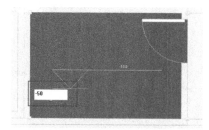

图8-14

图8-15

8.1.2 创建室外楼板

室外楼板与室内楼板的创建方法相同，属性参数也保持一致。唯一不同的地方，可能在于室外楼板与室内楼板在楼板厚度、使用材料等方面有一定的出入，其余部分都和室内楼板的绘制方法相同。

实战：绘制室外楼板

场景位置　场景文件>第8章>03.rvt
实例位置　实例文件>第8章>实战：绘制室外楼板.rvt
难易指数　★★☆☆☆
技术掌握　楼板的绘制方法及技巧

01 打开学习资源中的"场景文件>第8章>03.rvt"文件，然后单击"楼板"工具并在类型选择器中选择"室外楼板-150mm"，如图8-16所示。

图8-16

02 选择"直线" / 或"拾取线"工具 ♦，然后在绘图区绘制室外楼板草图，接着单击"完成"按钮 ✓，完成楼板的绘制，如图8-17所示。

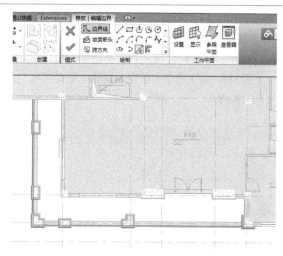

图8-17

03 此时打开警告对话框，单击"否"按钮 否(N) 结束命令，如图8-18所示，最终三维效果如图8-19所示。

图8-18

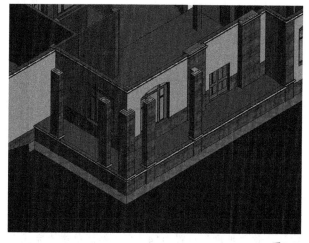

图8-19

技巧与提示

在当前标高上绘制楼板时，如有墙体顶部约束条件与之相同，则会打开此对话框，提示到达此标高的墙体是否要附着于当前楼板底部。如果单击"是"按钮 是(Y)，则相应墙体会批量附着到当前楼板底部；如果单击"否"按钮 否(N)，则将结束此命令。可根据实际情况决定是否附着。

8.1.3 带坡度的楼板与压型板

这一节主要介绍如何创建带坡度的楼板以及压型板的设置方法。关于带坡度的楼板，其创建方法有以下

3种。

第1种：在绘制或编辑楼层边界时，绘制一个坡度箭头。

第2种：使用修改子图元工具，分别调整楼板边界的高度。

第3种：指定单条楼板绘制线的"定义坡度"和"坡度"属性值。

★ 重点 ★

实战：绘制斜楼板

场景位置	场景文件>第8章>04.rvt
实例位置	实例文件>第8章>实战：绘制斜楼板.rvt
难易指数	★★☆☆☆
技术掌握	斜楼板的绘制方法及技巧

01 打开学习资源中的"场景文件>第8章>04.rvt"文件，如图8-20所示。

图8-20

02 切换到"标高2"平面，绘制楼板的草图，然后选中其一条边界线，接着在工具栏中选择"定义坡度"选项，如图8-21所示。

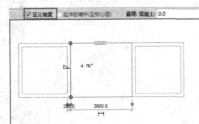

图8-21

03 单击草图中的"坡度"值（或者在实例属性面板中），将"坡度"设置为14.5°，然后单击"完成"按钮✔，如图8-22所示。

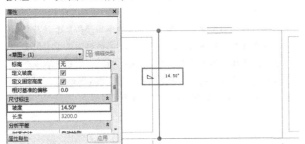

图8-22

04 绘制第二块楼板草图，在草图模式下单击"坡度箭头"按钮◢，然后在草图区域内绘制一个方向箭头，如图8-23所示。

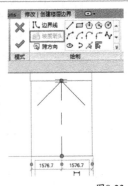

图8-23

技巧与提示

坡度箭头的起始点与结束点，决定了当前楼板坡度开始与结束的位置。

05 选中坡度箭头，然后在实例"属性"面板中设置"指定"为"尾高"，"最低处标高"为"标高1"，"尾高度偏移"为3000，"最高处标高"为"标高1"，"头高度偏移"为2000，接着单击"完成"按钮✔，如图8-24所示。

图8-24

技巧与提示

指定参数有两种选项，一种是"尾高"，另一种是"坡度"，用户可以根据实际情况做选择。

06 切换到"标高1"，创建第三块楼板，创建完成后单击"修改子图元"按钮◢，如图8-25所示。

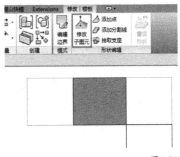

图8-25

07 切换到"标高1"视图，分别选中楼板左右两条边界，然后设置"偏移"为1000、2000，如图8-26和图8-27所示。

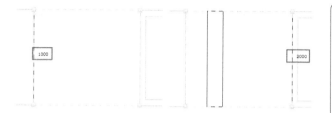

图8-26　　　　　　　　　　　　　图8-27

08 按Esc键退出编辑命令，查看最终三维效果，如图8-28所示。

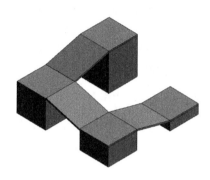

图8-28

技术专题 (14) 使用子图元工具创建屋顶板

坡屋面的屋顶板存在双方向的坡度，对于这种形式的板，可以通过子图元工具实现。

第1步：选择一块已经绘制好的楼板，然后在"形状编辑"面板中单击"添加分割线"按钮，如图8-29所示。

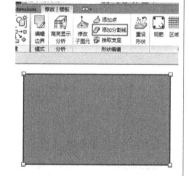

图8-29

第2步：在楼板的中间位置绘制一条分割线，如图8-30所示。

图8-30

第3步：单击"修改子图元"按钮，然后选中分割线，并输入相应的高程数值，如图8-31所示。

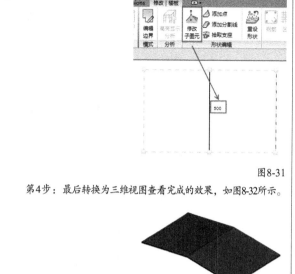

图8-31

第4步：最后转换为三维视图查看完成的效果，如图8-32所示。

图8-32

实战：创建压型板

场景位置	场景文件>第8章>05.rvt
实例位置	实例文件>第8章>实战：创建压型板.rvt
难易指数	★★☆☆☆
技术掌握	压型板的创建方法与技巧

钢结构建筑中，经常会使用到组合楼板。组合楼板就是通过压型板与混凝土构成的，接下来学习创建组合楼板。

01 打开学习资源中的"场景文件>第8章>05.rvt"文件，如图8-33所示。

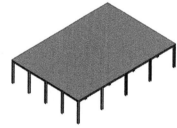

图8-33

02 选择当前视图中的楼板，然后单击"编辑类型"按钮，如图8-34所示。

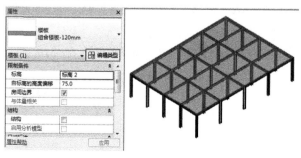

图8-34

03 单击"类型属性"按钮，打开"编辑部件"对话框，然后单击"插入"按钮 ⬚插入⬚ 插入新的结构层，接着设置"功能"为"压型板"，如图8-35所示。

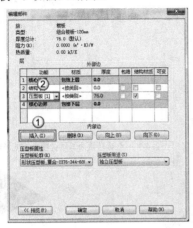

图8-35

知识链接

关于打开楼板"编辑部件"对话框的方法，请参阅本章"实战：绘制室内楼板"中的步骤04。

04 在"编辑部件"对话框中，设置"压型板轮廓"以及"压型板用途"，如图8-36所示，然后单击"确定"按钮 ⬚确定⬚，依次关闭对话框。

图8-36

技巧与提示

压型板轮廓族，可以在系统默认族库的轮廓-金属压型板中找到。

05 转换到立面视图中查看最终完成效果，如图8-37所示。

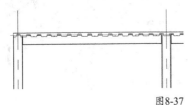

图8-37

疑难问答

问：为什么在立面或剖面视图中，才可以看到压型板的轮廓样式？

答：由于软件功能的限制，只有在二维视图中可以显示压型板形状，三维视图不支持。

8.1.4 创建楼板边缘

通常情况下，可以使用楼板边缘命令创建一些基于楼板边界的构件，如结构边梁以及室外台阶等。创建楼板边缘的方式非常简单，可以在三维视图中拾取，也可以在平面或立面视图中拾取，还可以通过更改不同的轮廓样式来创建不同形式的构件。

楼板边缘实例属性

楼板边缘的实例属性，主要是可以修改轮廓的垂直及水平方向的偏移，以及显示长度与体积等数值，如图8-38所示。

图8-38

楼板边缘实例属性参数介绍

垂直轮廓偏移：以拾取的楼板边界为基准，向上和向下移动楼板边缘构件。

水平轮廓偏移：以拾取的楼板边界为基准，向前和向后移动楼板边缘构件。

钢筋保护层：设置钢筋保护层的厚度。

长度：显示所创建楼板边缘的实际长度。

体积：显示楼板边缘的实际体积。

注释：用于添加有关楼板边缘的注释信息。

标记：为楼板边缘创建的标签。

创建的阶段：指示在哪个阶段创建了楼板边缘构件。

拆除的阶段：指示在哪个阶段拆除了楼板边缘构件。

角度：垂直方向对楼板边缘的旋转角度。

楼板边缘类型属性

楼板边缘的类型属性，主要是设置轮廓样式及对应材质参数，如图8-39所示。

图8-39

楼板边缘类型属性参数介绍

轮廓： 指定楼板边缘所使用的轮廓样式。

材质： 楼板边缘所赋予的材质信息，包括颜色渲染样式等。

★重点★
实战：创建室外台阶

场景位置　场景文件>第8章>06.rvt
实例位置　实例文件>第8章>实战：创建室外台阶.rvt
难易指数　★★☆☆☆
技术掌握　楼板边缘的创建方法及轮廓样式更改

01 打开学习资源中的"场景文件>第8章>06.rvt"文件，如图8-40所示。

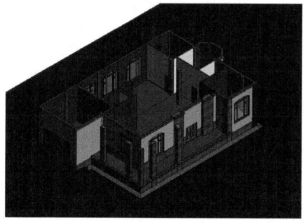

图8-40

02 切换到"建筑"选项卡，然后在"构建"面板中单击"楼板"下拉列表中的"楼板：楼板边"按钮，如图8-41所示。

图8-41

03 在实例"属性"面板中单击"编辑类型"按钮，如图8-42所示。

图8-42

04 单击"复制"按钮，然后在打开的"名称"对话框中输入相应的名称，接着单击"确定"按钮，如图8-43所示。

图8-43

05 单击轮廓参数后的值，在下拉列表中选择"室外台阶"，如图8-44所示。

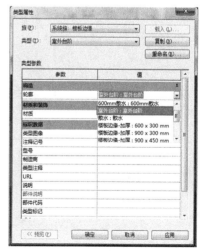

图8-44

06 将光标放置于楼板边界处，单击鼠标左键创建室外台阶，如图8-45所示。

图8-45

07 拖动控制柄到合适位置，完成最终效果，如图8-46所示。

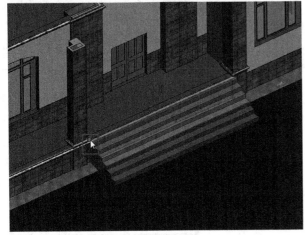

图8-46

8.2 添加天花板

　　天花板作为建筑室内装饰不可或缺的部分，起着非常强的装饰作用。在室内设计中，用户更愿意称之为吊顶。其造型各异，在不同场所中所用的吊顶材料也不相同。Revit中创建的天花板，比较适用于平顶或叠级顶。如果是异型的吊顶，则无法使用天花板工具实现，需要使用其他工具来完成。Revit中提供了两种天花板的创建方法，分别是自动绘制与手动绘制。下面将进行详细介绍。

★ 重点 ★
8.2.1 自动绘制天花板

　　自动绘制天花板是指当把光标放置于一个封闭的空间（房间）时，系统会自动根据房间边界生成天花板。这种方法比较适用于教室、办公室以及卫生间等。此类房间的

吊顶一般会采用平顶设计，使用自动绘制方式是非常方便快捷的。

🌑 天花板实例属性------------------------

　　要修改天花板的实例属性，可按修改实例属性中所述修改相应参数的值，如图8-47所示。

图8-47

天花板实例属性参数介绍

标高：放置天花板的标高。

房间边界：天花板是否用于定义房间的边界条件。

坡度：设置天花边的坡度值。

周长：设置天花板的边界总长。

面积：设置天花板的平面面积。

体积：设置天花板的体积。

🌑 天花板类型属性------------------------

　　要修改天花板的类型属性，可按修改类型属性中所述修改相应参数的值，如图8-48所示。

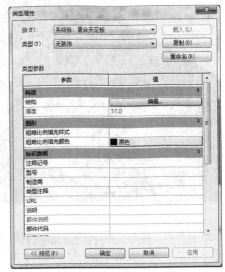

图8-48

天花板类型属性参数介绍

结构：设置天花板复合结构的层。

厚度：设置天花板的总厚度。

粗略比例填充样式： 当前类型图元在"粗略"详细程度下显示时的填充样式。

粗略比例填充颜色： 粗略比例视图中当前类型图元填充样式的颜色。

★章点★
实战： 自动创建天花板

场景位置 场景文件>第8章>07.rvt
实例位置 实例文件>第8章>实战：自动创建天花板.rvt
难易指数 ★★☆☆☆
技术掌握 天花板自动创建的方法及技巧

01 打开学习资源中的"场景文件>第8章>07.rvt"文件，并切换到天花板平面F1，如图8-49所示。

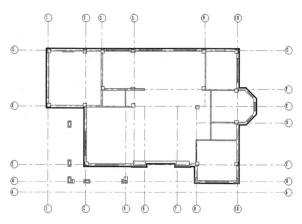

图8-49

02 切换到"建筑"选项卡，然后单击"构建"面板中的"天花板"按钮 ，如图8-50所示。

图8-50

03 在类型选择器中，选择天花板类型为"基本天花板常规"，然后设置"目标高的高度偏移"为3000，如图8-51所示。

图8-51

04 系统默认放置方式为"自动创建天花板"，将光标放置于房间内，然后单击鼠标左键创建天花板，如图8-52所示。

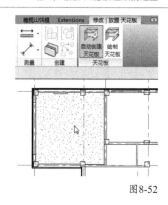

图8-52

 **疑难问答** ❓

问：自动创建完成的天花板，可以编辑其形状或尺寸吗？

答：可以。天花板自动创建完成后，选中天花板后双击或单击"编辑边界"按钮 ，即可进入编辑草图状态。

05 按照相同的方法将天花板放置于各个封闭的房间，最终的完成效果如图8-53所示。

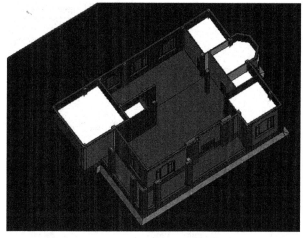

图8-53

★章点★
8.2.2 手动绘制天花板

前面介绍了如何自动创建天花板，本节主要介绍如何手动创建天花板。在一些商业综合体或酒店等建筑类型中，其吊顶样式一般较为丰富。所以，在此类建筑中，更加适合使用手动方式来创建天花板，以满足设计师对吊顶样式的需求。

★章点★
实战： 手动创建天花板

场景位置 场景文件>第8章>08.rvt
实例位置 实例文件>第8章>实战：手动创建天花板.rvt
难易指数 ★★☆☆☆
技术掌握 手动天花板创建的方法及构造层设置

01 打开学习资源中的"场景文件>第8章>08.rvt"文件，并切换到天花板平面F1，如图8-54所示。

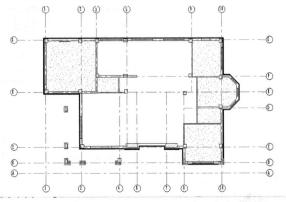

图8-54

图8-57

02 单击"天花板"按钮🖳，然后在类型选择器中选择"复合天花板无装饰"，接着单击"编辑类型"按钮🔲，如图8-55所示。

图8-55

05 切换到"修改|放置天花板"选项卡，然后单击"绘制天花板"按钮🖳，如图8-58所示。

图8-58

03 在"类型属性"对话框中单击"复制"按钮 复制(D)... ，然后在打开的对话框中输入"轻钢龙骨吊顶-100mm"，接着单击"确定"按钮 确定 ，并单击"编辑"按钮 编辑... ，如图8-56所示。

06 选择"拾取线"工具📏，然后沿着大厅区域墙边及柱边绘制边界线。线段不连续的地方使用"修剪"工具修剪，形成一个封闭的轮廓，如图8-59所示。

图8-59

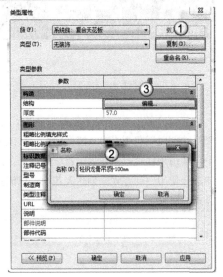

图8-56

07 在外轮廓基础上，分别使用"矩形"和"圆形"绘图工具绘制洞口造型，如图8-60所示。

04 设置第2项的结构层的"厚度"为80，然后单击"确定"按钮 确定 ，如图8-57所示。

图8-60

08 绘制完成后，单击"完成"按钮☑查看最终效果，如图8-61所示。

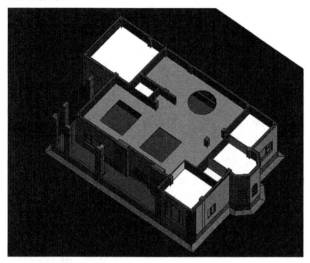

图8-61

如果要创建叠级顶，可以创建多个天花板，通过设定不同的标高来实现最终效果。

8.3 创建屋顶

屋顶是建筑的普遍构成元素之一，有平顶和坡顶之分，主要目的是防水。干旱地区，房屋多用平顶；湿润地区，多用坡顶。多雨地区，屋顶坡度较大，坡顶又分为单坡、双坡和四坡等。Revit中也提供了多种屋顶创建工具，分别是"迹线屋顶""拉伸屋顶"以及"面屋顶"。除了屋顶工具以外，Revit还提供了"底板""封檐带"和"檐槽"工具，供用户更加方便地创建屋面相关图元。

8.3.1 坡屋顶、拉伸屋顶、面屋顶

本节主要介绍通过不同的创建方式来创建不同样式的屋顶，其中比较常用的方式为"迹线屋顶"。只有创建弧形或其他形状的屋顶时，才会采用"拉伸屋顶"方式。按照惯例，下面先来简单介绍关于屋顶的属性参数。

● 屋顶实例属性

要修改屋顶的实例属性，可按修改类型属性中所述修改相应参数的值，如图8-62所示。

图8-62

屋顶实例属性参数介绍

工作平面：与拉伸屋顶关联的工作平面。

房间边界：是否将屋顶作为房间边界。

与体量相关：提示此图元是从体量图元创建的。

拉伸起点：设置拉伸的起点（仅为拉伸屋顶启用此参数）。

拉伸终点：设置拉伸的终点（仅为拉伸屋顶启用此参数）。

参照标高：屋顶的参照标高，默认标高是项目中的最高标高（仅为拉伸屋顶启用此参数）。

标高偏移：从参照标高升高或降低屋顶（仅为拉伸屋顶启用此参数）。

封檐带深度：定义封檐带的线长。

橡截面：定义屋檐上的橡截面。

坡度：将坡度定义线的值修改为指定值，而无须编辑草图。

厚度：显示屋顶的厚度。

体积：显示屋顶的体积。

面积：显示屋顶的面积。

底部标高：设置迹线或拉伸屋顶的标高。

目标高的底部偏移：设置高于或低于绘制时所处标高的屋顶高度（仅当使用迹线创建屋顶时启用此属性）。

截断标高：指定标高，在该标高上方的所有迹线屋顶几何图形都不会显示。

截断偏移：在"截断标高"基础上，设置向上或向下的偏移值。

最大屋脊高度：屋顶顶部位于建筑物底部标高以上的最大高度。

屋顶类型属性

要修改屋顶的类型属性，可按修改类型属性中所述修改相应参数的值，如图8-63所示。

图8-63

屋顶类型属性参数介绍

结构： 定义复合屋顶的结构层次。

默认的厚度： 指示屋顶类型的厚度，通过累加各层的厚度得出。

粗略比例填充样式： 粗略详细程度下显示的屋顶填充图案。

粗略比例填充颜色： 粗略比例视图中的屋顶填充图案的颜色。

── 技术专题 15 椽截面样式区别 ──

Revit中一共提供了3种椽截面样式，分别是"垂直截面""垂直双截面"和"正方形双截面"，如图8-64所示。

垂直截面　　　垂直双截面　　　正方形双截面

图8-64

通过上图可以看出每种样式各不相同，其中"垂直双截面"和"正方形双截面"两种样式区别非常小，基本上看不出太大的差别。

★ 重点 ★

实战：创建迹线屋顶

场景位置	场景文件>第8章>09.rvt
实例位置	实例文件>第8章>实战：创建迹线屋顶.rvt
难易指数	★★☆☆☆
技术掌握	迹线屋顶工具的使用方法及技巧

01 打开学习资源中的"场景文件>第8章>09.rvt"文件，然后切换到楼层平面F2，如图8-65所示。

02 为了方便参照F1平面创建屋顶，将当前视图属性面板

中的基线参数修改为F1，如图8-66所示。

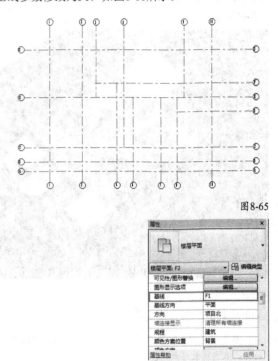

图8-65

图8-66

03 切换到"建筑"选项卡，然后单击"构建"面板的"屋顶"按钮，如图8-67所示。

图8-67

04 单击"拾取线"按钮，然后在工具栏中选择"定义坡度"并设置"偏移量"为300，接着沿墙体外侧绘制屋顶轮廓，若有无法正常连接的部分，使用"修剪"工具进行连接，如图8-68所示。

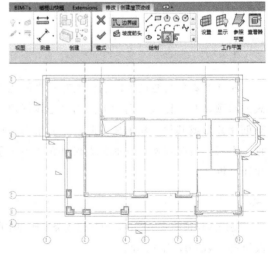

图8-68

05 选择全部轮廓线，然后在实例"属性"面板中设置"坡度"为35°，如图8-69所示。如果需要建立平坡顶，选择轮廓线，在工具栏或实例属性面板中关闭"定义坡度"即可。

图8-69

屋顶坡度的定义，可以在编辑草图状态下修改；也可以完成屋顶后，选择屋顶进行修改"坡度"值。两种方法的区别在于，编辑草图状态下可以对单一轮廓线进行坡度的修改或取消；完成状态下，修改坡度则会影响整个屋顶。

06 单击"完成"按钮，切换到三维视图查看最终效果，如图8-70所示。

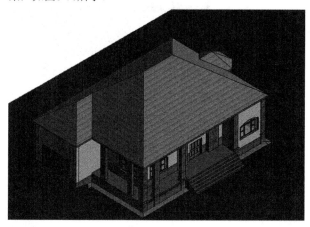

图8-70

★ 重点 ★
实战：使用坡度箭头创建老虎窗

场景位置　无
实例位置　实例文件>第8章>实战：使用坡度箭头创建老虎窗.rvt
难易指数　★★☆☆☆
技术掌握　垫层墙结构的设置方法

01 使用"建筑样板"创建项目文件，然后使用"迹线屋顶"工具，接着选择"矩形"绘制工具绘制屋面轮廓，如图8-71所示。

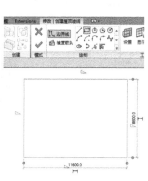

图8-71

02 在草图模式中，单击"修改"面板中的"拆分图元"按钮，然后在轮廓线中单击两点拆分出一段线段，如图8-72所示。

图8-72

03 取消中间线段的"坡度定义"，然后单击"坡度箭头"按钮，接着沿中间线段绘制两条对立的坡度箭头，如图8-73所示。

图8-73

04 选中两条坡度箭头，然后在实例"属性"面板中设置"头高度偏移"为1500，如图8-74所示。

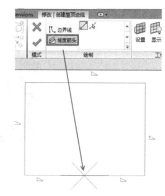

图8-74

05 单击"完成"按钮，最终效果如图8-75所示。

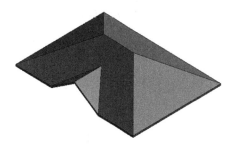

图8-75

8.3.2 拉伸屋顶

相对来说，拉伸屋顶这种创建方法比较自由，用户可以随意编辑屋顶的截面形状，定义为任意样式。这种屋顶的创建方式比较适合一些非常规屋顶，如弧形顶等。在实际应用中，拉伸屋顶的使用率不是很高，用户要结合实际选择创建屋顶的方式。

实战：创建拉伸屋顶

场景位置	场景文件>第8章>10.rvt
实例位置	实例文件>第8章>实战：创建拉伸屋顶.rvt
难易指数	★★☆☆☆
技术掌握	拉伸屋顶工具的使用方法及技巧

01 打开学习资源中的"场景文件>第8章>10.rvt"文件，如图8-76所示。

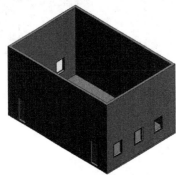

图8-76

02 选择到南立面视图，然后切换至"建筑"选项卡，接着在"构建"面板中单击"屋顶"下拉菜单中的"拉伸屋顶"命令，如图8-77所示。

图8-77

03 在打开的"工作平面"对话框中，选择"拾取一个平面"，然后单击"确定"按钮，如图8-78所示。

图8-78

04 将光标放置于墙面上并单击，然后在打开的"屋顶参照标高和偏移"对话框中，设置"标高"为"标高 2"，"偏移"为0，接着单击"确定"按钮，如图8-79所示。

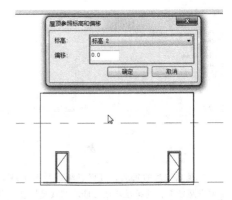

图8-79

05 选择"弧形"绘制工具，然后在视图中绘制出屋顶截面外轮廓，接着单击"完成"按钮，如图8-80所示。

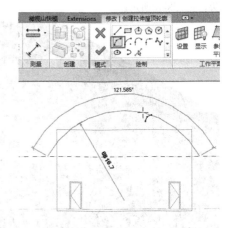

图8-80

06 回到三维视图选择屋顶，然后在"属性"面板中设置拉伸起点与终点，也可以使用控制柄手动拖曳来调整屋顶的形状，如图8-81所示。

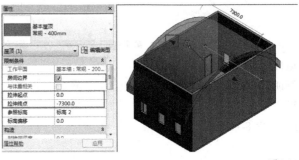

图8-81

07 选择全部墙体，然后附着于屋顶，最终效果如图8-82所示。

图8-82

★ 实战 ★

实战：连接屋顶

场景位置　场景文件>第8章>11.rvt
实例位置　实例文件>第8章>实战：连接屋顶.rvt
难易指数　★★☆☆☆
技术掌握　使用屋顶连接工具合并两个不同的屋顶

01 打开学习资源中的"场景文件>第8章>11.rvt"文件，如图8-83所示。

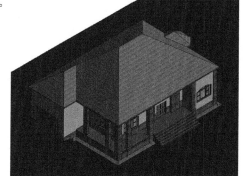

图8-83

02 切换到"1-10轴"立面图，然后绘制弧形的拉伸屋顶，如图8-84所示。

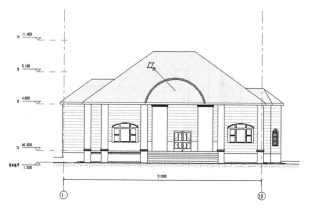

图8-84

知识链接

关于创建拉伸屋顶的方法，请参阅本章"实战：创建拉伸屋顶"。

03 切换到三维视图，将拉伸屋顶的拉伸终点拖曳到合适的位置，如图8-85所示。

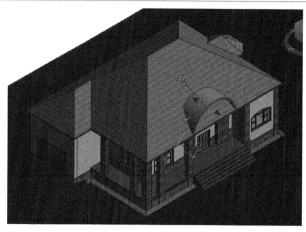

图8-85

技巧与提示

拉伸屋顶的前截面必须超过所要连接屋顶的边界，否则无法正常连接。

04 切换到"修改"选项卡，然后单击"几何图形"面板中的"链接/取消屋顶连接"按钮，接着拾取拉伸屋顶的后截面线，并拾取需要连接的坡屋面，如图8-86所示，效果如图8-87所示。

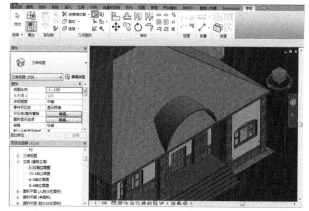

图8-86

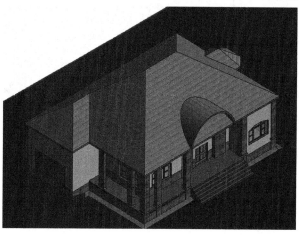

图8-87

★重点

实战：复杂形式的屋顶创建

场景位置	无
实例位置	实例文件>第8章>实战：复杂形式的屋顶创建.rvt
难易指数	★★★☆☆
技术掌握	利用不同屋顶工具创建叠加屋顶

01 新建项目文件，然后切换到"建筑"选项卡，单击"构建"面板中的"屋顶"按钮▱，接着切换到标高2视图，设置"自标高的底部偏移"为350，再绘制屋顶右下方的迹线，取消"坡度定义"选项，最后单击"完成"按钮✔，如图8-88所示。

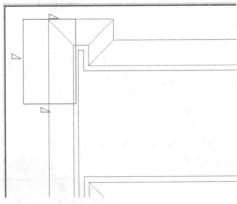

图8-89

03 选中刚刚绘制完成的屋顶，然后在"属性"面板中设置"截断标高"为"标高2"，"截断偏移"为350，接着单击"应用"按钮 应用 ，如图8-90所示。

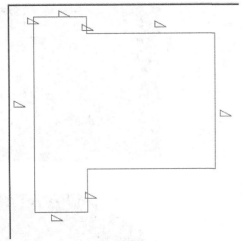

图8-88

02 单击"迹线屋顶"按钮▱，设置"自标高的底部偏移"为0，然后绘制屋顶并取消右边迹线的"坡度定义"选项，接着单击"完成"按钮✔，如图8-89所示。

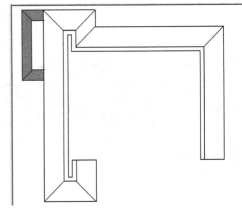

图8-90

04 选中之前绘制完成的屋顶，然后单击"编辑迹线"按钮，拾取小屋顶截断线修改屋顶迹线，接着单击"完成"按钮 ✓ ，如图8-91所示。

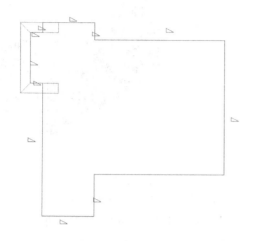

图8-91

05 选中编辑完成的屋顶，然后在实例"属性"面板中设置"截断标高"为"标高2"，"截断偏移"为950，接着单击"应用"按钮 应用(A) ，如图8-92所示。

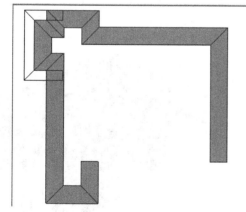

图8-92

06 单击"迹线屋顶"按钮 ，设置"自标高的底部偏移"为950，然后拾取屋顶截断线绘制屋顶，接着单击"完成"按钮 ✓ ，如图8-93所示。

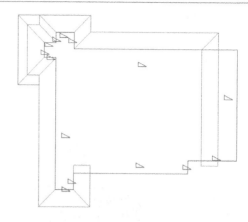

图8-93

07 切换到"修改"选项卡，然后单击"几何图形"面板中的"连接"按钮 ，将三个屋顶连接起来，如图8-94所示。

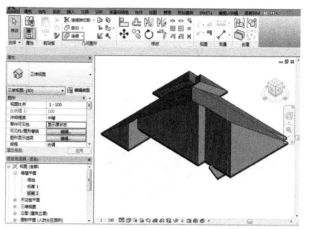

图8-94

08 单击"迹线屋顶"按钮，设置"自标高的底部偏移"为600，然后绘制屋顶并取消上下两边迹线的"坡度定义"选项，接着单击"完成"按钮 ✓ ，如图8-95所示。

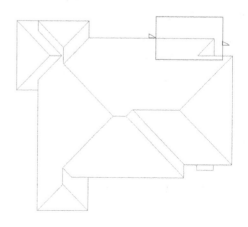

图8-95

09 切换到"修改"选项卡，然后单击"几何图形"面板中的"链接/取消屋顶连接"按钮，将绘制完成的屋顶附着到高亮显示的屋顶上，如图8-96所示。

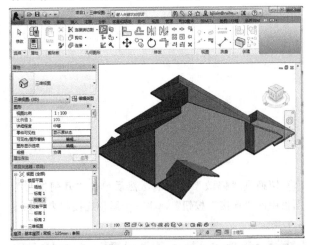

图8-96

10 屋顶开老虎窗洞口见后续章节，最终完成效果如图8-97所示。

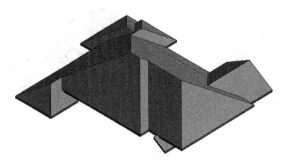

图8-97

★重点★ 8.3.3 面屋顶

面屋顶主要应用于一些异形屋面，如体育场馆、车站等公共建筑。其屋面效果一般比较独特，使用常规的创建方法无法完成。面屋顶命令一般会配合体量或常规模型来使用。因为"面屋顶"只能拾取现有的模型或体量面，这些面可以由Revit自己创建，也可以通过其他软件导入。

★重点★ 实战：创建玻璃面屋顶

场景位置	场景文件>第8章>12.rvt
实例位置	实例文件>第8章>实战：创建玻璃面屋顶.rvt
难易指数	★★☆☆☆
技术掌握	面屋顶工具的使用方法及技巧

01 打开学习资源中的"场景文件>第8章>12.rvt"文件，如图8-98所示。

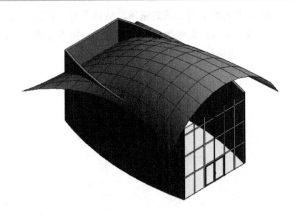

图8-98

02 切换到"建筑"选项卡，然后在"构建"面板中单击"屋顶"下拉菜单中的"面屋顶"命令，如图8-99所示。

03 单击"选择多个"按钮，然后将光标移动至体量表面，单击鼠标左键进行绘制，如图8-100所示。

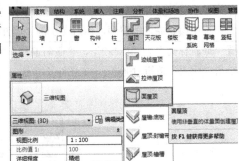

图8-99

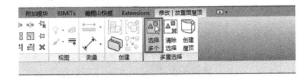

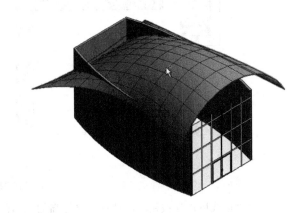

图8-100

技巧与提示

面屋顶命令除了可以拾取体量表面以外，还可以拾取常规模型的表面，以及外部导入模型的表面数据。

04 在类型选择器中选择"玻璃斜窗"选项，然后单击
"创建屋顶"按钮，如图8-101所示。

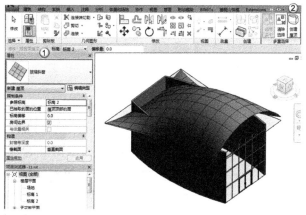

图8-101

05 选择创建好的屋顶，然后单击"编辑类型"按钮，
接着在打开的"类型属性"对话框中设置相关参数，如图
8-102所示。

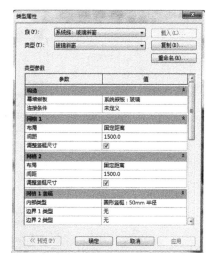

图8-102

06 选择体量族，然后单击鼠标右键，选择"在视图中隐
藏"子菜单中的"图元"命令，如图8-103所示。

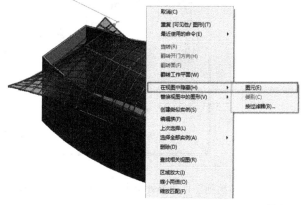

图8-103

07 选中全部墙体，然后附着于屋面，最终效果如图
8-104所示。

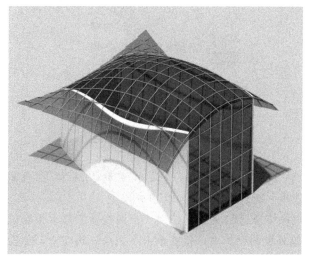

图8-104

8.3.4 底板、封檐带、檐沟

屋檐底板、屋顶封檐带以及屋顶檐沟都是一个完整的
屋面系统不可缺少的部分。接下来的内容将对这些构件如
何添加、编辑进行详细的讲解。

★ 重点 ★
实战：创建屋檐底板、封檐带及檐沟

场景位置	场景文件>第8章>13.rvt
实例位置	实例文件>第8章>实战：创建屋底板、封檐带及檐沟.rvt
难易指数	★★☆☆☆
技术掌握	掌握各个构件的添加与编辑方法

01 打开学习资源中的"场景文件>第8章>13.rvt"文件，
然后切换到楼层平面F2视图，如图8-105所示。

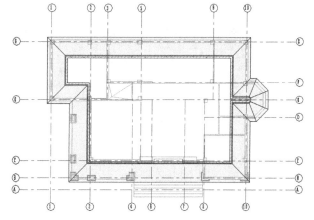

图8-105

02 切换到"建筑"选项卡，然后在"构建"面板中单
击"屋顶"下拉菜单中的"屋檐：底板"按钮，如图
8-106所示。

169

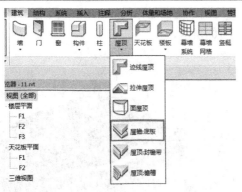

图8-106

03 选择"拾取屋顶边"工具，然后将光标移动至屋面上单击进行绘制，如图8-107所示。

04 切换到F1视图，使用"拾取线"工具拾取建筑外墙绘制轮廓，接着单击"完成"按钮，如图8-108所示。

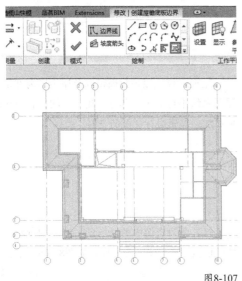

图8-107

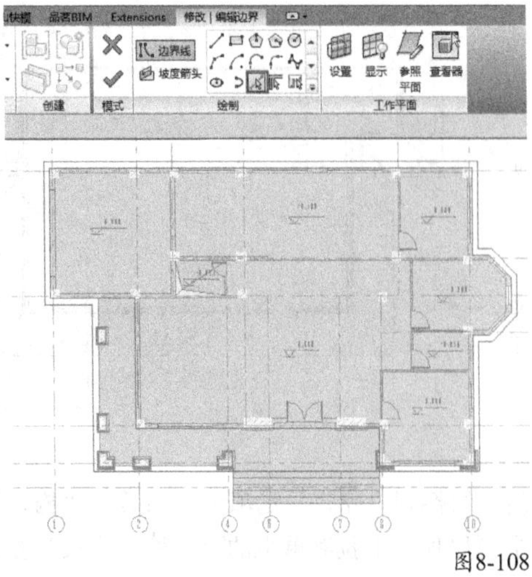

图8-108

05 选择到三维视图，然后切换至"建筑"选项卡，接着在"构建"面板中单击"屋顶"下拉菜单中的"屋顶：封檐带"按钮，如图8-109所示。

图8-109

06 在类型选择器中选择"封檐带"，然后单击"编辑类型"按钮，如图8-110所示，打开"类型属性"对话框，接着选择轮廓为"封檐带-平板：19×235mm"，如图8-111所示。

图8-110

图8-111

07 将光标移动到屋顶边界处单击，创建两侧的封檐带，如图8-112所示。

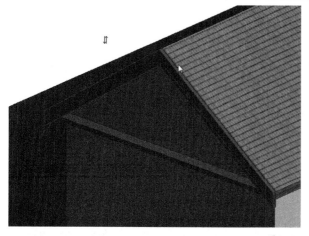

图8-112

图8-114

 **技巧与提示**

选择已经创建完成的封檐带或檐沟，单击"添加/删除线段"按钮，可以进行单独一段图元的删除或添加动作。

10 按照相同的方法创建完成其他区域的檐沟，最终效果如图8-115所示。

08 切换到"建筑"选项卡，然后在"构建"面板中单击"屋顶"下拉菜单中的"屋顶：檐槽"按钮，如图8-113所示。

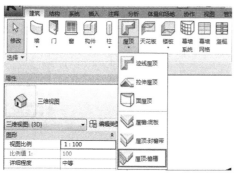

图8-113

09 将光标移动到屋顶边界处单击创建檐沟，如图8-114所示。

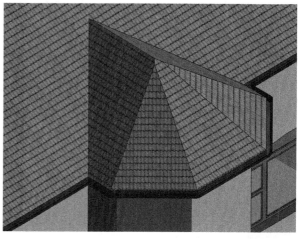

图8-115

 **技巧与提示**

檐沟轮廓的设置方法与封檐带相同，在"类型属性"对话框中可以选择相关参数值。

第9章

栏杆/楼梯/坡道的建立

Learning Objectives
学习要点↙

172页
栏杆的创建与编辑

178页
楼梯的创建方法

183页
洞口的创建方法

185页
坡道的创建与修改

Employment Direction
从业方向↙

建筑设计　　　结构设计

机电设计　　　幕墙设计

室内设计　　　景观设计

9.1 创建栏杆

栏杆在实际生活中很常见，其主要作用是保护人身安全，是建筑及桥梁上的安全措施，在楼梯两侧、残疾人坡道等区域都会见到。经过多年的发展，栏杆除了可以保护人身安全外，还可以起到分隔、导向的作用。设计效果好的栏杆，也有着非常不错的装饰作用。本节主要介绍在Revit中如何创建栏杆。

★重点★
9.1.1 创建室外栏杆

Revit提供了两种创建栏杆扶手的方法，分别是"绘制路径"命令和"放置在主体上"命令。使用"绘制路径"命令，可以在平面或三维视图中的任意位置创建栏杆。使用"放置在主体上"命令，必须先拾取主体才可以创建栏杆。主体指楼梯和坡道两种构件。

 栏杆扶手实例属性--

要修改实例属性，可按修改实例属性所述修改相应参数的值，如图9-1所示。

图9-1

栏杆扶手实例属性参数介绍

底部标高： 指定栏杆扶手系统不位于楼梯或坡道上时的底部标高。

底部偏移： 如果栏杆扶手系统不位于楼梯或坡道上，则此值是楼板或标高到栏杆扶手系统底部的距离。

踏板/梯边梁偏移： 此值默认设置为踏板和梯边梁放置位置的当前值。

长度： 栏杆扶手的实际长度。

图像： 设置当前图元所绑定的图像数据。

注释： 添加当前图元的注释信息。

标记： 应用于图元的标记，如显示在图元多类别标记中的标签。

创建的阶段： 设置图元创建的阶段。

拆除的阶段： 设置图元拆除的阶段。

● 栏杆扶手类型属性--

要修改类型属性，可在属性面板中单击"编辑类型"
按钮，在"类型属性"对话框中修改相应参数的值，如
图9-2所示。

图9-2

栏杆扶手类型属性参数介绍

栏杆扶手高度：设置栏杆扶手系统中最高扶栏的高度。

扶栏结构（非连续）：在打开的对话框中可以设置每个
扶栏的编号、高度、偏移、材质和轮廓族（形状）。

栏杆位置：单独打开一个对话框，在其中可以定义栏杆样式。

栏杆偏移：距扶栏绘制线的栏杆偏移。

使用平台高度调整：控制平台栏杆扶手的高度。

平台高度调整：基于中间平台或顶部平台"栏杆扶手高
度"参数的指示值，提高或降低栏杆扶手的高度。

斜接：如果两段栏杆扶手在平面内相交成一定角度，且
没有垂直连接，则可以选择任意一项。

切线连接：两段相切栏杆扶手在平面中共线或相切。

扶栏连接：当Revit无法在栏杆扶手之间连接时创建斜接
连接，可以选修剪或焊接。

高度：设置栏杆扶手系统中顶部扶栏的高度。

类型：指定顶部扶栏的类型。

★重点★
实战：创建室外护栏

场景位置　场景文件>第9章>01.rvt
实例位置　实例文件>第9章>实战：创建室外护栏.rvt
难易指数　★★☆☆☆
技术掌握　栏杆样式的设置及绘制方法

01 打开学习资源中的"场景文件>第9章>01.rvt"文件，
并切换到F1楼层平面，如图9-3所示。

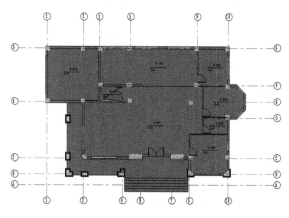

图9-3

02 切换到"建筑"选项卡，然后单击"楼梯坡道"面板
中的"栏杆扶手"按钮，如图9-4所示。

图9-4

03 在类型选择器中选择"栏杆扶手
1100mm"选项，然后单击"编辑类
型"按钮，如图9-5所示。

图9-5

04 在打开的"类型属性"对话框中单击"复制"
按钮，然后输入"室外扶栏"，并单
击"确定"按钮，接着单击"编辑"按钮
，如图9-6所示。

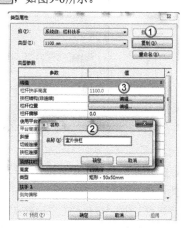

图9-6

05 在打开的"编辑扶手（非连续）"对话框中，单击"插入"按钮 插入 插入一个新的扶手，然后设置"高度"为"915"，"轮廓"为"顶部扶栏：25/8″×2"，接着单击"确定"按钮 确定 ，如图9-7所示。

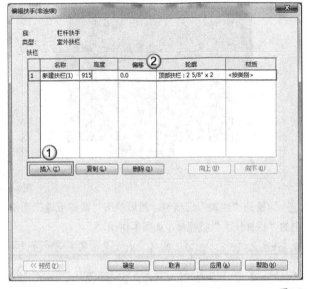

图9-7

扶手的轮廓样式可以自定义，通过创建轮廓族载入项目中使用，便可更改扶手的样式。

06 回到"类型属性"对话框后，单击栏杆位置后的"编辑"按钮 编辑... ，如图9-8所示。

图9-8

07 在打开的"编辑栏杆位置"对话框中，设置"常规栏杆"为"中心支柱"，"相对前一栏杆的距离"为400，然后设置"起点支柱""转角支柱"及"终点支柱"均为"转角支柱"，接着单击"确定"按钮 确定 ，如图9-9所示。

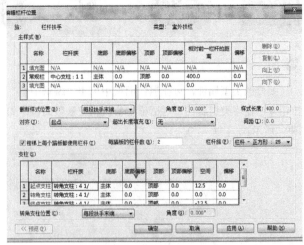

图9-9

08 选择"直线"绘制工具，然后在视图中绘制栏杆路径，如图9-10所示，接着单击"完成"按钮✔结束绘制，完成后的效果如图9-11所示。

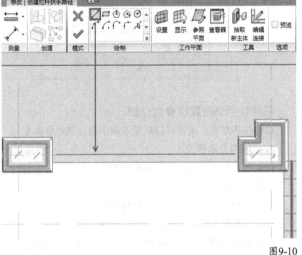

图9-10

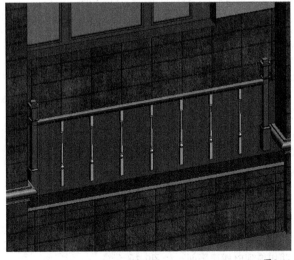

图9-11

09 使用同一类型栏杆完成其他地方的护栏绘制，最终完成效果如图9-12所示。

图9-12

技巧与提示

绘制栏杆路径时，只能绘制连接的线段。如果绘制多段不连接栏杆，需要多次使用栏杆命令进行创建。

9.1.2 定义任意形式扶手

前面介绍了栏杆扶手的创建方法与样式的调整，接下来主要介绍如何手动修改栏杆扶手的样式。例如，经常见到的残疾人坡道栏杆扶手，以及在楼梯间或地铁站等公共空间所用到的沿墙扶手。

实战：创建楼梯扶手

场景位置　场景文件>第9章>02.rvt
实例位置　实例文件>第9章>实战：创建楼梯扶手.rvt
难易指数　★★★☆☆
技术掌握　创建基于主体的栏杆的方法与技巧

01 打开学习资源中的"场景文件>第9章>02.rvt"文件，然后切换到F1平面视图，如图9-13所示。

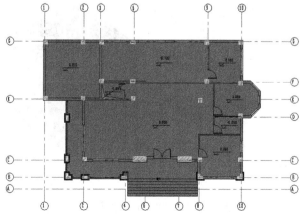

图9-13

02 切换到"建筑"选项卡，然后在"楼梯坡道"面板中单击"栏杆扶手"下拉菜单中的"放置在主体上"按钮，如图9-14所示。

图9-14

03 在实例"属性"面板的类型选择器中，选择"栏杆扶手900mm圆管"选项，如图9-15所示。

图9-15

04 在当前视图中单击室外台阶，将自动创建两侧扶手，然后使用"移动"工具✛将两侧扶手向内移动到合适的位置，如图9-16所示。

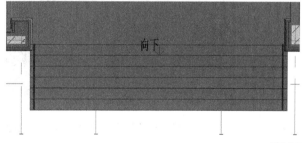

图9-16

05 切换到三维视图，将光标放置于其中一侧的栏杆扶手上，然后按Tab键循环选择，直到选择到顶部扶手，如图9-17所示，接着单击视图中的"锁定"按钮🔒进行解锁。

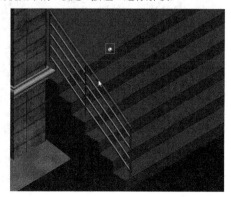

图9-17

06 解锁完成后，单击当前选项卡中的"编辑扶栏"按钮，如图9-18所示，然后单击"编辑路径"按钮，如图9-19所示。

图9-18

图9-19

07 分别使用"直线"工具与"弧形"工具完成扶手前端路径的绘制，然后单击"完成"按钮，如图9-20所示。

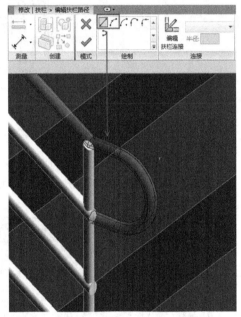

图9-20

08 使用同一方法修改另一侧的扶手，最终完成效果如图9-21所示。

图9-21

— 技术专题 16 栏杆扶手参数详解 —

Revit在绘制栏杆扶手时，会涉及非常多的参数，如图9-22所示。

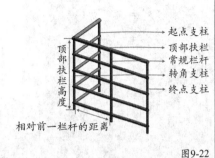

起点支柱
顶部扶栏
常规栏杆
转角支柱
终点支柱
顶部扶栏高度
相对前一栏杆的距离

图9-22

★重点
实战：创建沿墙扶手

场景位置　场景文件>第9章>03.rvt
实例位置　实例文件>第9章>实战：创建沿墙扶手.rvt
难易指数　★★★☆☆
技术掌握　创建沿墙扶手的设置方法与技巧

01 打开学习资源中的"场景文件>第9章>03.rvt"文件，使用"栏杆扶手"工具创建楼梯扶手，如图9-23所示。

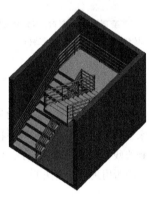

图9-23

▶ 知识链接

关于创建楼梯扶手的方法，请参阅本章"实战：创建楼梯扶手"中的步骤02和03。

02 选择靠近墙面一侧的楼梯扶手，在实例"属性"面板中单击"编辑类型"按钮，如图9-24所示。

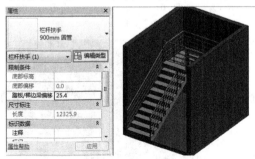

图9-24

03 在"类型属性"对话框中单击"复制"按钮，然后命名为"900mm 沿墙扶手"，接着单击"确定"按钮，如图9-25所示。

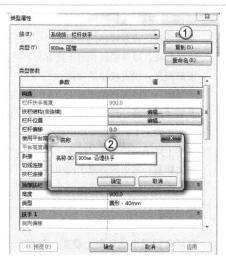

图9-25

04 在"类型属性"对话框中,单击"扶栏结构"后的"编辑"按钮[_____编辑..._____],然后在打开的"编辑扶手(非连续)"对话框中,依次选择所有扶栏,接着单击"删除"按钮[删除(D)],最后单击"确定"按钮[确定],如图9-26所示。

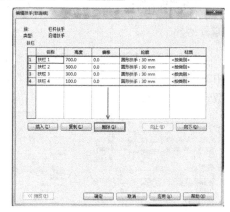

图9-26

05 在"类型属性"对话框中,单击"栏杆位置"后的"编辑"按钮[_____编辑..._____],然后在打开的"编辑栏杆位置"对话框中,将所有"栏杆族"项均设置为"无",接着单击"确定"按钮[确定],如图9-27所示。

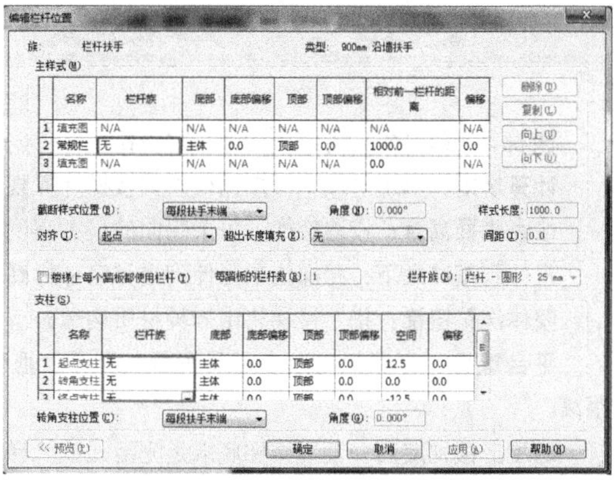

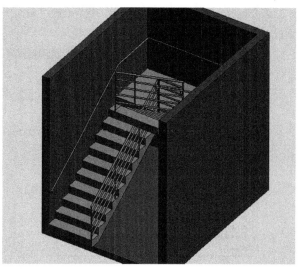

图9-27

06 在"类型属性"对话框中,设置顶部扶栏的"类型"为"无",扶手1的"位置"为"左侧","类型"为"管道-墙式安装",然后单击"确定"按钮[确定],如图9-28所示。

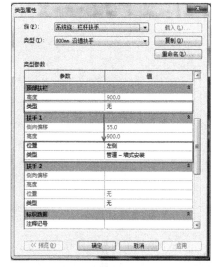

图9-28

07 在实例"属性"面板中,设置"踏板/梯边梁偏移"为0,如图9-29所示,最终效果如图9-30所示。

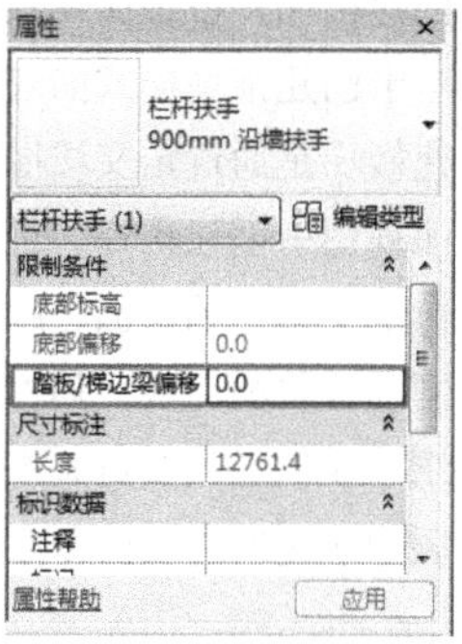

图9-29

图9-30

问：为什么要将"踏板/梯边梁偏移"设置为0？

答：软件默认数值为25.4，这个数值是指栏杆距墙体的距离。只有修改为0的状态下，支座才能贴合墙体。

9.2 添加楼梯

楼梯作为建筑物中楼层间垂直交通的构件，用于楼层之间和高差较大时的交通联系。在设有电梯、自动梯作为主要垂直交通手段的多层和高层建筑中，仍需要保留楼梯供火灾时逃生之用。接下来学习如何在Revit中创建楼梯。

★重点★ 9.2.1 绘制楼梯的两种方式

Revit提供了两种创建楼梯的方法，分别是按构件与按草图。两种方式所创建出来的楼梯样式相同，但在绘制过程中方法不同，同样的参数设置，效果也不尽相同。按构件创建楼梯，是通过装配常见梯段、平台和支撑构件来创建楼梯，在平面或三维视图中均可进行创建。这种方法对于创建常规样式的双跑或三跑楼梯非常方便。按草图创建楼梯是通过定义楼梯梯段或绘制踢面线和边界线，在平面视图中创建楼梯，优点是创建异形楼梯非常方便，可以自定义楼梯的平面轮廓形状。由于按构件创建的楼梯由不同部分装配而成，属性参数比较复杂，本书不方便一一介绍。我们通过实例来讲解主要参数的作用，下面介绍按草图创建楼梯的主要参数信息。

● 楼梯实例属性

若要更改实例属性，则选择楼梯，然后修改"属性"面板上的参数值，如图9-31所示。

图9-31

楼梯（按草图）实例属性参数介绍

底部标高： 设置楼梯的基面。

底部偏移： 设置楼梯相对于底部标高的高度。

顶部标高： 设置楼梯的顶部。

顶部偏移： 设置楼梯相对于顶部标高的偏移量。

多层顶部标高： 设置多层建筑中楼梯的顶部。

文字（向上）： 设置平面中"向上"符号的文字。

文字（向下）： 设置平面中"向下"符号的文字。

向上标签： 显示或隐藏平面中的"向上"标签。

向上箭头： 显示或隐藏平面中的"向上"箭头。

向下标签： 显示或隐藏平面中的"向下"标签。

向下箭头： 显示或隐藏平面中的"向下"箭头。

在所有视图中显示向上箭头： 在所有项目视图中显示向上箭头。

宽度： 楼梯的宽度。

所需踢面数： 踢面数是基于标高间的高度计算得出的。

实际踢面数： 通常该参数与所需踢面数相同。

实际踢面高度： 显示实际踢面高度。

实际踏板深度： 设置此值以修改踏板深度。

● 楼梯类型属性

若要更改类型属性，则选择楼梯，然后单击属性面板中的"编辑类型"按钮。在"类型属性"对话框中进行参数设置，如图9-32所示。

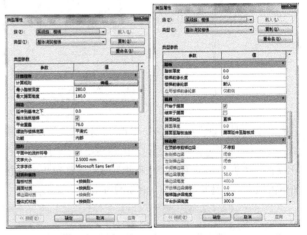

图9-32

楼梯（按草图）类型属性参数介绍

计算规则： 单击"编辑"按钮以设置楼梯计算规则。

最大踢面高度： 设置楼梯上每个踢面的最大高度。

延伸到基准之下： 将梯边梁延伸到楼梯底部标高之下。

整体浇筑楼梯： 指定楼梯将由一种材质构造。

平台重叠： 可控制踢面表面到底面上阶梯的垂直表面的距离。

螺旋形楼梯底面： 设置楼梯底端是光滑式或阶梯式。

功能： 指示楼梯是内部的（默认值）还是外部的。

平面中的波折符号： 指定平面视图中的楼梯图例是否具有截断线。

文字大小： 修改平面视图中向上-向下符号的尺寸。

文字字体： 设置向上-向下符号的字体。

踏板材质： 设置踏板的材质属性。

踢面材质： 设置踢面的材质属性。

梯边梁材质： 设置梯边梁材质属性。

整体式材质： 设置楼梯主要结构材质。

踏板厚度： 设置踏板的厚度。

楼梯前缘长度： 指定相对于下一个踏板的踏板深度所超出部分的长度。

楼梯前缘轮廓： 添加到踏板前侧的放样轮廓。

应用楼梯前缘轮廓： 指定单边、双边或三边踏板前缘。

开始于踢面： Revit将向楼梯开始部分添加踢面。

结束于踢面： Revit将向楼梯末端部分添加踢面。

踢面类型： 创建直线型或倾斜型踢面或不创建踢面。

踢面厚度： 设置踢面厚度。

踢面至踏板连接： 切换踢面与踏板的相互连接关系。

在顶部修剪梯边梁： "在顶部修剪梯边梁"会影响楼梯梯段上梯边梁的顶端。

右侧梯边梁： 设置楼梯右侧的梯边梁类型。

左侧梯边梁： 设置楼梯左侧的梯边梁类型。

中间梯边梁： 设置楼梯左右侧之间的楼梯下方出现的梯边梁数量。

梯边梁厚度： 设置梯边梁的厚度。

梯边梁高度： 设置梯边梁的高度。

开放梯边梁偏移： 楼梯拥有开放梯边梁时启用，从一侧向另一侧移动开放梯边梁。

楼梯踏步梁高度： 控制侧梯边梁和踏板之间的关系。

平台斜梁高度： 允许梯边梁与平台的高度关系不同于梯边梁与倾斜梯段的高度关系。

★ 重点 ★
实战：创建双跑楼梯

场景位置　场景文件>第9章>04.rvt
实例位置　实例文件>第9章>实战：创建双跑楼梯.rvt
难易指数　★★☆☆☆
技术掌握　按构建创建楼梯的方法及技巧

01 打开学习资源中的"场景文件>第9章>04.rvt"文件，切换到"标高1"楼层平面，如图9-33所示。

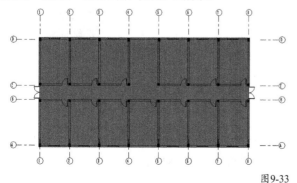

图9-33

02 切换到"建筑"选项卡，然后单击"楼梯坡道"面板中的"楼梯"按钮，如图9-34所示。

图9-34

03 在选项栏中设置"定位线"为"梯段：左"，"实际梯段宽度"为1500，如图9-35所示。

图9-35

04 在类型选择器中选择"整体浇注楼梯"选项，然后设置相应的标高限制条件，如图9-36所示，接着设置"所需踢面数"为24，"实际踏板深度"为280，如图9-37所示。

图9-36　　　　　　　　图9-37

05 以下方参照平面为起点绘制第一梯段，然后到上方参照平面结束绘制，如图9-38所示，接着按照相同的方法绘制另一侧梯段，如图9-39所示。

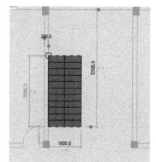

图9-38

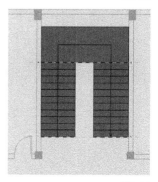

图9-39

06 选中歇脚平台，拖曳句柄，将平台边缘移动至墙内侧，如图9-40所示，然后单击"完成"按钮✔，结束楼梯的绘制。

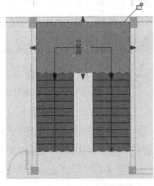

图9-40

07 切换到三维视图，选择"剖面框"选项，然后拖曳剖面框控制柄，将视图剖切到合适的位置，如图9-41所示。

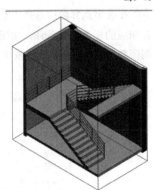

图9-41

08 向上拖曳剖面框控制柄，将视图剖切到合适的位置，然后在视图中选择楼梯，接着在"属性"面板中设置"多层顶部标高"为"标高3"，如图9-42所示，效果如图9-43所示。

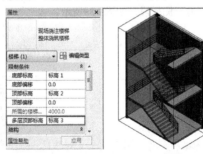

图9-42

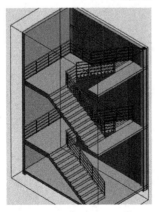

图9-43

技巧与提示

当建筑物中存在标准层时，可使用楼梯实例中的"多层顶部标高"。通过设置楼梯顶部标高，即可实现楼梯跨越标准层部分的梯段自动生成。

★ 重点 ★
实战：创建异形楼梯

场景位置	场景文件>第9章>05.rvt
实例位置	实例文件>第9章>实战：创建异形楼梯.rvt
难易指数	★★☆☆☆
技术掌握	按草图创建楼梯的方法及技巧

01 打开学习资源中的"场景文件>第9章>05.rvt"文件，切换到"标高1"视图，如图9-44所示。

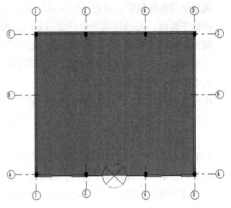

图9-44

02 切换到"建筑"选项卡，然后在"楼梯坡道"面板中单击"楼梯"下拉菜单中的"楼梯（按草图）"按钮，如图9-45所示。

图9-45

03 在实例"属性"面板类型器中选择"整体浇注楼梯"选项，然后设置"宽度"为1500，"所需踢面数"为28，"实际踏板深度"为280，如图9-46所示。

图9-46

04 在绘制面板中，单击"梯段"按钮并选择直接绘制方式绘制梯段，如图9-47所示。

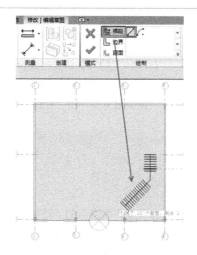

图9-47

绘制当前楼梯形状时，单独两次绘制楼梯梯段方可得到上图的样式。

05 删除下方现有两侧边界线，单击"边界"按钮 ，然后选择"弧线"工具 重新进行绘制，如图9-48所示。

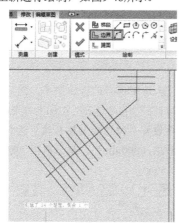

图9-48

06 单击"踢面"按钮 ，然后选择"弧线"工具 绘制最后一步踏面，如图9-49所示，接着单击"完成"按钮 结束楼梯的绘制，再选中楼梯两侧栏杆分别进行路径编辑，最后单击"完成"按钮 ，如图9-50所示。转换到三维视图查看最终效果，如图9-51所示。

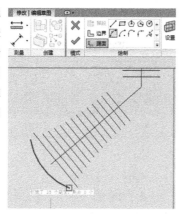

图9-49

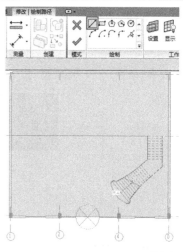

图9-50

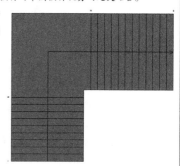

图9-51

技术专题 17 使用转换功能绘制T形楼梯

通过以上的学习，相信读者对不同形式的楼梯都有了比较好的处理方式。但对于一些比较少见的楼梯形式，只使用某种绘制方法很难实现或操作非常不便。下面将介绍如何使用构件楼梯中的"转换"功能来实现构件楼梯与草图楼梯优势的完美结合。

第1步：新建一个项目，然后使用构件楼梯创建以下楼梯样式，如图9-52所示。

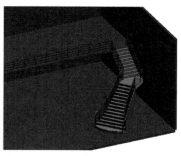

图9-52

第2步：选择右边的梯段，使用"镜像"工具拾取中间的线对左边的梯段做镜像，如图9-53所示。

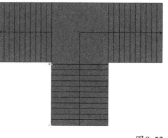

图9-53

第3步：选中歇脚平台，然后单击"转换"按钮，如图9-54所示。

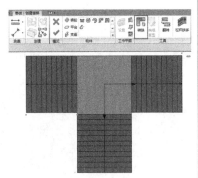

图9-54

第4步：单击"编辑草图"按钮，进行楼梯草图的编辑，如图9-55所示。

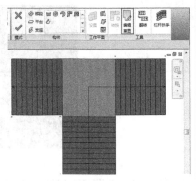

图9-55

第5步：选中歇脚平台的横向路径，延伸连接至另一梯段，如图9-56所示，然后单击"完成"按钮结束编辑。

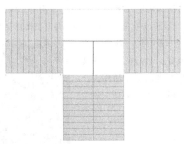

图9-56

第6步：按照同样的方法，转换第一段梯段并进行形状编辑，最终完成效果如图9-57所示。

图9-57

9.2.2 修改楼梯扶手

在Revit中绘制楼梯时，会自动生成楼梯扶手。多数情况下，还需要对扶手进行一些编辑，才能达到实际需要的效果。接下来主要介绍栏杆扶手和楼梯所关联的参数。

★重点★ 实战：编辑扶手连接

场景位置	场景文件>第9章>06.rvt
实例位置	实例文件>第9章>实战：编辑扶手连接.rvt
难易指数	★★☆☆☆
技术掌握	栏杆扶手与楼梯相关联的参数调整

01 打开学习资源中的"场景文件>第9章>06.rvt"文件，切换到"标高1"视图，如图9-58所示。

图9-58

02 选中现有的楼梯扶手，然后打开"编辑栏杆位置"对话框，接着选择"楼梯上每个踏板都使用栏杆"选项，再设置"每踏板的栏杆数"为1，"栏杆族"为"嵌板-玻璃：800mm"，最后单击"确定"按钮，如图9-59所示。

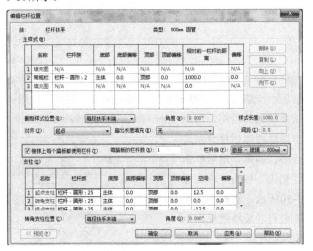

图9-59

知识链接

关于编辑栏杆的操作方法，请参阅本章"实战：创建室外护栏"中的步骤06和07。

03▸ 双击楼梯扶手进入路径编辑模式，然后单击"编辑连接"按钮 并选择"预览"选项，接着拾取路径的交点，如图9-60所示。

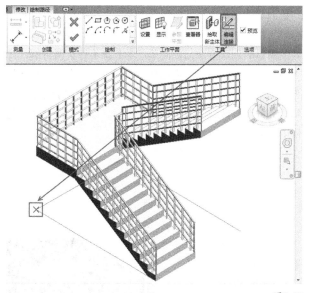

图9-60

04▸ 在工具选项栏中设置"扶栏连接"为"插入垂直/水平线段"，然后单击"完成"按钮 ，如图9-61所示，最终三维完成效果如图9-62所示。

图9-61

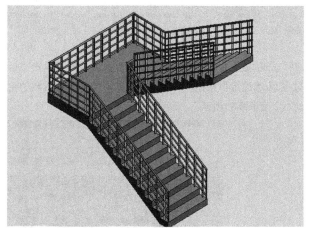

图9-62

9.3 创建洞口

　　建筑中会存在各式各样的洞口，包括门窗洞口、楼板洞口、天花板洞口和结构梁洞口等。在Revit中可以创建不同类型的洞口，并且根据不同情况、不同构件提供

了多种洞口工具与开洞的方式。Revit共提供了五种洞口工具，分别是"按面""竖井""墙""垂直"和"老虎窗"，如图9-63所示。

图9-63

洞口工具介绍

按面：垂直于屋顶、楼板或天花板选定面的洞口。

竖井：跨多个标高的垂直洞口，贯穿其间的屋顶、楼板和天花板进行剪切。

墙：在直墙或弯曲墙中剪切一个矩形洞口。

垂直：贯穿屋顶、楼板或天花板的垂直洞口。

老虎窗：剪切屋顶，以便为老虎窗创建洞口。

9.3.1 创建竖井洞口

　　建筑中一般会存在多种井道，包括电井、风井和电梯井等。这些井道往往会跨越多个标高，甚至从头到尾。如果按照常规方法，必须在每一层的楼板上单独开洞。不过，遇到这种情况，在Revit中可以使用"竖井洞口"命令实现多个楼层间批量开洞。

实战：创建楼梯间洞口

场景位置　场景文件>第9章>07.rvt
实例位置　实例文件>第9章>实战：创建楼梯间洞口.rvt
难易指数　★★☆☆☆
技术掌握　竖井洞口工具的使用方法与技巧

　　楼梯间的洞口与管井的洞口相似，都是跨越了多个标高形成的垂直洞口，所以创建方法也相同。在这里，以常见楼梯间洞口为例介绍竖井洞口工具的使用方法与技巧。

01▸ 打开学习资源中的"场景文件>第9章>07.rvt"文件，如图9-64所示。

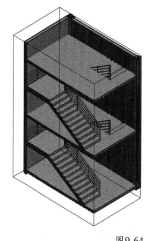

图9-64

02 选择"标高3"视图，然后切换到"建筑"选项卡，接着单击"洞口"面板中的"竖井"按钮，如图9-65所示。

图9-65

03 在实例"属性"面板中，设置"底部偏移"为-150，"底部限制条件"为"标高2"，"顶部约束"为"标高3"，如图9-66所示。

图9-66

▷ 知识链接

关于打开楼板编辑部件对话框的方法，请参阅第8章"实战：绘制室内楼板"中的步骤04和05。

04 选择"矩形"绘制工具，在楼梯间绘制竖井洞口轮廓，然后单击"完成"按钮，如图9-67所示。切换到三维视图中，查看最终完成效果，如图9-68所示。

图9-67

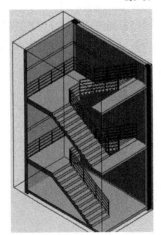

图9-68

▷ 技巧与提示

如果对创建完成的洞口不满意，还可以到三维视图中选中竖井洞口进行二次编辑。

9.3.2 其他形式洞口

前面学习了竖井洞口的创建方法，接下来主要学习其他洞口的创建方法，包括"面洞口""墙洞口""垂直洞口"以及"老虎窗洞口"。除了"老虎窗洞口"以外，其他洞口的创建方法比较简单，本节就不做实例讲解。如"面洞口"的创建，只需选择"面洞口"命令，然后选择开洞的对象，绘制洞口轮廓草图就可以了，方法非常简单。另外两种洞口的方法也与之相同，但每种洞口命令的使用效果各不相同。

实战：创建老虎窗洞口

场景位置	场景文件>第9章>08.rvt
实例位置	实例文件>第9章>实战：创建老虎窗洞口.rvt
难易指数	★★☆☆☆
技术掌握	老虎窗洞口工具的使用方法与技巧

01 打开学习资源中的"场景文件>第9章>08.rvt"文件，如图9-69所示。

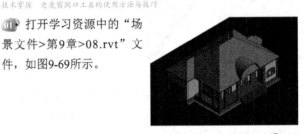

图9-69

02 切换到"建筑"选项卡，然后单击"洞口"面板中的"老虎窗"按钮，如图9-70所示。

图9-70

03 先拾取主屋顶，然后拾取老虎窗屋顶，接着单击"拾取屋顶/墙边缘"按钮，并使用"修剪"命令修改洞的轮廓线，如图9-71所示。

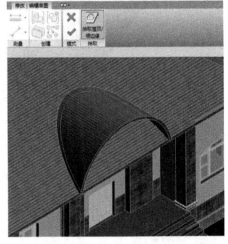

图9-71

04 单击"完成"按钮 ✔，查看最终完成效果，如图9-72所示。

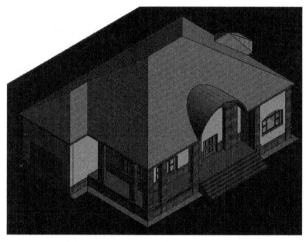

图9-72

9.4 添加坡道

在商场、医院、酒店和机场等公共场合经常会见到各式各样的坡道，其主要作用是连接高差地面、楼面的斜向交通通道以及门口的垂直交通竖向疏散措施。建筑设计中，常用到的坡道分为两种，一种是汽车坡道，另一种是残疾人坡道。

在Revit中建立坡道的方法，与建立楼梯的方法非常类似。不同点在于，Revit只提供了按草图创建坡道，而楼梯有两种创建方式。当然，两者的构造有着本质的不同。使用草图创建坡道同楼梯一样，都有着非常大的自由度，可以随意编辑坡道的形状，而不限于固定的形式。

若要更改实例属性，则选择坡道，然后修改"属性"面板上的参数值，如图9-73所示。

图9-73

坡道实例属性参数介绍

底部标高：设置坡道底部的基准标高。

底部偏移：设置距其底部标高的坡道高度。

顶部标高：设置坡道的顶部标高。

顶部偏移：设置距顶部标高的坡道高度。

多层顶部标高：设置多层建筑中的坡道顶部。

文字（向上）：设置平面中"向上"符号的文字。

文字（向下）：设置平面中"向下"符号的文字。

向上标签：显示或隐藏平面中的"向上"标签。

上箭头：显示或隐藏平面中的"向上"箭头。

向下标签：显示或隐藏平面中的"向下"标签。

下箭头：显示或隐藏平面中的"向下"箭头。

在所有视图中显示向上箭头：在所有项目视图中显示向上箭头。

宽度：坡道的宽度。

若要更改类型属性，则选择坡道，单击"属性"面板中的"编辑类型"按钮 ⬚。在"类型属性"对话框中进行参数设置，如图9-74所示。

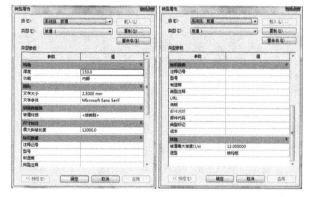

图9-74

坡道类型属性参数介绍

厚度：设置坡道的厚度。仅当"形状"属性设置为厚度时，才启用此属性。

功能：指示坡道是内部的（默认值）还是外部的。

文字大小：坡道向上文字和向下文字的字体大小。

文字字体：坡道向上文字和向下文字的字体。

坡道材质：为渲染而应用于坡道表面的材质。

最大斜坡长度：指定要求平台前坡道中连续踢面高度的最大数量。

注释记号：添加或编辑坡道注释记号。

型号：定义坡道模型的具体型号。

制造商：定义坡道制造商。

类型注释：添加坡道注释信息。

URL：设置坡道所对应的超链接地址。

说明：添加坡道的说明信息。

部件说明：基于所选部件代码的部件说明。

部件代码：设置层级列表中统一格式部件代码。

类型标记：设置坡道类型标记。

成本：设置走道的成本预算。

坡道最大坡度(1/x)：设置坡道的最大坡度。

★ 重点 ★
实战：创建残疾人坡道

场景位置　场景文件>第9章>09.rvt
实例位置　实例文件>第9章>实战：创建残疾人坡道.rvt
难易指数　★★☆☆☆
技术掌握　坡道工具的使用及参数设置

01　打开学习资源中的"场景文件>第9章>09.rvt"文件，如图9-75所示。

图9-75

02　选择"标高1"平面，然后切换到"建筑"选项卡，接着在"楼梯坡道"面板中单击"坡道"按钮，如图9-76所示。

图9-76

03　在实例"属性"面板中，设置"底部标高"为"室外地坪"，"顶部标高"为"标高1"，然后单击"编辑类型"按钮，如图9-77所示。

图9-77

04　在"类型属性"面板中，将滚动条拖曳至最下方，然后设置"坡道最大坡度"为8，"造型"为"实体"，接着单击"确定"按钮，如图9-78所示。

图9-78

05　选择"梯段"绘制方式为"直线"，以台阶顶部边缘为起点，绘制长度为3600mm的坡道，然后单击"完成"按钮✓，如图9-79所示。

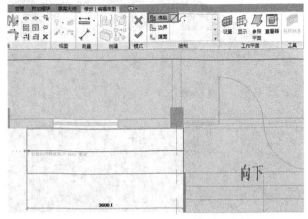

图9-79

06　选中绘制完成的坡道，单击坡道边缘的"反转"按钮进行方向反转，如图9-80所示，然后使用"镜像"工具将绘制好的坡道复制到另一端，如图9-81所示。

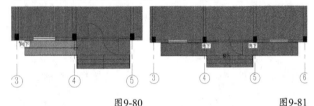

图9-80　　　　　　　图9-81

疑难问答 ❓

问：如果需要创建L形坡道或折反双坡道，应该怎么操作？

答：操作方法与绘制楼梯一样，先绘制第一段梯段，然后再绘制第二段梯段，中间部分会自动生成休息平台。

07　切换到三维视图，编辑残疾人坡道栏杆样式，最终完成效果如图9-82所示。

图9-82

关于编辑扶栏前端样式的方法，请参阅本章"实战：创建楼梯扶手"中的步骤03、04、05和06。

★重点★
实战：创建汽车坡道

场景位置　场景文件>第9章>10.rvt
实例位置　实例文件>第9章>实战：创建汽车坡道.rvt
难易指数　★★☆☆☆
技术掌握　坡道工具的使用及参数设置

01 打开学习资源中的"场景文件>第9章>10.rvt"文件，切换到B1层并选择"坡道"工具◇，如图9-83所示。

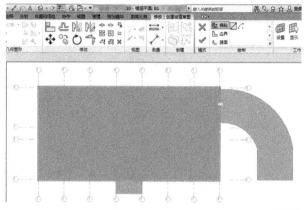

图9-83

02 新建一种坡道类型，并做相关参数的设置，然后单击"确定"按钮 确定 ，如图9-84所示。

图9-84

03 在实例"属性"面板中，设置"底部标高"为B1，"顶部标高"为"室外地坪"，如图9-85所示。

图9-85

04 选择"边界"按钮└，分别使用"弧线"╭及"直线"工具╱绘制坡道边界草图，如图9-86所示。

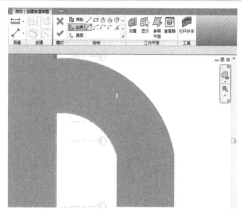

图9-86

05 单击"踢面"按钮≡，使用"直线"工具╱绘制坡道踢面，如图9-87所示。

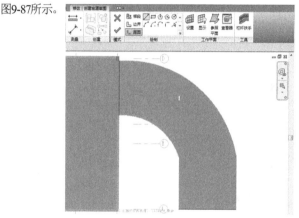

图9-87

06 绘制完成踢面后，单击选项卡中的"栏杆扶手"按钮🗔，如图9-88所示，然后在弹出的"栏杆扶手"对话框中选择"无"，接着单击"确定"按钮 确定 ，如图9-89所示。切换到三维视图查看最终完成效果，如图9-90所示。

图9-88　　　　　　　图9-89

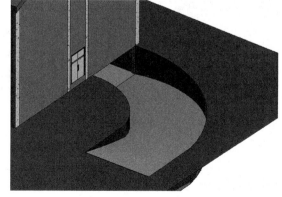

图9-90

第10章

室内家具布置

188页
构件的载入方式

190页
不同构件族的放置方法

建筑设计

结构设计

机电设计

幕墙设计

室内设计

景观设计

10.1 家具的布置

　　在 Revit 中，构件用于对通常需要现场交付和安装的建筑图元（如门、窗和家具等）进行建模。构件是可载入族的实例，并以其他图元（即系统族的实例）为主体。例如，门以墙为主体，桌子等独立式构件以楼板或标高为主体，如图10-1所示。

图10-1

　　在室内设计中，家具布置显得尤为重要。例如，酒店宴会厅或办公室等公共区域，桌椅的摆放是否合理，直接影响到整个空间的使用率以及美观性。以往设计中，此类布置图是通过二维平面进行表示的。但在Revit中可以通过平面结合三维的方式，更直观地观察所做的布置是否合理美观。

　　若要更改实例属性，则选择桌，然后修改"属性"面板上的参数值，如图10-2所示。

图10-2

构件实例属性参数介绍

标高：构件所在空间的标高位置。

主体：构件底部附着的主体表面（楼板、表面和标高）。

与邻近图元一同移动：控制是否跟随最近图元同步移动。

★重点★
实战：总经理办公室布置

场景位置　场景文件>第10章>01.rvt
实例位置　实例文件>第10章>实战：总经理办公室布置.rvt
难易指数　★★☆☆☆
技术掌握　常规构件的放置方法与参数调整

01 打开学习资源中的"场景文件>第10章>01.rvt"文件，然后切换到F1楼层平面，如图10-3所示。

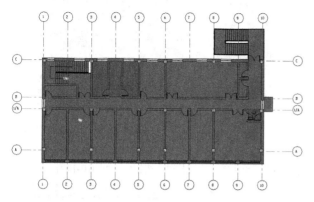

图10-3

02 切换到"插入"选项卡，然后单击"从库中载入"面板中的"载入族"按钮，如图10-4所示。

图10-4

03 在打开的"载入族"对话框中，依次单击"建筑>家具>3D>沙发"，然后选择"三人沙发2"，接着单击"打开"按钮 打开(O)，如图10-5所示。

图10-5

04 切换到"建筑"选项卡，然后在"构建"面板中单击"构件"下拉菜单下的"放置构件"按钮，如图10-6所示。

图10-6

05 在类型"属性"面板中，选择刚刚载入的沙发族，然后设置"标高"为F2，如图10-7所示。

图10-7

06 在平面视图中将光标移动到合适的位置后，单击鼠标进行放置，如图10-8所示。

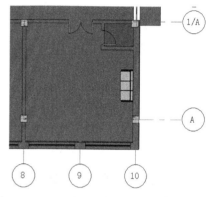

图10-8

技巧与提示

　　放置构件族时，可以通过按Space键进行方向切换，切换到正确的方向后单击鼠标左键，或者在放置完成后，选中构件按Space键。

07 按照同样的方法，布置茶几、办公桌和书架等家具，如图10-9所示。

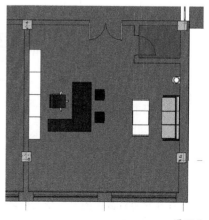

图10-9

189

08 切换到三维视图调整剖面框，查看最终三维效果，如图10-10所示。

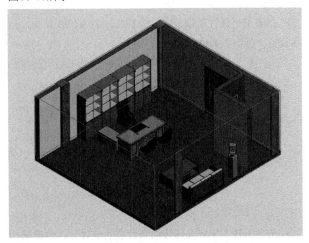

图10-10

10.2 放置卫浴装置

在建筑设计工作中，公共建筑、居住建筑和工业建筑都离不开卫生间的设计，卫生间是生活中经常使用的空间。卫生间的设计，直接关系到日后建筑实际居住或使用人员的舒适与便捷性。接下来将介绍如何使用Revit快速、合理地完成卫生间的布置。

在方案阶段，建筑师可以选用二维卫生器具族，进行简单的平面布置，如图10-11所示。在"扩初"和"施工图"阶段，建筑师需要和给排水工程师紧密合作，建筑师需要选用带连接件功能的三维卫生器具族，如图10-12所示，这样可以避免建筑师与给排水工程师重复工作。

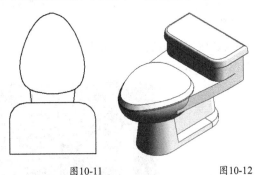

图10-11   图10-12

★ 重点 ★
实战：深化卫生间

场景位置	场景文件>第10章>02.rvt
实例位置	实例文件>第10章>实战：深化卫生间.rvt
难易指数	★★★☆☆
技术掌握	不同类型构件的放置方法与注意事项

01 打开学习资源中的"场景文件>第10章>02.rvt"文件，如图10-13所示。

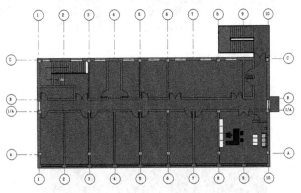

图10-13

02 切换到"建筑"选项卡，然后在"构建"面板中单击"构件"下拉菜单中的"放置构件"按钮，如图10-14所示。

图10-14

03 在实例"属性"面板的类型选择器中选择"卫生间隔断中间或靠墙（落地）"选项，如图10-15所示。

图10-15

04 将光标放置在卫生间墙上，移动光标至合适的位置后单击鼠标左键，如图10-16所示，然后在实例"属性"面板的类型选择器中选择"蹲便器-自闭式冲洗阀"选项，如图10-17所示。

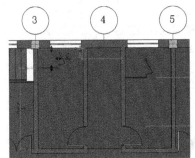

图10-16   图10-17

05 在"修改|放置构件"选项卡中，单击"放置在垂直面上"按钮，如图10-18所示。

图10-18

疑难问答 ?

问：为什么要选择"放置在垂直面上"呢？

答：为了方便后期给排水设计人员使用，此处模型中使用的蹲便器族为卫浴装置族。放置时必须基于某个工作平面，因为蹲便器与卫生间墙平齐，所以选择"放置在垂直面上"的位置方式。

06 沿着卫生间墙体，将蹲便器放置于卫生间隔断的位置，如图10-19所示。

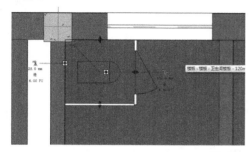

图10-19

07 同时选中卫生间隔断与蹲便器后，使用快捷键G、P创建组，如图10-20所示，然后使用"阵列"工具将当前模型组沿着直线方式重复布置，如图10-21所示。

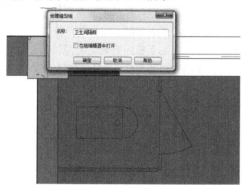

图10-20

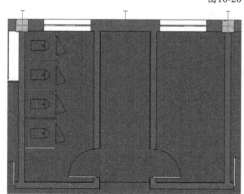

图10-21

08 按照同样的方法，分别布置洗涤池、小便器等卫生洁具，如图10-22所示，然后选择面盆构件完成卫生间前室的布置，如图10-23所示，接着深化完成女卫的布置，可使用"镜像"工具，如图10-24所示。

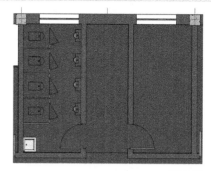

图10-22

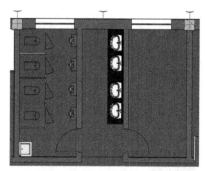

图10-23

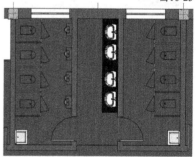

图10-24

09 切换到三维视图，使用剖面框选择卫生间部分查看最终效果，如图10-25所示。

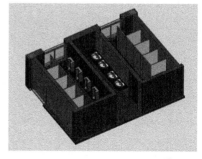

图10-25

技巧与提示

当放置构件出现无法放置的状态时，一定要观看绘制区域下方的信息提示，决定以什么样的方式才能正常放置。例如，马桶与面盆属于自由实例，可以在视图任意区域放置，但沐浴器属于基于墙的实例，所以必须拾取到墙才能完成放置。

第11章
房间和面积报告

11.1　房间和图例

建筑物中，空间的划分非常重要。不同类型的空间存在于不同的位置，也就决定了每个房间的用途各不相同。在住宅项目中，一般会将空间简单地划分为楼梯间、电梯间和走廊等。每个独立的户型内部，又会划分为客厅、厨房、卫生间和卧室等区域。以往在二维绘制方式中，每个空间的面积都需要建筑师手动量取、计算，但在Revit中，这种项目变得简单了许多。建筑师在平面中对空间进行分割，Revit就可以自动统计各个房间的面积，以及最终各类型房间的总数。当空间布局或房间数量改变之后，相应的统计也会自动更新。这便是Revit参数化的价值所在，能够让建筑师更高效地完成设计任务，还可以通过添加图例的方式来表示各个房间的用途。

★ 重点 ★
11.1.1　创建房间

这一节主要讲述如何创建房间。建筑师在绘制建筑图纸的时候，都需要标识清楚各个房间的位置，如卫生间、办公室和库房等。这些信息需要在平面以及剖面视图中，利用文字描述来表达清楚。在二维绘图时代，信息往往不流通。平面图中所标记的房间，到剖面图后，还需要根据平面图中房间的位置重新进行标记。有时在不经意间，就会造成平面与剖面图所表达的信息不一致。在Revit中，标记房间就会显得非常轻松。建筑师在平面图中创建了房间信息，到了相应的剖面视图中，信息会自动添加，而且两者之间会存在参数化联动关系。当平面视图中的房间信息修改后，剖面视图也会自动更新，避免了平面与剖面视图表达信息不一致的问题，也极大地提高了工作效率。

技巧与提示

　　在Revit中放置房间时，还需要设置空间高度。因为将建筑模型导入其他计算软件时，房间必须充满整个空间才算有效。

　　若要修改实例属性，可以在"属性"面板上选择图元并修改其属性，如图11-1所示。

图11-1

房间实例属性参数介绍

标高：当前房间所在的标高位置。

上限：以当前标高为起点向上的高度限制条件。

高度偏移：以上限为基准向上移动的距离。

底部偏移：以标高为基准向上移动的距离。

面积：房间的面积。

周长：房间的总长度。

房间标示高度：房间设置的高度。

体积：房间的体积数值。

编号：指定的房间编号，该值对于项目中的每个房间都必须是唯一的。

名称：设置房间名称，如"办公室"或"大厅"。

注释：添加有关房间的信息。

占用：房间的占用类型，如零售店。

部门：设置使用当前房间的部门。

基面面层：设置当前房间基面的面层信息。

天花板面层：设置天花板的面层信息，如白色乳胶漆。

墙面面层：设置天花板的面层信息，如涂料。

楼板面层：设置地板面层，如木地板。

居住者：设置使用当前房间的人、小组或组织的名称。

★重点★ 实战：放置房间并计算使用面积

场景位置	场景文件>第11章>01.rvt
实例位置	实例文件>第11章>实战：放置房间并计算使用面积.rvt
难易指数	★★☆☆☆
技术掌握	使用房间工具计算房间面积

01 打开学习资源中的"场景文件>第11章>01.rvt"文件，然后切换到F2楼层平面，如图11-2所示。

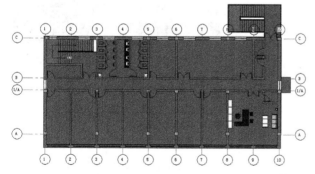

图11-2

02 切换到"建筑"选项卡，然后单击"房间和面积"面板中的"房间"按钮，如图11-3所示。

图11-3

03 将光标放置于楼梯间的封闭空间内，单击鼠标左键放置，如图11-4所示。

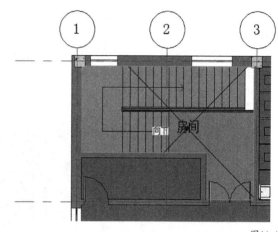

图11-4

04 双击房间名称进入编辑状态，此时房间边界以红色线段显示，然后输入房间名称"楼梯间"，按Enter键确认，如图11-5所示。

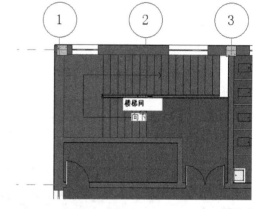

图11-5

05 按照相同的方法，放置其他房间并修改各个房间的名称，如图11-6所示。

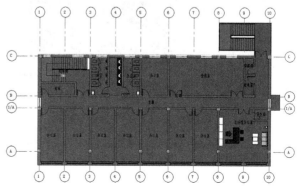

图11-6

06 切换到"建筑"选项卡，然后单击"房间和面积"面板中的"房间分隔"按钮，如图11-7所示。

图11-7

07 在卫生间前室与走廊交界的位置添加一条房间分隔线，用以手动划分两个空间，如图11-8所示，然后使用"房间"工具添加前室的房间。

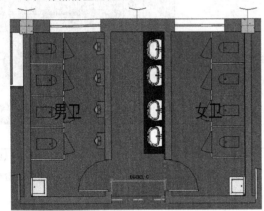

图11-8

技巧与提示

放置房间后，软件会自动在相应的房间放置房间标记。如果将房间标记误删除，可以单击"房间"按钮重新进行标记。

08 将光标移动至"总经理办公室"的位置，然后局部放大当前房间，接着选择卫生间的两面隔墙，并在实例"属性"面板中取消选择"房间边界"选项，如图11-9所示。

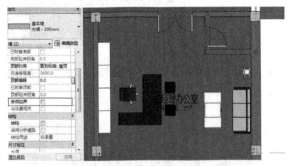

图11-9

疑难问答

问：房间边界参数有什么作用？

答：当需要合并两个房间时，可以将房间之间的分隔墙体的房间边界属性去掉，这时两个房间将合并成为一个整体。

09 此时会弹出警告对话框，单击"删除房间"按钮，如图11-10所示，然后在打开的对话框中单击"确定"按钮，如图11-11所示。

图11-10

图11-11

10 此时，总经理办公室与其卫生间便合并成为一个房间，如图11-12所示。选择其他一个房间标记，然后单击鼠标右键，选择"选择全部实例"子菜单中的"在视图中可见"命令，如图11-13所示。

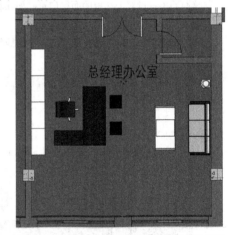

图11-12

图11-13

11 此时，当前视图中所有的房间标记全部被选择，如图11-14所示。在实例"属性"面板的类型选择器中，选择"标记-房间-有面积-施工-仿宋"选项，如图11-15所示。

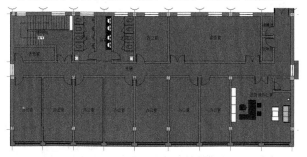

图11-14

图11-15

12 各个房间的名称与面积在视图中全部被标记完成，如图11-16所示。

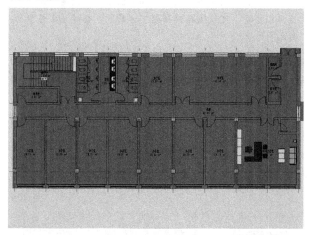

图11-16

技术专题 ⒅ 快速切换房间使用面积与建筑面积

本次实例中，所有房间面积均为使用面积，如果需要统计建筑面积，可单击"房间和面积"面板下方的三角按钮，在其下拉面板中单击"面积和体积计算"按钮，如图11-17所示。

图11-17

打开"面积和体积计算"对话框，在"房间面积计算"面板中选择"在墙中心"选项，如图11-18所示，然后单击"确定"按钮，便可直接切换使用面积为建筑面积。

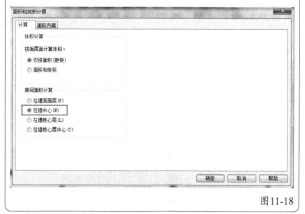

图11-18

★ 重点 ★
11.1.2 房间图例

颜色方案可用于以图形方式表示空间类别。例如，可以按照房间名称、面积、占用或部门创建颜色方案。如果要在楼层平面中按部门填充房间的颜色，可将每个房间的"部门"参数值设置为必需的值，然后根据"部门"参数值创建颜色方案，接着添加颜色填充图例，以标识每种颜色所代表的部门。颜色方案可将指定的房间和区域颜色，应用到楼层平面视图或剖面视图中。可向已填充颜色的视图中添加颜色填充图例，以标识颜色所代表的含义。

★ 重点 ★
实战：创建房间图例

场景位置　场景文件>第11章>02.rvt
实例位置　实例文件>第11章>实战：创建房间图例.rvt
难易指数　★★★☆☆
技术掌握　图例工具的使用及设置

01 打开学习资源中的"场景文件>第11章>02.rvt"文件，然后局部放大卫生间区域，如图11-19所示。

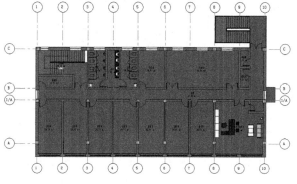

图11-19

02 切换到"注释"选项卡，然后单击"颜色填充"面板中的"颜色填充 图例"按钮，如图11-20所示。

图11-20

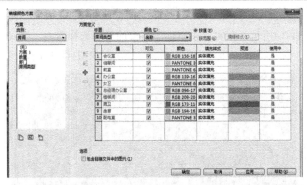

图11-24

03 在当前视图右侧单击，然后在打开的"选择空间类型和颜色方案"对话框中设置"空间类型"为"房间"，"颜色方案"为"方案1"，接着单击"确定"按钮 确定 ，如图11-21所示。

图11-21

04 选择新建的颜色图例，然后单击"修改|颜色填充图例"中的"编辑方案"按钮 ，如图11-22所示。

图11-22

05 在打开的"编辑颜色方案"对话框中选择"方案1"，然后单击"复制"按钮 ，接着在打开的"新建颜色方案"对话框中输入名称"房间类型"，最后单击"确定"按钮 确定 ，如图11-23所示。

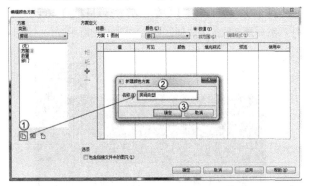

图11-23

06 设置"标题"属性为"房间类型"，"颜色"属性为"名称"，此时软件自动读取项目房间，并显示在当前房间列表中，如图11-24所示。房间图例放置完成后的效果如图11-25所示。

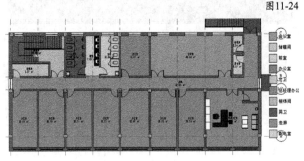

图11-25

技巧与提示

选中列表中的某一个房间时，可以通过↑键（向上）和↓键（向下）进行位置调整，可以按+键（加）或-键（减）添加或删除房间图例。如果需要将颜色图例应用到链接文件中，可以选择对话框下方的"包含链接文件中的图元"选项。

07 选中图例，将其拖曳到视图下方，通过拖曳控制柄还可改变图例的排列方向，如图11-26所示。完成修改后查看，最终完成效果如图11-27所示。

图11-26

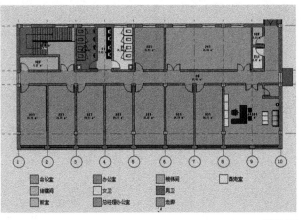

图11-27

技术专题⑲ 使用明细表删除多余房间

在实际项目进行的过程中，经常需要对模型进行修改，反反复复地添加与删除房间。但在处理过程中，有一些房间虽然在视图中已经被删除，但实际导入模型或明细表统计的时候仍旧会存在。对于这种情况，目前比较好的处理方法就是通过明细表进行删除。下面介绍具体操作方法。

打开一个项目文件，在"项目浏览器"中双击打开"房间明细表"，可以看到明细表中存在很多多余的房间，如图11-28所示。

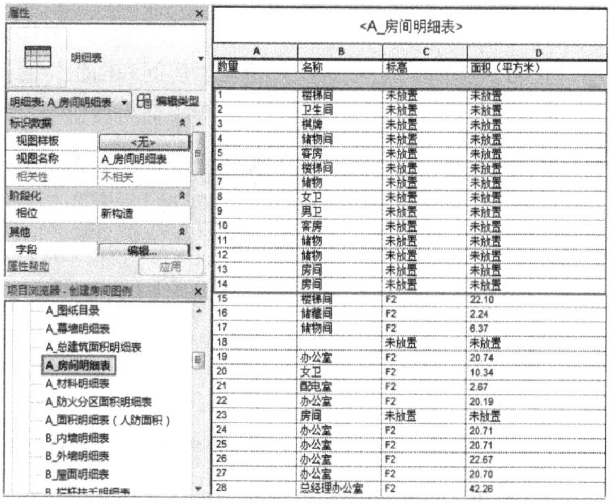

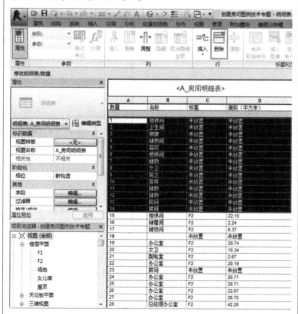

图11-28

按Shift键加鼠标选择，或使用鼠标拖曳选中未放置状态的房间，然后单击"删除"按钮 删除(D)，将多余的房间从项目中永久删除，如图11-29所示。

图11-29

该方法不仅可以快速查找到不需要的房间，还可以将其删除，便于用户对项目进行管理。

11.2 面积分析

通常在建筑图纸上需要表示各楼层的建筑面积及防火分区面积等。在CAD二维绘制中，一般都是通过多段线来完成整个区域的面积计算。如果楼层空间布局有变化，往往需要重新进行计算。Revit提供了面积分析工具，在建筑模型中定义空间关系，可以直接根据现有的模型自动计算建筑面积、各防火分区面积等。

Revit默认可以建立5种类型的面积平面，分别是"人防分区面积""净面积""可出租""总建筑面积"和"防火分区面积"。除了上述5种类型的面积平面以外，用户还可以根据实际需求，新建不同类型的面积平面。接下来通过两个实例介绍Revit如何建立不同面积平面及进行面积统计。

★ 重点 ★
实战：创建总建筑面积

场景位置	场景文件>第11章>03.rvt
实例位置	实例文件>第11章>实战：创建总建筑面积.rvt
难易指数	★★★☆☆
技术掌握	面积工具的使用方法

①① 打开学习资源中的"场景文件>第11章>03.rvt"文件，如图11-30所示。

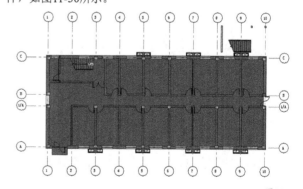

图11-30

①② 切换到"建筑"选项卡，然后在"房间和面积"面板中，单击"面积"下拉菜单中的"面积平面"按钮，如图11-31所示。

图11-31

①③ 在弹出的"新建面积平面"对话框中，设置"类型"为"总建筑面积"，如图11-32所示，然后选择当前平面所在标高F1，如图11-33所示，接着单击"确定"按钮 确定。

图11-32

图11-33

04 在打开的警告对话框中，单击"是"按钮，如图11-34所示。

图11-34

05 软件将自动生成总面积平面图，平面图内容将会显示当前楼层的总建筑面积标记，如图11-35所示。图中所显示的蓝色边框为系统自动生成的面积边界线。以此类推，可分别计算出其他各层的总建筑面积。

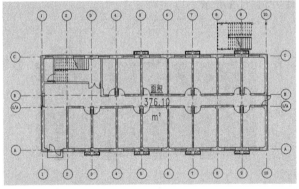

图11-35

通过面积平面所得到的总建筑面积或防火分区面积，只能计算单个楼层。如果需要计算整幢建筑的建筑平面，需要利用明细表统计。

实战：创建防火分区面积

场景位置	场景文件>第11章>04.rvt
实例位置	实例文件>第11章>实战：创建防火分区面积.rvt
难易指数	★★★☆☆
技术掌握	面积工具的使用方法

01 打开学习资源中的"场景文件>第11章>04.rvt"文件，如图11-36所示。

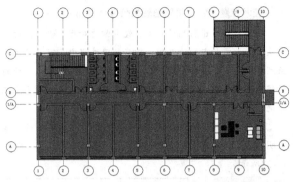

图11-36

02 切换到"建筑"选项卡，然后在"房间和面积"面板中，单击"面积"下拉菜单中的"面积平面"按钮，如图11-37所示。

图11-37

03 在打开的"新建面积平面"对话框中，选择"类型"为"人防分区面积"，然后选择当前平面所在标高F2，接着单击"确定"按钮，如图11-38所示。

图11-38

04 在打开的警告对话框中，单击"否"按钮，如图11-39所示。

图11-39

05 切换到"建筑"选项卡，然后单击"房间和面积"面板中的"面积边界"按钮，如图11-40所示。

图11-40

06 选择"直线"工具 ，在当前面积平面中绘制防火分区边界线，如图11-41所示。

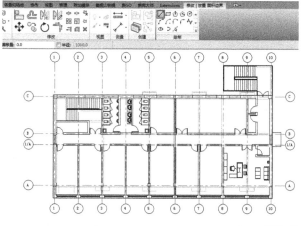

图11-41

07 切换到"建筑"选项卡，然后在"房间和面积"面板中，单击"面积"下拉菜单中的"面积"按钮 ，如图11-42所示。

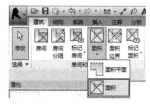

图11-42

08 在视图中放置，并修改各个防火分区的名称，如图11-43所示。

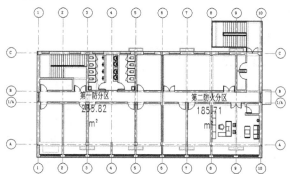

图11-43

09 通过放置颜色填充图例，对防火分区面积区域进行上色，如图11-44所示。

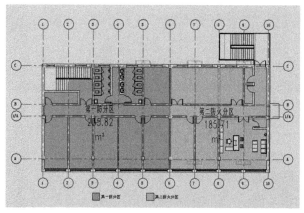

图11-44

第12章

静态表现与漫游

Learning Objectives
学习要点 ↙

201页
材质的属性

202页
材质的编辑与使用

204页
漫游动画的创建与编辑

208页
本地渲染的方法

215页
云渲染的方法

Employment Direction
从业方向 ↙

建筑设计　　结构设计

机电设计　　幕墙设计

室内设计　　景观设计

12.1　材质

Revit中的材质代表实际的材质，如混凝土、木材和玻璃。这些材质可应用于设计的各个部分，使对象具有真实的外观和行为。在部分设计环境中，由于项目的外观是非常重要的，因此材质具有详细的外观属性，如反射率和表面纹理。在其他情况下，材质的物理属性（如屈服强度和热传导率）更为重要，因为材质必须支持工程分析。

★ 重点 ★
12.1.1　材质库

材质库是材质和相关资源的集合。Revit提供了部分库，其他库则由用户创建。可以通过创建库来组织材质，还可以与团队的其他用户共享库，并在Autodesk Inventor 和 AutoCAD中使用相同的库支持使用一致的材质。

★ 重点 ★
实战：添加材质库

场景位置　无
实例位置　实例文件>第12章>实战：添加材质库.rvt
难易指数　★★☆☆☆
技术掌握　材质库的添加与编辑

01 新建项目文件，然后切换到"管理"选项卡，接着单击"设置"面板中的"材质"按钮 ，如图12-1所示。

图12-1

02 打开"材质浏览器"对话框，单击"库"下拉列表，然后选择"创建新库"选项，如图12-2所示。

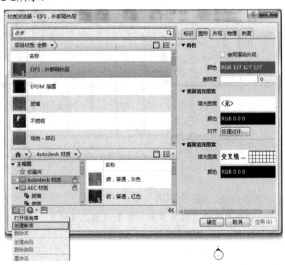

图12-2

03 在打开的"选择文件"对话框中输入相应的文件名称，然后单击"保存"按钮 保存(S) ，如图12-3所示。

图12-3

04 选择现有列表中的材质，然后单击鼠标右键，选择"添加到"子菜单中的"建筑材质"命令，如图12-4所示。

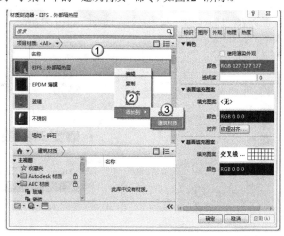

图12-4

05 添加完成的材质会显示在当前新建的材质库中，如图12-5所示。

图12-5

技巧与提示

可以根据项目需要，添加一些项目中的常用材质到对应的库中，方便实际操作中调用。当其他项目需要调用之前所建立的材质库时，也可以单击"库"下拉列表，选择"打开现有库"加载之前保存的库文件。

12.1.2 材质的属性

Revit中所提供的材质都包含若干属性，分为五个类别，分别是"标识""图形""外观""物理"和"热度"，每个类别下的参数控制对象的不同属性。"标识"选项卡提供有关材质的常规信息，如说明、制造商和成本数据，如图12-6所示。

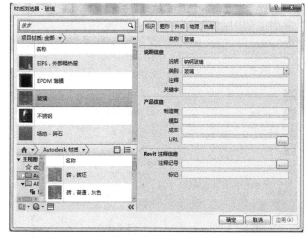

图12-6

"图形"选项卡可以修改定义材质在着色视图中显示的方式以及材质外表面和截面在其他视图中显示方式的设置，如图12-7所示。

图12-7

201

"外观"选项卡信息用于控制材质在渲染中的显示方式，如图12-8所示。

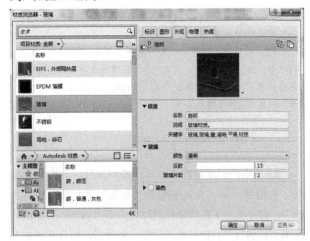

图12-8

"物理"选项卡的信息在建筑的结构分析和能耗分析中使用，如图12-9所示。

图12-9

"热度"选项卡信息在建筑的热分析中使用，如图12-10所示。

图12-10

12.1.3 材质的添加与编辑

前面介绍了Revit中材质库与材质属性的内容，本节主要介绍如何添加新的材质并编辑相关属性内容。

实战：添加外立面材质

场景位置	场景文件>第12章>01.rvt
实例位置	实例文件>第12章>实战：添加外立面材质.rvt
难易指数	★★★☆☆
技术掌握	添加材质并编辑显示样式

01 打开学习资源中的"场景文件>第12章>01.rvt"文件，然后切换到"管理"选项卡，接着单击"设置"面板中的"材质"按钮◎，如图12-11所示。

图12-11

02 在打开的"材质浏览器"对话框中，单击"添加材质"下拉列表，然后选择"新建材质"选项，如图12-12所示。

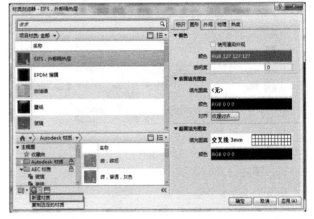

图12-12

03 选择浏览器中的新建材质，然后单击鼠标右键，选择"重命名"命令，如图12-13所示，接着将名称更改为"外立面石材"。

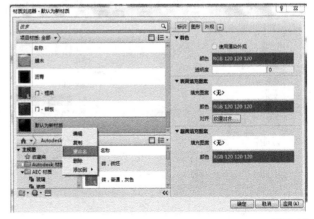

图12-13

04 选择当前材质，然后切换到"外观"选项卡，单击"图像"后方的空白区域设置贴图，如图12-14所示。

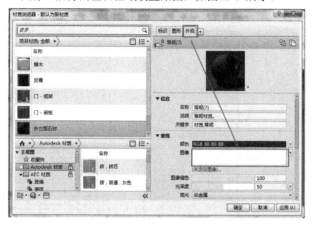

图12-14

05 在"选择文件"对话框中选择"石材"图像文件，然后单击"打开"按钮 打开(0) ，如图12-15所示。

图12-15

06 双击载入的贴图文件，然后在"纹理编辑器"中设置"比例"类别中的贴图尺寸宽、高均为800mm，接着单击"完成"按钮 完成 ，如图12-16所示。

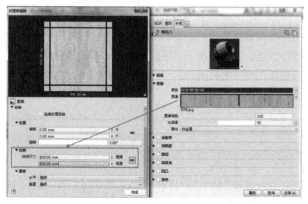

图12-16

07 在"材质浏览器"对话框中，切换到"图形"选项卡，然后在"着色"类别中选择"使用渲染外观"，如图12-17所示。

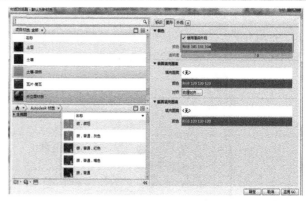

图12-17

08 在"截面填充图案"类别中，单击"填充图案"后的空白区域，然后在"填充样式"对话框中，选择"石材-剖面纹理"，接着单击"确定"按钮 确定 ，如图12-18所示。

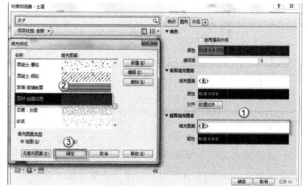

图12-18

技巧与提示

在平面视图和剖面视图中，图元将显示材质中的截面填充图案。如果视图中图元没有被剖切，则显示的是表面填充图案，如在立面或三维视图中。

09 在"截面填充图案"类别中，单击"颜色"图例，然后在"颜色"对话框中选择黑色，接着单击"确定"按钮 确定 ，如图12-19所示。

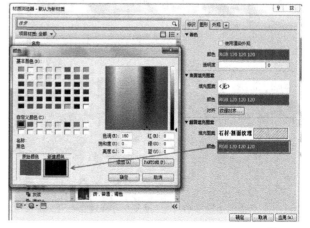

图12-19

10 选择当前视图外墙，设置面层材质为"外立面石材"，然后单击"确定"按钮 确定，如图12-20所示。按照此方法，更改当前项目中的全部外墙材质。

图12-20

关于墙体编辑材质的方法，请参阅第7章"实战：绘制建筑外墙"中的详细介绍。

11 局部放大当前层外墙部分，查看所设置材质的截面样式显示效果，如图12-21所示。切换到三维视图，查看外立面材质完成效果，如图12-22所示。

图12-21

图12-22

技术专题 20 模型与绘图填充图案的区别

模型填充图案相对于模型保持固定尺寸，而绘图填充图案相对于图纸保持固定尺寸，如图12-23所示。

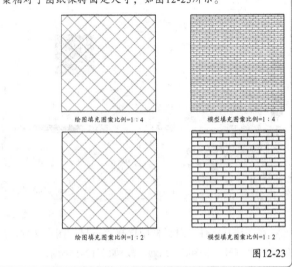

图12-23

12.2 漫游

在使用Revit完成建筑设计的过程中，漫游工具发挥了非常重要的作用。传统的方案设计都是在Sketchup中完成方案模型，然后配合效果图向业主汇报设计方案。当使用Revit之后，前期的方案模型在Revit中完成，然后直接通过"漫游"工具，制作一段建筑漫游动画向业主展示，其间不需要借助其他软件，就可以完成此项工作。整个过程相对于传统的设计方式，效率有了大幅度提升。延伸到后期，还可以基于Revit方案模型进行进一步深化，直接输出相应的建筑图纸。

Revit中的漫游是指沿着定义的路径移动相机，此路径由帧和关键帧组成。关键帧是指可修改相机方向和位置的可修改帧。默认情况下，漫游可创建一系列透视图，也可以创建正交三维视图。

★ 重点 ★
实战：创建漫游路径

场景位置	场景文件>第12章>02.rvt
实例位置	实例文件>第12章>实战：创建漫游路径.rvt
难易指数	★★★☆☆
技术掌握	漫游路径的添加

01 打开学习资源中的"场景文件>第12章>02.rvt"文件，然后切换到"视图"选项卡，接着在"创建"面板中单击"三维视图"下的"漫游"按钮，如图12-24所示。

02 在工具选项中选择"透视图"选项，然后设置"偏移量"为1700，"自"为F1，如图12-25所示。

图12-24

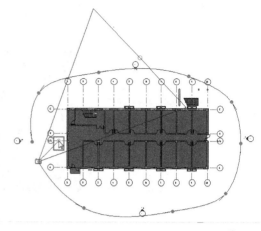

图12-25

如果不选择"透视图"选项，通过漫游所创建的项目将成为三维正交图，而不是透视图。

03 在当前视图中，单击鼠标左键逐个放置关键帧，如图12-26所示。

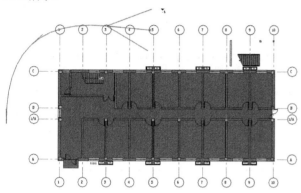

图12-26

04 漫游路径绘制成功后，单击"完成"按钮✔结束路径的绘制，或者按Esc键结束绘制，如图12-27所示。

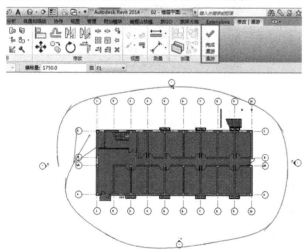

图12-27

05 漫游路径完成后，拖曳目标控制点，调整各个关键帧相机的角度，如图12-28所示。

图12-28

如果对当前相机所调整的角度不满意，可以单击"漫游"选项卡中的"重设相机"按钮，相机角度将恢复到默认状态，如图12-29所示。

图12-29

06 单击"上一关键帧"按钮，或者拖曳漫游路径中的相机至上一关键帧，然后调整相机的角度，如图12-30所示。

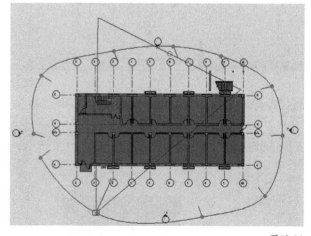

图12-30

★ 重点 ★
实战：编辑漫游并导出

场景位置 场景文件>第12章>03.rvt
实例位置 实例文件>第12章>实战：编辑漫游并导出.rvt
难易指数 ★★★☆☆
技术掌握 漫游路径调整及视频导出设置

01 打开学习资源中的"场景文件>第12章>03.rvt"文件，然后在"项目浏览器"面板中双击"漫游1"项目，接着双击"F1"进入楼层平面视图，再选择当前视图裁切框，最后单击"编辑漫游"按钮，如图12-31所示。

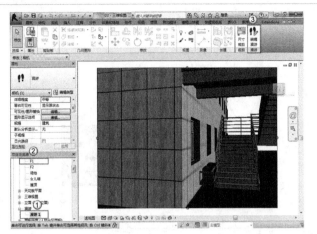

图12-31

02 进入平面视图后，单击"编辑漫游"按钮，如图12-32所示，然后在工具选项栏中设置"控制"为"添加关键帧"，并在现有漫游路径上单击添加关键帧，如图12-33所示。

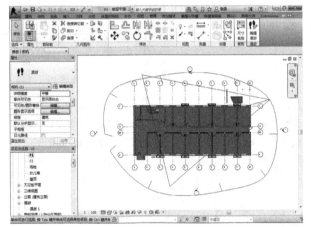

图12-32

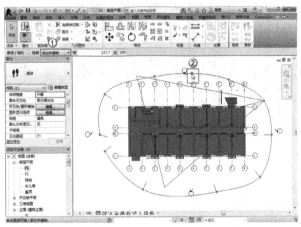

图12-33

工具选项栏中的控制选项共有4种，分别是"活动相机""路径""添加关键帧"和"删除关键帧"。可以根据需求，选择不同选项对不同对象进行编辑。

03 在工具选项栏中单击"共"后面的300，打开"漫游帧"对话框，然后设置"总帧数"为200，再选择"指示器"选项，设置"帧增量"为10，如图12-34所示。

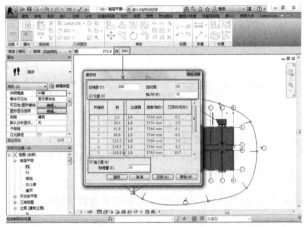

图12-34

默认各个关键帧之间过渡所用时间由软件自动分配。如果需要自定义每个关键帧之间过渡所用时间，可以关闭"匀速"选项。在加速器一列中，可以调整关键帧之间过渡的速度。

04 单击"确定"按钮，查看完成效果，如图12-35所示。图中红色的点代表自行设置的关键帧，蓝色的点代表系统自己添加的指示帧。

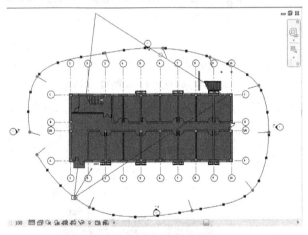

图12-35

05 切换到西立面视图，单击"编辑漫游"按钮进入漫游编辑模型，如图12-36所示，然后在工具选项栏中设置"控制"为"路径"，"帧"为1，接着向上拖曳第一个关键帧至指定位置，如图12-37所示。

06 在工具选项栏中设置"控制"为"活动相机"，然后拖曳相机控制柄控制相机角度，如图12-38所示。按照相同的方法完成其他关键帧的调节，最终相机路径效果如图12-39所示。

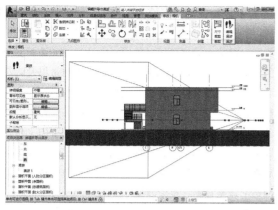

图12-36

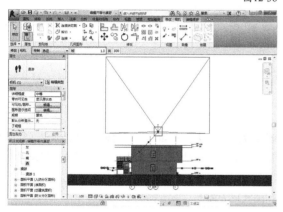

图12-37

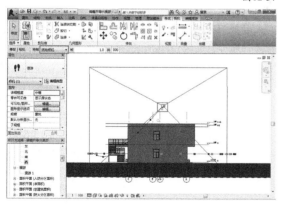

图12-38

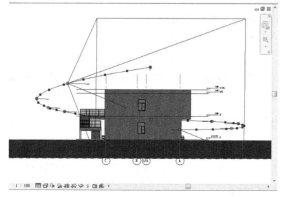

图12-39

07 切换到"编辑漫游"选项卡，然后单击"打开漫游"按钮 ，如图12-40所示。打开透视图后，拖曳四个方向的蓝色控制柄至完全显示主体建筑，接着单击"播放"按钮▷，预览漫游动画，如图12-41所示。

图12-40

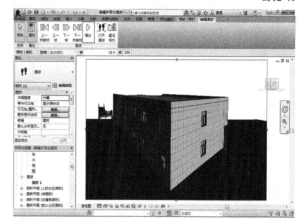

图12-41

08 播放预览结束后，单击"应用程序菜单"图标 ，然后执行"导出>图像和动画>漫游"命令，如图12-42所示，接着在打开的"长度/格式"对话框中，选择"全部帧"选项，再设置"视频样式"为"真实"，"尺寸标注"为1024×768，最后单击"确定"按钮 确定 ，如图12-43所示。

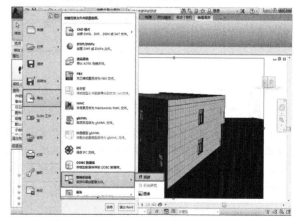

图12-42

图12-43

疑难问答

问：可以只导出整段漫游中的一部分吗？

答：可以，选择输出长度为"帧范围"，设置起点与终点的帧数值就可以了。

09，在"导出漫游"对话框中，选择保存的路径，然后输入文件名，接着设置"文件类型"为"AVI文件"，最后单击"保存"按钮 保存(S) ，如图12-44所示。

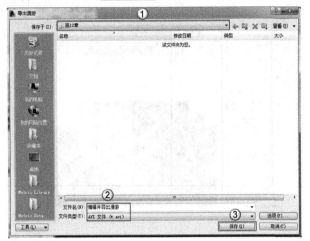

图12-44

10，在打开的"视频压缩"对话框中，设置"压缩程序"为"Intel IYUV 编码解码器"，然后单击"确定"按钮 确定 ，即可完成视频导出，如图12-45所示。

图12-45

疑难问答

问：为什么不选择全帧（非压缩的）压缩程序呢？

答：选择全帧方式导出，生成的文件体积非常大，且市面上多数播放器播放时会出现分屏现象，无法正常播放。推荐使用Intel压缩方式，文件体积和画面清晰度都能得到较好的控制。

12.3 渲染

通常创建完模型之后，就需要进行渲染工作了。以往，渲染这部分工作都是效果图公司完成的，但当建筑师使用Revit完成设计之后，可以直接在Revit中完成渲染工作。

Revit集成了第三方的AccuRender渲染引擎，可以在

项目的三维视图中使用各种效果，创建出照片级真实的图像。目前，Revit 2016提供两种渲染方式，分别是本地渲染和云渲染。云渲染可以使用 Autodesk 360访问多个版本的渲染、将图像渲染为全景、更改渲染质量以及为渲染的场景应用背景环境。本地渲染相对于云渲染，优势在于对计算机硬件要求不高，只要能打开Revit的计算机并连上网就可以进行渲染。并且，只要顺利完成模型的上传，就可以继续工作。渲染工作都在"云"上完成，一般十几分钟后就可以看到渲染结果。在渲染的过程中，也可以随时在网站上调整设置，重新渲染。

技巧与提示

本地渲染的优势在于其自定义的渲染选项更多，渲染尺寸更大，而云渲染相对较少，目前只支持最大2000dpi。

★ 重点 ★
12.3.1 贴花

使用"放置贴花"工具，可将图像放置到建筑模型的表面以进行渲染。例如，可以将贴花用于标志、绘画和广告牌。对于每个贴花，可以指定一个图像及其反射率、亮度和纹理（凹凸贴图），并且可以将贴花放置到水平表面和圆筒形表面上。

⚫ 贴花实例属性------------------------------------

若要修改实例属性，则在"属性"面板上选择图元并修改其属性，如图12-46所示。

图12-46

贴花实例属性参数介绍

宽度：贴花的物理宽度。

高度：贴花的物理高度。

固定宽高比：是否保持高度和宽度之间的比例。清除此选项，可单独修改"宽度"或"高度"而互不影响。

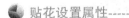

⚫ 贴花设置属性------------------------------------

要修改类型属性，可在属性面板中单击编辑类型按钮，在"贴花类型"对话框中修改相应参数的值，如图12-47所示。

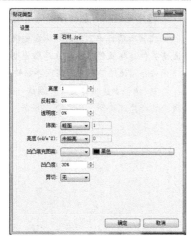

图12-47

贴花设置属性参数介绍

源： 贴花显示的图像文件。

亮度： 贴花照度的感测。

反射率： 设定贴花从其表面反射了多少光。

透明度： 设定有多少光通过该贴花。

饰面： 贴花表面的光泽度。

亮度(cd/m^2)： 表面反射的灯光，以"坎德拉/平方米"为单位。

凹凸填充图案： 要在贴花表面上使用的凹凸填充图案（附加纹理）。

凹凸度： 凹凸的相对幅度，最大值为1.0。

剪切： 剪切贴花表面的形状。

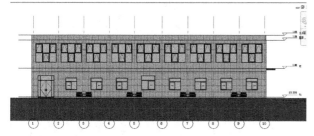

★ 重点 ★

实战：放置公司标志

场景位置	场景文件>第12章>04.rvt
实例位置	实例文件>第12章>实战：放置公司标志.rvt
难易指数	★★★☆☆
技术掌握	贴花类型与尺寸的编辑

01 打开学习资源中的"场景文件>第12章>04.rvt"文件，然后切换到南立面视图，如图12-48所示。

图12-48

疑难问答 **?**

问：在立面视图中放置贴花，是不是只能在当前视图中显示呢？

答：贴花属于模型图元，在三维或其他视图中都可以正常显示，但需在真实状态下才能显示。

02 切换到"插入"选项卡，然后在"链接"面板中，单击"贴花"下拉菜单中的"放置贴花"按钮，如图12-49所示。

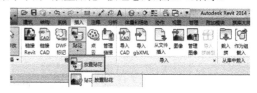

图12-49

03 在打开的"贴花类型"对话框中，单击左下角的"新建贴花"按钮，然后在打开的"新贴花"对话框中输入名称为"标志"，接着单击"确定"按钮，如图12-50所示。

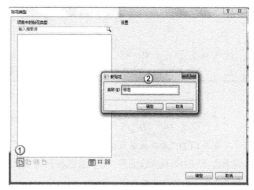

图12-50

04 单击"源"后面的按钮，如图12-51所示，然后在打开的"选择文件"对话框中，选择要插入的贴花图像文件，接着单击"打开"按钮，如图12-52所示。

图12-51

图12-52

05 在"贴花类型"对话框中，设置"亮度"为1，"饰面"为"半光泽"，"凹凸度"为30%，然后单击"确定"按钮 确定 ，如图12-53所示。

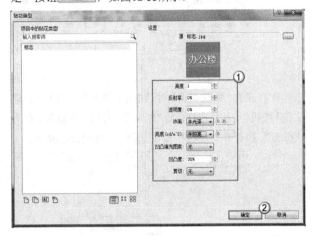

图12-53

> **技巧与提示**
>
> 制作LED广告牌或电脑视频屏幕的贴花时，可以在亮度选项中选择LED面板或LCD屏。系统将根据预设值自动调整贴花的发光度，或者自定义亮度。
>
> 贴花和材质贴图的性质相同，都属于外部文件。当贴花所使用的图像路径更改时，贴花则无法正常显示。当需要将文件复制到其他计算机查看时，最好将贴花使用的图像文件放到同一文件夹中。

06 将光标放置于大门正上方的门头上单击放置贴花，然后在工具选项栏中设置贴花的"宽度"为2400，"高度"为1000.8，如图12-54所示。如果需要不等比缩放，则关闭"固定宽高比"选项。

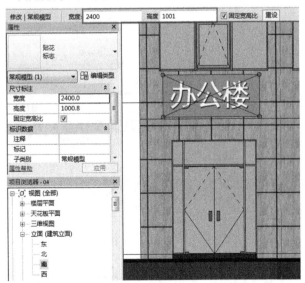

图12-54

技术专题 21 制作浮雕效果贴花

在实际项目中，有时可能需要制作浮雕模型，但使用Revit或者其他建模软件直接建立浮雕模型会花费大量时间与精力。下面将介绍通过贴花功能实现浮雕效果的制作。

第1步：新建项目文件，创建一面墙体或者其他建筑构件，如图12-55所示。

图12-55

第2步：新建贴花类型，设置浮雕效果的图片，如图12-56所示。

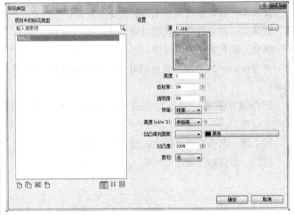

图12-56

第3步：设置"凹凸填充图案"选项为"图像文件"，并选择与上述图像文件相同的黑白或彩色图像，设置"凹凸度"为80%，如图12-57所示。

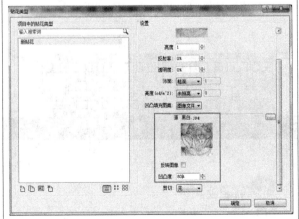

图12-57

第4步：将贴花放置于模型上面，此时将显示出图像的浮雕效果，如图12-58所示。

图12-58

选择凹凸贴图时，建议使用对比度强烈的黑白贴图，这样所显示出的浮雕效果会更加立体。如果没有相对应的黑白贴图，可以用PhotoShop对原图进行去色、增强对比度等处理。

★ 重点 ★
12.3.2 本地渲染功能详解

前面章节中介绍了贴花的功能及其运用方法。本节将着重介绍本地渲染如何操作。实现本地渲染工作，分为5个步骤。

第1步：创建三维视图。

第2步：（可选）指定材质的渲染外观，并将材质应用到模型中。

第3步：定义照明。

第4步：渲染设置。

第5步：开始渲染并保存图像。

★ 重点 ★
实战：室内场景渲染

场景位置	场景文件>第12章>05.rvt
实例位置	实例文件>第12章>实战：室内场景渲染.rvt
难易指数	★★★☆☆
技术掌握	光源布置与渲染参数调整

① 打开学习资源中的"场景文件>第12章>05.rvt"文件，然后切换到F2天花板视图，如图12-59所示。

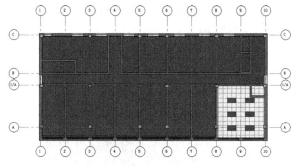

图12-59

② 单击"放置构件"按钮，然后在"属性"面板中选择"普通三管荧光灯-带格栅"选项，接着设置"偏移量"为-20，再单击"修改|放置 构建"选项卡中的"放置在工作平面上"按钮，并设置工具栏中的"放置平面"

为"复合天花板"，最后将光标移动至天花板洞口处，逐个单击放置灯具，如图12-60所示。完成之后，效果如图12-61所示。

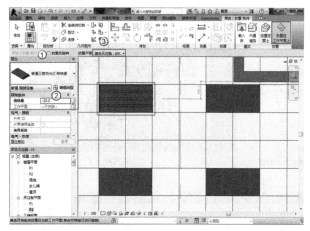

图12-60

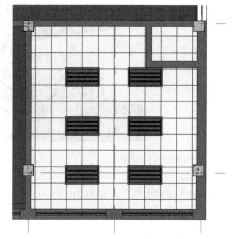

图12-61

③ 选择楼层平面F2，然后切换到"视图"选项卡，在"创建"面板中单击"三维视图"下拉菜单中的"相机"按钮，如图12-62所示。

图12-62

④ 在工具选项栏中设置"偏移"为1500，然后将光标移至视图中，单击第一点确定相机的位置，再次单击确定相机拍摄的方向，如图12-63所示。

⑤ 拖曳相机视图范围框直至合适的大小，然后设置视图"视觉样式"为"真实"，视图"详细程度"为精细，接着选择视图中的格栅灯，单击"编辑类型"按钮，如图12-64所示。

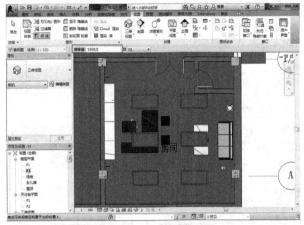

图12-63

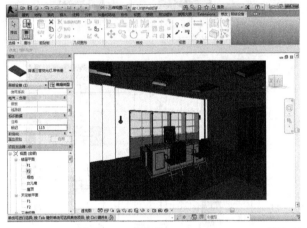

图12-64

06 在"类型属性"对话框中，单击"初始亮度"后面的按钮，打开"初始亮度"对话框，然后选择"瓦特"选项并设置其值为45W，接着单击"确定"按钮 确定 ，如图12-65所示。

图12-65

07 在"视图"选项卡中单击"渲染"按钮 渲染(R) ，打开"渲染"对话框，然后设置"质量"类别中的"设置"为"高"，照明"方案"为"室内：仅人造光"，接着单击"视图"选项卡中的"渲染"按钮 进行渲染，如图12-66所示。

图12-66

技巧与提示

如需更精细的渲染，可以将质量参数设置为"编辑"模式，这样就可以进一步调整渲染效果的相关参数。

08 渲染过程中的前50%软件在计算灯光，所以渲染区域会以纯黑色显示。当渲染进度超过50%以后，渲染完成的图像将逐渐显示完全，如图12-67所示。

图12-67

09 渲染完成后，单击"渲染"对话框中的"保存到项目中"按钮 保存到项目中(V)... ，将渲染完成的图像保存到项目中，如图12-68所示。

图12-68

⑩ 在打开的"保存到项目中"对话框中输入名称为"总经理办公室",然后单击"确定"按钮 确定 ,如图12-69所示。

图12-69

⑪ 在"项目浏览器"中展开"渲染"卷展栏,双击"总经理办公室",查看最终渲染效果,如图12-70所示。

图12-70

实战:室外渲染与调整

场景位置 场景文件>第12章>06.rvt
实例位置 实例文件>第12章>实战:室外渲染与调整.rvt
难易指数 ★★★☆☆
技术掌握 渲染图像颜色与明暗度调整

① 打开学习资源中的"场景文件>第12章>06.rvt"文件,然后切换到F1楼层平面视图,如图12-71所示。

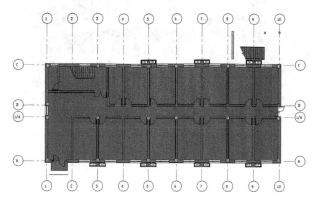

图12-71

② 切换到"视图"选项卡,然后在"创建"面板中,单击"三维视图"下拉菜单中的"相机"按钮,如图12-72所示。

图12-72

③ 单击鼠标确定相机起始点,再次单击确定相机方向,如图12-73所示。

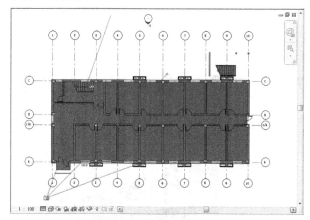

图12-73

④ Revit自动跳转到透视图后,将"视觉样式"设置为"真实",然后拖曳四个蓝色触点直至合适的尺寸,如图12-74所示。

图12-74

 技巧与提示

Revit将按照创建的顺序为视图指定名称为"三维视图1""三维视图2"等。在"项目浏览器"中的该视图上,单击鼠标右键并选择"重命名"命令,即可重新命名该视图。如果对视图角度不满意,可以按住Shift键+鼠标中键转动视图。

⑤ 按两次R键,打开"渲染"窗口,设置"质量"为"高",然后选择"分辨率"为"打印机"选项并设置为150 DPI,接着设置"照明"类别中的"方案"为"室

外：日光和人造光"，再设置"背景"类别中的"样式"为"天空：少云"，最后单击"渲染"按钮进行渲染，如图12-75所示。最终视图渲染效果如图12-76所示。

图12-75

图12-76

技巧与提示

如果只需渲染当前视图的某部分区域，可以选择渲染窗口中的"区域"选项，然后在视图中选择需要渲染的区域即可。

06 单击"渲染"对话框中的"调整曝光"按钮，打开"曝光控制"对话框，然后设置"亮度"为0.4，"白点"为8000，"饱和度"为1.2，接着单击"应用"按钮查看效果，如图12-77所示。

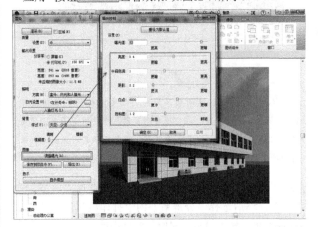

图12-77

疑难问答

问：已将图像文件保存到项目中了，但关闭了渲染对话框，还可以编辑曝光参数吗？

答：不可以，"调整曝光"只对当前渲染窗口有作用。保存之后的图像，不能进行二次编辑。

07 确认效果后，单击"确定"按钮关闭曝光控制窗口，然后单击"保存到项目中"按钮，输入名称"室外渲染效果"，接着单击"确定"按钮，将已渲染完成的图像保存至项目中，如图12-78所示。

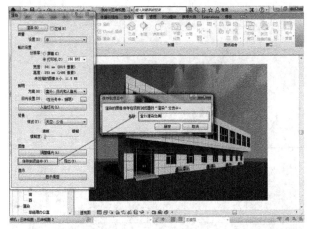

图12-78

08 在"项目浏览器"中打开渲染图像查看最终效果，如图12-79所示。

图12-79

★ 重点 ★
实战：导出渲染图像

场景位置　场景文件>第12章>07.rvt
实例位置　实例文件>第12章>实战：导出渲染图像.jpg
难易指数　★★☆☆☆
技术掌握　图像导出的方法与参数设置

01 打开学习资源中的"场景文件>第12章>07.rvt"文件，然后渲染视图"室外渲染效果"，如图12-80所示。

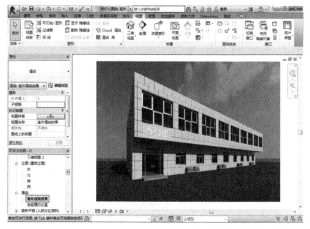

图12-80

02 打开学习资源中的"场景文件>第12章>07.rvt"文件，然后单击"应用程序菜单"图标，执行"导出>图像和动画>图像"菜单命令，如图12-81所示。

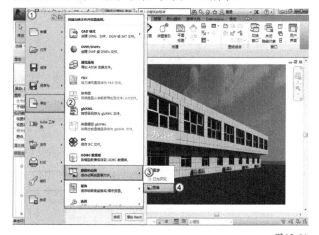

图12-81

03 在打开的"导出图像"对话框中，单击"修改"按钮修改图像保存路径，然后设置"图像尺寸"为1024像素，"格式"为"JPEG（无失真）"，接着单击"确定"按钮保存图像，如图12-82所示。

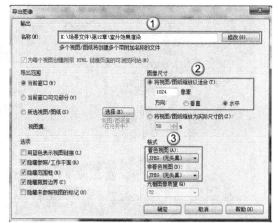

图12-82

04 保存后的图像通过看图软件打开后的效果如图12-83所示。

图12-83

12.3.3 云渲染

使用Autodesk 360中的渲染，可从任何计算机上创建照片级真实的图像和全景。从联机渲染库中，可以访问渲染的多个版本，渲染图像为全景图，更改渲染质量以及将背景环境应用到渲染场景。云渲染的优势在于，方便、快捷以及完全不占用本地资源，整个渲染过程相对于本地渲染会节省大约2/3的时间。但目前全用Autodesk 360云渲染功能，需要用户付费成为速博用户。渲染图像时，根据图像的不同要求扣除相应的云积分，云积分用完后需要再次付费购买。

可以按照以下步骤使用云渲染功能。

第1步：登录Autodesk 360。

第2步：渲染设置（视图、输出类型和渲染质量等）。

第3步：查看渲染效果并做相应调整。

实战：静态图像的云渲染

场景位置　场景文件>第12章>08.rvt
实例位置　实例文件>第12章>实战：静态图像的云渲染.rvt
难易指数　★★★☆☆
技术掌握　固定视角效果图云渲染流程与注意事项

01 打开学习资源中的"场景文件>第12章>08.rvt"文件，如图12-84所示。

02 单击标题栏中的"登录"按钮，打开"Autodesk-登录"对话框，输入Autodesk ID（Autodesk 360的网络账户）和密码，如图12-85所示。

215

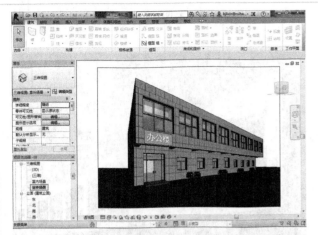

图12-84

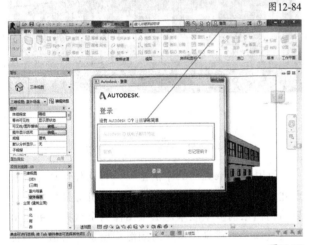

图12-85

　　如果没有Autodesk ID，可以单击"需要Autodesk ID"即时注册，注册之后会赠送一定数量的云积分用于云渲染与云端分析。

03 切换到"视图"选项卡，然后单击"图形"面板中的"Cloud渲染"按钮，如图12-86所示。

图12-86

04 在打开的"在Cloud中渲染"对话框中，提示了渲染步骤，然后单击"继续"按钮 继续 ，如图12-87所示。

图12-87

05 在"在Cloud中渲染"对话框中配置渲染条件。在"三维视图"中选择多个视图上传，然后设置"输出类型"为"静态图像"，"渲染质量"为"标准"，"图像尺寸"为"中"，"曝光"为"高级"，如图12-88所示。

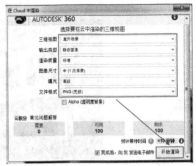

图12-88

06 单击"开始渲染"后，开始上传渲染文件到云服务器。在等待进程中，为不影响其他工作，单击"在后台继续"按钮 在后台继续 ，如图12-89所示。

图12-89

07 切换到"视图"选项卡，然后单击"图形"面板中的"渲染库"按钮，可以联机查看和下载完成的图像，如图12-90所示。

图12-90

08 单击预览图像右下角，打开下拉菜单选择"显示预览图像"，页面中将显示该图像的预览图，如图12-91所示。

图12-91

在网页缩略图中，单击三角按钮打开下拉菜单，可以进行"图像下载"和"调整曝光"等操作。

★ 重点 ★
实战：交互式全景的云渲染

场景位置	场景文件>第12章>09.rvt
实例位置	实例文件>第12章>实战：交互式全景的云渲染.rvt
难易指数	★★★☆☆
技术掌握	全景效果图云渲染流程与注意事项

在云端不仅可以渲染静止的图像，还可以渲染"交互式全景"。"交互式全景"是指可导航的360°场景，如需要360全景式渲染图像，可在"在Cloud中渲染"对话框中选择输出类型为"交互式全景"，也可以在静态图像渲染后登录Autodesk360，然后选择重新渲染为"全景"。

⓿❶ 打开学习资源中的"场景文件>第12章>09.rvt"文件，然后切换到"视图"选项卡，接着单击"图形"面板中的"Cloud渲染"按钮，如图12-92所示。

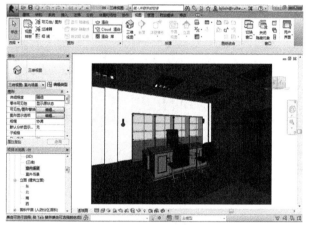

图12-92

⓿❷ 在打开的"在Cloud中渲染"对话框中，单击"继续"按钮 继续，然后在"三维视图"中选择多个视图上传，设置输出类型为"交互式全景"，渲染质量为"标准"，图像尺寸为"中"，曝光为"高级"，接着单击"开始渲染"按钮 开始渲染，如图12-93所示。

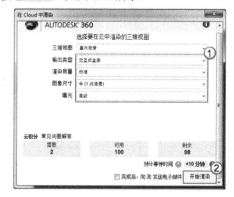

图12-93

⓿❸ 渲染后，界面中一个弯曲的双向箭头图标会显示在全景缩略图的上方。单击全景的缩略图，将在"预览"区域中显示全景查看器，按住Shift的键同时滚动鼠标进行图像缩放，单击并拖曳图像可以浏览场景，如图12-94所示。

图12-94

第13章

使用Revit进行建筑分析

Employment Direction
从业方向

建筑设计　　结构设计

机电设计　　幕墙设计

室内设计　　景观设计

13.1 能量分析

前面的章节主要介绍了使用概念体量在Revit中进行能量模拟。本节主要讲解项目进行到一定程度后，如何使用建筑图元在Revit中执行分析。整个过程会发生在Autodesk Green Building Studio的云中，执行整个建筑能量模拟。所以，用户需要拥有一个Autodesk 360账号，同时拥有一定的云积分，才能享受此服务。

使用建筑图元分析模型，需要将已经定义好的墙、屋顶、楼板、窗、房间和空间等图元信息提交到Autodesk Green Building Studio平台，通过分析获得详细设计过程中的更多准确信息。

执行云端的能量分析大概需要5个步骤，分别是登录到Autodesk 360、选择分析模式、能量设置、分析模型以及比较结果。通过以上几个步骤，整个云端的分析模型就完成了。能量设置的参数如图13-1所示。

图13-1

能量设置参数介绍

导出类别： 当设置为"房间"时，能量分析中会包含Revit图元材质层的热属性数据；当设置为"空间"时，能量分析中会包含"空间"能量的相关数据。

包含热属性： 选择该选项时，分析模型会包含图元层材质的热数据。

分析空间/表面分辨率： 可根据运行模拟分析显示模型的大小，适当地调整该数值。模型越大，数值可以调整得越高。

概念构造： 如果没有使用建筑图元层材质中包含的热属性，也可以通过单击该参数中的"编辑"重新指定构造材料，如图13-2所示。

图13-2

实战：建筑图元能量分析

场景位置　场景文件>第13章>01.rvt
实例位置　实例文件>第13章>实战：建筑图元能量分析.rvt
难易指数　★★☆☆☆
技术掌握　使用建筑图元进行精确能量分析模型

01　打开学习资源中的"场景文件>第13章>01.rvt"文件，然后登录Atuodesk 360账号，如图13-3所示。

图13-3

02　切换到"分析"选项卡，然后单击"能量分析"面板中的"使用建筑图元模式"按钮。当选择该模式时，仅能启用适用于建筑图元导出模型的能量设置，如图13-4所示。

图13-4

03　切换到"分析"选项卡，然后单击"能量分析"面板中的"能量设置"按钮，完成"建筑类型""地平面"和"位置"等的一些基本能量设置，如图13-5所示。

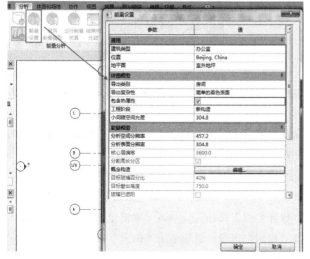

图13-5

04　切换到"分析"选项卡，然后单击"能量分析"面板中的"运行能量仿真"按钮，接着在打开的对话框中选择"创建能量分析模型并继续运行能量模拟分析"选项，如图13-6所示。

图13-6

05　能量分析模型创建完成后，弹出"检查限制"对话框，然后单击"确定"按钮，如图13-7所示。

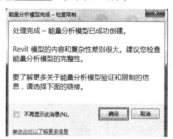

图13-7

> **技巧与提示**
>
> 可以根据项目需要，选中一些项目中的常用材质添加到对应库中，方便实际操作时调用。当其他项目需要调用之前所建立的材质库，也可以单击"库"按钮，选择"打开现有库"加载之前所保存的库文件。

06　开始创建分析模型时，软件会联网更新模拟工具。当更新完成后，弹出"附加条款"对话框，单击"我接受"按钮，如图13-8所示。

图13-8

219

07 在打开的"运行能量模拟分析"对话框中，输入"运行名称"为Green building，然后选择项目创建方式为"新建"，输入"项目名称"为Green building，接着单击"继续"按钮 继续(C)，如图13-9所示。

图13-9

08 分析完成后，软件将弹出模拟分析提示窗口，单击提示窗口内的文字之后将弹出"结果和比较"窗口，显示关于计算完成后的各种分析结果，如图13-10所示。如果关闭当前分析结果，可以单击分析选项卡中的"结果和比较"按钮，再次打开分析结果。

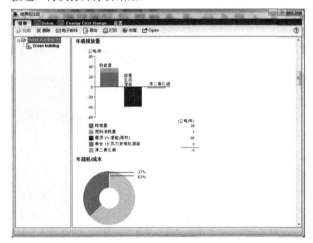

图13-10

13.2 导入其他软件进行分析

将模型导出到第三方应用程序，以采用各种常见格式（如gbXML、DOE2 和 EnergyPlus）执行进一步分析。

模型导出之前需要对模型进行一些处理，以满足分析模型的需求，其中最重要的就是创建具有正确体积的房间。目前，Revit所能支持的格式只有gbXML，所以在下面的实例中，将重点介绍如何正确导入并使用gbXML分析模型。

gbXML中的gb是Green Building的简称，XML则为Extensible Markup Language的简称，意为"可扩展的标记语言"。这是一种在软件行业中十分常见的语言，在两种或两种以上程序之间的"自助式"交互，目标是尽量减少人为干预的必要性。gbXML已经成为行业内认可度较高的数据格式。使用Graphisoft的ArchiCAD、Bently公司的Bently Architecture以及Autodesk的Revit系列产品，均可将模型导出为gbXML文件。这为接下来在分析模拟软件中进行计算，提供了非常便利的途径。有人认为，gbXML可以看作BIM的aecXML文件（一个绿色建筑的数据子集）。

★ 实战 ★
实战：处理模型房间

场景位置　场景文件>第13章>02.rvt
实例位置　实例文件>第13章>实战：处理模型房间.rvt
难易指数　★★☆☆☆
技术掌握　放置房间并调整房间的空间高度

01 打开学习资源中的"场景文件>第13章>02.rvt"文件，如图13-11所示。

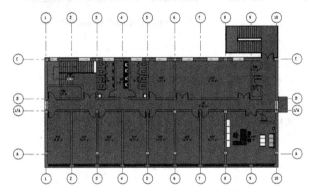

图13-11

02 切换到"视图"选项卡，然后单击"图形"面板中的"可见性/图形"按钮，如图13-12所示。

图13-12

03 在打开的"可见性/图形替换"对话框中，展开"房间"卷展栏，然后选择"内部填充"与"参照"两个选项，如图13-13所示，接着单击"确定"按钮 确定，关闭对话框，再按照同样方法设置F2层。

04 框选视图中的所有图元，然后单击"过滤器"按钮，如图13-14所示，接着在打开的"过滤器"对话框中，单击"放弃全部"按钮 放弃全部(0)取消全部选择项目，再选择"房间"选项，最后单击"确定"按钮 确定，如图13-15所示。

图13-13

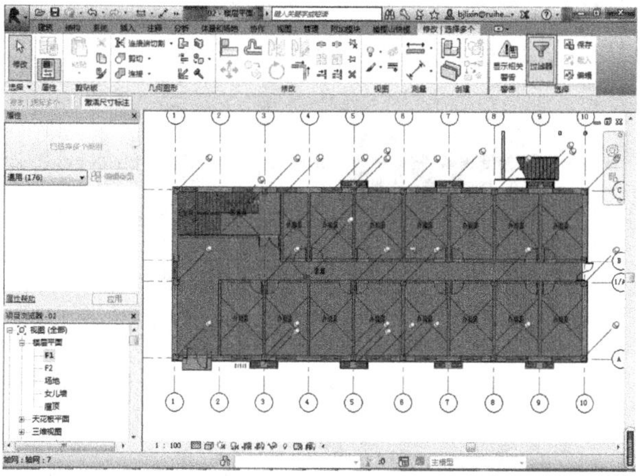

图13-14

图13-15

05 当前视图全部房间都被选中的状态下，在实例"属性"面板中，设置"上限"为F2，"高度偏移"为-150，如图13-16所示。按照同样的方法，将F2层的所有房间属性做以上设置，参数与F1层保持一致。

图13-16

06 切换到"建筑"选项卡，然后单击"房间和面积"面板中的"面积和体积计算"按钮，如图13-17所示，接着在打开的"面积和体积计算"对话框中，选择"体积计算"为"面积和体积"，并单击"确定"按钮，如图13-18所示。

图13-17

图13-18

07 在打开的"项目浏览器"中，双击打开房间明细表，然后将未放置的房间在明细表中删除，如图13-19所示。如果项目存在此类放置的房间，导出gbXML文件时会提示出错。

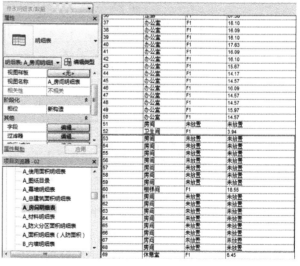

图13-19

技巧与提示

当项目中存在坡屋顶时，要将房间的高度设置于超过屋顶，才能得到正确的体积数据。在这种情况下，打开"体积计算"功能之后，超出屋顶部分会被裁掉。未计算房间体积的状态如图13-20所示，打开"体积计算"功能后的状态如图13-21所示。

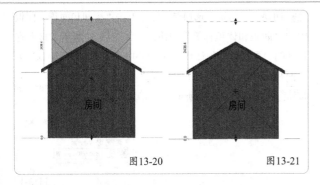

图13-20　　　　　　　　　图13-21

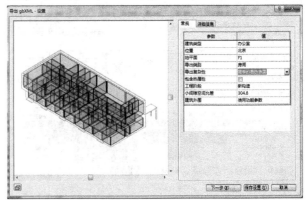

图13-23

★ 重点 ★
实战：导出分析模型
场景位置　场景文件>第13章>03.rvt
实例位置　实例文件>第13章>实战：导出分析模型.rvt
难易指数　★★☆☆☆
技术掌握　模型导出参数设置

01 打开学习资源中的"场景文件>第13章>03.rvt"文件，然后单击"应用程序菜单"图标，接着执行"导出>gbXML"菜单命令，如图13-22所示。

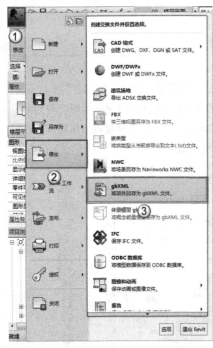

图13-22

02 在"导出gbXML-设置"对话框中，设置"建筑类型"为"办公室"，"位置"为北京，"地平面"为F1，"导出类别"为"房间"，"导出复杂性"为"简单的着色表面"，如图13-23所示。

03 切换到"详细信息"选项卡，查看关于各个房间的详细信息。出现⚠标志的房间，表示出现了问题。选择有⚠标志的房间，然后单击"相关警告"按钮⚠，在打开的对话框中可查看发生错误的原因，如图13-24所示。

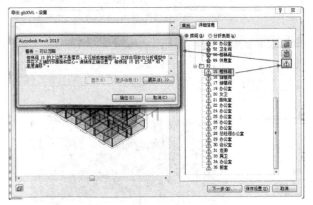

图13-24

技巧与提示

　　房间出现错误提示的原因，大概分为两类。第一类是取消放置的房间，未在明细表中进行删除；第二类是房间高度未接触到边界图元，如楼板、天花板等，致使房间体积计算错误。

04 问题修正之后，单击"下一步"按钮 下一步(N)... ，如图13-25所示。如果需要单独查看某一个房间，可以选择房间之后单击"隔离"按钮 单独查看。

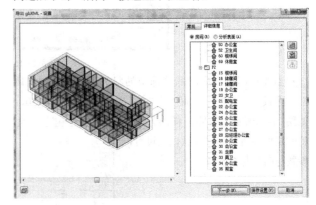

图13-25

05 在打开的"导出gbXML-保存到目标文件夹"对话框中输入文件名称，然后单击"保存"按钮 保存(S) 即可保存，如图13-26所示。导出之后，gbXML文件可以输入导入或直接打开的方式，导入任一绿色分析软件进行计算。

图13-26

13.3 日照分析

在Revit中，无须渲染就可以模拟建筑静态的阴影位置，也可以动态模拟一天和多天的建筑阴影走向，以可视的方式展示来自地势和周围建筑物对场地的影响，以及自然光在一天或一年中的特定时间会从哪些位置射入建筑物。

在Revit中创建日照，大致分为以下4个步骤。

第1步：创建项目并打开支持阴影显示的视图。

第2步：打开"日光路径"和"阴影"。

第3步：进行"日光设置"。

第4步：查看、保存或导出日照分析。

当项目不是正南北时，为了绘图方便，通常会将建筑旋转一个方向至项目北。但当需要进行日照分析时，建议将视图方向由项目北修改为正北，以便为项目创建精确的太阳光和阴影样式。

★重点★
实战：静态日照分析

场景位置　场景文件>第13章>04.rvt
实例位置　实例文件>第13章>实战：静态日照分析.rvt
难易指数　★★☆☆☆
技术掌握　静态日照分析设定条件与过程

静态日照分析即创建特定日期和时间阴影的静止图像，它可显示在特定一天的自定义，或项目预设的时间点所处位置的阴影。

⓵ 打开学习资源中的"场景文件>第13章>04.rvt"文件，然后将视图调整到一个合适的角度，接着单击"打开日光路径"按钮☼，并选择"打开日光路径"选项，如图13-27所示。

⓶ 在打开的"日光路径-日光未显示"对话框中，选择"改用指定的项目位置、日期和时间"选项，如图13-28所示。

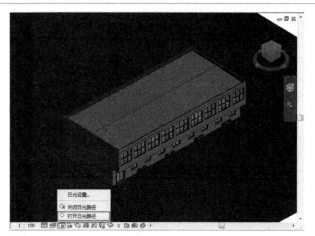

图13-27

图13-28

⓷ 在视图控制栏上单击"视觉样式"按钮，然后选择"图形显示选项"，如图13-29所示。

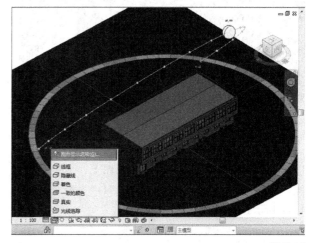

图13-29

⓸ 在打开的"图形显示选项"对话框中，选择"投射阴影"和"显示环境光阴影"选项，然后设置"日光"为30，"环境光"为0，"阴影"为50，接着单击"确定"按钮，如图13-30所示。

图13-30

05 打开"日光设置"对话框，然后设置"日光研究"为"静止"，接着选择"预设"列表中的"夏至"选项，再在右侧的"设置"类别中设置"地点""日期"和"时间"，最后选择"地平面的标高"选项并设置为F1，如图13-31所示。

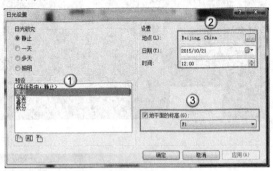

图13-31

06 单击"确定"按钮 确定 后，便可查看最终的光照分析效果，如图13-32所示。

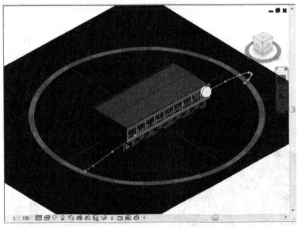

图13-32

07 在"项目浏览器"中的当前视图上，单击鼠标右键，然后选择"作为图像保存到项目中"命令，如图13-33所示。

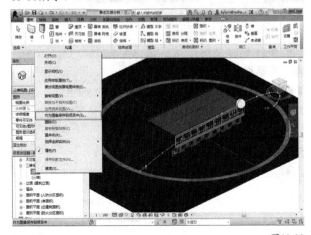

图13-33

08 在"作为图像保存到项目中"对话框中，指定图像的名称并根据需要修改图像设置，然后单击"确定"按钮 确定 ，如图13-34所示。

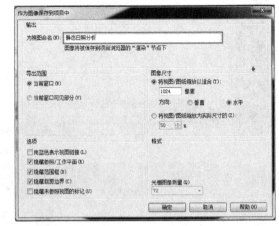

图13-34

09 图像将保存为渲染节点下的"静态日照分析"，双击可打开图像查看效果，如图13-35所示。

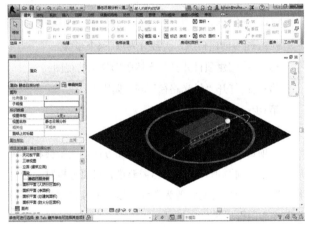

图13-35

★重点★
实战：动态日照分析

场景位置　场景文件>第13章>05.rvt
实例位置　实例文件>第13章>实战：动态日照分析.rvt
难易指数　★★☆☆☆
技术掌握　动态日照分析设定条件与过程

　　动态日照分析是创建在自定义的一天或多天时间段内阴影移动的动画，它可显示在特定一天的自定义或项目预设的时间范围内，项目所处位置的阴影按设置的时间间隔移动。

01 打开学习资源中的"场景文件>第13章>05.rvt"文件，然后单击"打开日光路径"按钮✿，选择"日光设置"选项，如图13-36所示。

02 在打开的"日光设置"对话框中，选择"日光研究"为"一天"选项，然后在"预设"列表中选择"一天日光研究"，接着在"设置"类别中对"地点""日期"等参数进行设置，并单击"确定"按钮 确定 关闭对话框，如图13-37所示。

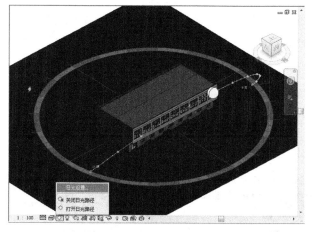

图13-36

图13-37

03 单击"打开日光路径"按钮 ，选择"日光研究预览"选项，此时工具选项栏中出现动画播放工具，如图13-38所示。单击"播放"按钮 ，便可以观察一天之间的日光光照情况了。

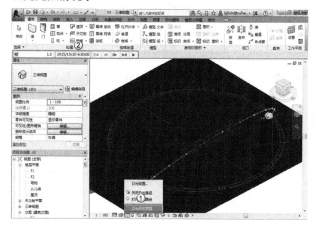

图13-38

04 单击"应用程序菜单"图标 ，然后执行"导出>图像和动画>日光研究"菜单命令，如图13-39所示。

05 在打开的"长度/格式"对话框中，选择"输出长度"为"全部帧"或选择"帧范围"并指定该范围的开始帧和结束帧。如果要导出为AVI文件，默认"帧/秒"数为

"15"，可以通过调整该数值加快或减慢动画的播放速度，如图13-40所示。

图13-39

图13-40

06 单击"确定"按钮 确定 ，打开"导出动画日光研究"对话框，然后选择合适的路径，输入文件名称，接着单击"保存"按钮 保存(S) ，如图13-41所示。

图13-41

技巧与提示

如果对刚才所做的导出设置不满意，还可以在保存对话框中单击"选项"按钮 选项(P)... ，即可打开"长度/格式"对话框重新进行设置。

第14章
施工图设计

Employment Direction
从业方向↙

建筑设计　　　　结构设计

机电设计　　　　幕墙设计

室内设计　　　　景观设计

14.1　视图基本设置

在正式绘制施工图之前，首先要根据实际施工图纸的规范要求，设置各个对象的视图线型图案及颜色。在传统的AutoCAD平台中绘制，都是通过"图层"的方式对不同图元进行归类及设定显示样式。在Revit中则取消了图层的概念，将图层转换为"对象类型"与"子类别"，对不同构件进行颜色、线型等设置，如图14-1所示。

图14-1

设置图元样式的方法共有两种，分别是通过"对象样式"和"可见性/图形替换"工具来实现。但对这两种工具的设置不能同时使用，默认状态下，各个视图均按照"对象样式"中的设置执行。如果在视图中启用"可见性/图形替换"设置，"对象样式"在当前视图中将不起作用。

★重点★
14.1.1　对象样式管理

本节主要介绍对象样式的管理。目前，国内各家设计院都有自己的制图规范与标准，这就需要根据各家设计院内部的一些制图标准来设定Revit中的对象样式，以满足现有的国家标准，同时满足内部设计的制图标准。但设计院中存在的制图标准，还是针对CAD平台制定的。所以，当需要出图时，还得根据CAD的制图标准，来设定Revit中对象的颜色、线型和线宽等。下面通过两个实例来详细介绍如何在视图中设定对象样式。

★重点★
实战：设置线型与线宽

场景位置　场景文件>第14章>01.rvt
实例位置　实例文件>第14章>实战：设置线型与线宽.rvt
难易指数　★★★☆☆
技术掌握　线型图案及宽度设置方法与技巧

01　打开学习资源中的"场景文件>第14章>01.rvt"文件，然后切换到"管理"选项卡，接着在"设置"面板中，单击"其他设置"下拉菜单中的

"线型图案"按钮▤，如图14-2所示。

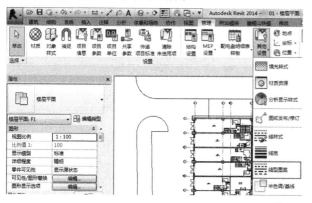

图14-2

02 在"线型图案"对话框中，单击"新建"按钮 新建(N)，如图14-3所示，然后在打开的"线型图案属性"对话框中，输入名称"GB 轴网"，接着设置第一行"类型"为"划线"，"值"为10mm；第二行"类型"为"空间"，"值"为2mm；第三行"类型"为"划线"，"值"为1mm；第四行"类型"为"空间"，"值"为2mm，最后单击"确定"按钮 确定，如图14-4所示。

图14-3　　　　　　图14-4

03 在视图中选择任一轴线，然后设置"轴线末段宽度"为2，"轴线末段填充图案"为"GB 轴网"，接着单击"确定"按钮 确定，如图14-5所示。

图14-5

04 切换到"管理"选项卡，然后在"设置"面板中，单击"其他设置"下拉菜单中的"线宽"按钮▤，如图14-6所示。

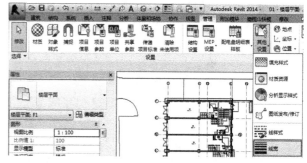

图14-6

05 在"线宽"对话框中，可以看到Revit提供了不同视图比例中的16种类型，每种类型值的前方都有序号，即该类型线宽的代号，如图14-7所示。切换到"注释线宽"选项卡，分别设置1、2序号的线宽数值，如图14-8所示。

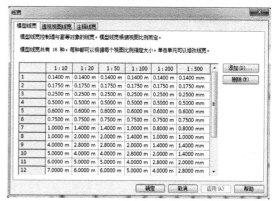

图14-7

图14-8

技巧与提示

除了修改现有的线宽数值以外，还可以在"模型线宽"选项卡中添加新的比例线宽。

227

实战：设置对象样式

场景位置　　场景文件>第14章>02.rvt
实例位置　　实例文件>第14章>实战：设置对象样式.rvt
难易指数　★★★
技术掌握　对象样式的设置方法及注意事项

01 打开学习资源中的"场景文件>第14章>02.rvt"文件，局部放大左上角楼梯间部分，然后切换到"管理"选项卡，接着单击"设置"面板中的"对象样式"按钮，如图14-9所示。

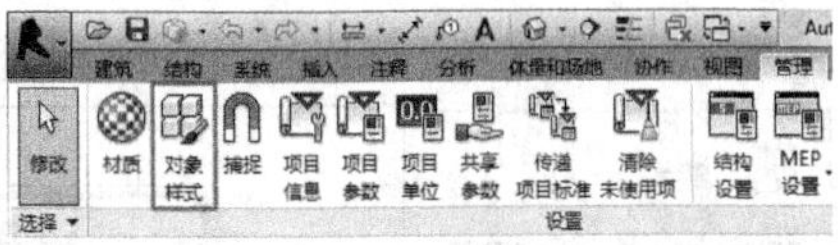

图14-9

02 在"对象样式"对话框中，设置"卫浴装置"的"投影线宽"为2，"线颜色"为"紫色"，然后设置"墙"的"截面"为5，"线颜色"为"黄色"，接着设置"幕墙"的"投影"和"截面"为1，"线颜色"为"青色"，最后设置"门"及"窗"的"投影"和"截面"为2，"线颜色"为"青色"，如图14-10所示。

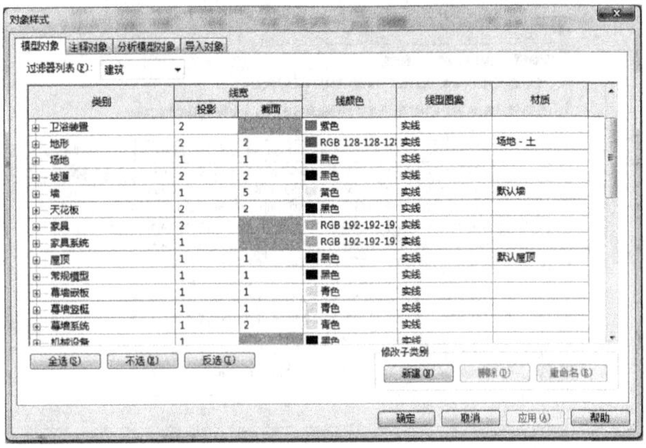

图14-10

03 展开"楼梯"卷展栏，然后设置"楼梯"及其子类别的"截面"为2，将除"隐藏线"以外的其他属性设置为草绿色（R:114，G:153，B:76），如图14-11所示。

图14-11

04 切换到"注释对象"选项卡，然后设置"标高标头"的"投影"为2，"线颜色"为"绿色"，接着展开"楼梯路径"卷展栏，设置"楼梯路径"及其子类别的"投影"为1，"线颜色"为"绿色"，最后将除"隐藏线"以外的其他属性设置为草绿色（R:114，G:153，B:76），如图14-12所示。

图14-12

05 单击"确定"按钮，关闭当前对话框，最终效果如图14-13所示。

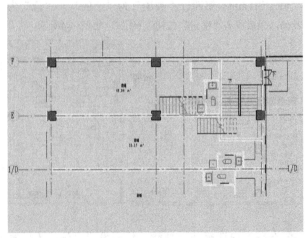

图14-13

14.1.2 视图控制管理

视图控制的主要设置分为两个方面，一方面是在视图"属性"面板中设置关于当前视图的比例、"视图范围"等相关内容；另一方面是关于图元在视图中的显示样式，及各构件是否需要在当前视图中显示。在实际项目中，经常用的工具是"视图范围"与"图形可见性替换"。掌握好这两个工具，在多数项目中就可以满足基本的出图要求了。

若要更改实例属性，则切换至平面视图，然后修改"属性"面板上的参数值，如图14-14所示。

图14-14

楼层平面实例属性参数介绍

视图比例： 修改视图在图纸上显示的比例，从列表中选择比例值。

比例值1： 定义自定义比例值，选择"自定义"作为"视图比例"后，即启用此属性。

显示模型： 在详图视图中隐藏模型。通常情况下，"标准"设置显示所有图元。

详细程度： 将详细程度设置应用于视图，比例为粗略、中等或精细。

零件可见性： 指定零件、从中衍生零件的原始图元，或者零件和原始图元在视图中是否可见。

可见性/图形替换： 单击"编辑"按钮 编辑... 可访问"可见性/图形"对话框。

图形显示选项： 单击"编辑"按钮 编辑... ，可以访问"图形显示选项"对话框，该对话框可以控制阴影和侧轮廓线。

基线： 在当前平面视图下显示另一个模型切面。

基线方向： 控制显示楼层平面或天花板平面视图。

方向： 在"项目北"和"正北"之间切换视图中项目的方向。

墙连接显示： 设置清理墙连接的默认行为。

规程： 确定图元在视图中的显示方式。

颜色方案位置： 在平面视图或剖面视图中，选择"背景"将颜色方案应用于视图的背景；选择"前景"将颜色方案应用于视图中的所有模型图元。

颜色方案： 在平面视图或剖面视图中，用于各项的颜色方案。

默认分析显示样式： 选择视图的默认分析显示样式。

日光路径： 选择该选项后，可打开当前视图的日光路径。

视图样板： 标识指定给视图的视图样板。

视图名称： 活动视图的名称。

图纸上的标题： 出现在图纸上的视图的名称。

参照图纸： 请参阅随后的"参照详图"说明。

参照详图： 该值来自放置在图纸上的参照视图。

裁剪视图： 选择"裁剪视图"复选框，可启用模型周围的裁剪边界。

裁剪区域可见： 显示或隐藏裁剪区域。

注释裁剪： 注释图元的裁剪范围框。

视图范围： 在任何平面视图的视图属性中，都可以设置"视图范围"。

相关标高： 与平面视图关联的标高。

范围框： 如果在视图中绘制范围框，则可以将视图的裁剪区域与该范围框关联，这样裁剪区域可见，并可与范围框的范围相匹配。

截剪裁： 设置不同方式的裁剪效果。

阶段过滤器： 应用于视图特定阶段的过滤器。

★ 重点 ★

实战：创建视图样板

场景位置　场景文件>第14章>03.rvt
实例位置　实例文件>第14章>实战：创建视图样板.rvt
难易指数　★★★☆☆
技术掌握　视图范围及可见性/图形工具的使用方法

01 打开学习资源中的"场景文件>第14章>03.rvt"文件，然后在实例"属性"面板中，设置"基线"为"无"，如图14-15所示。

图14-15

02 切换到"视图"选项卡，然后单击"图形"面板中的"可见性/图形"按钮，如图14-16所示。

图14-16

03 在"可见性/图形替换"对话框中，关闭"地形"和"场地"类型，然后选择"家具"类别，接着选择"半色调"选项，如图14-17所示。

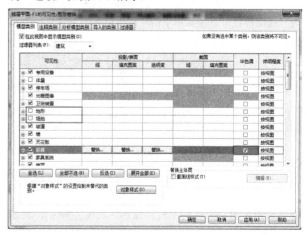

图14-17

04 展开"楼梯"卷展栏，关闭"<高于>"一系列子类别，如图14-18所示。按照同样的方法，关闭"栏杆扶手"的"<高于>"一系列子类别。

图14-18

05 切换到"注释类别"选项卡，关闭"参照平面""参照点"和"参照线"类别，然后单击"确定"按钮 确定 ，如图14-19所示。

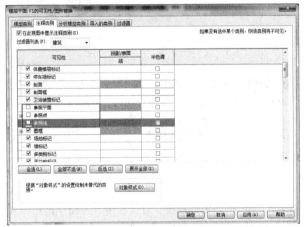

图14-19

06 切换到"视图"选项卡，然后在"图形"面板中，单击"视图样板"下拉菜单中的"从当前视图创建样板"按钮，如图14-20所示。

图14-20

07 在打开的"新视图样板"对话框中，输入"名称"为"首层平面"，然后单击"确定"按钮 确定 ，如图14-21所示。

图14-21

08 在当前视图的实例"属性"面板中，将"首层平面"视图样板应用于当前视图，最终完成效果如图14-22所示。

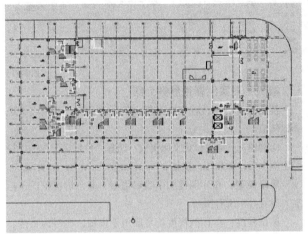

图14-22

14.2 图纸深化

建筑施工图简称"建施"，它一般由设计部门的建筑专业人员设计绘图。建筑施工图主要反映一个工程的总体布局，表明建筑物的外部形状、内部布置情况以及建筑构造、装修、材料和施工要求等，用来作为施工定位放线、内外装饰做法的依据，同时也是结构施工图和设备施工图的依据。建筑施工图包括设备说明、建筑总平面图、建筑平面图、立体图和剖面图等基本图纸，还有墙身剖面图、楼梯、门窗、台阶、散水和浴厕等详图以及材料做法说明等。

关于图纸深化的内容一共分为5个部分，分别是绘制总平面图、绘制平面图、绘制立面图、绘制剖面图以及大样图、详图和门窗表的绘制。通过这5部分的详细解析，读者可以掌握使用Revit出图的一些操作及技巧。

★学点★ 14.2.1 绘制总平面图

建筑总平面图是表明一项建设工程总体布置情况的图纸，它是在建设基地的地形图上，把已有的、新建的以及拟建的建筑物、构筑物、道路和绿化等，按与地形图同样比例绘制出来的平面图。其主要表明新建平面形状、层数、室内外地面标高、新建道路、绿化、场地排水和管线的布置情况，并表明原有建筑、道路、绿化和新建筑的相互关系以及环境保护方面的要求等。由于建设工程的性质、规模以及所在基地的地形、地貌不同，建筑总平面图包括的内容有的较为简单，有的则比较复杂，必要时还可分项绘出竖向布置图、管线综合布置图和绿化布置图等。下面将通过简单的实例，向大家介绍在Revit中如何绘制总平面图。

实战：添加信息标注

场景位置　场景文件>第14章>04.rvt
实例位置　实例文件>第14章>实战：添加信息标注.rvt
难易指数　★★★☆☆
技术掌握　高程点及高程点坐标的使用方法

01 打开学习资源中的"场景文件>第14章>04.rvt"文件，然后切换到"室外地坪"平面，如图14-23所示。

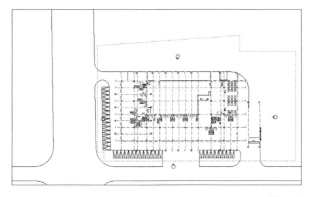

图14-23

02 切换到"注释"选项卡，然后单击"尺寸标注"面板中的"高程点 坐标"按钮，如图14-24所示。

图14-24

03 在实例"属性"面板中，单击"编辑属性"按钮，打开"类型属性"对话框，然后复制一个新的类型为"总图坐标"，接着在列表中设置"引线箭头"为"无"，"符号"均为"无"，"颜色"为"绿色"，如图14-25所示。

图14-25

04 向下拖曳滑杆，设置"文字字体"为"仿宋"，"文字背景"为"透明"，"北/南指示器"为X=，"东/西指示器"为Y=，然后单击"确定"按钮，如图14-26所示。

图14-26

05 在视图中建筑红线的各交点位置单击拖曳进行标注，如图14-27所示。标注完成后，拖曳标注的文字坐标点至引线的中心位置，如图14-28所示。

图14-27　　　　图14-28

06 切换到"插入"选项卡，然后单击"从库中载入"面板中的"载入库"按钮，接着在打开的"载入族"对话框中选择"高程点-外部填充"符号族，最后单击"打开"按钮，如图14-29所示。

图14-29

07 切换到"注释"选项卡，然后单击"尺寸标注"面板中的"高程点"按钮，如图14-30所示，接着在工具选项栏中关闭"引线"选项，如图14-31所示。

图14-30　　　　　图14-31

08 在实例"属性"面板中，单击"编辑属性"按钮，复制一个新的坐标类型为"三角形（总图）"，然后在图形类别中，设置"引线箭头"为"无"，"颜色"为"绿色"，"符号"为"高程点-外部填充"，接着单击"确定"按钮 确定，如图14-32所示。

图14-32

09 在绘图区域单击确定需要标注高程的位置，再次单击确定标高符号的方向。放置完成后，拖曳高程点数值至符号上方，如图14-33所示。

图14-33

10 切换到"注释"选项卡，然后单击"文字"面板中的"文字"按钮 **A**，如图14-34所示，接着在实例"属性"面板中单击"编辑属性"按钮，在打开的"类型属性"对话框中，复制一个新的类型为"总图文字"，再设置"文字字体"为"黑体"，"文字大小"为30mm，最后单击"确定"按钮 确定，如图14-35所示。

图14-34

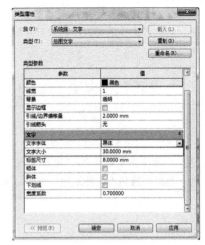

图14-35

11 在绘图区域中单击，输入相应的文字说明，如图14-36所示。

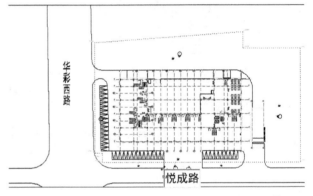

图14-36

12 将视图缩放至合适的大小，查看最终完成效果，如图14-37所示。

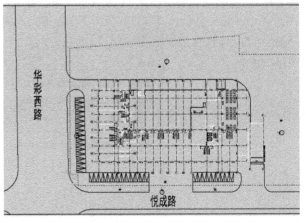

图14-37

★重点★
实战：修改视图属性

场景位置　场景文件>第14章>05.rvt
实例位置　实例文件>第14章>实战：修改视图属性.rvt
难易指数　★★☆☆☆
技术掌握　视图范围及图元可见性的设置方法

01 打开学习资源中的"场景文件>第14章>05.rvt"
文件，然后在"属性"面板中选择"楼层平面：室外
地坪"，接着单击"视图范围"后面的"编辑"按钮
编辑...，如图14-38所示。

图14-38

02 在打开的"视图范围"对话框中，设置"顶"为"无
限制"，"剖切面"的"偏移量"为24000，然后单击
"确定"按钮 确定，如图14-39所示。

图14-39

03 在打开的"可见性/图形替换"对话框中，关闭"墙"
及"参照平面"类别，然后单击"确定"按钮 确定，
如图14-40所示。

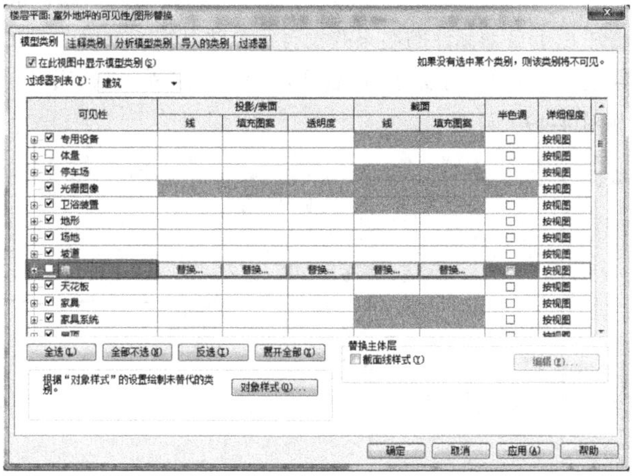

图14-40

04 选择视图中的2-9与1/A-E区域轴线，然后单击鼠标右
键，选择"在视图中隐藏"子菜单中的"图元"命令，如
图14-41所示，查看最终完成效果，如图14-42所示。

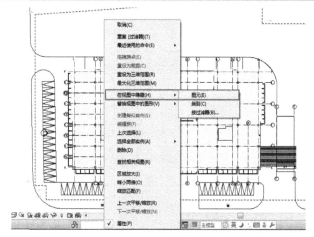

图14-41

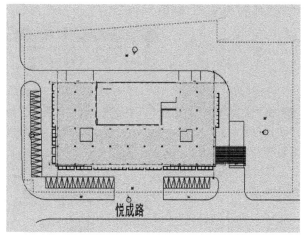

图14-42

★重点★
14.2.2 绘制平面图

　　建筑平面图表示建筑的平面形式、大小尺寸、房间布
置、建筑入口、门厅和楼梯布置的情况，表明墙、柱的位
置、厚度和所用材料以及门窗的类型、位置等情况。主要
图纸有首层平面图、二层（或标准层）平面图、顶层平面
图和屋顶平面图等。其中，屋顶平面图是在房屋的上方，
向下作屋顶外形的水平正投影而得到的平面图。

　　Revit中的平面图分为两种，一种是楼层平面，另一
种是天花板平面。不论是哪种平面视图，在Revit中都是
基于标高创建的。删除标高后，对应的平面视图也会被
删除。

★重点★
实战：添加平面尺寸标注

场景位置　场景文件>第14章>06.rvt
实例位置　实例文件>第14章>实战：添加平面尺寸标注.rvt
难易指数　★★☆☆☆
技术掌握　手动标注与自动标注实现方法

01 打开学习资源中的"场景文件>第14章>06.rvt"文

件，切换到F1平面，然后选择地形部分，永久隐藏，如图14-43所示。

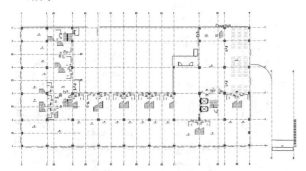

图14-43

02 切换到"注释"选项卡，然后单击"尺寸标注"面板中的"对齐"按钮，如图14-44所示。

图14-44

03 在"类型属性"对话框中，复制尺寸标注"类型"为"线性尺寸标注"，然后设置"线宽"为2，"记号线宽"为5，如图14-45所示。

图14-45

04 设置"颜色"为"绿色"，"文字大小"为3.5mm，"文字偏移"为0.25mm，"文字字体"为"华文仿宋"，"文字背景"为"透明"，然后单击"确定"按钮，如图14-46所示。

图14-46

05 在工具选项栏中设置"拾取"为"整个墙"，然后单击后面的"选项"按钮，在打开的"自动尺寸标注选项"对话框中，选择"洞口""相交墙"和"相交轴网"选项，并设置"洞口"选项为"宽度"，如图14-47所示。

图14-47

06 在绘图区域中，单击拾取左侧的墙，自动生成尺寸标注，拖曳光标至合适的位置再次单击，完成尺寸标注的放置，如图14-48所示。

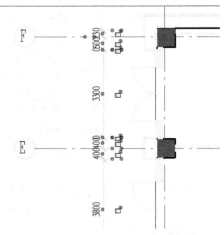

图14-48

07 由于自动标注的结果并没有完全达到实际效果，因此需要再次选择尺寸标注，然后单击"编辑尺寸界线"按钮，如图14-49所示。

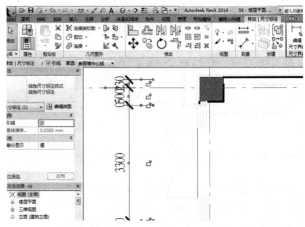

图14-49

08 进入编辑模式后，分别单击幕墙门的两侧，进行门洞宽度的标注，如图14-50所示。按照同样的方法，将其他部分也进行尺寸标注。标注完成后，将光标移动到空白处单击完成编辑。

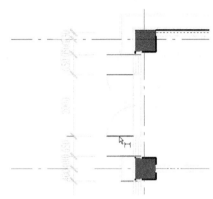

图14-50

09 进行第二层轴网标注，在工具选项栏中设置"首选参照"为"参照墙面"，"拾取"方式为"单个参照点"，然后在视图中依次单击各个轴线进行标注，如图14-51所示。如果捕装对象时没有捕装到合适的捕捉点，可以按Tab键进行切换。

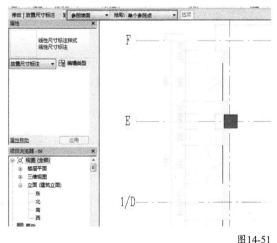

图14-51

10 按照相同的方法完成第三层总标，如图14-52所示，并按上述步骤完成其他区域的标注。

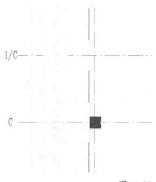

图14-52

11 标注完成后，单击视图栏中的"不裁剪视图"和"显示裁剪区域"按钮，选择其中任意一根轴线（默认轴线状态显示为3D），如图14-53所示。

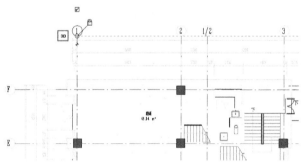

图14-53

12 拖曳轴线至裁剪框外松开鼠标放置，如图14-54所示，然后单击轴线拖曳至裁剪框内合适的位置，如图14-55所示，此时轴线状态更改为2D。

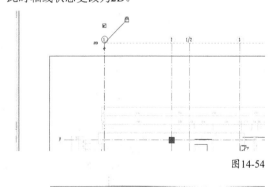

图14-54

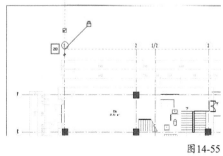

图14-55

除了书中所介绍的方法外，用户也可选择依次单击3D字符，轴线将由3D状态转换为2D状态。但此方法仅适用于少量轴线的情况，如项目体量较大，推荐使用书中所介绍的方法。

⑬ 依次拖曳其他方向的轴线，将其状态更改为2D状态，然后放置于合适的位置，接着单击"隐藏裁切区域"按钮关闭裁切框，最终效果如图14-56所示。

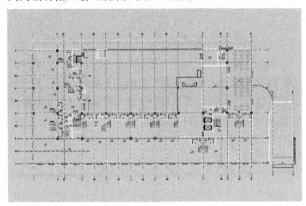

图14-56

技术专题 22 2D与3D模式的区别

在上文中提到批量将轴线的3D模式转换为2D，接下来将详细讲解3D与2D的区别，以及在实际项目中的应用。

3D模式：当轴线或标高处于3D状态时，在任一视图中更改其他长度，会影响到其他视图同步更新。例如，在F1平面拖曳轴线改变其他长度，在F2平面将同步进行更改，如图14-57所示。

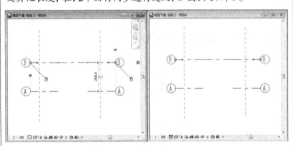

图14-57

2D模式：当轴线或标高处于2D状态时，在任一视图中更改其他长度，不会影响到其他视图。例如，在F1平面拖曳轴线改变其他长度，在F2平面将不做任何更改，如图14-58所示。

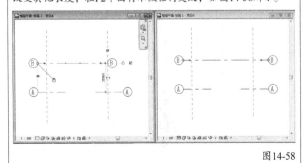

图14-58

实战：添加室内高程与指北针

场景位置　场景文件>第14章>07.rvt
实例位置　实例文件>第14章>实战：添加室内高程与指北针.rvt
难易指数　★★☆☆☆
技术掌握　符号与高程点工具的使用方法

① 打开学习资源中的"场景文件>第14章>07.rvt"文件，切换到F1平面，然后切换到"注释"选项卡，接着单击"符号"面板中的"符号"按钮，如图14-59所示。

图14-59

② 在实例"属性"面板中，选择"建筑-室内高程"符号，然后在视图房间中单击进行放置，如图14-60所示。

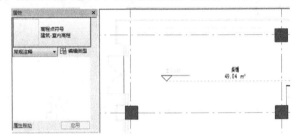

图14-60

③ 选择刚刚放置的高程点符号，然后在实例"属性"面板中设置"标高"为0，如图14-61所示。

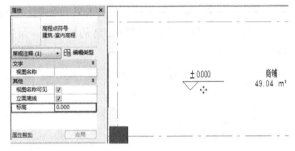

图14-61

④ 保持高程点符号的选择状态，然后单击鼠标右键，选择"创建类似实例"命令，如图14-62所示，接着依次在其他名为"商铺"的房间进行放置。

图14-62

05 切换到"注释"选项卡，然后单击"尺寸标注"面板中的"高程点"按钮 ，如图14-63所示。

图14-63

06 在工具选项栏中，设置"显示高程"为"实际（选定）高程"，如图14-64所示，然后在实例"属性"面板中选择"高程点"类型为"平面标高"，如图14-65所示。

图14-64

图14-65

技巧与提示

　　Revit中共提供了4个高程点显示方式，"实际（选定）高程"指显示当前所拾取的构件捕装点的实际高程数值；"顶部高程"与"底部高程"，分别显示当前构件的顶部高程数值与底部高程数值；"顶部高程和底部高程"同时显示当前构件的顶部与底部高程数值。

07 在楼梯歇脚平面上，单击放置高程点，再次单击确定放置方向。放置完成后，拖曳高程点数值至合适的位置，如图14-66所示。按照同样的方法，标注其他楼梯的高程。

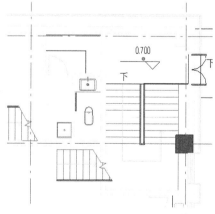

图14-66

08 切换到"注释"选项卡，然后单击"符号"面板中的"符号"按钮 ，接着在"属性"面板中选择"指北针"

为"填充"，如图14-67所示，最后在工具选项栏中选择"放置后旋转"选项，如图14-68所示。

图14-67　　　　　　　图14-68

09 在绘制区域右上角位置单击，确定放置点，然后向左旋转，输入数值70，如图14-69所示，接着按Enter键，确认旋转角度，最终完成效果如图14-70所示。

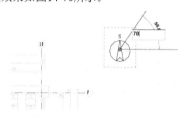

图14-69

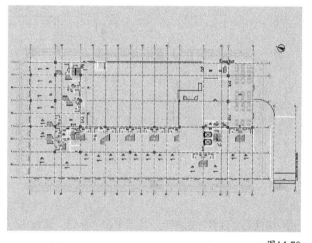

图14-70

★ 重 点 ★

实战：添加门窗标记与文字注释

场景位置　　场景文件>第14章>08.rvt
实例位置　　实例文件>第14章>实战：添加门窗标记与文字注释.rvt
难易指数　　★★★☆☆
技术掌握　　标记旋及文字工具的使用方法

01 打开学习资源中的"场景文件>第14章>08.rvt"文件，切换到F1平面，然后切换到"注释"选项卡，接着单击"标记"面板中的"全部标记"按钮 ，如图14-71所示。

图14-71

02 在打开的"标记所有未标记的对象"对话框中，选择"当前视图中的所有对象"选项，然后同时选择"窗标记"与"门标记"两个类型，接着单击"确定"按钮 确定 ，如图14-72所示。

图14-72

03 当前视图中，大部分门窗均自动生成标记。将个别标记符号拖曳至合适的位置，以保证图面的整洁效果，如图14-73所示。

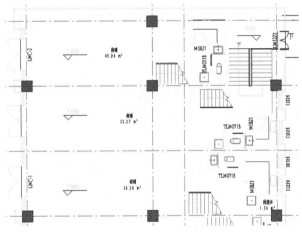

图14-73

04 切换到"注释"选项卡，然后单击"标记"面板中的"按类别标记"按钮①，对未生成标记的门窗进行手动标记，如图14-74所示。

图14-74

05 拾取会自动生成标记的门族，软件将生成对应的门标记，但与之前的门标记位置重叠，如图14-75所示，然后拖曳门标记至合适的位置，如图14-76所示。按照同样的方法，完成其他门窗的手动标记。

06 切换到"注释"选项卡，然后单击"文字"面板中的"文字"按钮**A**，如图14-77所示。

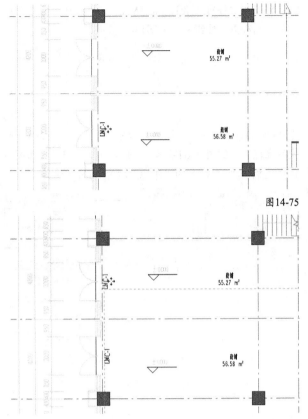

图14-75

图14-76

图14-77

07 在绘制区域中，在楼梯前方单击输入文字"上25步"，然后在空白处单击鼠标左键完成输入，接着拖曳文字左上角移动称号，将文字拖曳至合适的位置，如图14-78所示。

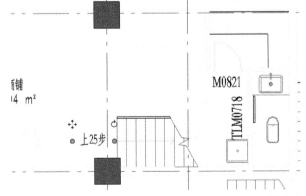

图14-78

08 将输入完成的文字复制到楼梯间位置，然后双击文字进入编辑模式，输入文字"T3楼梯"，接着在空白区域单击完成修改，如图14-79所示。运用相同的方法完成其他区域的文字注释。

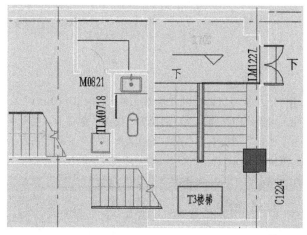

图14-79

★ 重点 ★
实战：视图过滤器的应用

场景位置	场景文件>第14章>09.rvt
实例位置	实例文件>第14章>实战：视图过滤器的应用.rvt
难易指数	★★☆☆☆
技术掌握	视图过滤器的使用方法

01 打开学习资源中的"场景文件>第14章>09.rvt"文件，切换到F1平面，然后按两次V键或按V、G键，打开"可见性/图形替换"对话框，接着切换到"过滤器"选项卡，并单击"添加"按钮 添加(D) ，如图14-80所示。

图14-80

02 在打开的"添加过滤器"对话框中，单击"编辑/新建"按钮 编辑/新建(E)... ，如图14-81所示。

图14-81

03 单击"过滤器"对话框中的"新建"按钮 ，然后在打开的"过滤器名称"对话框中，输入"名称"为"隔墙 100"，接着单击"确定"按钮 确定 ，如图14-82所示。

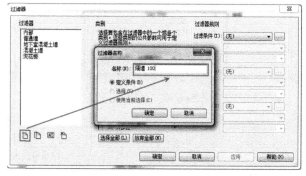

图14-82

04 在"过滤器"列表中选择"隔墙 100"选项，然后在"类别"列表中选择"墙"选项，接着在"过滤器规则"参数中，设置"过滤条件"为"厚度"，"等于"为100，最后单击"确定"按钮 确定 ，如图14-83所示。

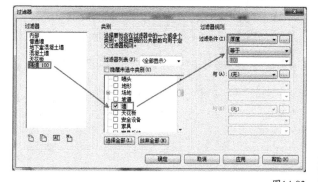

图14-83

05 返回到"添加过滤器"对话框中，然后选择"隔墙 100"参数，接着单击"确定"按钮 确定 ，如图14-84所示。

图14-84

06 切换到"过滤器"选项卡，"隔墙100"过滤器类别已经添加成功。单击后方"截面"下属的"线"参数的"替换"按钮 替换... ，然后在打开的"线图形"对话框中，设置"宽度"为4，"颜色"为"蓝色"，如图14-85所示。

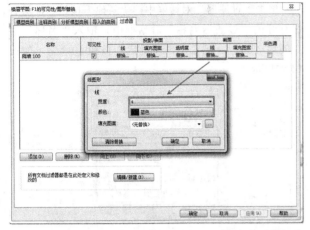

图14-85

07 依次单击"确定"按钮，关闭各个对话框，然后查看视图中墙体颜色替换最终效果，如图14-86所示。

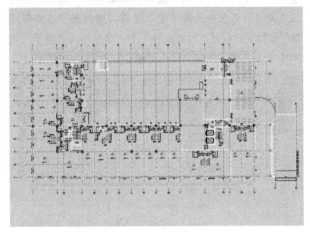

图14-86

 **技巧与提示**

视图过滤器除了可以替换颜色以外，还可以控制所过滤对象的可见性。当需要在视图中取消类别构件显示时，可以通过过滤器进行筛选，然后取消相应过滤器的可见性选项，即可取消显示。

★重点★
14.2.3 绘制立面图

一座建筑物是否美观，很大程度上取决于它在主要立面上的艺术处理，包括造型与装修。在设计阶段，立面图主要是用来研究这种艺术处理的。在施工图中，它主要反映房屋的外貌和立面装修的做法。在与房屋立面平行的投影面上所作的房屋的正投影图称为建筑立面图，简称立面图。

在Revit中，立面视图是默认样板的一部分。当使用默认样板创建项目时，项目包含东、西、南和北4个立面视图。除了使用样板提供立面外，用户还可以通过新建的方法自行创建立面。样板中提供了两种立面视图类型，一种是建筑立面，另一种是内部立面。建筑立面是指建筑施工图中的外立面图纸，内部立面则是指装饰图内墙装饰的立面图纸。

★重点★
实战：创建立面图

场景位置	场景文件>第14章>10.rvt
实例位置	实例文件>第14章>实战：创建立面图.rvt
难易指数	★★★☆☆
技术掌握	立面工具的使用方法及技巧

01 打开学习资源中的"场景文件>第14章>10.rvt"文件，切换到F1平面，然后切换到"视图"选项卡，接着单击"创建"面板中"立面"下拉菜单中的"立面"按钮，如图14-87所示。

图14-87

02 在实例"属性"面板中选择"立面"类型为"建筑立面"，如图14-88所示。

图14-88

03 在视图中的正南方向，单击放置立面符号，然后选反立面符号，选择上方的蓝色复选框，如图14-89所示。

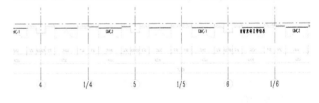

图14-89

 技巧与提示

Revit的立面符号共由两部分组成，分别是"立面"（圆圈）与"视图"（箭头）。"立面"负责生成不同方向的立面图，而"视图"则是控制立面视图的投影深度。

立面符号共有4个方向的复选框，当选择任意方向时，将生成对应方向的立面视图。黑色箭头所指方向是看线方向，即在平面图南向下方创建立面符号。选择立面符号向北方向的复选框，则是指以立面符号所在的位置为看点，向北方向形成看线，从而形成南立面的正投影图。

04 按照相同的方法，完成其他方向的立面视图创建，如图14-90所示。

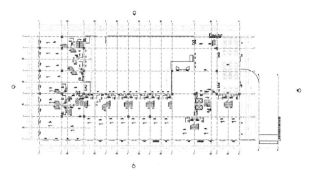

图14-90

05 因为默认放置的是立面符号，视图深度为固定值，所以需要手动调整视图深度，才能使模型的东立面视图正常显示。选择东立面视图符号，然后拖曳视图控制柄向左移动，直至边界线剖切到主体建筑，这样才能使模型的东立面视图正常显示，如图14-91所示。

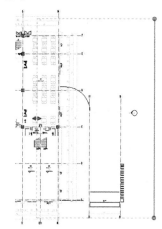

图14-91

06 在"项目浏览器"中打开"立面（建筑立面）"卷展栏，在"立面1-a"区域单击鼠标右键，选择"重命名"命令，如图14-92所示。

图14-92

07 在打开的"重命名视图"对话框中，输入"名称"为"①-⑩轴立面图"，然后单击"确定"按钮 确定 ，完成视图的重命名，如图14-93所示。

图14-93

08 运用相同的方法完成其他立面视图的命名工作，最终完成效果如图14-94所示。

图14-94

★ 重点 ★

实战：深化立面视图

场景位置　场景文件>第14章>11.rvt
实例位置　实例文件>第14章>实战：深化立面视图.rvt
难易指数　★★★☆☆
技术掌握　裁剪框及标高工具的设置方法与技巧

01 打开学习资源中的"场景文件>第14章>11.rvt"文件，切换到"F-A立面图"立面，然后选择任一标高，在实例"属性"面板中单击"编辑类型"按钮 ，如图14-95所示。

图14-95

02 在"类型属性"对话框中，复制新的标高"类型"为"上标头+层标"，然后设置"颜色"为"绿色"，"线型图案"为"层间线"，"符号"为"C-上标高+层标"，接着选择"端点1/端点2的默认符号"选项，再单击"确定"按钮 确定 ，最后选择现在视图中的所有上标头标高，统一更改为"上标头+层标"样式，如图14-96所示。

03 选择视图中的任一轴网，然后在实例"属性"面板中，单击"编辑类型"按钮 ，接着在打开的"类型属性"对话框中，设置"非平面视图符号（默认）"为"底"，最后单击"确定"按钮 确定 ，如图14-97所示。

图14-96

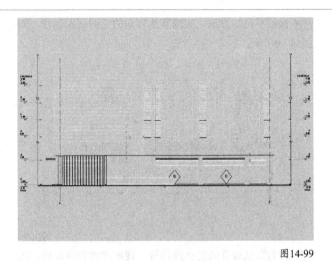

图14-99

★ 重点 ★

实战：立面图标注

场景位置　场景文件>第14章>12.rvt
实例位置　实例文件>第14章>实战：立面图标注.rvt
难易指数　★★★☆☆
技术掌握　裁剪框及标高工具的设置方法与技巧

01 打开学习资源中的"场景文件>第14章>12.rvt"文件，切换到"A-F立面图"立面，然后拖曳左右两侧标高至裁剪框外，转换为2D模式，接着单击"隐藏裁剪区域"按钮，关闭裁剪框，如图14-100所示。

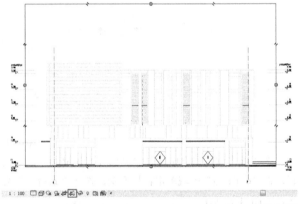

图14-100

02 发现屋顶标高与"女儿墙"标高发生重叠，单击"添加弯头"图标，如图14-101所示。此时，标高标头将生成折线，将两个标头进行分离，如图14-102所示。按照同样的方法，修改其他有重叠现象的标高。

图14-97

04 选择B-E轴线，按E、H键，在视图中永久隐藏图元，如图14-98所示。

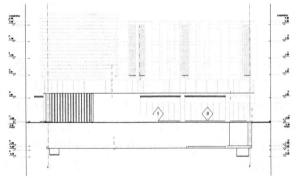

图14-98

05 显示裁剪框，并拖曳裁剪框下方的控制柄至室外地坪标高的位置，如图14-99所示。将地下部分的图形在立面视图中裁剪掉。其他立面视图按照同样的方法进行操作。

图14-101　　　　　　　　　　　图14-102

问：为什么项目中同样的标高类型，标头却显示不同的颜色呢?

答：图中蓝色的标头代表此标高关联了平面视图，双击标头可以自动跳转到相应平面。绿色标头则代表当前标高在项目中没有对应的平面视图。

03 切换到"注释"选项卡，然后单击"尺寸标注"面板中的"对齐"按钮✓，接着在"属性"面板中选择"线性尺寸标注"样式，在视图中标注尺寸，如图14-103所示。

图14-103

技巧与提示

进行立面标注时，只能捕捉到标高线段，而不能捕捉标高标头。当标注不成功时，可以按Tab键进行循环选择。

04 切换到"注释"选项卡，然后在"尺寸标注"面板中单击"高程点"按钮⊕，接着在"属性"面板中选择"立面高程"样式，并在视图中放置高程点标注，如图14-104所示。

图14-104

05 切换到"注释"选项卡，然后单击"标记"面板中的"材质 标记"按钮⊛，如图14-105所示，接着在工具栏选项中选择"引线"选项，如图14-106所示。

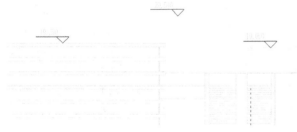

图14-105

图14-106

06 单击拾取视图中需要标记的对象，然后向上移动光标单击确定放置点，再次向右方移动并单击完成标记放置，如图14-107所示。

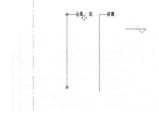

图14-107

07 缩放视图，查看标注完成的最终效果，然后向上移动光标单击确定放置点，再次向右方移动并单击完成标记放置，如图14-108所示。运用同样的方法完成其他立面标注。

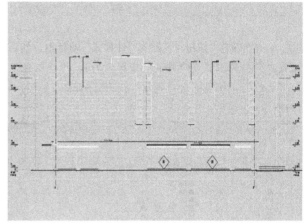

图14-108

实战：绘制立面轮廓

场景位置　场景文件>第14章>13.rvt
实例位置　实例文件>第14章>实战：绘制立面轮廓.rvt
难易指数　★★★☆☆
技术掌握　添加子类别的方法

01 打开学习资源中的"场景文件>第14章>13.rvt"文件，然后选择"A-F立面图"立面，接着切换到"管理"选项卡，并在"设置"面板中单击"其他设置"下拉菜单中的"线样式"按钮▣，如图14-109所示。

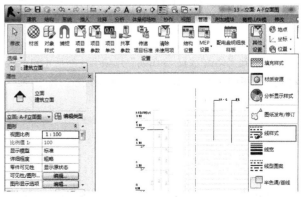

图14-109

02 在"线样式"对话框中，单击"新建"按钮 新建(N) ，然后在打开的"新建子类别"对话框中，输入"名称"为"立面轮廓线"，如图14-110所示。

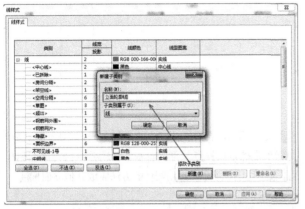

图14-110

03 单击"确定"按钮，返回到"线样式"对话框，然后设置"立面轮廓线"类别的"投影"为6，"线颜色"为"蓝色"，接着单击"确定"按钮 确定 ，如图14-111所示。

图14-111

04 切换到"注释"选项卡，然后在"详图"面板中，单击"详图线"按钮，如图14-112所示。

图14-112

05 切换到"修改|放置 详图线"选项卡，然后单击"线样式"面板中的"立面轮廓线"选项，接着选择"直线"工具，如图14-113所示。

图14-113

06 单击快速访问工具中的"细线"工具或按T、L键，关闭视图细线显示模式，开始沿着立面外轮廓绘制立面轮廓线，如图14-114所示。使用同样的方法完成其他立面深化。

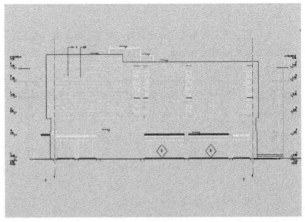

图14-114

★重点★
14.2.4 绘制剖面图

用一个或多个垂直于外墙轴线的铅垂剖切面，将房屋剖开所得的投影图称为建筑剖面图，简称剖面图。剖面图用以表示房屋内部的结构或构造形式、分层情况以及各部位的联系、材料和高度等，是与平面图、立面图相互配合的不可缺少的重要图样之一。

按照传统方式在CAD图中绘制剖面图，通常需要在平面图中确定要剖切的位置。然后根据平面图剖切位置做引线，以保证准确地绘制相应的剖面图。整个绘制过程非常烦琐，并且不能完全保证与平面图的吻合性。尤其在平面视图中，所剖切位置发生更改，则相应的剖面图必须重新绘制或更改。但使用Revit生成剖面图，相对而言会方便很多。例如，用户只需要在绘制好的平面视图中放置剖切符号，即可生成相应的剖面图。只需要适当做一些二维修饰，即可满足施工图的要求。最重要的是，当平面视图发生更改或剖切位置发生改变后，剖切图会自动更新，而不需要重新绘制或更改，真正意义上达到了"一处更改，处处更改"的效果。

★重点★
实战：创建并深化剖面图

场景位置	场景文件>第14章>14.rvt
实例位置	实例文件>第14章>实战：创建并深化剖面图.rvt
难易指数	★★★☆☆
技术掌握	剖面符号的使用方法及技巧

01 打开学习资源中的"场景文件>第14章>14.rvt"文件，切换到F1平面视图，然后切换到"视图"选项卡，接着单击"创建"面板中的"剖面"按钮，如图14-115所示。

图14-115

02 在实例"属性"面板中，选择"建筑剖面"类型，如图14-116所示，然后将光标定位于A轴与B轴之间，接着单击确定起点，向右移动光标再次单击确定终点，如图14-117所示。

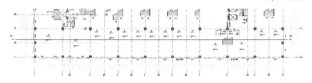

图14-116

图14-117

03 双击剖面符号蓝色的标头，进入相应的剖面视图，然后按两次V键，打开"可见性/图形替换"对话框，接着分别设置"楼板""屋顶""结构框架"的"填充图案"为"黑色-实体填充"，如图14-118所示。

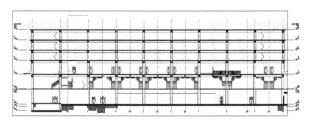

图14-118

04 选择视图中需要隐藏的图元，然后按E、H键在视图中永久隐藏掉，如图14-119所示。

图14-119

05 切换到"建筑"选项卡，然后在"房间与面积"面板中，单击"标记房间"下拉菜单中的"标记所有未标记的

对象"参数，接着在打开的"标记所有未标记的对象"对话框中选择"房间标记"类别并单击"确定"按钮 确定 ，如图14-120所示。

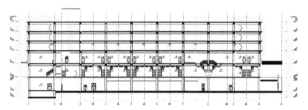

图14-120

06 拖曳轴线标头至裁剪框外合适的位置，然后单击"隐藏裁剪区域"按钮关闭裁剪框显示，接着切换到"注释"选项卡，并单击"尺寸标注"面板中的"对齐"按钮，进行剖面视图的尺寸标注，如图14-121所示。

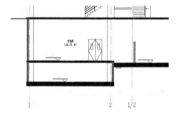

图14-121

07 切换到"注释"选项卡，然后单击"尺寸标注"面板中的"高程点"按钮，接着选择"立面高程"类型，在视图中添加高程点，如图14-122所示。

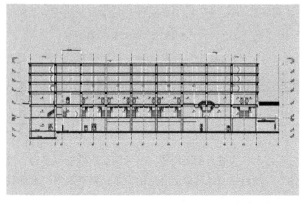

图14-122

08 在"项目浏览器"中将视图名称修改为1-1，缩放视图查看最终效果，如图14-123所示。

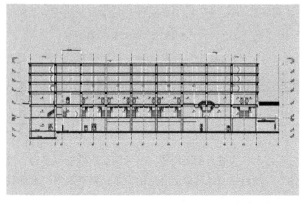

图14-123

14.2.5 详图和门窗表的绘制

详图是因为在原图纸上无法进行表述而进行详细制作的图纸，也叫节点大样等。门窗表是指门窗编号、尺寸及做法，这对大家在结构中计算荷载是必不可少的。

本节主要介绍上述提到的两项内容。在实际建筑设计过程中，这两项内容也是必不可少的。希望通过以下的学习，读者能够对Revit绘制施工图的方法有进一步的了解。

实战：创建墙身详图

场景位置	场景文件>第14章>15.rvt
实例位置	实例文件>第14章>实战：创建墙身详图.rvt
难易指数	★★☆☆☆
技术掌握	填充区域工具的使用方法

01 打开学习资源中的"场景文件>第14章>15.rvt"文件，切换到F1平面视图，再切换到"视图"选项卡，然后在"创建"面板中单击"剖面"按钮◇，接着在实例"属性"面板中选择"详图"类型，如图14-124所示。

图14-124

02 在视图中单击确定剖切标头的位置，移动光标至墙体再次单击确定剖切线的位置，完成后拖曳显示范围框至合适的位置，如图14-125所示。

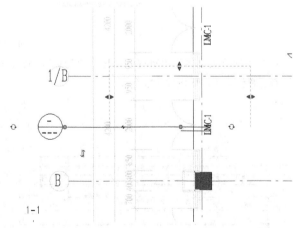

图14-125

03 双击标头进入剖面视图，将视图显示模型调整为"精细"，然后拖曳裁剪框至合适的大小，接着单击"水平截断符号"，如图14-126所示。

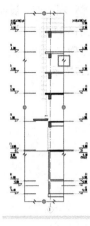

图14-126

04 此时裁剪框将分为两部分，再次向上拖曳下方裁剪框的控制柄至F3层的位置，如图14-127所示。

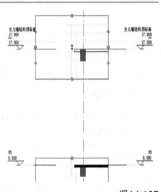

图14-127

05 选择裁剪框，单击并拖曳"移动视图区域"至两个视图相邻的位置，如图14-128所示。

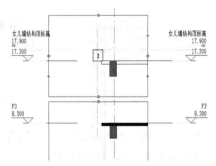

图14-128

06 切换到"注释"选项卡，然后单击"符号"面板中的"符号"按钮，接着在实例"属性"面板中选择"符号-剖断线"类型，如图14-129所示。

图14-129

07 单击"隐藏裁剪区域"按钮，关闭裁剪框，然后在视图拼接处及右侧剖切处分别放置"符号-剖断线"，如图14-130所示。

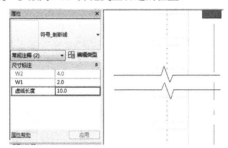

图14-130

08 选择横向剖断线，然后在实例"属性"面中设置"虚线长度"参数为10，如图14-131所示，接着选择纵向剖断线，设置"虚线长度"参数为140，并拖曳至合适的位置。

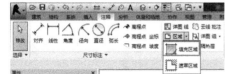

图14-131

09 切换到"注释"选项卡，然后在"详图"面板中，单击"区域"下拉菜单中的"填充区域"按钮，如图14-132所示。

图14-132

10 单击"编辑类型"按钮，复制新的类型命令为"钢筋混凝土"，然后单击"填充样式"参数后的"浏览"按钮，接着在"填充样式"对话框中选择"混凝土-钢砼"，并依次单击"确定"按钮 确定，如图14-133所示。

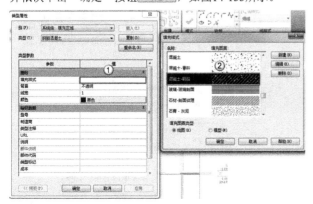

图14-133

11 选择"直线"绘制工具，在视图中开始绘制填充区域的轮廓线，然后单击"完成"按钮，如图14-134所示。

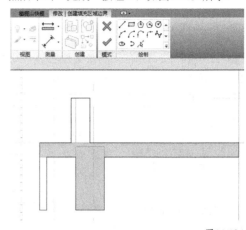

图14-134

技巧与提示

注意，填充轮廓线必须为完全封闭的状态，不然无法完成应用。

12 选择任一轴线，关闭"显示标头"复选框，然后将轴线标头进行隐藏，接着调整标高线的长度，如图14-135所示。其余标头均按上述操作进行。

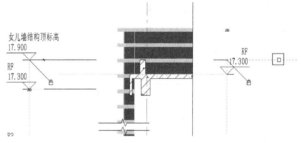

图14-135

13 对视图进行尺寸标注，并修改视图名称为"墙身大样1"，完成后查看最终效果，如图14-136所示。

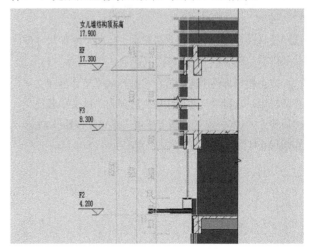

图14-136

247

★ 重点 ★
实战：创建楼梯平面详图

场景位置　场景文件>第14章>16.rvt
实例位置　实例文件>第14章>实战：创建楼梯平面详图.rvt
难易指数　★★☆☆☆
技术掌握　填充区域工具的使用方法

01 打开学习资源中的"场景文件>第14章>16.rvt"文件，切换到F1平面视图，然后切换到"视图"选项卡，接着单击"创建"面板中的"详图索引"按钮♂，如图14-137所示。

图14-137

02 在平面视图中找到"T3楼梯"所在位置，然后单击拖曳鼠标创建详图索引范围框，如图14-138所示。

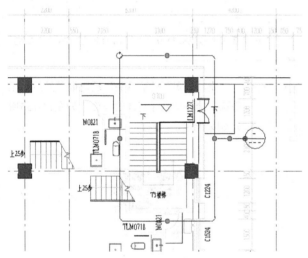

图14-138

03 进入楼梯详图后，切换到"注释"选项卡，然后单击"符号"面板中的"符号"按钮▣，接着放置剖断线，最后单击"隐藏裁剪区域"按钮▣，隐藏裁剪框，如图14-139所示。

04 将视图详细程度调整为"精细"，然后添加尺寸标注与高程点，如图14-140所示。

05 双击楼梯标注中段数值，在打开的"尺寸标注文字"对话框中，选择"尺寸标注值"选项为"以文字替换"，然后输入9×260=2340，接着单击"确定"按钮，如图14-141所示。

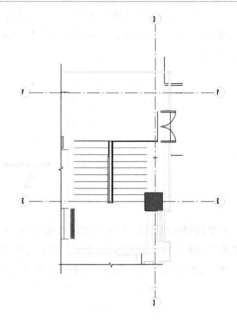

图14-139

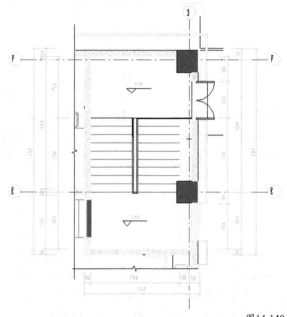

图14-140

图14-141

06 使用同样的方法，将另一边标注数值改为9×260=2340。修改完成后查看最终效果，如图14-142所示。

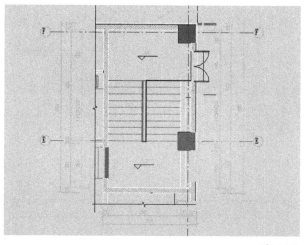

图14-142

实战：创建楼梯剖面详图

场景位置　场景文件>第14章>17.rvt
实例位置　实例文件>第14章>实战：创建楼梯剖面详图.rvt
难易指数　★★☆☆☆
技术掌握　剖切面轮廓工具的使用方法

01 打开学习资源中的"场景文件>第14章>17.rvt"文件，然后切换到"视图"选项卡，接着单击"创建"面板中的"剖面"按钮，再在楼梯左侧绘制剖面符号，并选择详图剖面符号，最后在实例"属性"面板中替换为"建筑剖面"，如图14-143所示。

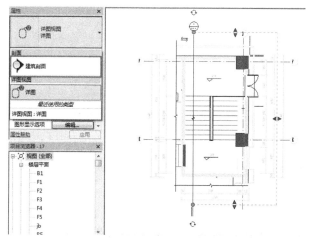

图14-143

02 双击剖面符号标头，进入楼梯剖面图，将视图详细程度调整为"精细"，然后拖曳裁剪框至合适的大小，如图14-144所示。

03 单击"隐藏裁剪区域"按钮，关闭剪裁框，然后依次关闭右侧标头显示，并拖曳标注线段至合适的位置，如图14-145所示。

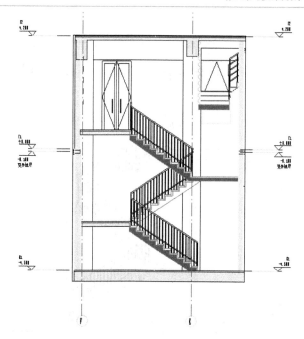

图14-144

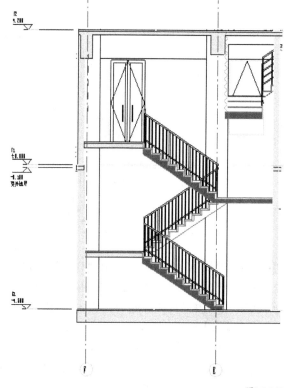

图14-145

04 使用"符号"工具添加剖断线，然后分别添加高程点与尺寸标注，如图14-146所示。

05 设置标注数值分别为163.6×11=1800、170×10=1700和170×10=1700，如图14-147所示。

249

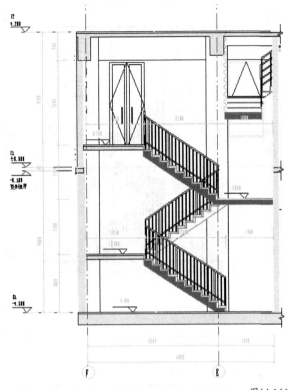

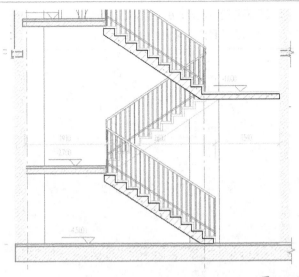

图14-148

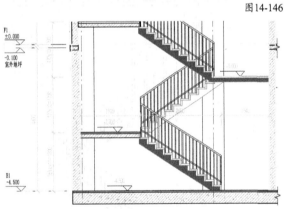

图14-146

图14-149

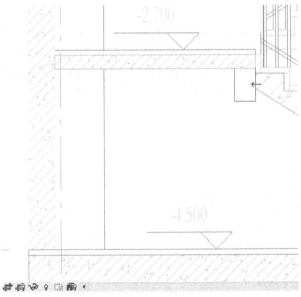

图14-147

06 切换到"注释"选项卡，然后在"详图"面板中，单击"区域"下拉菜单中的"填充区域"按钮▨，接着在实例"属性"面板中选择"钢筋混凝土"，再使用"直线"工具／在视图中沿着楼梯边缘绘制填充轮廓，最后单击"完成"按钮✔，效果如图14-148所示。

07 切换到"视图"选项卡，然后单击"图形"面板中的"剖切面轮廓"按钮▨，如图14-149所示。

08 拾取楼梯歇脚平面，进入绘制草图模式，然后使用"直线"工具／以顺时针方向绘制梯梁轮廓，接着单击"完成"按钮✔，如图14-150所示。

图14-150

 技巧与提示

　　绘制剖切面轮廓线时，最好以顺时针方向绘制。如果是逆时针方向，绘制的轮廓填充将无法正常显示。这种状态下，可以单击轮廓线编辑草图状态下的"翻转箭头"┼，使其箭头方向朝内侧，方可正常显示轮廓填充。

09 按照同样的方法，添加其他标高的梯梁，完成后最终效果如图14-151所示。

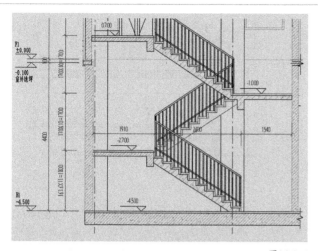

图14-151

★重点★
实战：创建节点详图

场景位置	场景文件>第14章>18.rvt
实例位置	实例文件>第14章>实战：创建节点详图.rvt
难易指数	★★☆☆☆
技术掌握	详图的使用方法

01. 打开学习资源中的"场景文件>第14章>18.rvt"文件，然后切换到"注释"选项卡，接着单击"符号"面板中的"符号"按钮，并在实例"属性"面板中选择"索引_10mm"，如图14-152所示。

图14-152

02. 在视图中放置索引符号，然后切换到"修改|常规注释"选项卡，接着单击"添加"按钮，如图14-153所示。

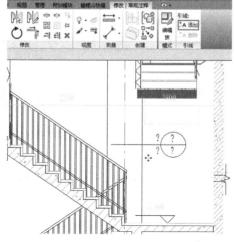

图14-153

03. 拖曳引线的位置指向栏杆，然后选择索引符号族，接着在实例"属性"面板中输入相关信息，如图14-154所示。

图14-154

04. 切换到"插入"选项卡，然后单击"从库中载入"面板中的"作为组载入"按钮，如图14-155所示。

图14-155

05. 在"将文件作为组载入"对话框中，选择第14章文件夹中的"楼梯踏步"文件，然后单击"打开"按钮，如图14-156所示。

图14-156

06. 切换到"视图"选项卡，然后单击"创建"面板中的"绘图视图"按钮，如图14-157所示。

图14-157

07. 在打开的"新绘图视图"对话框中，输入"名称"为"楼梯踏步节点"，然后设置"比例"为1：5，接着单击"确定"按钮，如图14-158所示。

图14-158

08. 切换到"注释"选项卡，然后在"详图"面板中，单

击"详图 组"下拉菜单中的"放置详图组"按钮，如图
14-159所示。

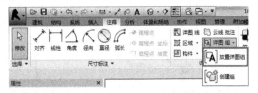

图14-159

09 在实例"属性"面板中选择"楼梯踏步"，然后在视
图中单击放置详细组，如图14-160所示。

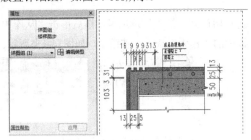

图14-160

10 选择A-A剖面视图，然后切换到"视图"选项卡，接
着单击"创建"面板中的"详图索引"按钮，再选择工
具选项栏中的"参照其他视图"选项，最后在选项栏中选
择"楼梯踏步节点"选项，如图14-161所示。

图14-161

11 将光标定位于楼梯踏步处，拖曳创建详图索引框，如
图14-162所示。

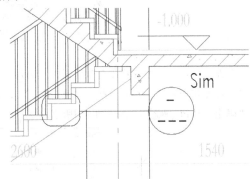

图14-162

12 双击详图索引符号蓝色标头，自动切换到楼梯踏步节
点，如图14-163所示。最终完成效果如图14-164所示。

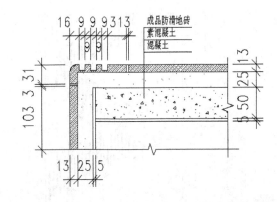

图14-163

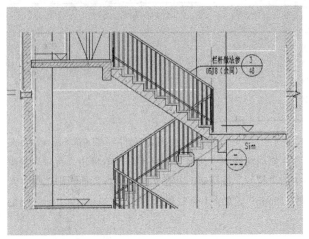

图14-164

★ 重点 ★
实战：创建门窗图例

场景位置　场景文件>第14章>19.rvt
实例位置　实例文件>第14章>实战：创建门窗图例.rvt
难易指数　★★★☆☆
技术掌握　图例工具的使用方法

01 打开学习资源中的"场景文件>第14章>19.rvt"文
件，然后切换到"视图"选项卡，接着在"创建"面板
中，单击"图例"下拉菜单中的"图例"按钮，并在实
例"属性"面板中选择"详细"类型，如图14-165所示。

图14-165

 技巧与提示

　　为了方便后期出图，一般一个图例视图放置一个门窗图
例，这样方便后期在Revit图框中放置门窗图例时生成独立
的门窗编号。

⑫ 在打开的"新图例视图"对话框中输入"名称"为"门窗表",然后设置"比例"为1:20,接着单击"确定"按钮 确定 ,如图14-166所示。

图14-166

⑬ 切换到"注释"选项卡,然后在"详图"面板中,单击"构件"下拉菜单中的"图例构件"按钮,如图14-167所示。

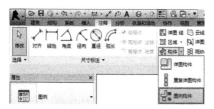

图14-167

⑭ 在工具选项栏中,设置"族"为"窗:不等条形窗500:C1524","视图"为"立面:前",如图14-168所示。

图14-168

⑮ 在视图中单击放置,并进行尺寸标注,如图14-169所示。按照相同的步骤添加其他门窗图例,最终完成效果如图14-170所示。

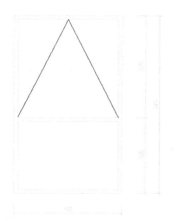

图14-169

图14-170

知识链接

关于向图框内添加视图的具体操作,请参阅"第16章 布图与打印"的相关内容。

第15章

明细表详解

15.1 构件明细表

明细表可以帮助用户统计模型中的任意构件，如门、窗和墙体。明细表所统计的内容，由构件本身的参数提供。用户在创建明细表的时候，选择需要统计的关键字即可。

Revit中的明细表共分为六种类别，分别是"明细表/数量" 🖿、"图形柱明细表" 🖿、"材质提取" 🖿、"图纸列表" 🖿、"注释块" 🖿 和"视图列表" 🖿。在实例项目中，经常用到"明细表/数量"明细表，通过"明细表/数量"明细表统计的数值，可以作为项目概预算的工程量使用。

15.1.1 明细表/数量

明细表可以包含多个具有相同特征的项目。例如，房间明细表中可能包含 150 个地板、天花板和基面面层均相同的房间。读者不必在明细表中手动输入这 150 个房间的信息，只需定义关键字，就可自动填充信息。 如果房间有已定义的关键字，当这个房间添加到明细表中时，明细表中的相关字段将自动更新，以减少生成明细表所需的时间。

可以使用关键字明细表定义关键字。除了按照规范定义关键字之外，关键字明细表看起来类似于构件明细表。创建关键字时，关键字会作为图元的实例属性列出。当应用关键字的值时，关键字的属性将应用到图元中。

★ 重点 ★

实战：创建卫浴装置明细表

场景位置	场景文件>第15章>01.rvt
实例位置	实例文件>第15章>实战：创建卫浴装置明细表.rvt
难易指数	★★★☆☆
技术掌握	明细表关键字的添加与编辑

01 打开学习资源中的"场景文件>第15章>01.rvt"文件，然后选择项目中任一"墩步池"，在实例"属性"面板中单击"图像"参数后的空白处，如图15-1所示。

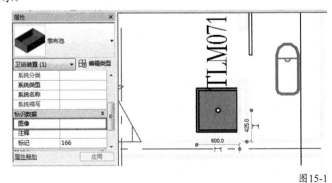

图15-1

02 在"管理图像"对话框中，单击"添加"按钮 添加(A)，如图15-2所示。

03 在打开的"导入图像"对话框中，选择"拖步池"文件，然后单击"打开"按钮 打开(O)，接着单击"确定"按钮 确定，如图15-3所示。

图15-2

图15-3

04 切换到"视图"选项卡，然后在"创建"面板中，单击"明细表"下拉菜单中的"明细表/数量"按钮，如图15-4所示。

图15-4

05 在打开的"新建明细表"对话框中，选择类别为"卫浴装置"，然后输入明细表名称，接着单击"确定"按钮，如图15-5所示。

06 在"明细表属性"对话框中，在"可用的字段"列表中，分别双击"类型""标高""图像"和"合计"关键字，将其添加到"明细表字段"列表中，如图15-6所示。

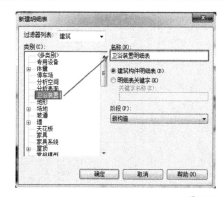

图15-5

图15-6

技巧与提示

如果需要统计链接文件中的图元，选择"包含链接中的图元"选项即可。

07 切换到"过滤器"选项卡，设置"过滤条件"为"标高-等于-F1"，此时，明细表中将只统计F1层的相关构件，如图15-7所示。

图15-7

08 单击"确定"按钮后，将自动生成明细表，如图15-8所示。

255

图15-8

09 在实例"属性"面板中，单击"排序/成组"属性后的"编辑"按钮 编辑... ，如图15-9所示。

图15-9

10 在打开的"明细表属性"对话框中，关闭"逐个列举每个实例"选项，然后设置"排序方式"为"类型"，接着选择"总计"选项，最后单击"确定"按钮 确定 ，如图15-10所示。

图15-10

11 最终完成的明细表效果如图15-11所示。

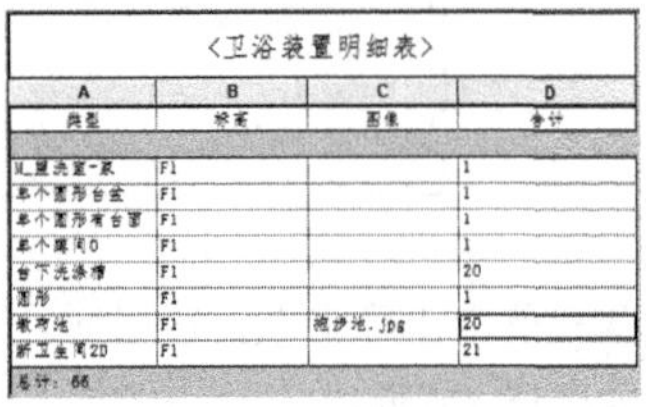

图15-11

疑难问答

问：为什么图像类别只显示文件名称而不能显示图像？

答：在明细表视图中，默认不显示图像文件。只有当明细表放置到图纸中时，图像才会正常显示。

实战：使用明细表公式

场景位置　场景文件>第15章>02.rvt
实例位置　实例文件>第15章>实战：使用明细表公式.rvt
难易指数　★★★☆☆
技术掌握　明细表添加参数与计算值的使用

01 打开学习资源中的"场景文件>第15章>02.rvt"文件，然后在"项目浏览器"中双击"B_外墙明细表"，打开明细表视图，如图15-12所示。

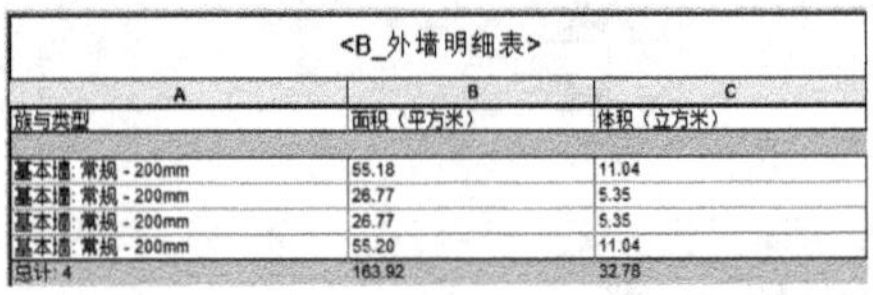

	A	B	C
<B_外墙明细表>			
族与类型	面积（平方米）	体积（立方米）	
基本墙：常规 - 200mm	55.18	11.04	
基本墙：常规 - 200mm	26.77	5.35	
基本墙：常规 - 200mm	26.77	5.35	
基本墙：常规 - 200mm	55.20	11.04	
总计 4	163.92	32.78	

图15-12

02 在实例"属性"面板中，单击"字段"属性后的"编辑"按钮 编辑... ，然后在打开的"明细表属性"对话框中，单击"添加参数"按钮 添加参数(P)... ，如图15-13所示。

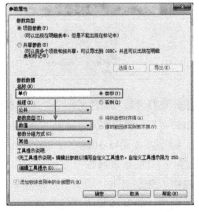

图15-13

03 在"参数属性"面板中，输入"名称"为"单价"，然后选择"类型"选项，接着设置"参数类型"为"数值"，最后单击"确定"按钮 确定 ，如图15-14所示。

图15-14

04 在"明细表属性"对话框中，单击"计算值"按钮 **计算值(C)...** ，如图15-15所示。

图15-15

05 在打开的"计算值"对话框中，输入"名称"为"总价"，然后设置"类型"为"体积"，输入"公式"为"体积*单价"，如图15-16所示。

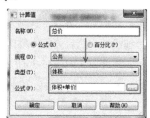

图15-16

 **技巧与提示**

公式中引用的参数值可以手动输入，也可以单击后方的"浏览"按钮进行选择。

06 在明细表视图中，设置"单价"一列为120，然后在打开的对话框中单击"确定"按钮 **确定** ，最终输入完成效果如图15-17所示。

	A	B	C	D	E
	施工类型	面积（平方米）	体积（立方米）	单价	总价
基本墙: 常规 - 200mm	55.18	11.04	120	1324.32
基本墙: 常规 - 200mm	26.77	5.35	120	642.44
基本墙: 常规 - 200mm	26.77	5.35	120	642.44
基本墙: 常规 - 200mm	55.20	11.04	120	1324.80
总计 4	163.92	32.78		

<B_外墙明细表>

图15-17

★ 重点
实战：编辑明细表样式

场景位置 场景文件>第15章>03.rvt
实例位置 实例文件>第15章>实战：编辑明细表样式.rvt
难易指数 ★★★☆☆
技术掌握 明细表格式调整与外观样式设置

01 打开学习资源中的"场景文件>第15章>03.rvt"文件，打开窗明细表，如图15-18所示。

02 在实例"属性"面板中，单击"排序/成组"属性后的"编辑"按钮 **编辑...** ，然后在打开的"明细表属性"对话框中，关闭"逐个列举每个实例"选项，接着设

置"排序方式"为"标高"，再选择"总计"选项，最后单击"确定"按钮 **确定** ，如图15-19所示。

	A	B	C	D	E	F
	类型	宽度	高度	标高	合计	注释
C0724	750	2400	F1	1	
C1224	1200	2400	F1	1	
C1824	1800	2400	F1	1	
C0724	750	2400	F1	1	
C1224	1200	2400	F1	1	
C0724	750	2400	F1	1	
C0724	750	2400	F1	1	
C0924	900	2400	F1	1	
C1824	1800	2400	F1	1	
C0724	750	2400	F1	1	
C0724	750	2400	F1	1	
C1824	1800	2400	F1	1	
C0924	900	2400	F1	1	
C0724	750	2400	F1	1	
C0724	750	2400	F1	1	
C1224	1200	2400	F1	1	
C1224	1200	2400	F1	1	
C0724	750	2400	F1	1	

<窗明细表>

图15-18

图15-19

03 拖曳光标同时选择"宽度"与"高度"两列标头，然后单击"标题和页眉"面板中的"成组"按钮 ，如图15-20所示。

	A	B	C	D	E	F
	类型	宽度	高度	标高	合计	注释
BYC2020	2000	2000	B1	1	
C1115	1100	1500	B1	2	
C1122	1100	2200	B1	1	
C1209	1200	900	B1	1	
C2020	2000	2000	B1	1	
C541B	2400	1900	B1	3	
C0824	800	2400	F1	1	
C0724	750	2400	F1	11	
C0924	900	2400	F1	2	
C1224	1200	2400	F1	1	
C1824	1800	2400	F1	1	
FHC1524	1500	2400	F1	1	
C0824	800	2400	F2	1	
C0724	750	2400	F2	11	
C0924	900	2400	F2	1	
C1224	1200	2400	F2	9	
C1824	1800	2400	F2	4	
C1824	1800	2400	F2	1	
C1824	1800	2400	F2	1	
D0811	600	1100	RF	1	
D0917	900	1700	RF	1	
总计: 56					

<窗明细表>

图15-20

04 成组完成后，将会在选择的两个单元格上方生成一个新的单元格，在单元格中输入"洞口尺寸"，如图15-21所示。

〈窗明细表〉

A	B	C	D	E	F
		洞口尺寸			
类型	宽度	高度	标高	合计	注释
BYC2020	2000	2000	B1	1	
C1115	1100	1500	B1	2	
C1122	1100	2200	B1	1	
C1209	1200	900	B1	1	
C2020	2000	2000	B1	1	
C2415	2400	1500	B1	3	
C0524	500	2400	F1	1	
C0724	750	2400	F1	11	
C0924	900	2400	F1	2	
C1224	1200	2400	F1	8	
C1524	1500	2400	F1	3	

图15-21

05 按照同样的方法，完成"标高"与"合计"单元格的合并，并命名为"数量"。按照规范要求更改各个表头名称，如图15-22所示。

〈窗明细表〉

A	B	C	D	E	F
		洞口尺寸		数量	
设计编号	宽度	高度	标高	合计	备注
BYC2020	2000	2000	B1	1	
C1115	1100	1500	B1	2	
C1122	1100	2200	B1	1	
C1209	1200	900	B1	1	
C2020	2000	2000	B1	1	
C2415	2400	1500	B1	3	
C0524	500	2400	F1	1	
C0724	750	2400	F1	11	
C0924	900	2400	F1	2	
C1224	1200	2400	F1	8	
C1524	1500	2400	F1	3	
FHC1524	1500	2400	F1	1	
C0524	500	2400	F2	1	
C0724	750	2400	F2	11	
C0924	900	2400	F2	2	
C1224	1200	2400	F2	9	
C1524	1500	2400	F2	4	
C1524	1500	2400	F2	1	
C1824	1800	2400	F2	1	
D0611	600	1100	RF	1	
D0917	900	1700	RF	1	

图15-22

06 选择设计编辑标头，然后在"外观"面板中，单击"对齐垂直"下拉菜单中的"中部"命令，如图15-23所示。其余表头按同样的方法进行处理。

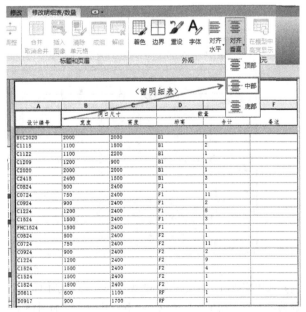

图15-23

07 在实例"属性"面板中，单击"格式"属性后的"编辑"按钮 [编辑...]，然后在打开的"明细表属性"对话框中，选择"字段"列表中的所有关键字，设置"对齐"方式为"中心线"，如图15-24所示。

图15-24

08 切换到"外观"选项卡，选择"轮廓"选项并设置为"细线"，然后关闭"数据前的空行"选项，如图15-25所示。最终效果如图15-26所示。

图15-25

〈窗明细表〉

A	B	C	D	E	F
		洞口尺寸		数量	
设计编号	宽度	高度	标高	合计	备注
BYC2020	2000	2000	B1	1	
C1115	1100	1500	B1	2	
C1122	1100	2200	B1	1	
C1209	1200	900	B1	1	
C2020	2000	2000	B1	1	
C2415	2400	1500	B1	3	
C0824	500	2400	F1	1	
C0724	750	2400	F1	11	
C0924	900	2400	F1	2	
C1224	1200	2400	F1	8	
C1524	1500	2400	F1	3	
FHC1524	1500	2400	F1	1	
C0524	500	2400	F2	1	
C0724	750	2400	F2	11	
C0924	900	2400	F2	2	
C1224	1200	2400	F2	9	
C1524	1500	2400	F2	4	
C1824	1800	2400	F2	1	
D0611	600	1100	RF	1	
D0917	900	1700	RF	1	

图15-26

15.1.2 使用插件创建明细表

使用Revit中的明细表制作门窗表时，只能单独统计窗、门构件，这不符合国家规范要求。为了满足中国用户的需求，欧特克官方提供了Extensions插件，用于创建适合中国设计规范的门窗表。使用该工具可以在明细表中合并生成门、窗构件统计表格。值得注意的是，该工具生成的门窗表中，"门窗标号"可读取门、窗类型参数中的"类型标记"参数值。

技巧与提示

注意，本插件必须由拥有迅博权限的用户下载，用户安装后才能使用。

★ 重点 ★
实战：创建门窗表

场景位置	场景文件>第15章>04.rvt
实例位置	实例文件>第15章>实战：创建门窗表.rvt
难易指数	★★★☆☆
技术掌握	使用插件创建图标明细表设置方法

01➤ 打开学习资源中的"场景文件>第15章>04.rvt"文件，然后切换到"附加模块"选项卡，接着单击"门窗表增强"面板中的"创建"按钮，打开窗明细表，如图15-27所示。

图15-27

02➤ 在打开的"创建门窗表"对话框中，选择"门窗数量"选项，然后在"分层子列"列表中，按Ctrl键并按鼠标左键选择各个不需要统计的标高，接着单击"移除"按钮，如图15-28所示。

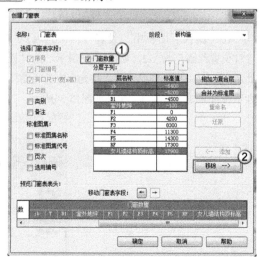
图15-28

03➤ 选择"标准图集名称"与"备注"选项，然后选择F3~F5层，接着单击"相加为复合层"按钮，如图15-29所示。

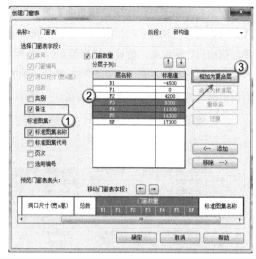
图15-29

04➤ 选择复合层，然后单击"重命名"按钮，接着在打开的"重命名楼层"对话框中，输入"名称"为F3~F5，如图15-30所示。最终完成效果如图15-31所示。

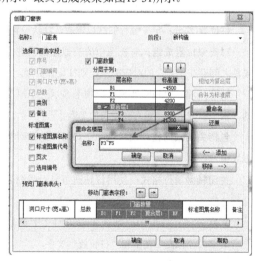
图15-30

图15-31

15.1.3 图形柱明细表

结构柱在图形柱明细表中通过相交轴线及其顶部、底部的约束和偏移来标识。图形柱明细表的使用频率不高，其主要作用是将项目中的所有结构柱显示在图表中。图表中包括结构柱的标高、位置和图样等参数。

若要修改视图参数，可以打开图形柱明细表，在属性面板中进行参数修改，如图15-32所示。

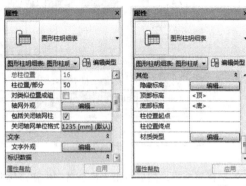

图15-32

图形柱明细表的视图参数介绍

总柱位置： 该参数显示明细表中的柱位置总数。

柱位置/部分： 定义每行的柱位置数，默认设置为50。

对类似位置成组： 对视图中的类似柱位置进行成组。如果柱之间存在一对一的对应关系，则柱位置类似。

轴网外观： "轴网外观"选项卡显示五个用于调整轴网的"水平宽度"和"垂直高度"的参数。

包括关闭轴网柱： 未在轴网交点对齐的轴网将包括在明细表中。

关闭轴网单位格式： 使用该按钮可显示明细表的当前尺寸标注格式。

文字外观： 柱形图明细表中使用的文字类型包括"标题"文字、"标高"文字和"柱位置"文字。

隐藏标高： 打开"隐藏在柱形图明细表中的标高"对话框，选择不用于该明细表的标高。

顶部标高： 此参数默认设置为"<顶>"，但可将项目中的任意标高指定为顶部标高。

底部标高： 此参数默认设置为"<底>"，但可将项目中的任意标高指定为底部标高。

柱位置起点： 指定视图起始的柱。

柱位置终点： 指定视图结束的柱。

材质类型： 单击"编辑"按钮，将显示"钢""混凝土""预制混凝土""木材"和"其他"5个选项的对话框。

★ 重 点 ★
实战：创建图形柱明细表
场景位置　场景文件>第15章>05.rvt
实例位置　实例文件>第15章>实战：创建图形柱明细表.rvt
难易指数　★★☆☆☆
技术掌握　图形柱明细表参数的设置

01 打开学习资源中的"场景文件>第15章>05.rvt"文件，然后切换到"视图"选项卡，接着在"创建"面板中，单击"明细表"下拉菜单中的"图形柱明细表"按钮，如图15-33所示。

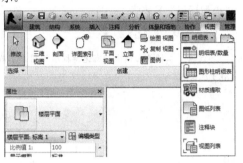

图15-33

02 软件将自动生成图形柱明细表，将视图详细程度调整为"精细"，效果如图15-34所示。

图15-34

03 在"属性"面板中，设置"柱位置起点"为A-1，"柱位置终点"为A-2，如图15-35所示，此时视图中将只显示A-1与A-2区间的结构柱。将光标定位于绘制图区域，查看设置完成后的最终效果，如图15-36所示。

图15-35

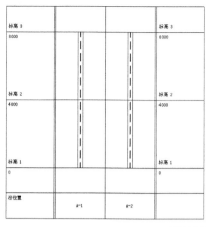

图15-36

15.2 材料统计

材质提取明细表列出所有 Revit 族的子构件或材质，并且具有其他明细表视图的所有功能和特征，用于更详细地显示构件的部件信息。Revit构件的任何材质都可以显示在明细表中。

★重点★

实战：统计墙材质

场景位置　场景文件>第15章>06.rvt
实例位置　实例文件>第15章>实战：统计墙材质.rvt
难易指数　★★☆☆☆
技术掌握　材料提取明细表的使用方法

01 打开学习资源中的“场景文件>第15章>06.rvt”文件，然后切换到“视图”选项卡，接着在“创建”面板中单击“明细表”下拉菜单中的“材质提取”按钮，如图15-37所示。

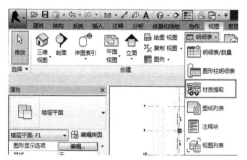

图15-37

02 在打开的“新建材质提取”对话框中，选择“墙”类别，然后单击“确定”按钮，如图15-38所示。

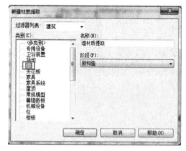

图15-38

03 在打开的“材质提取属性”对话框中，分别添加“材质：名称”“材质：标记”“材质：体积”和“材质：面积”字段，如图15-39所示。最终效果如图15-40所示。

图15-39

〈墙材质提取〉

A	B	C	D
材质：名称	材质：标记	材质：体积	材质：面积
C_混凝土 - 钢筋		12.12	60.55
C_混凝土 - 钢筋		13.94	69.70
C_混凝土 - 钢筋		12.55	62.73
C_混凝土 - 钢筋		13.94	69.70
C_混凝土 - 钢筋		60.94	304.71
C_混凝土 - 钢筋		41.34	206.70
C_混凝土 - 钢筋		10.44	52.20
C_混凝土 - 钢筋		1.71	8.55
C_混凝土 - 钢筋		10.44	52.20
C_混凝土 - 钢筋		10.69	53.43
C_混凝土 - 钢筋		10.22	51.10
C_混凝土 - 钢筋		10.69	53.43
C_混凝土 - 钢筋		10.61	53.04
C_混凝土 - 钢筋		15.12	75.60
C_混凝土 - 钢筋		10.57	63.43
C_混凝土 - 钢筋		12.96	64.80
C_混凝土 - 钢筋		13.62	68.10
C_混凝土 - 钢筋		10.44	52.20
C_混凝土 - 钢筋		8.12	40.59
C_混凝土 - 钢筋		3.20	15.99
C_混凝土 - 钢筋		1.60	8.00

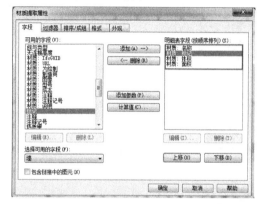

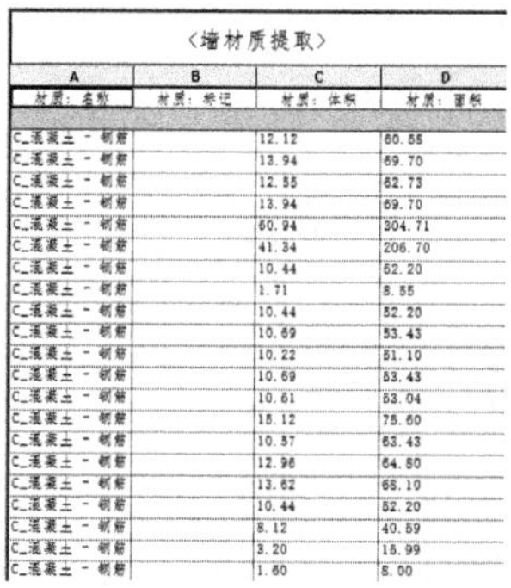

图15-40

第16章

布图与打印

Employment Direction
从业方向

建筑设计　　结构设计

机电设计　　幕墙设计

室内工程　　景观设计

16.1 图纸布图

开始图纸布置，已然是设计过程中的最后一个阶段。将比例不同的图纸放置到图框内填写必要信息，最终打印出图。

布置图的方式大致分为3种，第1种方式是在设计打印图纸时，将事先准备好的标准图框，在CAD软件模型空间中按照视图需要的比例进行缩放，直至视图的内容完全放置到图框中；第2种方式由于视图表达建筑长度方向较长，通常需要使用加长图框；第3种方式是设计师将图框放置在CAD上布局空间，然后通过视口的方式进行视图比例缩放，最终确定图纸的比例。目前，国内设计师常用后两种方式布置图，国外的设计师经常使用第3种方式。

★ 重点 ★
16.1.1 布置图纸

在Revit中布置图纸与AutoCAD平台略有不同。Revit中的视图都有不同的视图比例，布置图纸时，只需要选择合适大小的图框即可。Revit中所使用的图框，被称为标题栏族。

★ 重点 ★
实战：图纸布置

场景位置	场景文件>第16章>01.rvt
实例位置	实例文件>第16章>实战：图纸布置.rvt
难易指数	★★★☆☆
技术掌握	导向轴网工具的使用

01 打开学习资源中的"场景文件>第16章>01.rvt"文件，然后切换到"视图"选项卡，接着在"图纸组合"面板中单击"图纸"按钮，如图16-1所示。

图16-1

02 在打开的"新建图纸"对话框中，选择"图框A1+"，然后单击"确定"按钮，如图16-2所示。

图16-2

03► 切换到"视图"选项卡，然后单击"图纸组合"面板中的"视图"按钮，如图16-3所示。

图16-3

04► 在打开的"视图"对话框中，选择"楼层平面：F1"，然后单击"在图纸中添加视图"按钮 在图纸中添加视图(A)，如图16-4所示。

图16-4

05► 将光标移动到合适的位置，然后单击鼠标放置，如图16-5所示。如果对放置的位置不满意，还可以选中视图继续拖曳。

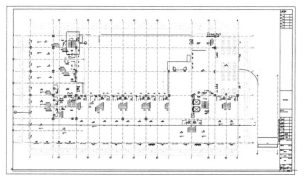

图16-5

06► 选中刚刚放置的视图，然后在实例"属性"面板中选择"视图标题-名称"类型，如图16-6所示，接着设置"视图名称"为"首层平面图"，如图16-7所示，并在打开的对话框中单击"否"按钮 否(N)，如图16-8所示。

图16-6　　　　　图16-7

图16-8

技巧与提示

选择"否"按钮，将只更改图纸中的视图名称，而不会关联修改其他地方。

07► 选中视口范围框，视口标题中的延伸线两端将出现长度控制点，然后拖曳两侧的控制点，更改延伸线的长度，如图16-9所示。

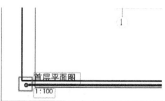

图16-9

08► 单独选中视口标题，然后将其拖曳到图纸下方中心的位置，如图16-10所示。

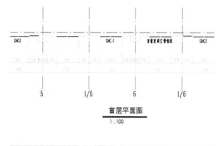

图16-10

09► 切换到"视图"选项卡，然后单击"图纸组合"面板中的"导向轴网"按钮，如图16-11所示。

图16-11

10► 在打开的"指定导向轴网"对话框中，选择"创建新轴网"选项，然后输入"名称"为"轴线定位"，接着单击"确定"按钮 确定，如图16-12所示。

图16-12

技巧与提示

可以在未添加图纸的状态下，事先生成导向轴网。这样方便放置图纸时，能够以共同的基准点准确定位。

11 使用"移动"工具，将视图中的轴线与导向轴线的辅助线对齐，如图16-13所示。

图16-13

12 按照上述步骤，新建一张图纸，然后单击"导向轴网"按钮，在打开的"指定导向轴网"对话框中选择"选择现有轴网"选项，接着选中之前创建好的"轴线定位"，并单击"确定"按钮 确定，如图16-14所示。

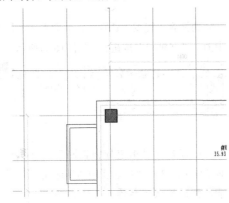

图16-14

13 添加"楼层平面：F2"视图至当前图纸中，然后拖曳视口与导向轴网对齐，如图16-15所示。

图16-15

14 在"项目浏览器"中选择相应图纸进行重命名，输入"编号"为"建施-01"，"名称"为"首层平面图"，如图16-16所示。

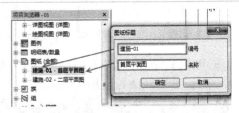

图16-16

15 修改视图名称，然后将导向轴网删除或隐藏，查看最终效果如图16-17所示。

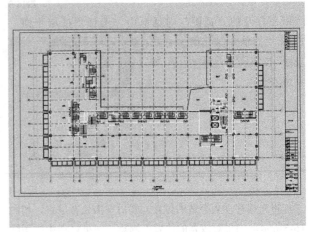

图16-17

16.1.2 项目信息设置

项目专有信息是在项目的所有图纸上都保持相同的数据。项目特定的数据，包括项目发布日期和状态、客户名称以及项目的地址、名称和编号。通过设置项目信息，可以将这些参数更新到图框中。

实战：设置项目信息

场景位置	场景文件>第16章>02.rvt
实例位置	实例文件>第16章>实战：设置项目信息.rvt
难易指数	★★☆☆☆
技术掌握	项目信息与图框参数关联修改

01 打开学习资源中的"场景文件>第16章>02.rvt"文件，然后切换到"管理"选项卡，接着单击"设置"面板中的"项目信息"按钮，如图16-18所示。

图16-18

02 在打开的"项目属性"对话框中，根据实际项目情况输入相关信息，如图16-19所示。

03 单击"确定"按钮后，在"项目属性"对话框中所输入的参数会自动更新显示到图框中，如图16-20所示。对

于剩余的信息,可以选中图框,在实例与类型参数中进行添加。

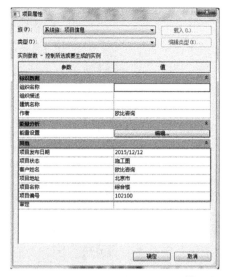

图16-19

图16-20

★ 重点 ★
16.1.3 图纸的修订及版本控制

绘制完所有图纸后,通常会对图纸进行审核,以满足客户或规范的要求,同时也需要追踪这些修订以供将来参考。例如,可能要检查修订历史记录以确定修改的时间、原因和执行者。Revit提供了一些工具,这些工具可用于追踪修订,并将修订信息反映在施工图文档集中的图纸上。

修订追踪是在发布图纸之后,记录对建筑模型所做的修改的过程。可以使用云线批注、标记和明细表追踪修订,并可以把这些修订信息发布到图纸上。

★ 重点 ★
实战:修订图纸

场景位置 场景文件>第16章>03.rvt
实例位置 实例文件>第16章>实战:修订图纸.rvt
难易指数 ★★☆☆☆
技术掌握 图纸修改添加与标记

01 打开学习资源中的"场景文件>第16章>03.rvt"文

件,然后切换到"视图"选项卡,接着在"图纸组合"面板中单击"修订"按钮,如图16-21所示。

图16-21

02 在打开的"图纸发布/修订"对话框中,单击"添加"按钮 [添加(A)],然后输入相关信息,如图16-22所示。

图16-22

03 切换到"注释"选项卡,然后在"详图"面板中单击"云线批注"按钮,如图16-23所示。

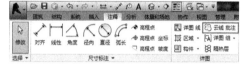

图16-23

04 在实例"属性"面板中,设置"修订"为"序列2",如图16-24所示。

图16-24

05 选择绘制工具为"样式曲线",在视图中绘制云线,然后单击"完成"按钮,如图16-25所示。

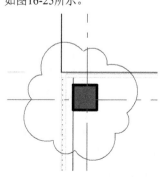

图16-25

06 切换到"注释"选项卡，然后在"标记"面板中单击"按类别标记"按钮①，接着在视图中拾取云线进行标记，如图16-26所示。

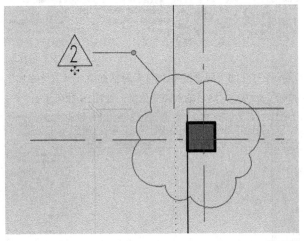

图16-26

16.2 打印与图纸导出

完成图纸布置后，一般就可以进行图纸打印，导出CAD或其他文件格式，以方便各方交换设计成果。下面分别向读者介绍Revit打印与导出的操作步骤及注意事项。

★ 重点
16.2.1 打印

"打印"工具可打印当前窗口的可见部分或所选的视图和图纸。将所需的图形发送到打印机，可生成PRN文件、PLT文件或PDF文件。一般情况下，会将图纸先生成PDF文件。PDF文件体积较小，非常便于存储与传送，实际项目中，经常以PDF文件进行传递。目前，Revit没有提供直接创建PDF文件的工具，需要用户自行安装第三方PDF虚拟打印机。

★ 重点
实战：打印图纸

场景位置	场景文件>第16章>04.rvt
实例位置	实例文件>第16章>实战：打印图纸.pdf
难易指数	★★☆☆☆
技术掌握	图纸打印的方法及参数设置

01 打开学习资源中的"场景文件>第16章>04.rvt"文件，然后单击"应用程序菜单"图标 ，接着执行"打印>打印"命令，如图16-27所示。

02 在"打印"对话框中选择pdfFactory Pro打印机，然后单击后面的"属性"按钮 属性(P)... ，如图16-28所示。

图16-27

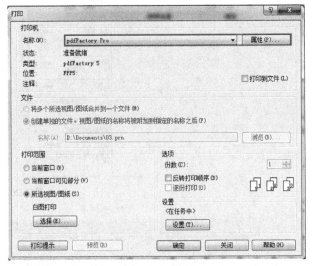

图16-28

技巧与提示

如果需要生成PLT文件进行打印，可以选择"打印到文件"选项，然后选择PLT文件。之后选择文件保存路径，即可使用PLT文件进行打印。

03 在打印机的"pdfFactory Pro属性"对话框中，设置"纸张大小"为A2，"方向"为"横向"，然后单击"确定"按钮 确定 ，如图16-29所示。

04 在"打印"对话框中，选择"打印范围"为"所选视图/图纸"，然后单击"选择"按钮 选择(E)... ，接着在打开的"视图/图纸集"对话框中，选择"建施-01"与"建施-02"选项，最后单击"确定"按钮 确定 ，如图16-30所示。

图16-29

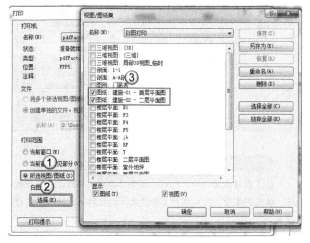

图16-30

05 打印完成后，生成的PDF文档效果如图16-31所示。

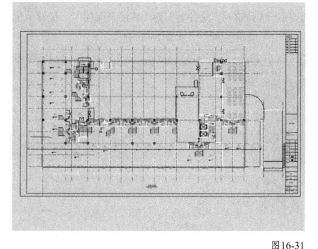

图16-31

16.2.2 导出与设置

建筑设计过程中，需要多个专业互相配合完成。所以，当建筑专业使用Revit完成设计时，将要求其他专业同时也使用Revit，才能进行资料的传递和共享。但现有情况是，其他专业（如结构、电气、暖通、给排水）无法使用Revit设计出图。因此，只能由建筑专业导出CAD文件，才能与其他专业进行设计配合。下面介绍如何使用Revit导出与设计院现有CAD标准相符的DWG文件。

★ 重 点 ★
实战：导出DWG

场景位置	场景文件>第16章>05.rvt
实例位置	实例文件>第16章>实战：导出DWG.dwg
难易指数	★★★☆☆
技术掌握	导出CAD图纸参数设置

01 打开学习资源中的"场景文件>第16章>05.rvt"文件，然后单击"应用程序菜单"图标，接着执行"导出>CAD格式>DWG"命令，如图16-32所示。

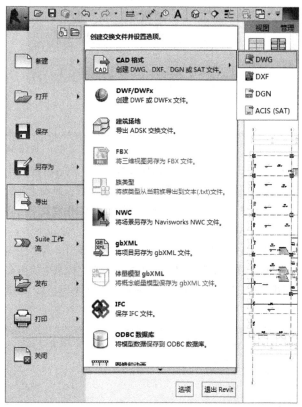

图16-32

02 在打开的"DWG导出"对话框中，单击"任务中的导出设置"后面的按钮，如图16-33所示。

图16-33

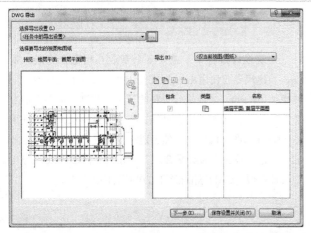

图16-36

03 在打开的"修改DWG/DXF导出设置"对话框中，设置"根据标准加载图层"为"从以下文件加载设置"，如图16-34所示，然后在弹出的对话框中单击"是"按钮 是(Y)。

图16-34

04 新建一个TXT文件或选择现有文件，然后单击"打开"按钮 打开(O)，如图16-35所示，接着按照设计院图层规范要求，分别设置各个构件所属的CAD图层及颜色信息，如图16-36所示。

05 在"DWG导出"对话框中，设置"导出"为"任务中的视图/图纸集"，"按列表显示"为"模型中的所有视图和图纸"，然后单击"下一步"按钮 下一步(X)...，如图16-37所示。

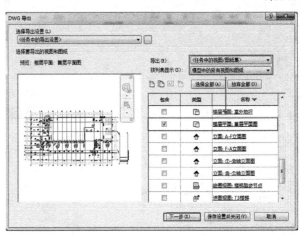

图16-37

技巧与提示

　　除了图层设置以外，Revit还提供了其他选项的设定，如线段、填充图案等。可以根据实际情况，切换到不同选项卡进行设置。

06 在打开的"导出CAD格式-保存到目标文件夹"对话框中，关闭"将图纸上的视图和链接作为外部参照导出"选项，然后输入"文件名"为"首层平面图"，接着单击"确定"按钮 确定，如图16-38所示。

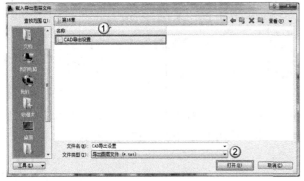

图16-35

图16-38

07 导出完成后，打开所导出CAD图纸查看最终效果，如图16-39所示。

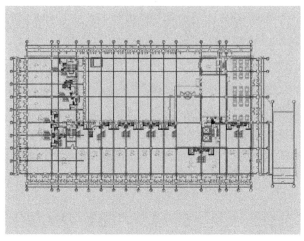

图16-39

问：为什么导出CAD文件后的线型图案与Revit中显示的不一致，如轴网应该为点划线，导出后却变成了实线？

答：在Revit中，视图比例是1：100，而导出CAD文件后在模型空间所显示的状态为1：1，所以轴线会由点划线变成实线。解决方法是在CAD图纸空间绘制与使用的图框大小一致的视口，使用"视口缩放"工具将视图比例调整为1：100，所有线型图案均与Revit中的状态显示一致。或者是在模型空间选中所有的CAD线段，将线型比例值调为100，也可显示为正常状态。

第17章

使用组与部件

Employment Direction
从业方向

建筑设计　　结构设计
机电设计　　幕墙设计
室内设计　　景观设计

17.1 使用组

　　将项目或族中的图元分组，可多次将组放置在项目或族中。需要创建代表重复布局的实体或建筑项目中通用的实体（如宾馆房间、公寓或重复楼板）时，对图元分组非常有用。

　　放置在组中的每个实例之间都存在相关性。例如，创建一个具有床、墙和窗的组，然后将该组的多个实例放置在项目中，如果修改一个组中的墙，则该组所有实例中的墙都会随之改变。

★重点★
17.1.1 创建组

　　Revit中的组分为两类，一类是模型组，另一类是详图组。模型组是指将三维模型图元结合创建组，如墙体、门窗等图元。详图组则是指将二维图元结合创建组，如详图线、填充区域等图元。当所选择的图元为三维模型时，软件将会创建模型组。如果选择的是二维图元，将会创建详图组。在创建过程中，系统会自己判断创建哪种组类别，用户无法干预。

★重点★
实战：创建模型组

场景位置	场景文件>第17章>01.rvt
实例位置	实例文件>第17章>实战：创建模型组.rvt
难易指数	★★★☆☆
技术掌握	创建模型组的方法及模型组的使用方法

01 打开学习资源中的"场景文件>第17章>01.rvt"文件，然后框选项目中的所有图元，接着单击"创建组"按钮🗐，如图17-1所示。

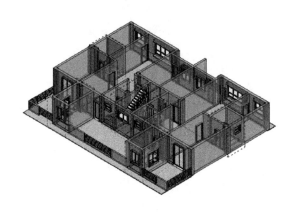

图17-1

02 在打开的"创建模型组"对话框中，输入"名称"为"标准层"，然后单击"确定"按钮 <u>确定</u>，如图17-2所示。

图17-2

03 保持模型组的选择状态，然后在"剪贴板"面板中，单击"复制到剪贴板"按钮 <u>L</u>，如图17-3所示。

图17-3

04 切换到"修改"选项卡，然后在"剪贴板"面板中，单击"粘贴"下拉菜单中的"与选定的标高对齐"按钮 <u>L</u>，如图17-4所示。

图17-4

05 在打开的"选择标高"对话框中，选择F2标高，然后单击"确定"按钮 <u>确定</u>，如图17-5所示。如果需要将图元同时复制到多个标高，可以按Ctrl键加选多个标高。复制完成后，最终效果如图17-6所示。

图17-5

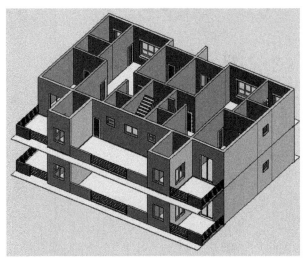

图17-6

 疑难问答 ?

问：如何创建详图组？

答：创建详图组的方法与创建模型组相同，系统会自动识别创建的类别。

★ 重点 ★
17.1.2 载入组

创建新项目时，可能需要用到其他项目中的模型布局，或其他项目的内建模型，但这些图元都不能保存为独立的族，供其他项目使用。实现两个项目之间部分模型传递的方式共有两种，一种是使用传统的复制粘贴，即选择其中一项目中的图元，按快捷键Ctrl+C进行复制，然后切换到另一项目中按下快捷键Ctrl+V进行粘贴；另一种方法便是接下来要介绍的载入组的方式。可以将组保存为独立的文件，然后在其他任意项目中载入组即可使用。

★ 重点 ★
实战：载入模型组

场景位置	场景文件>第17章>02.rvt
实例位置	实例文件>第17章>实战：载入模型组.rvt
难易指数	★★★☆☆
技术掌握	创建模型组的方法及模型组的使用方法

01 打开学习资源中的"场景文件>第17章>02.rvt"文件，然后选择项目中的模型组，接着选择所有图元，再单击"应用程序菜单"图标 <u>L</u>，执行"另存为>库>组"命令，如图17-7所示，最后选择保存路径，输入名称进行保存。

图17-7

图17-10

02 切换到"插入"选项卡，然后在"从库中载入"面板中单击"作为组载入"按钮，如图17-8所示。

图17-8

05 在实例"属性"面板中，选择"标准层"组，然后在视图中单击进行放置，最终完成效果如图17-11所示。

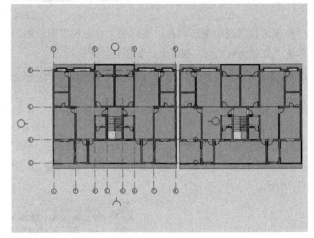

图17-11

03 在打开的"将文件作为组载入"对话框中，选择之前保存的组文件，然后单击"打开"按钮 打开(O)，如图17-9所示。如果模型组中包含标高或轴网图元，可以根据需要选择"包含标高""包含轴网"选项，以控制是否载入相对应的图元。

图17-9

技巧与提示

如果需要放置详图组，则切换到"注释"选项卡，在"详图"面板中单击"详图组"下拉菜单中的"放置详图组"按钮，然后进行放置。

17.2 零件与部件

进行到施工阶段的建模需要进一步细化与拆解。在Revit中，拆解模型的方式有两种，一种是创建部件，另一种是创建零件。

零件是指可以将模型图元分割为可独立计划、标记、过滤和导出的单独零件，也可以将零件分成更小的零件。自动更新零件，以反映对从中衍生的图元所做的任何修改，修改零件对原始图元没有任何影响。

部件是指可以选择任意数量的图元实例以创建部件，可以将部件中的图元作为单个单元进行操作。每个唯一部件表示一个单独的部件类型，可以根据需要将该类型的实例放置到模型中。对部件的修改作为模型更改进行跟踪，并且类型将根据需要自动创建或更新，可对部件进行编辑、标记、计划和过滤。创建部件时，可以选择其实例并

04 选择楼层平面F1，然后切换到"建筑"选项卡，接着在"模型"面板中，单击"模型组"下拉菜单中的"放置模型组"按钮，如图17-10所示。

生成图纸和部件视图。部件视图在"项目浏览器"中的"部件"类型下，可以根据需要拖曳到部件的图纸视图中。

17.2.1 创建零件

Revit中的零件图元通过将设计意图模型中的某些图元分成较小的零件来支持构造建模过程。这些零件以及其衍生的任何较小的零件都可以单独列入明细表、标记、过滤和导出。零件可由施工建模人员用于计划更复杂的Revit图元的交付和安装。

实战：分割零件

场景位置	场景文件>第17章>03.rvt
实例位置	实例文件>第17章>实战：分割零件.rvt
难易指数	★★☆☆☆
技术掌握	零件的生成与分割

01 打开学习资源中的"场景文件>第17章>03.rvt"文件，选择楼板，然后切换到"修改|楼板"选项卡，接着在"创建"面板中单击"创建零件"按钮，如图17-12所示。

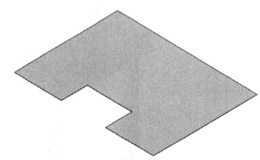

图17-12

02 切换到"修改|组成部分"选项卡，然后在"零件"面板中单击"分割零件"按钮，如图17-13所示。

图17-13

03 切换到"修改|分区"选项卡，然后在"参照"面板中单击"相交参照"按钮，如图17-14所示。

图17-14

04 在打开的"相交命名的参照"对话框中，选择"过滤器"为"轴网"，然后单击"选择全部"按钮，选择所有轴线，接着单击"确定"按钮，如图17-15所示。

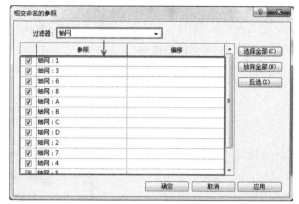

图17-15

05 在实例"属性"面板中，设置"间隙"为100，然后单击"应用"按钮，如图17-16所示。

图17-16

06 单击"完成编辑模式"按钮并切换到三维视图，查看最终完成效果，如图17-17所示。

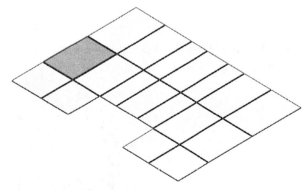

图17-17

技巧与提示

零件分割的效果只能显示在创建零件的视图中。例如，在三维视图中创建零件并进行分割，其他效果不会显示在平面或其他视图中。如果需要在其他视图中显示分割效果，需要在视图中将零件的可见性设置为"显示零件"。

实战：控制零件可见性与外观

场景位置　场景文件>第17章>04.rvt
实例位置　实例文件>第17章>实战：控制零件可见性与外观.rvt
难易指数　★★☆☆☆
技术掌握　控制零件显示状态

01 打开学习资源中的"场景文件>第17章>04.rvt"文件，然后在实例"属性"面板中，设置"零件可见性"为"显示零件"，如图17-18所示。

图17-18

技巧与提示

如果当前视图不需要"显示零件"状态，可以设置选项为"显示原状态"。选择"显示两种"选项时，将同时显示原始族与零件。

02 选择视图中的所有零件，然后在实例"属性"面板中，选择"显示造型操纵柄"选项，如图17-19所示。

图17-19

03 在视图中分别选择每一个零件拖曳其控制柄，最终效果如图17-20所示。

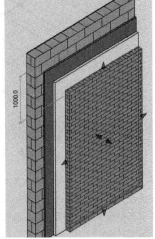

图17-20

17.2.2 创建部件

使用 Revit 图元的部件类别，可在模型中识别、分类、量化和记录唯一图元组合，以便支持施工工作流。可将任意数量的模型图元合并来创建部件，然后对其进行编辑、标记、计划和过滤。每个唯一一部件都作为一种类型列在"项目浏览器"之中，可以将该类型的实例放置在图形中，通过拖曳该类型的实例，或者使用关联菜单上的"创建实例"选项进行显示。

实战：生成部件图

场景位置　场景文件>第17章>05.rvt
实例位置　实例文件>第17章>实战：生成部件图.rvt
难易指数　★★★☆☆
技术掌握　创建部件并生成相关图纸

01 打开学习资源中的"场景文件>第17章>05.rvt"文件，然后选择当前视图中的图元，接着切换到"修改|常规模型"选项卡，然后在"创建"面板中单击"创建部件"按钮，如图17-21所示。

图17-21

02 在打开的"新建部件"对话框中，输入"类型名称"为"门头"，然后单击"确定"按钮，如图17-22所示。

图17-22

03 切换到"修改|部件"选项卡，然后在"部件"面板中单击"创建视图"按钮📷，如图17-23所示。

图17-23

04 在打开的"创建部件视图"对话框中，设置"比例"为1：20，然后单击"选择全部"按钮 选择全部(A)，选择所有视图，接着设置"明细表"为"常规模型明细表"，"图纸"为"A2公制：A2"，最后单击"确定"按钮 确定 ，如图17-24所示。

图17-24

05 在"项目浏览器"中单击"部件"卷展栏下的"门头"，可以查看关于此部件的所有视图及明细表，双击"详图视图：立面前视图"查看最终效果，如图17-25所示。

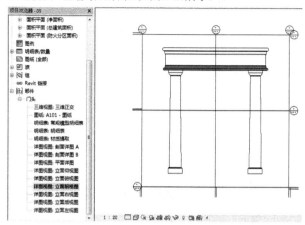

图17-25

第18章

协同工作

Employment Direction
从业方向⤵

 建筑设计   结构设计

 机电设计   幕墙设计

 室内设计   景观设计

18.1 链接

在Revit中实现设计协同的方式有两种，一种是使用链接，另一种是使用工作集。本节主要介绍如何使用链接方式实现多专业之间的协同。Revit中的链接类似于CAD中的外部参照功能，但两者在使用方法上有一定的差别。Revit中可以链接Revit模型，也可以链接CAD图纸。实际项目中，一般使用链接模型的方式，检测设计过程中各专业之间的碰撞。

★重点★
18.1.1 使用链接

Revit中可以链接的对象共有5种，分别是Revit、IFC、CAD、"DWF标记"和"点云"，如图18-1所示。其中，比较常用的是"链接Revit"与"链接CAD"两种选项。使用"链接Revit"，可以实现多专业协同，也可以完成单专业协同。使用链接进行协同时，比较方便的地方在于，当所链接的对象发生更改时，只需要更新链接，或下一次打开文件时就可看到链接对象的最新状态，避免了人为因素造成消息传递不及时而导致的设计错误。

图18-1

Revit共提供了6种链接或导入文件的定位方式，如图18-2所示。

图18-2

定位选项参数介绍

自动 - 中心到中心：Revit将导入项的中心放置在 Revit 模型的中心。模型的中心是通过查找模型周围的边界框的中心来计算的。

自动 - 原点到原点：Revit将导入项的全局原点放置在Revit项目的内部原点上。

自动 - 通过共享坐标：Revit 会根据导入的几何图形相对于两个文件之间共享坐标的位置，放置此导入的几何图形。

手动 - 原点：导入的文件的原点位于光标的中心。

手动 - 基点：导入的文档的基点位于光标的中心。该选项只用于带有已定义基点的 AutoCAD 文件。

手动 - 中心：将光标设置在导入的几何图形的中心。

★重点★
实战：链接Revit模型

场景位置   场景文件>第18章>01.rvt
实例位置   实例文件>第18章>实战：链接Revit模型.rvt
难易指数   ★★★☆☆
技术掌握   链接Revit模型时坐标的设置

 打开学习资源中的"场景文件>第18章>01.rvt"文件，然后选择楼层平

面F1视图,接着切换到"插入"选项卡,最后在"链接"面板中单击"链接Revit"按钮,如图18-3所示。

图18-3

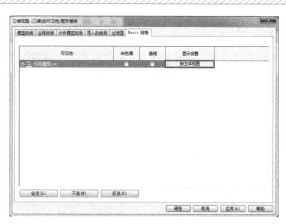

图18-6

02 在打开的"导入/链接RVT"对话框中,选择本章场景文件中的"机电模型.rvt"文件,然后设置"定位"为"自动-原点到原点",接着单击"打开"按钮 打开(0) ,如图18-4所示。

图18-4

03 载入链接文件后,切换到三维视图查看,如图18-5所示。

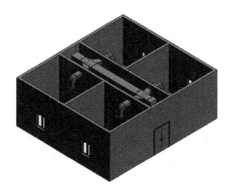

图18-5

04 按两次V键,然后在打开的"可见性/图形替换"对话框中切换到"Revit链接"选项卡,接着单击"机电模型"后面的"按主体视图"按钮 按主体视图 ,如图18-6所示。

05 在打开的"RVT链接显示设置"对话框中,选择"按链接视图"选项,然后设置"链接视图"为"三维视图",接着单击"确定"按钮 确定 ,如图18-7所示。

图18-7

技巧与提示

Revit链接模型后,链接文件的显示状态将由当前视图显示设置所替换。如果需要以源文件状态显示,可以在"可见性/图形替换"对话框中设置"按链接视图"显示。

06 回到三维视图,此时链接的Revit模型将以源文件状态显示,如图18-8所示。

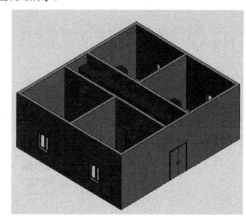

图18-8

18.1.2 管理链接

在"管理链接"对话框中，可以设置链接文件的各项属性，以及控制链接文件的显示状态。Revit中支持"附着"和"覆盖"两种参照方式。"附着"指当链接模型的主体链接到另一个模型时，将显示该链接模型；"覆盖"指当链接模型的主体链接到另一个模型时，将不载入该链接模型，默认设置为"覆盖"。选择"覆盖"选项后，如果导入包含嵌套链接的模型，将显示一条消息，说明导入的模型包含嵌套链接，并且这些模型在主体模型中将不可见。

Revit可以记录链接文件的路径类型为相对路径或绝对路径。如果使用相对路径，当项目和链接文件一起移动至新目录时，链接关系保持不变，Revit尝试按照链接模型相对于工作目录的位置来查找链接模型。如果使用绝对路径，将项目和链接文件一起移动至新目录时，链接将被破坏，Revit尝试在指定目录查找链接模型。

在"插入"选项卡中，单击"链接"面板中的"管理链接"按钮，可打开"管理链接"对话框，如图18-9所示。

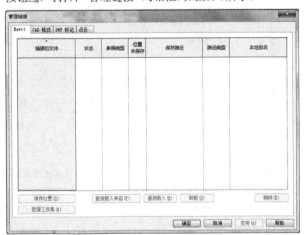

图18-9

★重点★
实战：管理链接模型

场景位置　场景文件>第18章>02.rvt
实例位置　实例文件>第18章>实战：管理链接模型.rvt
难易指数　★★★☆☆
技术掌握　对链接模型的删除与更新

01 打开学习资源中的"场景文件>第18章>02.rvt"文件，然后切换到"插入"选项卡，接着单击"链接"面板中的"管理链接"按钮，如图18-10所示。

图18-10

02 在打开的"管理链接"对话框中，选择已经链接到项目中的文件，然后单击"删除"按钮，如图18-11所示。

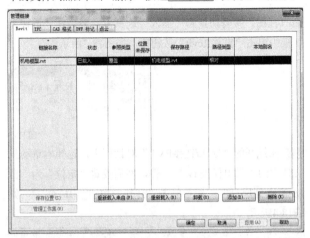

图18-11

技巧与提示

除了"轴网"以外，Revit还可复制"监制柱"（不包含斜柱）、"墙""楼板""洞口"和"机电设备"等图元。

03 在打开的"删除链接"对话框中，单击"确定"按钮，如图18-12所示。

图18-12

技巧与提示

当所链接文件被删除后，将无法通过撤销工具来恢复，因此当删除链接文件时，一定要确定所删除文件是否正确。

04 在"管理链接"对话框中，单击"添加"按钮，如图18-13所示，然后选择载入的链接文件，接着单击"重新载入"按钮，如图18-14所示。

图18-13

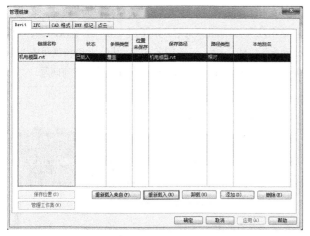

图18-14

技巧与提示

链接文件名称或位置发生变更时，可以单击"重新载入来自"按钮 重新载入来自(F)... ，重新载入链接文件。

★重点★

18.1.3 复制与监视

多个团队针对一个项目进行协作时，有效监视和协调工作可以减少过失和损失导致的返工。使用"复制/监视"工具，可确保各个团队能针对设计修改进行交流。启动"复制/监视"工具时，可选择"使用当前项目"或"选择链接"命令，然后选择"复制"或"监视"命令。

复制的作用是创建选定项的副本，并在复制的图元和原始图元之间建立监视关系。如果原始图元发生修改，在打开项目或重新载入链接模型时会显示一条警告（该"复制"工具不同于其他用于复制和粘贴的复制工具）。

监视的作用是在相同类型的两个图元之间建立监视关系。如果某一图元发生修改，在打开项目或重新载入链接模型时会显示一条警告。

★重点★

实战：复制/监视轴网

场景位置　无
实例位置　实例文件>第18章>实战：复制/监视轴网.rvt
难易指数　★★★☆☆
技术掌握　复制链接模型中的图元并监视

01 新建项目文件，然后切换到"插入"选项卡，接着在"链接"面板中单击"链接Revit"按钮 ，如图18-15所示。

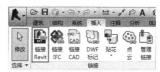

图18-15

02 在打开的"导入/链接RVT"对话框中，选择本章场景文件中的"建筑模型.rvt"文件，然后选择"定位"为"自动-原点到

原点"，接着单击"打开"按钮 打开(O) ，如图18-16所示。

图18-16

03 切换到"协作"选项卡，然后在"坐标"面板中，单击"复制/监视"下拉菜单中的"选择链接"按钮 ，如图18-17所示。

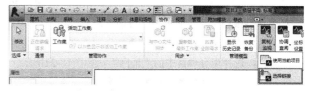

图18-17

04 拾取视图中的链接模型，切换到"复制/监视"选项卡，然后在"工具"面板中单击"复制"按钮 ，接着在工具选项栏中选择"多个"选项，如图18-18所示。

图18-18

05 选择当前视图中的所有轴网，然后单击"复制/监视"面板中的"完成"按钮 ，完成当前命令，如图18-19所示。

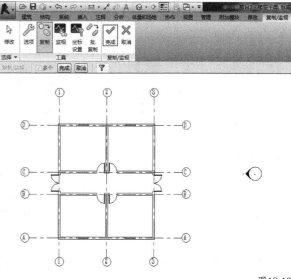

图18-19

06 选择任意一根轴网，使用"移动"工具✛将其向上拖曳，这时视图将弹出"警告"对话框，如图18-20所示。

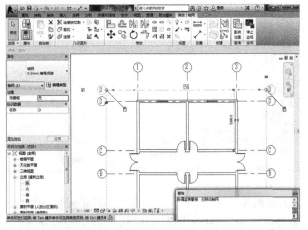

图18-20

07 选择链接模型，然后单击"协调查阅"按钮🗐，如图18-21所示，接着在打开的"协调查阅"对话框中，依次展开卷展栏，选择现有项目中的"轴网"，如图18-22所示。

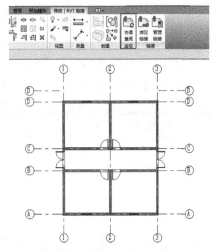

图18-21

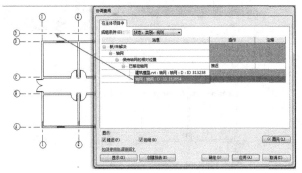

图18-22

当链接文件中被监视的图元发生变更后，在协调查阅对话框中同样会显示问题。

08 在"已移动轴网"消息后面，选择操作为"接受差值"，并单击注释添加相应内容，如图18-23所示，然后依次单击"确定"按钮 确定 ，关闭各个对话框。此时再次单击"协调查阅"按钮🗐，协调查阅对话框中将不显示任何问题。

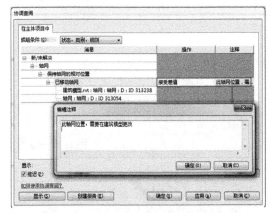

图18-23

09 按两次V键打开"可见性/图形替换"对话框，然后切换到"Revit链接"选项卡，接着关闭"建筑模型"的可见性，最后单击"确定"按钮 确定 ，如图18-24所示。

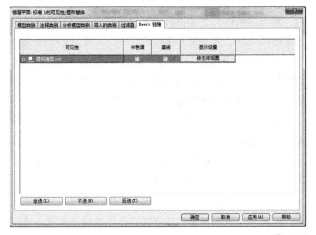

图18-24

10 视图中将只显示已复制到当前项目中的轴网，如图18-25所示。

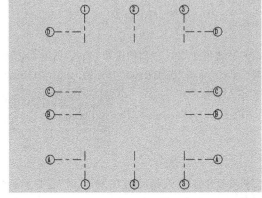

图18-25

★ 重点 ★

实战：碰撞检查

场景位置　场景文件>第18章>03.rvt
实例位置　实例文件>第18章>实战：碰撞检查.rvt
难易指数　★★★☆☆
技术掌握　使用链接模型实现多专业碰撞检查

01 打开学习资源中的“场景文件>第18章>03.rvt”文件，然后切换到“协作”选项卡，在“坐标”面板中，单击“碰撞检查”下拉菜单中的“运行碰撞检查”按钮，如图18-26所示。

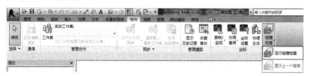

图18-26

02 在打开的“碰撞检查”对话框中，分别设置左右两侧的“类别来自”为“当前项目”和“机电模型.rvt”，然后全部选择相应文件下的子类别，接着单击“确定”按钮 确定 ，如图18-27所示。

图18-27

03 运行结束后，会打开“冲突报告”对话框。展开其中一个类别，选择有冲突的图元，然后单击“显示”按钮 显示(S) ，选择的图元将在合适视图中高亮显示，如图18-28所示。

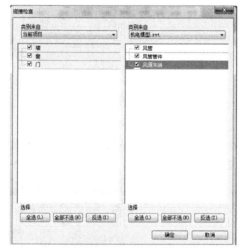

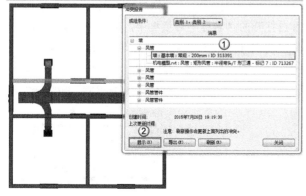

图18-28

技巧与提示

如果发生冲突的图元已经完成修改，可单击“刷新”按钮 刷新(R) 重新运行碰撞检查。

04 在“冲突报告”对话框中，单击“导出”按钮 导出(E)... ，然后在打开的“将冲突报告导出为文件”对话框中输入文件名称，接着单击“保存”按钮 保存(S) ，如图18-29所示。

图18-29

05 打开保存完成的冲突报告，在报告中显示项目中发生碰撞的图元名称及ID号，复制第一个图元的ID，如图18-30所示。

冲突报告

冲突报告项目文件：G:\书稿\模型文件\场景文件\第18章\03.rvt
创建时间：2015年7月26日 19:19:30
上次更新时间：

	A	B
1	墙 : 基本墙 : 常规 - 200mm : ID 313391	机电模型.rvt : 风管 : 矩形风管 : 半径弯头/T 形三通 - 标记 4 : ID 713248
2	墙 : 基本墙 : 常规 - 200mm : ID 313391	机电模型.rvt : 风管 : 矩形风管 : 半径弯头/T 形三通 - 标记 7 : ID 713267
3	墙 : 基本墙 : 常规 - 200mm : ID 313391	机电模型.rvt : 风管管件 : 矩形四通 - 弧形 - 法兰 : 标准 - 标记 16 : ID 713319
4	墙 : 基本墙 : 常规 - 200mm : ID 313391	机电模型.rvt : 风管管件 : 矩形四通 - 弧形 - 法兰 : 标准 - 标记 21 : ID 713409
5	墙 : 基本墙 : 常规 - 200mm : ID 313463	机电模型.rvt : 风管 : 矩形风管 : 半径弯头/T 形三通 - 标记 9 : ID 713339
6	墙 : 基本墙 : 常规 - 200mm : ID 313463	机电模型.rvt : 风管 : 矩形风管 : 半径弯头/T 形三通 - 标记 11 : ID 713427

冲突报告结尾

图18-30

06 回到项目中，单击“关闭”按钮关闭“冲突报告”对话框，然后切换到“管理”选项卡，单击“查询”面板中的“按ID选择”按钮，如图18-31所示。

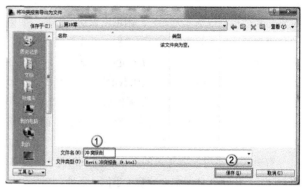

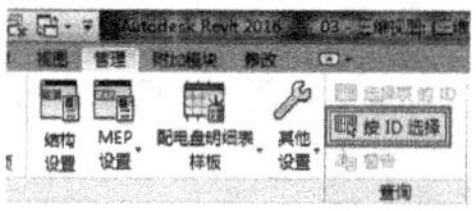

图18-31

07 在打开的“按ID号选择图元”对话框中输入图元ID号，然后单击“显示”按钮 显示(S) ，对应ID号的图元将在视图中高亮显示，如图18-32所示。

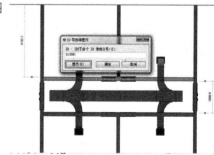

图18-32

★ 重点 ★
18.1.4 共享定位

共享坐标用于记录多个互相链接的文件的相互位置，这些相互链接的文件可以全部是Revit文件，也可以是Revit文件、DWG文件和DXF文件的组合。

Revit项目具有构成项目中模型的所有图元的内部坐标，这些坐标只能被此项目识别。如果具有独立模型（其位置与其他模型或场地无关），则可以识别。但是，如果希望模型位置可被其他链接模型识别，则需要共享坐标。Revit项目可以有命名位置，命名位置是Revit项目中模型实例的位置。默认情况下，每个Revit项目包含至少一个命名位置，称为"内部"位置。如果Revit项目包含一个唯一的结构或一个场地模型，则通常只有一个命名位置。如果Revit项目包含多座相同的建筑，则将有多个位置。

有时，需要用一个建筑的多个位置来创建一个建筑群。例如，几个相同的宿舍建筑位于同一场地，需要为唯一的建筑设定多个位置。在这种情况下，可以将建筑导入场地模型中，然后通过选择不同的位置在场地上移动该建筑。在项目中，可以删除、重命名和新建位置，也可以在各位置之间切换。

★ 重点 ★
实战： 坐标协调

场景位置　场景文件>第18章>04.rvt
实例位置　实例文件>第18章>实战：坐标协调.rvt
难易指数　★★★
技术掌握　使用共享坐标确定链接模型的位置

01 打开学习资源中的"场景文件>第18章>04.rvt"文件，然后切换到"插入"选项卡，接着在"链接"面板中单击"链接Revit"按钮，再在打开的"导入/链接RVT"对话框中，选择"协调-A"文件，最后单击"打开"按钮 打开(0)，如图18-33所示。

图18-33

02 由于所链接模型与主体模型的坐标完全一致，所以位置发生了重叠。按Tab键选择链接文件，然后使用"移动"工具✛将其移动至左上方的坐标点，如图18-34所示。

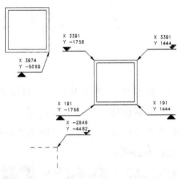

图18-34

03 选择链接文件"协调-A"，将其复制移动至另一个坐标点，如图18-35所示。

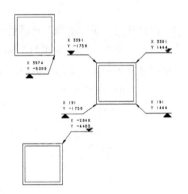

图18-35

04 切换到"管理"选项卡，然后在"项目位置"面板中，单击"坐标"下拉菜单中的"发布坐标"按钮，如图18-36所示。

图18-36

05 拾取当前视图中左上角链接的模型，然后在"位置、气候和场地"对话框中，单击"复制"按钮 复制(N)...，接着在打开的"名称"对话框中，输入"名称"为"协调-A"，最后单击"确定"按钮 确定，如图18-37所示。

图18-37

06 使用同样的方法拾取左下角的链接模型，复制一个场地名称为"协调-B"的文件，如图18-38所示。

图18-38

07 切换到"插入"选项卡，然后在"链接"面板中单击"管理链接"按钮，接着在打开的"管理链接"对话框中选择"协调-A"文件，最后单击"保存位置"按钮 保存位置(S) ，如图18-39所示。

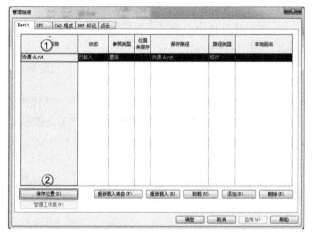

图18-39

08 在打开的"位置定位已修改"对话框中，单击"保存"选项，如图18-40所示，此时链接文件修改后的坐标位置被保存回原文件中。

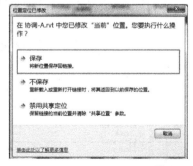

图18-40

09 关闭当前文件，重新打开此文件，然后切换到"插入"选项卡，接着在"链接"面板中单击"链接Revit"按钮，再在打开的"导入/链接RVT"对话框中，选择"协调-A"文件，并设置"定位"方式为"自动-通过共享坐标"，最后单击"打开"按钮 打开(O) ，如图18-41所示。

图18-41

10 在"位置、气候和场地"对话框中，选择"协调-A"，然后单击"确定"按钮 确定 ，如图18-42所示。此时，软件将获取链接文件中"协调-A"的坐标，自动定位到视图的相应位置中，如图18-43所示。

图18-42

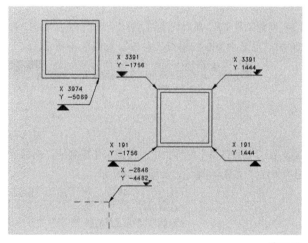

图18-43

18.2 使用工作集

除了链接以外，Revit还提供了"工作集"协同方式。通过"工作集"，多名团队成员可以同时处理同一个项目模型，如图18-44所示。在许多项目中，会为团队成员分配一个让其负责的特定功能领域。

图18-44

可以将Revit项目细分为工作集以适应这样的环境。启用工作集创建一个中心模型，以便团队成员可以对中心模型的本地副本同时进行设计与更改。

★重点★
18.2.1 工作集设置

在项目开始之初，应由项目经理或项目负责人创建工作集，然后划分好相应的权限，并将创建好的中心模型放置到服务器中供项目组人员使用。对于轴网、标高等比较重要的图元，应将权限保留到项目经理和项目负责人手中，以免绘图过程中误操作。

★重点★
实战：创建中心模型

场景位置	无
实例位置	实例文件>第18章>实战：创建中心模型.rvt
难易指数	★★★☆☆
技术掌握	工作集的建立与权限设定

01 新建项目文件，然后切换到"协作"选项卡，接着在"管理协作"面板中单击"工作集"按钮，如图18-45所示。

图18-45

02 在"工作共享"对话框中，设置工作集名称，然后单击"确定"按钮，如图18-46所示。

图18-46

技巧与提示

如果项目中建立了轴网与标高，将自动将其划分为一个独立的工作集。

03 在打开的"工作集"对话框中，单击"新建"按钮，打开"新建工作集"对话框，然后输入"名称"为F1，接着单击"确定"按钮，如图18-47所示。

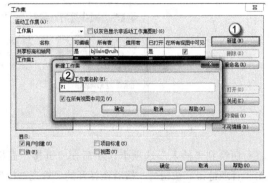

图18-47

04 选择工作集1，然后单击"重命名"按钮，接着在打开的"重命名"对话框中，输入"新名称"为"场地"，最后依次单击"确定"按钮，关闭所有对话框，如图18-48所示。

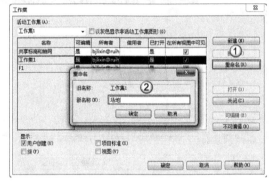

图18-48

 技巧与提示

工作集的划分根据实际情况而定，可以按照楼层划分，也可以按照功能区划分，或者按照专业进行划分，如幕墙、室内等。

05 工作集建立完成后，将中心模型进行保存，如图18-49所示。

图18-49

技巧与提示

保存中心文件时，一定要选择网络路径保存，否则他人将无法创建本地模型。网络路径格式如\\BIM\项目。

06 切换到"协作"选项卡，然后在"管理协作"面板中单击"工作集"按钮，接着在打开的"工作集"对话框中选择全部工作集，最后单击"不可编辑"按钮 不可编辑(B)，如图18-50所示。此时，工作集的权限将被释放。

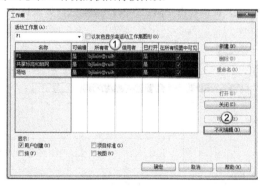

图18-50

07 工作集权限释放后，任何项目组成员都有权获取工作集权限。在"工作集"对话框中，"所有者"一列将变成空白状态，如图18-51所示。

图18-51

08 建立中心模型后，"保存"按钮呈禁用状态。若要保存所做更改，则单击"同步并修改设置"按钮，如图18-52所示。

图18-52

★ 重点 ★

18.2.2 编辑与共享

中心模型建立完成后，后续工作便是由项目组成员基于中心模型开展工作。为了实现很好的协同设计，项目组各成员应当对各工作集进行权限获取，避免工作中的不必要麻烦。

★ 重点 ★
实战：编辑工作集

场景位置	场景文件>第18章>05.rvt
实例位置	实例文件>第18章>实战：编辑工作集.rvt
难易指数	★★☆☆☆
技术掌握	将图元分配到各个工作集中

正常项目中，建立完成中心文件后，各个专业人员就需要按照各自的工作内容，在不同工作集中开展工作了。但因为篇幅限制，本书将介绍另外一种方式，将已建立好的模型进行工作集分配。

01 打开学习资源中的"场景文件>第18章>05.rvt"文件，然后在"打开"对话框中选择05.rvt文件，接着选择"新建本地文件"选项，最后单击"打开"按钮，如图18-53所示。

图18-53

技巧与提示

除了利用文件所介绍的方法创建本地模型外，还可以将中心模型复制到本地，直接进行编辑。新建本地文件后，软件默认会将本地模型放置到我的文档中。笔者建议在建立本地文件后，将其移动至计算机的其他区域。

02 切换到"插入"选项卡，然后在"链接"面板中单击"链接Revit"按钮，将建筑模型插入当前项目，接着选择链接模型，单击"绑定链接"按钮，如图18-54所示。

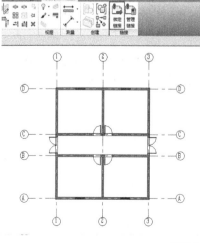

图18-54

03 在"绑定链接选项"对话框中，关闭"附着的详图"选项，然后选择"标高""轴网"选项，接着单击"确定"按钮 确定 ，如图18-55所示。

图18-55

04 在打开的警告对话框中，单击"删除链接"按钮 删除链接 ，如图18-56所示。

图18-56

05 对绑定链接的模型进行解组，然后选择其中一根轴线单击鼠标右键，选择"选择全部实例"子菜单中的"在整个项目中"命令，选择项目中的全部轴网，如图18-57所示。

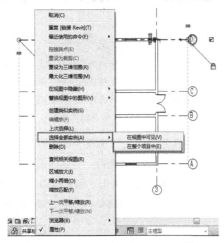

图18-57

06 在实例"属性"面板中，设置工作集为"共享标高和轴网"，如图18-58所示，其他图元放置到工作集F1当中。

图18-58

技巧与提示

在实际项目中，如果暂时不需要编辑某一部分工作集，可以选择相应的工作集，单击"关闭"按钮。进行同步更新或模型计算时，关闭状态的工作集中的内容将不参与，可以提高计算机性能。

07 切换到"协作"选项卡，然后单击"管理协作"面板中的"工作集"按钮 ，接着在打开的"工作集"对话框中，关闭"共享标高和轴网"中的"在所有视图中可见"选项，最后单击"确定"按钮 确定 ，如图18-59所示。

图18-59

08 "共享标高和轴网"工作集中包含的内容，将在任何视图中都不可见，如图18-60所示。

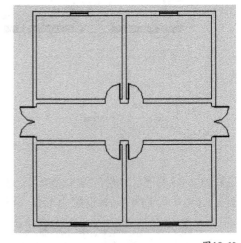

图18-60

★ 重 点 ★
实战：多人协同编辑模型

场景位置	场景文件>第18章>06.rvt
实例位置	实例文件>第18章>实战：多人协同编辑模型.rvt
难易指数	★★☆☆☆
技术掌握	图元编辑请求的发送与通过

为了模型能多人协同编辑中心文件，建立本地文件前要更改用户名。

01 打开"选项"对话框，在"常规"选项栏中修改"用户名"为0BIM，然后单击"确定"按钮 确定 ，如图18-61所示。

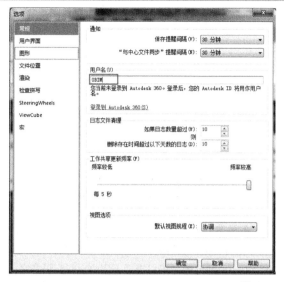

图18-61

02 打开学习资源中的"场景文件>第18章>06.rvt"文件，然后新建本地文件，设置当前活动工作集为F1，如图18-62所示。

图18-62

技巧与提示

Revit中的活动工作集与CAD中的活动图层意义相同，都是设置当前新建对象所在的框架。例如，将活动工作集设置为F1，绘制新的图元时将自动创建于F1工作集中。

03 切换到"建筑"选项卡，然后在"构建"面板中单击"门"按钮，进行门的放置，在墙体中放置门时，将会弹出错误对话框，单击"放置请求"按钮 [放置请求]，如图18-63所示。

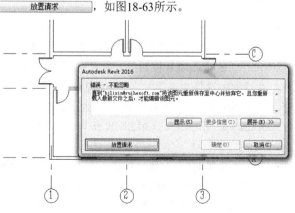

图18-63

技巧与提示

F1工作集的权限没有释放，所以必须经过其他所属用户同意才可放置。

04 在打开的"编辑请求已放置"对话框中单击"关闭"按钮 [关闭(C)]，如图18-64所示，此时将对话框关闭，还可以继续进行其他工作。当请求批准或被拒绝后，软件将给予提示。

图18-64

05 切换到"协作"选项卡，然后在"通信"面板中单击"正在编辑请求"按钮，如图18-65所示。

图18-65

06 在打开的"编辑请求"对话框中，可以看到自己与他人的未决请求，如图18-66所示。

图18-66

18.3 设计选项

通过设计选项，项目组可以在单一项目文件中开发、计算以及重新设计建筑构件和房间。某些项目组成员可以处理特定选项（如门厅变化），而其他工作组成员则可继续处理主模型。设计选项的复杂程度各不相同。例如，设计人员可能要探索入口设计的备用方案，或屋顶的结构系统。随着项目的不断推进，设计选项的集中化程度越来越高，这些设计选项也越来越简单。

★ 重点 ★
实战：设计选项的应用

场景位置　场景文件>第18章>07.rvt
实例位置　实例文件>第18章>实战：设计选项的应用.rvt
难易指数　★★☆☆☆
技术掌握　设计选项的设定与方案的对比

01 打开学习资源中的"场景文件>第18章>07.rvt"文件，然后切换到"管理"选项卡，接着在"设计选项"面板中单击"设计选项"按钮圖，如图18-67所示。

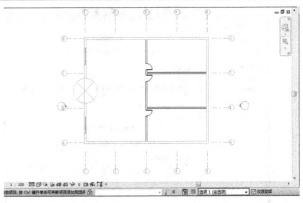

图18-67

02 在打开的"设计选项"对话框中，单击"选项集"类别中的"新建"按钮 新建(N) ，如图18-68所示。

图18-68

03 在"设计选项"对话框中，单击"选项"类别中的"新建"按钮 新建(N) ，然后单击"关闭"按钮 关闭(C) ，如图18-69所示。

图18-69

04 在状态栏中，选择设计选项为"选项1（主选项）"，然后绘制内墙分隔并添加门，如图18-70所示。

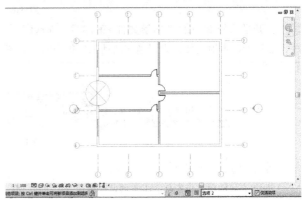

图18-70

05 在状态栏中，选择设计选项为"选项2"，然后绘制另外一种内墙分隔并添加门，如图18-71所示。通过切换状态栏中的设计选项，可以查看不同的空间分隔方案。

图18-71

技巧与提示

　　当选择不同的设计选项时，相对应的明细表也会根据当前设计选项中的内容进行同步更新。这方便用户在比对方案时，对不同设计方案所用材料做进一步的比较。

06 经过对比，选择"选项2"的空间分隔方案，然后切换到"管理"选项卡，接着在"设计选项"面板中单击"设计选项"按钮圖，再在打开的"设计选项"对话框中选择"选项2"，并单击"完成编辑"按钮 完成编辑(F) ，最后单击"设为主选项"按钮 设为主选项(P) ，将"选项2"设计为主选项，如图18-72所示。

07 选择"选项集1"，然后单击"选项集"类别中的"接受主选项"按钮 接受主选项(A)... ，如图18-73所示，在打开的"删除选项集"警告对话框中，单击"是"按钮 是(Y) ，如图18-74所示。

图18-72

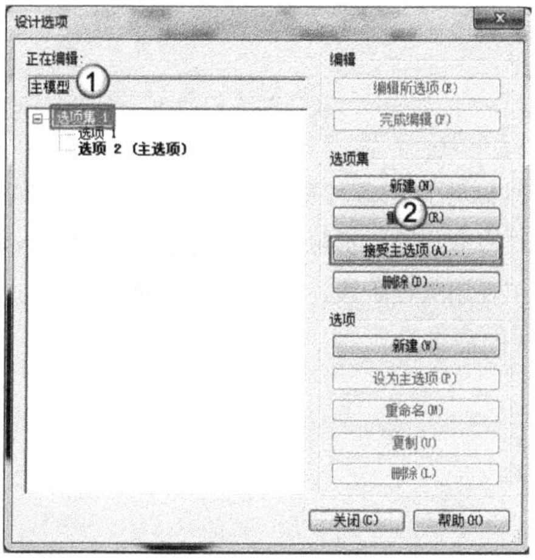

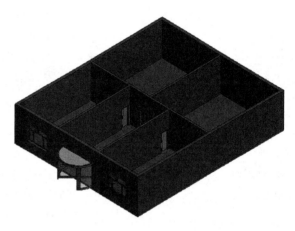

图18-73

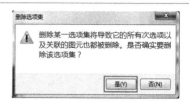

图18-74

08. 此时软件将删除掉其他设计选项，主选项将与原始模型合并。切换到三维视图中，查看最终效果，如图18-75所示。

图18-75

289

第19章
工程阶段化

19.1　设置工程的阶段

　　许多项目（如改造项目）是分阶段进行的，每个阶段都代表项目周期中的不同时间段。Revit将追踪创建或拆除视图、图元的阶段，可以使用阶段过滤器控制建筑模型信息流入视图和明细表。这样，可以创建与各个阶段对应的完整且附带明细表的项目文档。

　　例如，在大型改造项目中，门明细表通常会列出项目中创建的所有门。在具有成百扇门的建筑物中，可能很难使用明细表分类统计，因为拆除的门会与改造后的门一起列出来，这时可以创建一张拆除前的明细表和一张改造后的明细表，并对每张明细表应用相应的工程阶段。

★重点★
19.1.1　规划工程阶段

　　项目工程阶段划分存在多种原则。例如，一个改造项目可以把它的阶段划分为现有的构造阶段、拆除阶段、新建构件阶段，也可以简化为现有的构造阶段。在规划工程阶段，应考虑划分原则是否与建造阶段保持一致，适合设计成果的需求。

★重点★　实战：建立工程阶段

场景位置	场景文件>第19章>01.rvt
实例位置	实例文件>第19章>实战：建立工程阶段.rvt
难易指数	★★★☆☆
技术掌握	工程阶段的建立与修改

01 打开学习资源中的"场景文件>第19章>01.rvt"文件，然后切换到"管理"选项卡，接着在"阶段化"面板中单击"阶段"按钮，如图19-1所示。

图19-1

02 在打开的"阶段化"对话框中，分别设置现有阶段"名称"为"阶段1-现有"和"阶段2-拆除"，如图19-2所示。

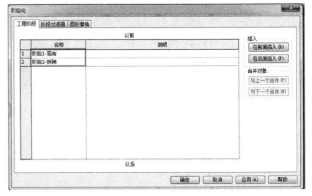

图19-2

03 选择"阶段2-拆除",然后单击"在后面插入"按钮 在后面插入(E),接着设置"名称"为"阶段3-新建",如图19-3所示。

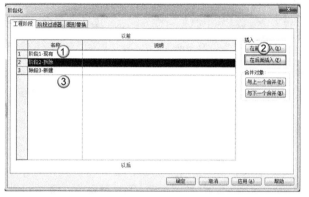

图19-3

制视图"子菜单中的"带细节复制"命令,如图19-4所示,接着设置复制视图的名称为"F1-阶段"。

图19-4

19.1.2 设置视图的工程阶段

前面介绍了在项目中如何建立及修改各个工程阶段,本节将着重介绍在视图中如何应用各个工程阶段。设计一个工程改造项目,可能存在现有、拆除与新建三个工程阶段,那这三个工程阶段在视图中是怎么具体体现的呢?在Revit中,控制工程阶段显示状态的参数共有两个,分别是"阶段过滤器"与"相位"。"阶段过滤器"是指一种可以应用于视图的规则,根据图元的阶段状态(新建、现有、已拆除或临时)控制图元的显示。"相位"是指当前视图所需要显示的阶段。例如,将视图"阶段过滤器"参数设置为"显示新建","相位"参数设置为"阶段2-拆除",视图中将只显示在"阶段2-拆除"中建立的图元,其他阶段的图元概不显示。

> **知识链接**
>
> 关于阶段过滤器的详细介绍,请参阅本章"19.2.1 解读阶段过滤器"的详细介绍。

实战：设置视图工程阶段

场景位置　场景文件>第19章>02.rvt
实例位置　实例文件>第19章>实战：设置视图工程阶段.rvt
难易指数　★★★☆☆
技术掌握　视图工程阶段与阶段过滤器的使用

当前项目中的所有图元共被划分为3个阶段,分别是"现有""拆除"与"新建"。接下来将介绍如何在视图中控制"现有""拆除"和"新建"的显示状态。

01 打开学习资源中的"场景文件>第19章>02.rvt"文件,选择F1楼层平面视图,然后单击鼠标右键,选择"复

> **疑难问答** ?
>
> 问：复制视图中的各个选项分别有什么作用?
>
> 答：复制视图时,共有3个选项,分别是"复制""带细节复制"和"复制作为相关"。"复制"指只复制当前视图的物理模型及视图设置,不包含任何二维图元;"带细节复制"指在"复制"的基础上包含二维图元,如标注、填充区域等;"复制作为相关"是指所复制出的视图与母视图之间存在从属关系,即当母视图中的内容或视图设置发生更改后,复制出的视图将与其保持同步。

02 在当前视图实例"属性"面板中,设置"阶段过滤器"参数为"全部显示","相位"为"阶段3-新建",如图19-5所示。此时,视图中各阶段的图元将以不同的显示方式显示在视图中,如图19-6所示。

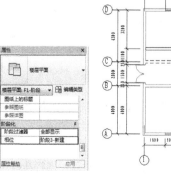

图19-5

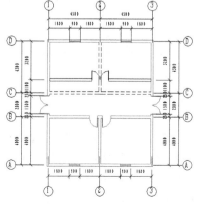

图19-6

03 按照同样的方法复制三维视图，并设置"阶段过滤器"与"相位"参数，最终效果如图19-7所示。

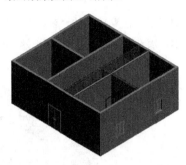

图19-7

04 为了方便浏览视图，需要将"项目浏览器"更改为按阶段划分。切换到"视图"选项卡，然后在"窗口"面板中，单击"用户界面"下拉菜单中的"浏览器组织"命令，如图19-8所示。

图19-8

05 在打开的"浏览器组织"对话框中，选择"阶段"选项，然后单击"确定"按钮 确定 ，如图19-9所示。"项目浏览器"将按照阶段进行划分，如图19-10所示。

图19-9

图19-10

★ 重点 ★
19.1.3 赋予图元阶段属性

使用工程阶段完成设计改造项目，需要在各个图元上赋予相应的阶段属性。项目改造前所存在的图元，如现有的墙、门、窗等，需要将其纳入"阶段1-现有"。在项目改造过程中，有一部分图元若是需要拆除，则将其纳入"阶段2-拆除"。当拆除完成后，若需要新建图元，则将

其纳入"阶段3-新建"。具体项目的阶段划分，需要根据实际情况而定。各阶段时间顺序由创建工程阶段时的序号而定，如图19-11所示。赋予图元阶段不可逆向。例如，墙体"创建的阶段"是"阶段2-拆除"，那拆除的阶段只能是当前阶段或"阶段3-新建"，而不能是"阶段1-现有"。

图19-11

★ 重点 ★
实战：设置图元阶段属性

场景位置	场景文件>第19章>03.rvt
实例位置	实例文件>第19章>实战：设置图元阶段属性.rvt
难易指数	★★☆☆☆
技术掌握	图元阶段属性的添加

01 打开学习资源中的"场景文件>第19章>03.rvt"文件，打开楼层平面F1视图。当前项目中的所有图元均是目前项目中实际存在的图元，所以需要依次选中所有图元，将"创建的阶段"设置为"阶段1-现有"，表明当前图元是在"阶段1-现有"阶段中所建立的，如图19-12所示。

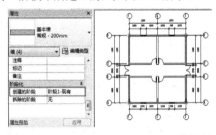

图19-12

02 选择项目中上半部分的室内隔墙，将"创建的阶段"设置为"阶段2-拆除"，表明所选中的图元在"阶段1-现有"建立，在"阶段2-拆除"被拆除，如图19-13所示。

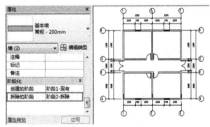

图19-13

03 设置"相位"为"阶段2-拆除","阶段过滤器"为"显示原有+拆除",如图19-14所示。

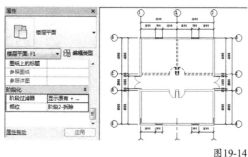

图19-14

技巧与提示

此时,视图中灰色显示的图元是在上一阶段创建的,称为"原来"图元。以虚线显示的图元是在上一阶段创建,在当前阶段拆除的,称为"拆除"图元。在"阶段2-拆除"所建立的图元,在此设置下均不可见。

04 设置"相位"为"阶段3-新建","阶段过滤器"为"显示原有+新建",如图19-15所示。此时,视图中将只显示原来状态的图元,而在拆除的图元将不显示。

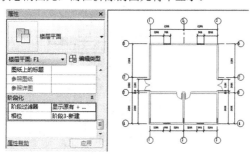

图19-15

05 在当前视图中,选择"墙体"工具重新进行空间划分并放置门,如图19-16所示。在当前视图所创建的图元,默认"创建的阶段"为"阶段3-新建"。所以,在当前视图中,新建立的图元以正常对象样式进行显示。

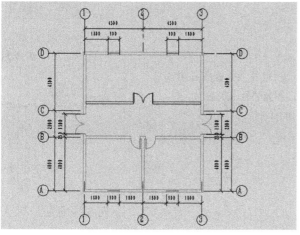

图19-16

19.2 控制各阶段的图元显示

本节内容分为两部分,第一部分介绍各阶段过滤器的使用方法,第二部分介绍阶段过滤器在明细表中的应用。前面介绍了在视图中设置"阶段过滤器",实现不同阶段图元的显示。图元在视图中的显示状态,均是按照软件的默认设置进行的。除了使用软件提供的选项及设置以外,还可以自己添加与修改相关选项的设置。

★重点★ 19.2.1 解读阶段过滤器

在"阶段过滤器"中,默认提供了7种过滤器显示方式,供用户进行选择。除了"全部显示"类别外,其他类别均可由用户删除或修改。如果需要添加新的过滤器方式,还可以选择新建过滤器,如图19-17所示。

	过滤器名称	新建	现有	已拆除	临时
1	全部显示	按类别	已替代	已替代	已替代
2	完全显示	按类别	按类别	按类别	不显示
3	显示原有+拆除	不显示	已替代	已替代	不显示
4	显示原有+新建	按类别	已替代	不显示	不显示
5	显示原有阶段	不显示	已替代	不显示	不显示
6	显示拆除+新建	按类别	不显示	已替代	已替代
7	显示新建	按类别	不显示	不显示	不显示

图19-17

默认阶段过滤器

阶段过滤器是一种可以应用于视图的规则,根据图元的阶段状态(新建、现有、已拆除或临时)控制图元的显示,如图19-18所示。

	过滤器名称	新建	现有	已拆除	临时
1	全部显示	按类别	已替代	已替代	已替代
2	显示原有+拆除	不显示	已替代	已替代	不显示
3	显示原有+新建	按类别	已替代	不显示	不显示
4	显示拆除+新建	按类别	不显示	已替代	已替代
5	显示早期阶段	不显示	已替代	不显示	不显示

图19-18

阶段过滤器参数介绍

全部显示： 显示新图元（以及现有、已拆除和临时图元）。

显示原有＋拆除： 显示现有的图元和已拆除的图元。

显示原有＋新建： 显示所有未拆除的原始图元和已添加到建筑模型中的所有新图元。

显示拆除＋新建： 显示已拆除的图元和已添加到建筑模型中的所有新图元。

显示早期阶段： 显示早期阶段的所有图元。

🔵 阶段状态

每个视图可显示构造的一个或多个阶段，阶段过滤器可以为每个阶段状态指定不同的图形替换，如图19-19所示。

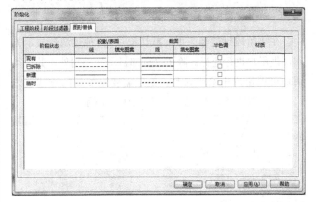

图19-19

图形替换选项卡参数介绍

现有： 图元是在早期阶段创建的，并继续存在于当前阶段。

已拆除： 图元是在早期阶段创建的，在当前阶段已拆除。

新建： 图元是在当前视图的阶段创建的。

临时： 图元是在当前阶段期间创建的并且已经拆除。

★重点
实战： 设置阶段过滤器

场景位置　场景文件>第19章>04.rvt
实例位置　实例文件>第19章>实战：设置阶段过滤器.rvt
难易指数　★★★☆☆
技术掌握　替换各阶段状态对象样式

01 打开学习资源中的"场景文件>第19章>04.rvt"文件，然后切换到"管理"选项卡，接着在"阶段化"面板中单击"阶段"按钮，如图19-20所示。

图19-20

02 在打开的"阶段化"对话框中，切换到"阶段过滤器"选项卡，然后单击"新建"按钮，输入过滤器"名称"为"各阶段均显示"，接着设置"各阶段均显示"为"已替代"，如图19-21所示。

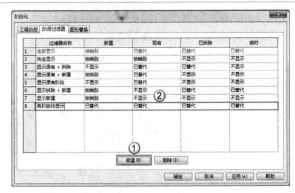

图19-21

"已替代"表示图形样式由"图形替换"选项卡中的设置显示。类别表示图形样式按照项目中对象样式的设置显示，不显示则表示在当前视图中不显示图元。

03 切换到"图形替换"选项卡，单击截面线进行替换，然后单击"确定"按钮关闭各个对话框，如图19-22所示。

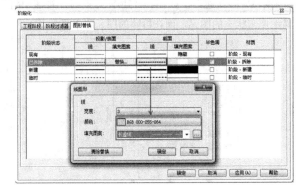

图19-22

04 在视图实例"属性"面板中，设置"阶段过滤器"为"各阶段均显示"，"相位"为"阶段2-拆除"，如图19-23所示。

图19-23

05 查看当前视图各阶段图元的显示状态，如图19-24所示。

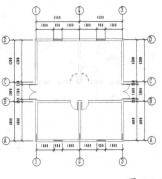

图19-24

当墙体为拆除状态时，依附于墙体的其他图元也会变为拆除状态，例如门、窗。

06 转到三维视图，设置相同的阶段化参数。查看各阶段图元的三维显示效果，如图19-25所示。

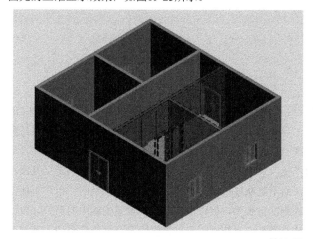

图19-25

疑难问答 ?

问：为什么在三维视图中墙体会显示为红色半透明？

答：三维视图为着色模型时，拆除的墙体将显示阶段过滤器中的设置材质颜色。默认拆除材质的着色颜色为"半透明红色"。

19.2.2 阶段过滤器的应用

"阶段过滤器"除了可以设置各阶段显示图元外，还可以在明细中统计各阶段中图元的明细。例如，在拆除阶段，可以只统计拆分图元的工程量，而在新建阶段，则统计新建图元的工程量。这种方法有利于帮助用户更好地统计各个阶段所产生的工程量，从而得出相关费用，方便项目管理。

实战：统计各阶段工程量

场景位置 场景文件>第19章>05.rvt
实例位置 实例文件>第19章>实战：统计各阶段工程量.rvt
难易指数 ★★☆☆☆
技术掌握 建立不同阶段明细表的方法

01 打开学习资源中的"场景文件>第19章>05.rvt"文件，新建门明细表，然后在打开的"明细表属性"对话框中，选择"族与类型""类型"和"合计"字段，接着单击"确定"按钮 确定 ，如图19-26所示。

02 在实例"属性"面板中，设置"阶段过滤器"为"显示现有"，"相位"为"阶段1-现有"，此时门明细表将统计现有阶段门的类型与数量，如图19-27所示。

图19-26

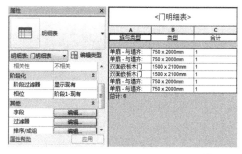

图19-27

03 复制明细表，更名为"门明细表-拆除"，然后在实例"属性"面板中，设置"阶段过滤器"为"显示拆除"，"相位"为"阶段2-拆除"，此时门明细表将统计拆除阶段门的类型与数量，如图19-28所示。

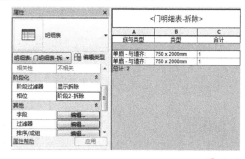

图19-28

04 再次复制明细表，更名为"门明细表-新建"，然后在实例"属性"面板中，设置"阶段过滤器"为"显示新建"，"相位"为"阶段3-新建"，此时门明细表将统计新建阶段门的类型与数量，如图19-29所示。

图19-29

第20章

族的制作

Learning Objectives
学习要点

296页
族的介绍

296页
系统族与可载入族的区别

297页
创建族的方法

297页
族样板的选择与使用

307页
族类别与族参数的应用

Employment Direction
从业方向

建筑设计　结构设计
机电设计　幕墙设计
室内设计　景观设计

20.1 族基本概念

族是组成项目的构件，也是参数信息的载体。在Revit中进行的建筑设计不可避免地要调用、修改或者新建族，所以，熟练掌握族的创建和使用是有效运用Revit的关键。Revit中的族有3种类型，分别是"系统族""可载入族"和"内建族"。在项目中创建的大多数图元是系统族或可载入族，非标准图元或自定义图元是使用内建族创建的。

系统族包含用于创建的基本建筑图元。例如，建筑模型中的"墙""楼板""天花板"和"楼梯"的族类型。系统族还包含项目和系统设置，而这些设置会影响项目环境，并且包含诸如"标高""轴网""图纸"和"视口"等图元的类型。系统族已在Revit中预定义且保存在样板和项目中，而不是从外部文件中载入样板和项目中的。用户不能创建、复制、修改或删除系统族，但可以复制和修改系统族中的类型，以便创建自定义的系统族类型。系统族中可以只保留一个系统族类型，其他系统族类型都可以删除，这是因为每个族至少需要一个类型才能创建新的系统族类型。

"可载入族"是在外部RFA文件中创建的，并可导入（载入）项目中。"可载入族"是用于创建下列构件的族，如窗、门、橱柜、装置、家具和植物。常规自定义的一些注释图元，如符号和标题栏，由于"可载入族"具有高度可自定义的特征，因此它是Revit中经常创建和修改的族。对于包含许多类型的族，可以创建和使用类型目录，以便仅载入项目所需的类型。

"内建族"是需要创建当前项目专有的独特构件时所创建的独特图元。它可以创建内建几何图形，以便参照其他项目中的几何图形，使其在所参照的几何图形发生变化时进行相应的调整。创建"内建族"时，Revit将为该内建图元创建一个族，该族包含单个族类型。创建"内建族"涉及许多与创建可载入族相同的族编辑器工具。

Revit的族主要包含3项内容，分别是"族类别""族参数"和"族类型"。"族类别"以建筑物构件性质来归类，包括"族"和"类别"。例如，门、窗或家具都属于不同的类别，如图20-1所示。

图20-1

"族参数"定义应用于该族中所有类型的行为或标识数据。不同的类别具有不同的族参数，具体取决于Revit以何种方式使用构件。控制族行为的一些常见族参数示例，包括"总是垂直""基于工作平面""共享""房间计算点"和"族类型"。

基于工作平面：选择该选项时，族以活动工作平面为主体。它可以使任一无主体的族成为基于工作平面的族。

总是垂直：选择该选项时，该族总是显示为垂直，即90度，即使该族位于倾斜的主体上，如楼板。

共享：仅当族嵌套到另一族内并载入项目时才适用此参数。如果嵌套族是共享的，则可以从主体族独立选择、标记嵌套族和将其添加到明细表。如果嵌套族不共享，则主体族和嵌套族创建的构件作为一个单位。

房间计算点：选择该选项族将显示房间计算点。通过房间计算点可以调整族归属房间，如图20-2所示。

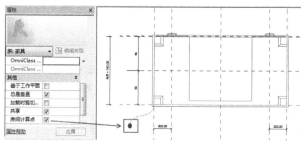

图20-2

在"族类型"对话框中，族文件包含多种族类型和多组参数，其中包括带标签的尺寸标注及其图元参数。不同族类型中的参数，其数值各不相同，可以为族的标准参数（如材质、模型、制造商和类型标记等）添加值，如图20-3所示。

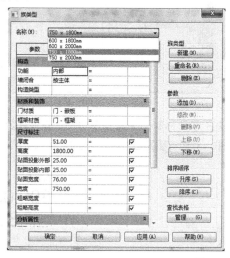

图20-3

20.2 创建二维族

创建可载入族时，要使用软件中提供的样板，该样板包含所要创建的族的相关信息。先绘制族的几何图形，使用参数建立族构件之间的关系，创建其包含的变体或族类型，确定其在不同视图中的可见性和详细程度。完成族后，先在示例项目中对其进行测试，然后使用族在项目中创建图元。

★重点★
20.2.1 创建注释族

"注释族"是应用于族的标记或符号，它可以自动提取模型族中的参数值，自动创建构件标记注释。标记也可以包含出现在明细表中的属性，通过选择要与符号相关联的族类别，然后绘制符号并将值应用于其属性，可创建注释符号。一些注释族可以起标记作用，其他则是用于不同用途的常规注释。

★重点★
实战：创建窗标记族

场景位置　无
实例位置　实例文件>第20章>实战：创建窗标记族.rfa
难易指数　★★☆☆☆
技术掌握　利用标记族提取门标注信息

01 单击"族"面板下的"新建"按钮 新建(N)，然后在打开的"选择样板文件"对话框中，选择"公制窗标记"样板，接着单击"打开"按钮 打开(O)，如图20-4所示。

图20-4

02 切换到"创建"选项卡，然后在"文字"面板中单击"标签"按钮 A，如图20-5所示，接着在视图中心位置单击，以确定标签。

图20-5

03 在打开的"编辑标签"对话框中，双击"类型标记"字段，使其添加到标签参数面板，然后设置"样例"为C2015，接着单击"确定"按钮 确定 ，如图20-6所示。

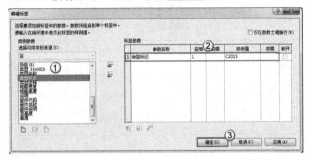

图20-6

04 移动标签文字，使样文字中心对齐垂直参数线，底部略高于水平参数线，然后在实例"属性"面板中选择"随构件旋转"选项，如图20-7所示。

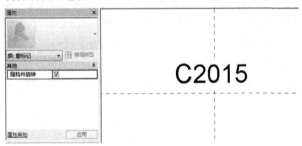

图20-7

 疑难问答 ?

问：为什么要选择"随构件旋转"参数？

答：如果选择"随构件旋转"参数，当项目中有不同方向的门窗时，门窗标记族会根据所标记对象的方向自动更改。

05 将族进行保存，族名为"窗标记符号"，然后切换到"修改"选项卡，单击"族编辑器"面板中的"载入到项目"按钮，将族载入项目中，进行标记测试，如图20-8所示。

图20-8

06 打开现有项目，拾取项目中的"窗"图元，系统将读取窗族中的"类型标记"参数值自动进行标记，如图20-9所示。

图20-9

技巧与提示

其他类型标记族，与窗标记族的制作方法相同，只需要在建立注释族之前，选择相应的样板即可。

★重点★

实战：创建多类别标记族

场景位置　无
实例位置　实例文件>第20章>实战：创建多类别标记族.rfa
难易指数　★★☆☆☆
技术掌握　利用标记族提取门标注信息

01 单击"族"面板下的"新建"按钮 新建(N) ，然后在"选择样板文件"对话框中，选择"公制多类别标记"样板，接着单击"打开"按钮 打开(O) ，如图20-10所示。

图20-10

 技巧与提示

如果族样板文件中没有提供需要的样板，可以先选择"公制常规模型"样板，然后在族编辑环境下再更改为需要的类别就可以了。

02 切换到"创建"选项卡，然后在"文字"面板中单击"标签"按钮，接着在视图中心位置单击，并在打开的"编辑标签"对话框中，分别添加"类型标记""成本"和"注释"字段，再选择后面的"断开"选项，最后单击"确定"按钮 确定 ，如图20-11所示。

图20-11

03 移动标签文字到视图中央，然后将族文件载入项目中，对现有图元进行标记，如图20-12所示。

C1515
300.00
距地面800高

图20-12

★重点★
实战：创建材质注释族

场景位置：无
实例位置：实例文件>第20章>实战：创建材质注释族.rfa
难易指数：★★☆☆☆
技术掌握：多重标记符号添加的格式控制

当项目中需要进行材料注释，但实际图元并没有赋予相对应的材质时，可以使用"注释族"手工输入材料名称。

01 单击"族"面板下的"新建"按钮 新建(N) ，然后在打开的"选择样板文件"对话框中，选择"公制常规注释"样板，接着单击"打开"按钮 打开(O) ，如图20-13所示。

图20-13

02 切换到"修改"选项卡，然后在"属性"面板中单击"族类型"按钮 ，如图20-14所示。

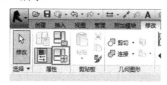

图20-14

03 在打开的"族类型"对话框中，单击"参数"中的"添加"按钮 添加(D) ，如图20-15所示。

图20-15

04 在打开的"参数属性"对话框中，选择"实例"选项，然后更改"参数类型"与"参数分组方式"均为"文字"，接着输入"名称"为"材料注释"，如图20-16所示。

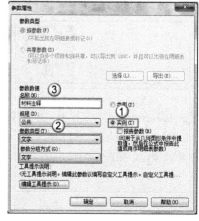

图20-16

05 切换到"创建"选项卡，然后在"文字"面板中单击"标签"按钮 ，接着在视图中心位置单击，再在打开的"编辑标签"对话框中，双击"材料注释"字段，最后单击"确定"按钮 确定 ，如图20-17所示。

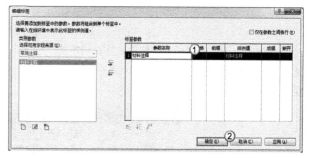

图20-17

06 在视图中调整文字标签的位置，然后切换到"创建"选项卡，接着在"基准"面板中单击"参照线"按钮 ，如图20-18所示。

图20-18

07 在视图中分别绘制垂直与水平方向共三个参照线，如图20-19所示。

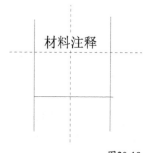

图20-19

08 在视图中调整文字标签的位置，然后切换到"创建"选项卡，接着在"详图"面板中单击"直线"按钮，如图20-20所示。

图20-20

09 在视图中沿着参照平面与参照线，绘制水平与垂直方向的引线，然后使用"对齐"工具，将各个引线的端点与参照线锁定，如图20-21所示。

图20-21

10 在视图中调整文字标签的位置，然后切换到"创建"选项卡，接着在"详图"面板中单击"填充区域"按钮，如图20-22所示。

图20-22

11 在视图左下解约，在垂直与水平方向参照线交叉点的位置，绘制半径为0.5的圆，如图20-23所示。

图20-23

技巧与提示

　　Revit不能直接绘制小于0.8毫米的图元。可以先绘制1毫米的圆，然后选择，再将其修改为需要的数值，但最小值不能小于0.3。

12 选择完成的填充图元，然后单击"编辑工作平面"按钮，如图20-24所示。

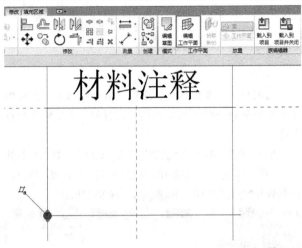

材料注释

图20-24

13 在打开的"工作平面"对话框中，"指定新的工作平面"属性中选择"拾取一个平面"选项，如图20-25所示，然后拾取视图中新绘制的水平参照线，如图20-26所示。

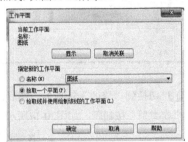

图20-25

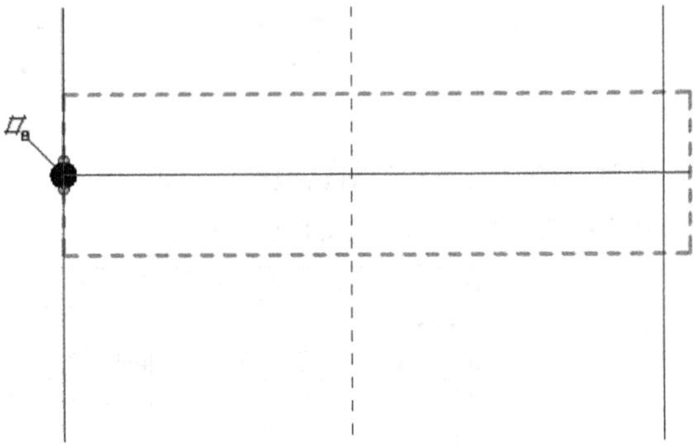

图20-26

技巧与提示

　　这样做的目的是将填充区域与参照线绑定。当参照线位置发生移动后，填充区域会跟随移动。

14 使用"尺寸标注"工具，分别标注水平与垂直两个方向的参照线，然后选择垂直方向的尺寸标注，在工具选项栏中设置"标签"为"添加参数"，如图20-27所示。

15 在打开的"参数属性"对话框中，选择"实例"选项，然后设置"名称"为"垂直引线长度"，接着单击"确定"按钮，如图20-28所示。

图20-27

图20-28

16 按照同样的方法完成水平方向尺寸标注参数的添加，最终效果如图20-29所示。

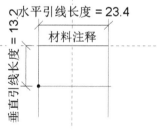

图20-29

17 将族进行保存，族名为"材质注释符号"，然后单击"载入到项目中"按钮，放置到需要标记的图元上，接着在实例"属性"面板中，设置"垂直引线长度"为15，"水平引线长度"为23，如图20-30所示。

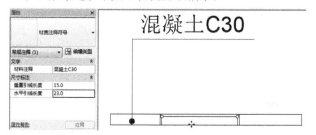

图20-30

★ 重点 ★ 20.2.2 创建符号族

在绘制施工图的过程中，需要使用大量的注释符号，以满足二维出图要求，如指北针、高程点等符号。同时，为了满足国标要求，还需要创建一些视图符号，如剖面剖切标头、立面视图符号和详图索引标头等。

★ 重点 ★ 实战：创建指北针符号

场景位置　无
实例位置　实例文件>第20章>实战：创建指北针符号.rfa
难易指数　★★☆☆☆
技术掌握　填充区域与参照线的用法

01 单击族面板下的"新建"按钮，然后在打开的"选择样板文件"对话框中，选择"公制常规注释"样板，接着单击"打开"按钮 打开(O) ，如图20-31所示，进入族编辑环境后，删除族样板默认提供的注意事项文字，如图20-32所示。

图20-31

图20-32

02 切换到"创建"选项卡，然后在"详图"面板中单击"直线"按钮，接着在视图中心点位置绘制直径为24mm的细实线圆，如图20-33所示。

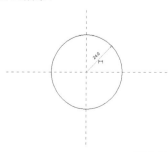

图20-33

03 切换到"创建"选项卡，然后在"基础"面板中单击"参照线"按钮 ⌐ ，接着选择"拾取线"的方式，并设置"偏移量"为1.5，以垂直参数平面为基础，向两个方向各自偏移绘制参照线，如图20-34所示。

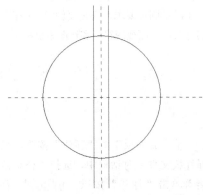

图20-34

04 切换到"创建"选项卡，然后在"详图"面板中单击"填充区域"按钮 ⌐ ，接着在参数线范围内绘制等腰三角形，最后单击"完成"按钮 ✔ ，如图20-35所示。

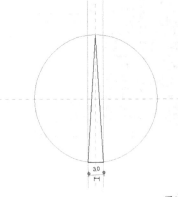

图20-35

05 切换到"创建"选项卡，然后在"文字"面板中单击"文字"按钮 A ，在所绘制图形上方添加文字，最终完成效果如图20-36所示。将族进行保存，族名称为"指北针"。

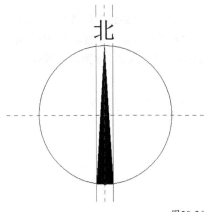

图20-36

疑难问答 ?

问：是否需要删除自行添加的参照线段，以免影响指北针图形的正常显示？

答：不需要，当符号族载入项目中后，参照平面及参照线将不显示在视图中。

★重点
实战：创建标高符号

场景位置	无
实例位置	实例文件>第20章>实战：创建标高符号.rfa
难易指数	★★☆☆☆
技术掌握	标签参数的应用

01 单击"族"面板下的"新建"按钮 新建(N) ，然后在"选择样板文件"对话框中，选择"公制标高标头"样板，接着单击"打开"按钮 打开(O) ，如图20-37所示，最后将族样板中的文字及虚线删除，如图20-38所示。

图20-37

注意：
标高线终止于参照平面的交点处。

虚线显示系统标高线的位置。

请在使用前删除该注意事项和虚线。

图20-38

02 切换到"创建"选项卡，然后在"详图"面板中单击"直线"按钮 ⌐ ，接着在视图中心位置创建高度为3mm的等腰三角形，并分别在顶部及底部添加引线，如图20-39所示。

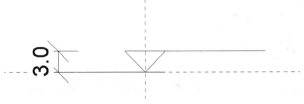

图20-39

切换到"创建"选项卡，然后在"文字"面板中单击"标签"按钮 A，接着在打开的"编辑标签"对话框中添加"名称"和"立面"字段，并在"名称"后面选择"断开"选项，如图20-40所示。

图20-40

选择"立面"参数，然后单击"编辑参数的单位格式"按钮 ，如图20-41所示，接着在打开的"格式"对话框中，关闭"使用项目设置"选项，再设置"单位"为"米"，"舍入"为"3个小数位"，最后单击"确定"按钮 确定 ，如图20-42所示。

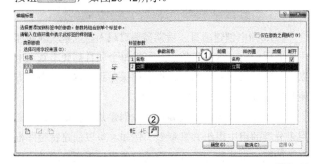

图20-41

图20-42

切换到"管理"选项卡，然后在"设置"面板中单击"对象样式"按钮 ，接着在打开的"对象样式"对话框中，修改"标高标头"的"线颜色"为"绿色"，如图20-43所示。

将族文件进行保存，族名称为"楼层-标高"，完成后的效果如图20-44所示。

图20-43

图20-44

将族文件载入项目中，替换标高标头符号，最终效果如图20-45所示。

图20-45

实战：创建详图索引符号

场景位置	无
实例位置	实例文件>第20章>实战：创建详图索引符号.rfa
难易指数	★★☆☆☆
技术掌握	标签参数的使用

单击"族"面板下的"新建"按钮，然后在打开的"选择样板文件"对话框中，选择"公制详图索引标头"样板，接着单击"打开"按钮 打开(O) ，如图20-46所示。

图20-46

02 删除样板中提供的文字，切换到"创建"选项卡，然后在"详图"面板中单击"直线"按钮，在视图中心位置创建直径为10mm的圆，并添加中心分隔线，如图20-47所示。

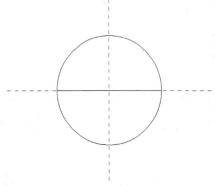

图20-47

03 切换到"创建"选项卡，然后在"文字"面板中单击"标签"按钮**A**，添加"图纸编号"与"详图编号"字段，接着在"详图编号"后面选择"断开"选项，如图20-48所示。

图20-48

04 选择标签并单击"编辑类型"按钮，然后在打开的"类型属性"对话框中，复制一个新的"类型"为2.5mm，接着设置"背景"为"透明"，"文字大小"为2.5mm，最后单击"确定"按钮，如图20-49所示。

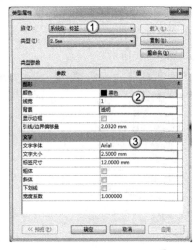

图20-49

05 将调整好的标签适当移动位置并保存，族名为"GB-索引标头"，索引符号完成后，最终效果如图20-50所示。

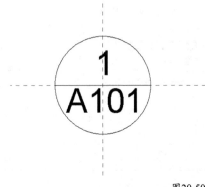

图20-50

> **知识链接**
>
> 如果需要制作标准详图的索引符号，请参阅本章"实战：创建材质注释族"中的具体作法。

★重点★ 20.2.3 共享参数

在Revit中创建项目，后期需要对载入族或系统族添加一些通用参数。这些参数信息可能每个项目都会用到，所以可以通过共享参数的方式将它们保存到文本文件中，方便其他人或下一次进行项目时使用。

可以在项目环境或族编辑器中创建共享参数，在创建用于分类的组中组织共享参数。例如，可以创建特定图框参数的图框组或特定设备参数的设备组。下面将通过简单的创建图框的实例来介绍共享参数的添加与使用。

★重点★ 实战：创建图框族

场景位置	场景文件>第20章>01.rfa
实例位置	实例文件>第20章>实战：创建图框族.rfa
难易指数	★★☆☆☆
技术掌握	共享参数的创建与使用方法

01 打开学习资源中的"场景文件>第20章>01.rfa"文件，然后切换到"管理"选项卡，接着在"设置"面板中单击"共享参数"按钮，如图20-51所示。

图20-51

02 在打开的"编辑共享参数"对话框中，单击"创建"按钮，如图20-52所示，然后在打开的"创建共享参数文件"对话框中，输入"文件名"为"会签栏"，接着单击"保存"按钮，如图20-53所示。

图20-52

图20-53

03 在"编辑共享参数"对话框中,单击"组"属性中的"新建"按钮 新建(N)... ,然后在打开的"新参数组"对话框中,输入"名称"为"会签签字",接着单击"确定"按钮 确定 ,如图20-54所示。

图20-54

04 在打开的"编辑共享参数"对话框中,设置"参数组"为"会签签字",然后单击"参数"属性中的"新建"按钮 新建(N) ,如图20-55所示。

图20-55

05 在打开的"参数属性"对话框中,设置"名称"为"建筑专业负责人","参数类型"为"文字",如图20-56所示。

图20-56

06 按照相同的方法,分别添加其他负责专业人参数,如图20-57所示。单击"确定"按钮 确定 ,打开外部保存的共享参数文件,查看其内容,如图20-58所示。

图20-57

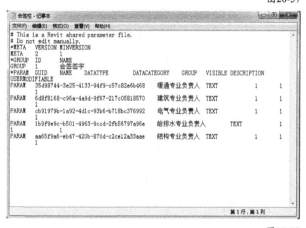

图20-58

技巧与提示

共享参数文件中,包含若干参数组,每个参数组内包含若干参数。可以根据具体需求,将共享参数划分到不同的参数组内归类,方便后期查找相应参数。

07 切换到"创建"选项卡,然后在"文字"面板中单击"标签"按钮 A,接着在图框会签栏的位置单击,并在打开的"编辑标签"对话框中,单击"添加参数"按钮 ,如图20-59所示。

图20-59

08 在打开的"参数属性"对话框中，单击"选择"按钮 选择(L)...，如图20-60所示，接着在打开的"共享参数"对话框中，选择需要添加的共享参数并单击"确定"按钮 确定，如图20-61所示。重复此操作，将所有共享参数全部添加至标签参数栏中。

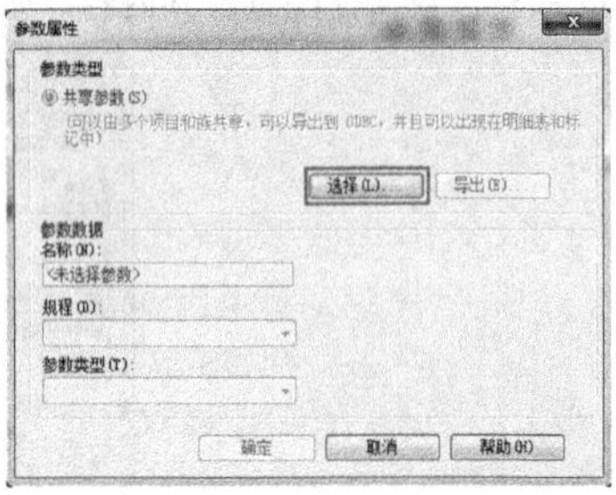

图20-60

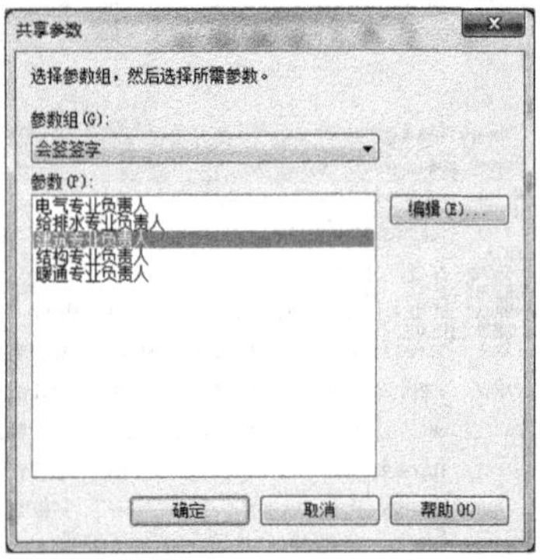

图20-61

09 将各个专业负责人标签全部放置到图框"会签签字"一栏中，如图20-62所示，然后将图框保存并载入项目中。

图20-62

10 在项目文件中，新建图纸选择载入的图框族，然后切换到"管理"选项卡，接着在"设置"面板中单击"项目参数"按钮，如图20-63所示。

图20-63

11 在"项目参数"对话框中，单击"添加"按钮 添加(A)，如图20-64所示。

图20-64

12 在打开的"参数属性"对话框中，选择"共享参数"选项，然后单击"选择"按钮 选择(L)...，接着在打开的"共享参数"对话框中，双击"建筑专业负责人"参数，如图20-65所示。

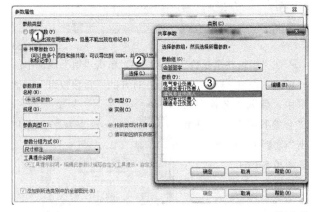

图20-65

13 在打开的"参数属性"对话框中，选择"共享参数"选项，然后选择"实例"选项，接着在"类别"选项栏中选择"项目信息"类别，如图20-66所示。按照相同的操作方法，添加其他共享参数。

图20-66

切换到"管理"选项卡，然后在"设置"面板中单击"项目信息"按钮，接着在打开的"项目属性"对话框中，在"文字"参数中输入各专业负责人信息，最后单击"确定"按钮，如图20-67所示。

图20-67

在图框"会签签字"栏中，将按照项目信息中的内容进行显示，如图20-68所示。

会签签字 CONFIRMATION	
建筑专业 负 责 人 ARCH.	李工
结构专业 负 责 人 STRUCT.	张工
给排水专业 负 责 人 WATE.	赵工
暖通专业 负 责 人 VENT.	王工
电气专业 负 责 人 ELEC.	孙工

图20-68

20.3 创建模型族

Revit模型都是由族构成的，按图元属性分为两类，一类是"注释族"，另一类是"模型族"。"注释族"在前面的章节已经介绍过了。例如，尺寸标注、视图符号、填充区域等都属于注释族。"注释族"属于二维图元，不存在三维几何图形。当然，在三维视图中，也可以使用注释族进行标记。模型族属于三维图元，在空间中表现为三维几何图形，同时可以承载信息。

20.3.1 建模方式

在Revit族编辑器中，可以创建两种形式的模型，分别是"实心形状"与"空心形状"。"空心形状"是与"实心形状"之间做布尔运算进行扣剪，得到的最终形状。Revit分别为"实心形状"与"空心形状"提供了5种建模方式，即"拉伸""融合""旋转""放样"和"放样融合"。不论是哪种建模方式，都需要绘制二维草图轮廓，然后根据轮廓样式结合建模工具生成实体。关于不同的建模方式使用说明及最终生成的三维效果，如表1所示。

表1

建模方式	草图轮廓	模型成果	使用说明
拉伸			拉伸二维轮廓来创建三维实心形状
融合			绘制底部与顶部二维轮廓并指定高度，将两个轮廓融合在一起生成模型
旋转			绘制封闭的二维轮廓，并指定中心轴来创建模型
放样			绘制路径，并创建二维截面轮廓生成模型
放样融合			创建两个不同的二维轮廓垢，然后沿路径对其进行放样生成模型

★ 重点 ★
实战：创建平开窗族

场景位置　无
实例位置　实例文件>第20章>实战：创建平开窗族.rfa
难易指数　★★☆☆☆
技术掌握　拉伸命令的用法及参数控制

单击"族"面板下的"新建"按钮，然后在打开的"新族-选择样板文件"对话框中，选择"公制窗"文件，接着单击"打开"按钮，如图20-69所示。

图20-69

选择立面视图的"内部"视图，然后切换到"创建"选项卡，接着在"工作平面"面板中单击"设置"按钮，如图20-70所示。

图20-70

03 在打开的"工作平面"对话框中，设置"名称"为"参照平面：中心（前/后）"，如图20-71所示，然后选择立面视图的"内部"视图，接着切换到"创建"选项卡，并在"形状"面板中单击"拉伸"按钮，如图20-72所示。

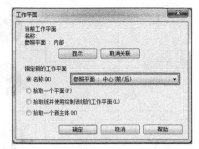

图20-71

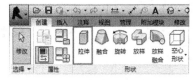

图20-72

04 选择"矩形"绘制工具，然后沿着立面视图洞口边界绘制轮廓，如图20-73所示，接着单击"偏移"按钮，设置"偏移"值为40，再选择"复制"选项，如图20-74所示，最后按Tab键选择全部边界轮廓线向内进行偏移复制。

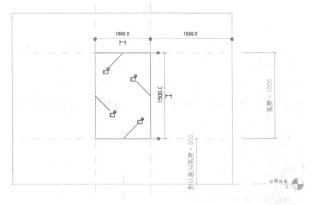

图20-73

图20-74

05 基于偏移完成后的外轮廓，使用"直线"工具绘制两条平行线，然后使用"拆分图元"工具将内侧轮廓线进行拆分，接着使用"修剪"工具将其与其他线段连接，使平行线间距为40，距上一条线段为300，如图20-75所示。

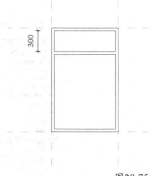

图20-75

06 在实例"属性"面板中，设置"拉伸终点"为-30，"拉伸起点"为30，如图20-76所示，然后向下拖曳滑块，设置"子类别"为"框架/竖梃"，接着单击"完成"按钮，如图20-77所示。

图20-76　　　　　　图20-77

07 使用"拉伸"工具绘制窗扇，"轮廓宽度"为30，如图20-78所示，然后在实例"属性"面板中，设置"拉伸终点"为-30，"拉伸起点"为30，"子类别"为"框架/竖梃"，接着单击"完成"按钮。

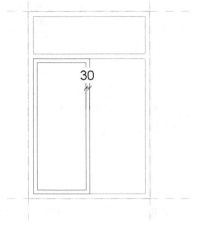

图20-78

08 窗扇绘制完成后，使用"镜像"工具沿中心线复制到另一侧，如图20-79所示，然后使用"拉伸"工具 🔲，沿着窗框内侧绘制窗玻璃轮廓，如图20-80所示，接着设置"拉伸终点"为-5，"拉伸起点"为5，"子类别"为"玻璃"，最后单击"确定"按钮 确定 。

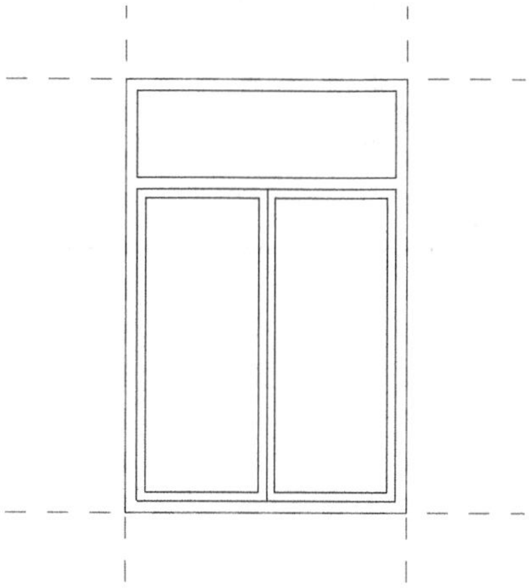

图20-79

图20-80

09 切换到"注释"选项卡，然后在"详图"面板中单击"符号线"按钮 🔲，如图20-81所示，接着选择"直线"工具 ✏，并设置"子类别"为"立面打开方向[投影]"，如图20-82所示。

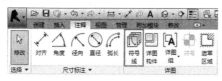

图20-81

图20-82

10 在视图中，分别为两个窗扇绘制开启方向线，如图20-83所示，然后切换到平面视图中，选择所绘制的所有图元，接着切换到"修改|选择多个"选项卡，单击"可见性设置"按钮 🔲，如图20-84所示。

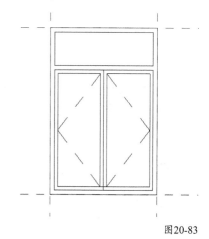

图20-83

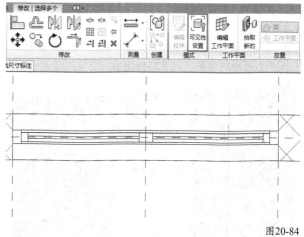

图20-84

11 在打开的"族图元可见性设置"对话框中，关闭"显示在三维视图和"参数中的第1个与第4个选项，如图20-85所示，然后单击"确定"按钮 确定 ，并在视图中将所绘制图元暂时隐藏。

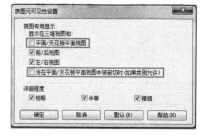

图20-85

12 切换到"注释"选项卡，然后在"详图"面板中单击"符号线"按钮 🔲，接着选择"直线"绘制方式，再设置"子类别"为"玻璃（截面）"，最后在视图中的洞口位置添加两条平行线，如图20-86所示。

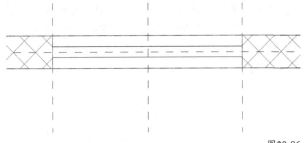

图20-86

13 使用"尺寸标注"工具，对添加的符号线进行标注，然后选择尺寸标注单击EQ进行均分，如图20-87所示。

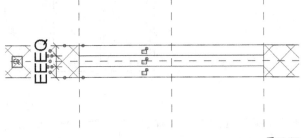

图20-87

14 修改窗的高度及宽度参数进行测试，然后切换到三维视图中查看最终效果，如图20-88所示。

图20-88

★重点★
实战：创建装饰柱

场景位置	无
实例位置	实例文件>第20章>实战：创建装饰柱.rfa
难易指数	★★★☆☆
技术掌握	拉伸及旋转命令的用法及可见性参数控制

01 单击"族"面板下的"新建"按钮 新建(N)，然后在打开的"新族-选择样板文件"对话框中，选择"公制柱"文件，接着单击"打开"按钮 打开(O)，如图20-89所示。

02 切换到"创建"选项卡，然后在"形状"面板中单击"拉伸"按钮，接着选择"圆形"绘制方式，在视图中绘制柱轮廓，如图20-90所示，最后单击"临时标注转换"

按钮，将临时标注转换为永久性标注。

图20-89

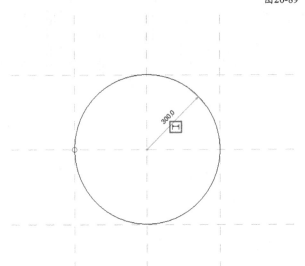

图20-90

03 选择"尺寸标注"工具，然后在工具选项栏中，单击"标签"下拉菜单中的"添加参数"，如图20-91所示。

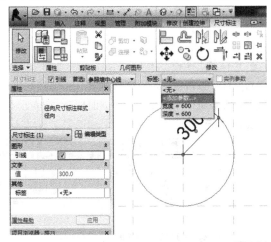

图20-91

04 在打开的"参数属性"对话框中，输入"名称"为"圆柱半径"，然后单击"确定"按钮 确定，如图20-92所示。

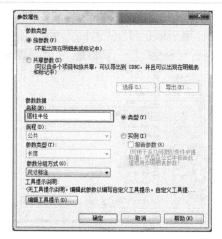

图20-92

05 选择右立面视图，拖曳圆柱顶部控制柄至高于参照标高，然后单击"约束"按钮，将圆柱顶部与参照标高进行锁定，如图20-93所示。

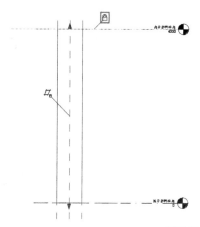

图20-93

06 切换到"创建"选项卡，然后在"形状"面板中单击"旋转"按钮，使用"直线"与"弧形"绘制工具，绘制放置截面轮廓，如图20-94所示。

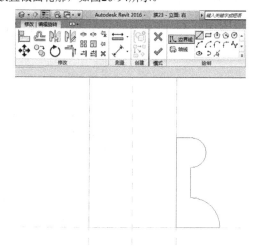

图20-94

07 单击"轴线"按钮，选择"拾取线"绘制方式，然后拾取视图中心参数平面，接着单击"完成"按钮，如图20-95所示。

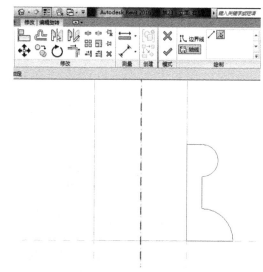

图20-95

08 选择平面视图，然后选择旋转完成的图元，接着单击"编辑工作平面"按钮，在打开的"工作平面"对话框中，选择"名称"为"参照平面：中心（左/右）"，最后单击"确定"按钮，如图20-96所示。

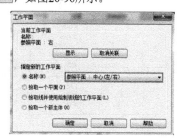

图20-96

09 切换到三维视图，选择旋转完成的图元，然后在实例"属性"面板中，单击"可见"参数后方的"关联族参数"按钮，如图20-97所示，接着在打开的"关联族参数"对话框中，单击"添加参数"按钮，如图20-98所示。

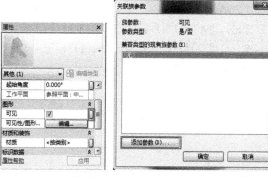

图20-97   图20-98

10 在打开的"参数属性"对话框中，输入"名称"为"装饰线角"，然后选择"实例"参数选项，接着单击"确定"按钮 确定 ，如图20-99所示。

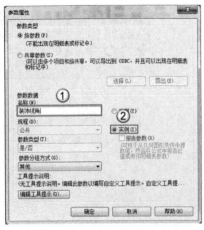

图20-99

11 将族文件保存，族名为"装饰柱"，然后载入项目中进行测试，载入项目中后选择装饰柱族，选择实例"属性"面板中的"装饰线角"选项，使装饰线角模型在视图中显示，如图20-100所示。

图20-100

20.3.2 嵌套族

嵌套族指可以在族中嵌套其他族，以创建包含合并族几何图形的新族。在进行族嵌套之前，是否共享了这些族，决定着嵌套几何图形在以该族创建的图元中的行为。如果嵌套的族未共享，则使用嵌套族创建的构件与其余的图元作为单个单元使用，不能分别选择构件、分别对构件进行标记，也不能分别将构件录入明细表。如果嵌套的是共享族，可以分别选择并分别对构件进行标记，也可以分别将构件录入明细表。

实战：创建单开门族

场景位置　无
实例位置　实例文件>第20章>实战：创建单开门族.rfa
难易指数　★★☆☆☆
技术掌握　了解控制的作用及嵌套族的概念

01 单击"族"面板下的"新建"按钮 新建(N) ，然后在打开的"新族-选择样板文件"对话框中，选择"公制门"文件，接着单击"打开"按钮 打开(O) ，如图20-101所示。

图20-101

02 选择立面视图的"内部"视图，然后切换到"创建"选项卡，接着在"工作平面"面板中单击"设置"按钮，如图20-102所示，并在打开的"工作平面"对话框中，选择"拾取一个平面"选项，如图20-103所示。

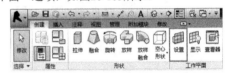

图20-102

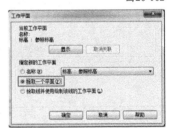

图20-103

03 拾取水平方向中心参照平面，然后在打开的"转到视图"对话框中选择"立面：内部"，接着单击"打开视图"按钮 打开视图 ，如图20-104所示。

图20-104

04 切换到"创建"选项卡，然后在"形状"面板中单击

"拉伸"按钮▤，接着选择"矩形"工具▭，绘制门扇轮廓，再在实例"属性"面板中，设置"拉伸终点"为-15，"拉伸起点"为15，最后单击"完成"按钮✔，如图20-105所示。

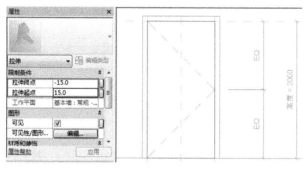

图20-105

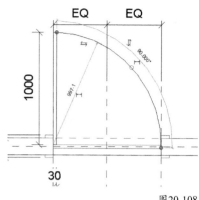

图20-108

05 切换到平面视图，选择门扇图元，然后单击"可见性设置"按钮▦，在"族图元可见性设置"对话框中，关闭"显示在三维视图和"参数中的第1个与第4个选项，接着单击"确定"按钮 确定 ，如图20-106所示。

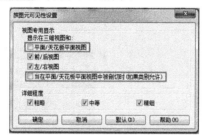

图20-106

06 切换到"注释"选项卡，然后在"详图"面板中单击"符号线"按钮▤，接着选择"矩形"绘制方式，再设置"子类别"为"门（截面）"，最后在平面视图门洞左侧，绘制长1000、宽30的矩形，如图20-107所示。

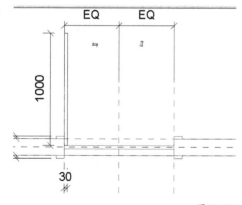

图20-107

07 选择"弧形"绘制方式，然后设置子类别为"平面打开方向（截面）"，接着在视图中绘制门开启线并修改角度为90°，如图20-108所示。

08 删除现有翻转控件，然后切换到"创建"选项卡，接着单击"控件"面板中的"控件"按钮➕，如图20-109所示。

图20-109

09 在"控制点类型"面板中单击"双向垂直"按钮➕，然后在视图中单击添加控件，如图20-110所示。按同样的方法，添加"双向水平"控件。

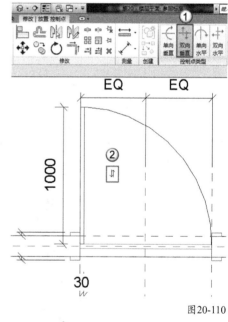

图20-110

技巧与提示

控件的作用是，在视图中切换图元的放置方向。通过单击控件，可以控制门的开启方向为外开或内开等。

10 切换到"插入"选项卡，然后在"从库中载入"面板中单击"载入族"按钮▤，接着在打开的"载入族"对话框中，选择"门锁8"文件，最后单击"打开"按钮 打开(O) ，如图20-111所示。

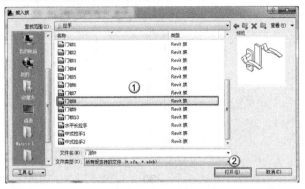

图20-111

11▸ 切换到"创建"选项卡，然后在"模型"面板中单击"构件"按钮，接着选择"门锁8"，将其放置在视图中的合适位置，如图20-112所示。

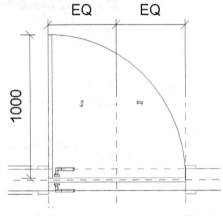

图20-112

12▸ 双击门锁族，进入族编辑环境，然后切换到"创建"选项卡，接着在"属性"面板中单击"族类别和族参数"按钮，并在打开的"族类别和族参数"对话框中，选择"族参数"列表中的"共享"参数，如图20-113所示。

图20-113

技巧与提示

选择"共享"参数后，将门族载入项目中时，其中所嵌套的门锁族，可以在明细表中单独被统计。同时，也可以将门锁族进行单独调用。

13▸ 将修改完成的门锁族载入门族中，然后在打开的"族已存在"对话框中，选择"覆盖现有版本"命令，如图20-114所示。

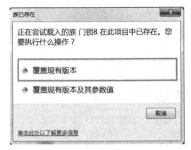

图20-114

14▸ 选择门锁族，然后单击"编辑类型"按钮，接着在打开的"类型属性"对话框中，设置"尺寸标注"参数下的"面板厚度"为30，最后单击"确定"按钮，如图20-115所示。

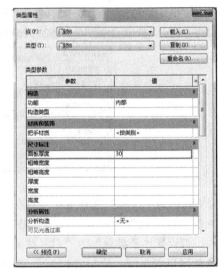

图20-115

15▸ 切换到"内部"立面视图，将门锁移动到合适的高度，然后进行尺寸标注，接着将标注结果进行锁定，如图20-116所示。

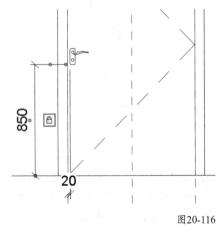

图20-116

16 修改族参数，测试族文件状态，然后切换到三维视图，查看门族最终完成效果，如图20-117所示。

图20-117

★ 重点 ★
实战：创建百叶窗

场景位置　场景文件>第20章>02.rfa
实例位置　实例文件>第20章>实战：创建百叶窗.rfa
难易指数　★★☆☆☆
技术掌握　了解控制的作用及嵌套族的概念

01 打开学习资源中的"场景文件>第20章>02.rvt"文件，然后切换到"创建"选项卡，接着在"模型"面板中单击"构件"按钮，并放置百叶族至视图中心位置，如图20-118所示。

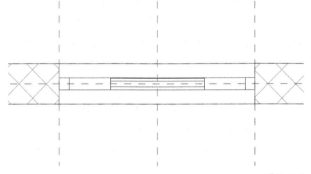

图20-118

02 切换到内部立面视图，将百叶窗分别与水平方向和垂直方向参数平面对齐锁定，如图20-119所示，然后标注百叶窗框内侧尺寸，接着添加参数为"百叶宽度"，如图20-120所示。

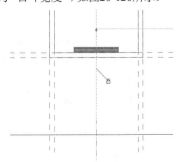

图20-119

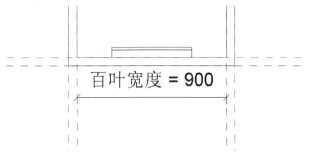

图20-120

03 切换到"创建"选项卡，然后在"属性"面板中单击"族类别"按钮，接着在打开的"族类型"对话框中，设置"百叶宽度"后的公式为"＝宽度-100mm"，最后单击"确定"按钮，如图20-121所示。

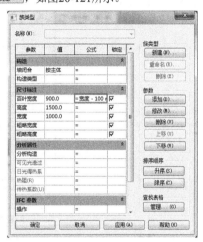

图20-121

04 选择百叶族，然后单击"编辑类型"按钮，接着在"类型属性"对话框中，单击"百叶片长度"参数后的"关联"按钮，如图20-122所示，再在打开的"关联族参数"对话框中，选择"百叶宽度"参数，最后单击"确定"按钮，如图20-123所示。

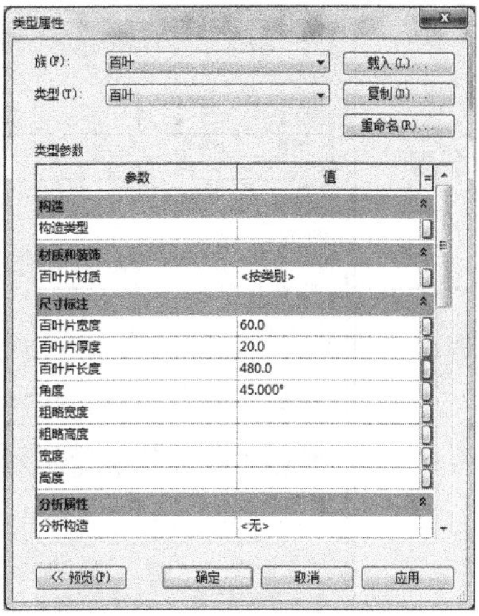

图20-122

图20-123

05 使用"阵列"工具阵列百叶族，设置"间距"为79，"个数"为18，然后按Tab键，选择阵列个数并添加相应参数，如图20-124所示。

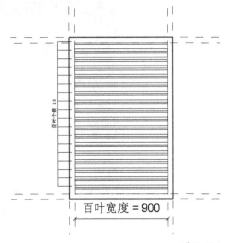

百叶宽度 = 900

图20-124

06 切换到"创建"选项卡，然后在"属性"面板中单击"族类别"按钮，接着在打开的"族类型"对话框中，设置"其他"参数下"百叶个数"后的公式为"（＝高度-100mm）/80mm"，最后单击"确定"按钮 确定 ，如图20-125所示。

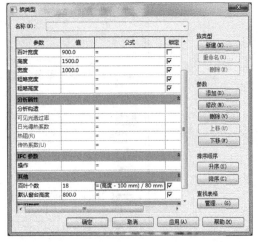

图20-125

技巧与提示

当高度参数修改后，软件会自动根据公式计算百叶个数参数值，然后自动更改。

07 切换到三维视图查看最终效果，如图20-126所示。

图20-126

20.3.3 类型目录

将具有多个类型的族载入项目中时，可以使用"类型目录"选择和载入需要的类型。这种方式有助于减小项目的尺寸，并在选择族类型时最大限度地缩短类型选择器列表的长度。例如，如果要载入整个C槽结构柱族，只有滚动浏览数十个C槽类型，才能选择所需要的。通过载入单个C槽类型，如C15x40，可以简化这一选择过程。"类型目录"提供了列出可用族类型的对话框，将这些类型载入项目之前，可以对其进行排序和选择。下面将通过一个平开窗的实例，介绍如何使用"类型目录"文件。

实战： 创建平开窗类型

场景位置　场景文件>第20章>03.rfa
实例位置　实例文件>第20章>实战：创建平开窗类型.rfa
难易指数　★★★☆☆
技术掌握　了解类型目录文件的创建与使用方法

01 打开学习资源中的"场景文件>第20章>03.rfa"文件，然后单击"应用程序菜单"图标，执行"导出>族类型"命令，如图20-127所示。

02 在打开的"导出为"对话框中，输入"文件名"为"平开窗"，然后单击"保存"按钮 保存(S) ，如图20-128所示，接着将族文件另存一份，族名称为"平面窗"。

图20-127

图20-128

03 打开"平开窗"文件进行编辑。将光标定位于平开窗字段前，按Enter键将其调整到下一行，然后保存文件，如图20-129所示。

图20-129

04 为了方便编辑类型目录文件，使用Excel打开"平开窗.txt"文件并进行编辑，如图20-130所示。

图20-130

05 将编辑完成后的文件进行保存，设置"保存类型"为"CSV(逗号分隔)"，然后将文件扩展名修改为TXT，如图20-131所示。

图20-131

技巧与提示

除了使用上述方法创建类型目录文件外，也可以自行创建类型目录文本文件。最左列写类型名称，第一行写参数声明，格式为参数名##类型##单位。如1##length##millimeters,2##length##millimeters，当参数不知如何声明时，可用other表类型，单位为空，如排量##other##。

06 新建项目文件，使用"载入族"命令，将平开窗族载入项目中。在打开的"指定类型"对话框中，可以选择多个或一个族类型载入项目中，如图20-132所示。

图20-132

技巧与提示

一定要保证类型目录文件与族文件名称保持一致，载入项目中时才可以正常读取文件内的参数。

第21章

定制项目样板

Employment Direction
从业方向

建筑设计

结构设计

机电设计

幕墙设计

室内设计

景观设计

21.1 项目样板概念

项目样板为新项目提供了起点，包括视图样板、已载入的族、已定义的设置（如单位、填充样式、线样式、线宽和视图比例等）和族库。项目样板使用文件扩展名RTE。

定制项目样板的意义在于，可以做好设计中的标准化工作，减少重复工作量。在方案设计和施工图设计阶段，总是存在一些固定的工作，有些是共性的问题，如门窗表、建筑面积的统计、建筑装修表和图纸目录等。根据自己主要设计范畴的特点，将较常用的族文件归纳到样板文件里，在项目样板文件里预先做好重复性的工作，就可以避免在每个项目设计中重复这些工作。

样板定制的内容包括各种基本系统族的设置、各种样式的设置、常用系统族依赖的外部族的制作和设置、常用外部族的制作以及常用明细表的设置。

创建项目样板有3种方式，整个过程都非常简单，所以本节不通过具体实例介绍。读者可根据文中介绍的方式一一尝试，找到适合自己的方式。

第1种：基于现有样板文件创建新的项目样板，如图21-1所示。在样板文件中分别设置"尺寸标注""样型图案"和"对象样式"等内容，并结合自身项目需求，添加常用的载入族，如门窗、家具族等。最好将样板文件保存，以便进行其他项目时使用。

图21-1

第2种：使用现有项目文件创建样板。制作项目的过程中，会对文件中的内容进行大量的设置与添加。其中，对项目浏览器样式、对象样式和轴网标高的调整，需要花费大量的时间。所以，完成一个项目后，可以直接将项目内所绘制的图元全部删除，只保留项目设置信息及所添加的族内容，然后另存为样板文件供其他项目使用，如图21-2所示。

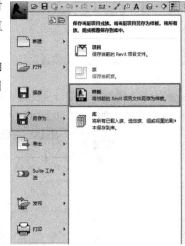

图21-2

第3种：使用"传递项目标准"工具，完成样板内容的设置。与前两种方法相比，此方法比较有效直接，且灵活性极高。"传递项目标准"工具在项目文件或样板文件中均可使用，具体操作方法如下。

新建样板或文件，打开已完成的项目或样板文件，然后切换到"管理"选项卡，在"设置"面板中单击"传递项目标准"按钮，如图21-3所示。

图21-3

在打开的"选择要复制的项目"对话框中，选择需要传递的选项即可，如图21-4所示。

图21-4

21.2 样板文件的基本设置

本节主要介绍关于视图样板中视图的定义。其中，需要根据国标或设计院的内部标准，对尺寸标注样式、标高轴网样式、线样式及线型图案进行设定。下文只介绍操作方法及步骤，不会涉及具体参数。读者需要根据实际情况，分别对各类型图元进行设置。

21.2.1 设置尺寸标注及轴网

单击"应用程序菜单"图标，执行"新建>项目"菜单命令，在打开的"新建项目"对话框中，设置"样板文件"为"建筑样板"，"新建"为"项目样板"，如图21-5所示。这样就可以在现有建筑样板的基础上，再定义新的样板文件。

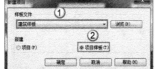

图21-5

线性尺寸标注

切换到"注释"选项卡，在"尺寸标注"面板中，可以打开"线性""角度"和"径向"的属性对话框，如图21-6所示。通过以下设置来设置样板文件中符合要求的尺寸标注样式。

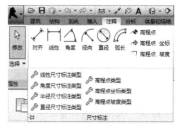

图21-6

在打开的"线性尺寸标注样式"的"类型属性"对话框中，各参数分别对应控制标注样式各个部分的外观样式，如图21-7所示。参数"尺寸线控制点"的值有两个选项，分别是"图元间隙"和"固定尺寸标注线"。选择"图元间隙"时，"尺寸界线与图元的间隙"参数可调，用以控制上图中所示的距离；选择"固定尺寸标注线"时，"尺寸界线长度"参数可调，这时尺寸线为固定长度。

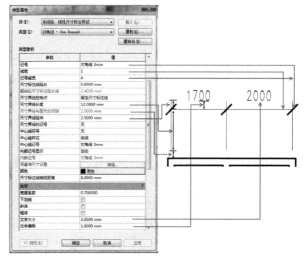

图21-7

选择"图元间隙"时，尺寸界线与标注图元关系紧密，往往在施工图中应用该样式。选择"固定尺寸标注线"值时，尺寸线长度统一，外观整齐，能减少尺寸界线对图元的干扰，往往用于方案设计中标注轴网及大构件的尺寸。

"尺寸标注线捕捉距离"的设置。当标注多行尺寸时，后标注的尺寸行可以自动捕捉，与先标注的尺寸行之间的距离为设定值，用以控制各行尺寸等距。当后标注的尺寸行定位并拖曳至距离先标注行上或下为设定距离值时，出现虚线定位线，如图21-8所示。拖曳多行间距不为设定值的尺寸之一时，也会在间距为设定值时出现虚线定位线。

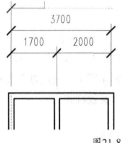

图21-8

当"记号标记"参数为"箭头"或"基准三角形"类的箭头标记时，"内部记号标记"会被激活。当邻近尺寸界限太近而无法容纳所选择的记号标记时，会自动替换为选择的"内部记号标记"值。"文字字体"参数可以选择Windows字库中的字体。

"内部记号标记"值已自动排除"箭头"及"基准三角形"类的箭头标记。标注文字的字体建议选用Windows标准字库中的"华文细黑"，该字体是Windows XP标准字库中唯一的数字及西文字符为等粗细线条的中文字库。与Arial字体相比，其优点是线条更细。在大幅面图纸缩小打印（例如在A3幅面上打印A1，甚至A0幅面的图纸）且文字高度相同时，尺寸数字的可识别能力要高于其他字体，而且字体接近于手绘图纸时代依靠数字模板的手写数字。

角度和径向尺寸标注

角度尺寸标注的设置项与线性尺寸标注相同，可参照前面的知识进行设置。径向尺寸标注与线性尺寸标注相同的设置项部分，参照上面进行设置。另外，"中心标记"参数控制尺寸在弧形中心标记的可见性；"中心标注尺寸"控制十字形中心标记的大小；"半径符号文字"参数控制前缀"R"字母的可见性，如图21-9所示。

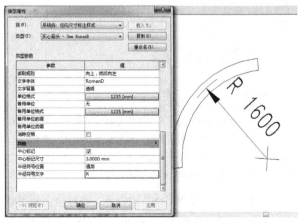

图21-9

"显示弧中心标记"参数复选框未被选中时，中心标记不可见，并且拖曳朝向中心一侧的尺寸线端点以缩短尺寸线长度。这种设置应用于标注对象半径很大、中心位置超出图纸范围的时候，使视图内容完全包含在图纸范围内。

设置轴网

根据制图标准，在立面视图及剖面视图中，轴网标头位于视图的下方，可以在项目样板文件中进行设置。切换到"建筑"选项卡，在"基础"面板中单击"轴网"按钮，单击实例"属性"面板中的"编辑类型"按钮，打开"类型属性"对话框。在"类型属性"对话框中，选择参数"非平面视图轴号（默认）"为"底"，如图21-10所示。

图21-10

根据设计要求定制平面视图中轴网的样式。打开轴网类型的"类型属性"对话框，选择参数"轴线中段"的值为"连续"，如图21-11所示。选择参数"轴线中段"的值为"无"时，轴网的网格线中间为断开，并通过设置参数"轴线末段长度"的值控制其长度，如图21-12所示。

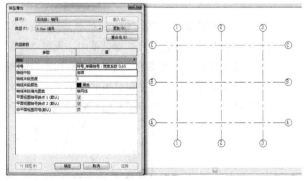

图21-11

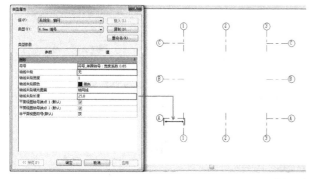

图21-12

在方案设计图中，轴网的网格线要求不必穿过建筑物平面。在详细设计或施工图设计中，轴网的网格线会要求穿入建筑物平面。当参数"轴线中段"为"无"及"自定义"时，可以拖曳轴网实例的轴网末端端点修改其长度，使得每个实例的轴网末端长度各不相同，以适应图纸要求。

21.2.2 设置线型图案和线宽

切换到"管理"选项卡，在"设置"面板中单击"其他设置"按钮，在下拉菜单中可以设置线型图案和线宽内容，如图21-13所示。

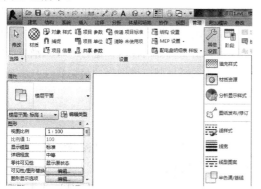

图21-13

在"其他设置"下拉菜单中，单击"线型图案"按钮，打开"线型图案"对话框，单击"编辑" 编辑(E)... 或"新建"按钮 新建(N) 打开"线型图案属性"对话框，编辑或新建线型图案即可，如图21-14所示。

图21-14

技巧与提示

Revit里的线型设置与AutoCAD相比更加人性化，可以在软件内部很直观、很精细地设置需要的线型。线型图案是由划线、空格和圆点3种元素，按照一定的规律组成的。

在"其他设置"下拉菜单中，单击"线宽"按钮，打开"线宽"对话框，如图21-15所示。Revit可以分别为模型对象、透视视图和注释对象各设置21种线宽。其中，模型对象可以针对不同的比例，为每种线宽设置不同的宽度值。

图21-15

21.2.3 设置线样式

前面介绍了线型图案与线宽的设置。在实际项目中，若要应用上述设置成果，必须通过线样式来应用。对于这点，Revit与AutoCAD中对线段的设置大相径庭，读者在实际使用过程中一定要注意。

设置基本的线样式

在"其他设置"下拉菜单中，单击"线样式"按钮，打开"线样式"对话框。里面已经有了一些不可删除、不可重命名的基本线样式，如图21-16所示。在"线样式"对话框里编辑线宽（由模型对象的线宽来控制）、颜色和线型图案（可以选择所有已设置好的线型图案），然后单击"新建"按钮 新建(N)，新建需要的新样式，并设置其线宽、颜色和线型图案。

图21-16

预设CAD图形线样式

如果经常在项目文件中导入以前的AutoCAD成果图形，而且这些图形有着固定的图层，那么在项目样板文件中预设好这些图形的线样式，可以避免在每个项目中重复设置。

打开需要设置线样式的项目样板文件，导入一个包含常用图层并且包含对于图层实例的CAD文件，设置图层选项为"全部"，以保证导入所有的图层，如图21-17所示。

图21-17

在导入CAD图形的视图中单击选中该图形，然后单击"完全分解"命令以分解导入的CAD图形，如图21-18所示。打开"线样式"对话框，这时与CAD图层同名的线样式会出现在列表里，重新按照要求设置其线宽、颜色及线型图案，然后删除所有导入的图元，并保存样板文件。

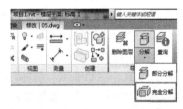

图21-18

21.2.4 设置对象样式

单击"管理"选项卡，在"设置"面板中单击"对象样式"按钮，打开"对象样式"对话框，可以选择各种对象的线宽、颜色、线型图案和材质等，如图21-19所示。"对象样式"的设置是保证除线图元外其他图元外观样式的关键，前面介绍的"线宽"和"线型图案"设置成果均应用于此。展开类别设置其子类别，可分别为模型对象、注释对象设置线宽、颜色、线型图案及材质。

图21-19

技巧与提示

在模型对象中，由于族类别的不同，部分族类别不会产生剖切视图，因此其截面线宽不可设置。在模型对象中，材质是默认类型，即当对象实例的材质设为<按类别>时，其材质为对象样式中该类别设置的材质。

21.2.5 设置填充样式/区域/材质

本节主要介绍三个内容，分别是填充样式、填充区域和材质。填充样式主要控制模型图元在平面或其他视图中所显示的填充图案，其成果应用于填充区域或材质中；填充区域类似于AutoCAD中的填充，一般用于通过三维图元衍生得到的图纸，进行一些二维方面的必要深化；材质同时控制三维图元的渲染属性与二维视图的显示属性。

填充样式设置

丰富的填充样式会给设计图纸的表达带来便利，因此在项目样板文件中，应该设置好基本的填充样式。单击"管理"选项卡，在"设置"面板中，单击"其他设置"下拉菜单中的"填充样式"命令，打开"填充样式"对话框，如图21-20所示，可以看到Revit中的填充图案类型分为"绘图"和"模型"。若要画详图，使用绘图类即可。

图21-20

在填充样式对话框中，单击"新建"按钮 新建(N)，打开"新填充图案"对话框，可补充填充样式，如图21-21所示。

图21-21

添加的方式有"简单"和"自定义"两种。"自定义"可补充更丰富的填充样式，通过导入外部的影线填充图案文件（PAT）来实现。从比较常用的AutoCAD中收集线填充图案文件，一些基于AutoCAD平台的建筑软件都有更丰富的填充图案，导入其中的PAT文件即可丰富填充样式。导入素材时，一定要注意导入的比例，不仅要通过对话框里的预览来确定比例，还要在实际视图中查看是否适合构件的尺度。如果不适合，可以删除导入的填充样式，然后重新导入或重命名再导入。

技巧与提示

模型类的填充图案可以在填充平面中移动及旋转，可以用该类型的填充图案，来示意多变立面中的外墙饰面及平面图中的楼地面饰面的图案。但在新建模型填充样式时，导入PAT文件时一般会提示未发现模型类型的填充图案。这是因为供AutoCAD使用的PAT文件都是绘图类型的填充样式，这时我们只需用记事本打开这些PAT文件，在每个填充样式的名称下面添加;%TYPE=MODEL，就可以把这种填充样式改变为模型填充样式，并在新建模型时导入填充样式，如图21-22所示。

图21-22

填充区域的设置

填充区域是绘制大样图中经常用到的二维图元，在项目样板文件中设置好填充样式之后，就可以设置常用的填充区域了。

在"项目浏览器"中展开"族>详图项目>填充区域"参数，以显示现有的填充区域类型，如图21-23所示。双击其中的一种类型，打开"类型属性"对话框，如图21-24所示。编辑当前的类型或者单击"复制"按钮 复制(D)...，新建一种类型。在类型参数"填充样式"中选择对应的填充样式，设置其他类型参数。

图21-23　　　　　　　　图21-24

材质的设置

项目样板文件中材质的完整设置，可以在模型建立后满足使用内建渲染器进行渲染的要求（同样也需要在其他载入的三维族中设置好材质），满足三维对象在平面、立面和剖面中的填充及色彩样式。

切换到"管理"选项卡，在"设置"面板中单击"材质"按钮，在打开的"材质"对话框中，单击上部的"图形"选项卡进入图形设置界面，如图21-25所示，然后分别设定着色、表面填充图案和截面填充图案。

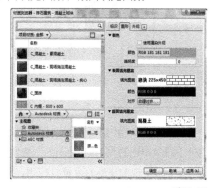

图21-25

技巧与提示

"着色"项的设置，可以控制视图在"着色"模式及"带边框着色"模式下三维对象的颜色及透明度。如果选择了"将渲染外观用于着色"选项，会根据渲染外观中对应的材质特性自动控制"着色"的设置。

切换到对话框右侧的"外观"选项卡，可设置渲染材质，也可自定义或者修改渲染外观库中的材质，如图21-26所示。若要应用渲染外观库中的渲染外观，则单击"替换"按钮，打开"资源浏览器"对话框，从中选择现有的渲染外观，如图21-27所示。

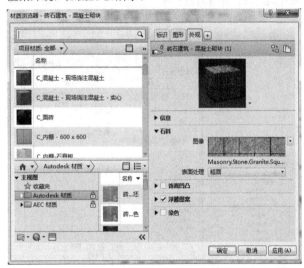

图21-26

图21-27

21.2.6 设置及应用视图样板

切换到"视图"选项卡，在"图形"面板中，单击"视图样板"下拉菜单中的"管理视图样板"按钮，可打开"视图样板"对话框。视图样板的设置及应用，对二维面效果起到多方面的作用。下面说明设置视图样板的作用。

● 可见性设置

使用"建筑样板"新建项目样板文件，在新建的样板中画一部楼梯，如图21-28所示，整个楼梯的梯段部分全部显示在视图中。

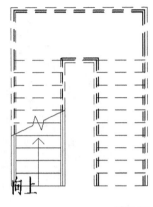

图21-28

技巧与提示

该显示样式不太符合国内建筑施工图图纸表达的常规习惯，因为在楼梯的起步层平面中，往往不表示剖切平面以上的部分。

打开"视图样板"对话框，在对话框左侧选择名称为"平面_楼层"的视图样板，在对话框右侧单击"V/G 替换模型"后面的"编辑"按钮 编辑...，打开"建筑平面的可见性/图形替换"对话框，如图21-29所示。

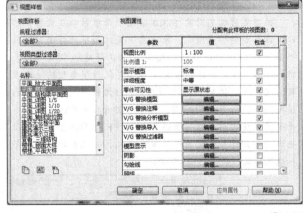

图21-29

将"栏杆扶手"与"楼梯"模型类别下的"高于"部分子类别可见性复选框中的钩去掉，使其在视图中不可见，如图21-30所示。切换到楼梯起步层平面视图，在实例属性面板中，单击视图样板参数后的"无"按钮，打开"应用视图样板"对话框，然后选择"平面-楼层"样板并单击"确定"按钮 确定，最终效果如图21-31所示。

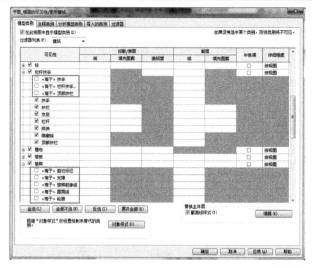

图21-30

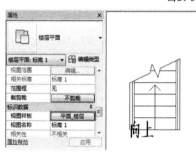

图21-31

视图范围设置

打开"视图样板"对话框,在对话框左侧选择名称为"平面_楼层"的视图样板,在对话框右侧单击"视图范围"后面的"编辑"按钮 ,打开"视图范围"对话框,设置视图范围,把"剖切面"的"偏移"值设置为1450,如图21-32所示。

图21-32

技巧与提示

因为国标平面图的剖切面高度是以1500为基准的,结合视图范围的设置,可以让窗在平面视图中,当窗台高度高于剖切面时自动显示为高窗样式。

可见性设置

在国标中,一般的立面视图不表示剖切符号,可

以在"视图样板"对话框左侧选择名称"立面",在对话框右侧单击"V/G 替换注释"后面的"编辑"按钮 ,打开"立图的可见性/图形替换"对话框,修改可见性,关闭注释类别中的"剖面"可见性选项即可,如图21-33所示。

图21-33

应用视图样板

设置好各个视图样板之后,分别将其应用到现有的对应视图中,如图21-34所示。

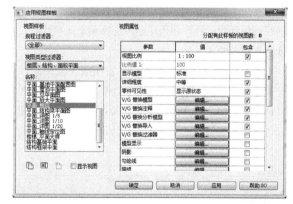

图21-34

技巧与提示

在项目浏览器中选择多个视图,然后在视图实例属性中应用相应的视图样板,可以实现视图样板的批量应用。

21.3 明细表的设置

Revit作为三维信息化设计平台,在进行三维设计的同时,就已经建立了全面的信息库。应用其明细表功能,可将这些信息体现在设计图纸中。在每个项目设计中,通常有一些常用的信息需要用明细表来表现,可以在项目样板文件中设置好这些常用的明细表,以减少重复工作。

21.3.1 明细表字段的种类

在Revit里，对于每种对象，系统都分别设定了一些参数。在设置该类对象的明细表时，"可用的字段"列表中基本上罗列了这些参数。墙类型"明细表属性"对话框如图21-35所示，其中会罗列出图元类型参数与实例参数，可用于明细表统计的字段。

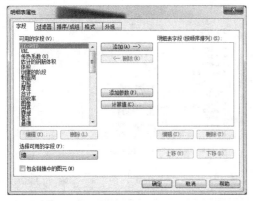

图21-35

在添加明细表字段之前，应该了解Revit里明细表字段的种类。按照明细表中字段产生的途径或特性，可以分为以实例参数和类型参数添加字段。实例参数只控制该类型中的某一个实例，类型参数则控制该类型中的所有实例。与在制作族中一样，在为明细表选择和添加参数时，都必须注意两者的区别。

当我们新建一个明细表（以窗明细表为例），在打开的"明细表属性"对话框中添加字段时，可以通过单击"计算值"按钮 [计算值(C)...] 进入"计算值"对话框，添加包含现有参数的函数公式，并以其运算结果为参数，如图21-36所示。

图21-36

单击"添加参数"按钮 [添加参数(P)...]，打开"参数属性"对话框，其中的参数类型有两个选项，分别是"项目参数"和"共享参数"，每种类型都有简单的注释。这两种参数都可以列入明细表，如图21-37所示。

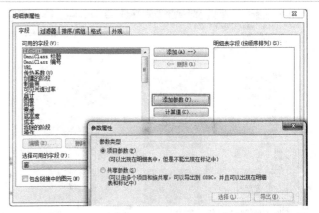

图21-37

在新建族或族编辑器中编辑族时，单击"族类型"对话框中的"添加"按钮 [添加(A) -->]，打开"参数属性"对话框，在"参数属性"对话框里可以看到，族参数是一种不能被列入明细表的参数，这也是我们在制作族时使用比较多的一种参数，如图21-38所示。

图21-38

 **技巧与提示**

在制作族添加参数时，如果要让参数出现在明细表可用字段中，应该选择共享参数。

21.3.2 添加明细表字段

样板定制过程中，需要建立一些通用的明细表。这些明细表需要添加一些常用字段，以便在项目中随时调用。这避免了每当新建项目时都需要重复设置，为整个项目节省了大量的时间与人力。

 合理选择可用字段-------------------------------

下面以窗的明细表为例，来说明如何将窗族中现有的可用字段，与窗明细表中需要出现的字段关联起来。打开系统文件夹里的项目样板文件DefaultCHSCHS.rte，以及自定义的窗明细表，其中表头文字对应字段的应用情况如图21-39所示。

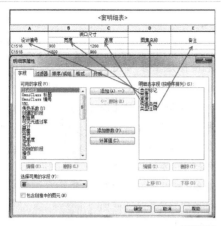

图21-39

可将字段"宽度"设为窗表中的"洞口宽度",将字段"高度"设为窗表中的"洞口高度",将字段"类型标记"设为窗表中的"门窗号"。通过观察,可以将字段"构造类型"设为窗表中的"标准图集名称",将字段"类型注释"设为窗表中的"备注"。

🌑 为明细表添加项目参数-------------------------------

以窗明细表为例,使用添加参数类型中的"项目参数",来添加一些和窗族本身没有联系,而又要出现在明细表中的参数,如窗过梁的选用、备注栏。

21.3.3 预设常用的明细表

掌握和了解了明细表中的参数之后,就可以根据自己在项目设计中的实际情况,在样板文件中预先设置这些常用的明细表了。

🌑 图纸列表的设置-----------------------------------

各设计院图纸目录的外观样式各不相同,但包含明细表字段的内容却大同小异。下面以常规样式来介绍各字段的定义,如图21-40所示。

<A_图纸目录>					
A	B	C	D	E	F
图纸编号	图纸名称	采用标准图或重复使用图 图集编号或工程编号	图别编号	图纸尺寸	备注
J-0	图纸目录				
J-01	建筑说明				

图21-40

🌑 门窗表的设置-------------------------------------

门、窗明细表是设计中使用比较多的明细表,如图21-41所示。其中,涉及的参数选择基本一致,在前面的例子中已经详细地谈到了其中一些参数的选择和添加。

窗明细表				
设计编号	洞口尺寸		图集名称	备注
	宽度	高度		
C1516	900	1200		
C1518	1800	900		

图21-41

很多注释符号、制图符号是通过加载外部符号族,并在样板文件中进行相应的设置来实现的,这样就可以形成符合国标的制图符号和注释符号了。

21.4.1 制作图框族

由于每个设计单位的图框通常是不同的,因此图框(标题栏)族是必不可少的定制工作。图框的样式一般有如下两种,一种是如图21-42所示的图签在右侧充满图纸高度方向,对于这种图框,一般只能对每种图幅(高度不同的图框)的图框单独建立不同的族文件;另一种是如图21-43所示的图签位于图框一角,不随图框的图幅大小而变化,对于这种图框,可以只制作一个族文件,就可以包含不同规格的图框了。

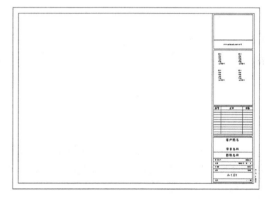

图21-42

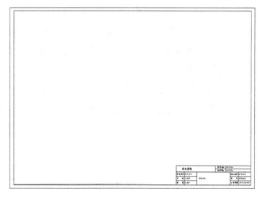

图21-43

21.4.2 预置图框族

在一套完整的建筑图纸中,有些图纸是固有的,如图纸目录、建筑说明这两张基本的图纸。因此,使用者可以把这些固有的图纸在样板文件里添加好,并把相关明细表托放到相应的图纸里,并设置好外观样式。这样,在项目设计还没有开始的时候，就规划好了这两张图纸。已经设置好的样板文件在"项目浏览器"中显示的明细表及图纸内容如图21-44所示。

图21-44

21.4.3 制作及应用注释符号族

注释符号族的制作及应用是样板文件客户定制工作的基础，最好把常用的注释符号设定在样板文件中。从Revit中提供的十几种注释符号样板文件可以看出，软件对于这些注释符号的定制，是对客户开放的。

21.5 三维系统族的设置

系统族里的三维系统族可以是独立的，也可以是依赖外部族存在于项目样板文件中的重要元素，其大多数属性需要用户来定制。如果用户能针对自己设计范畴的特点，在样板文件中把常用的三维系统族都设置好，同样也会减少很多工作量。因此，这也是定制工作中一项必不可少的工作。

21.5.1 楼梯族的设置

楼梯在建筑设计中是最基本也是最复杂的元素。Revit中的楼梯设置是很细致的，通过调整各项参数，可以演变出多种样式的楼梯来。

🌑 钢斜梯的设置--

钢斜梯是工业与民用建筑中经常用到的楼梯形式，用于各平台、通道之间的连接和人员疏散，并有专门的国标图集供设计师选用，坡度由59°至45°不等，也可由设计师进行非标设计。钢斜梯的"类型属性"对话框中，已经设置好了各项参数，如图21-45所示。

图21-45

🌑 无梯裙楼梯的设置---

钢筋混凝土无梯裙楼梯是工业与民用建筑中较为普及的一种楼梯形式，因此需要在样板文件里合理设置。与钢斜梯相比，这种楼梯的参数设置比较简单，其设置好参数的"类型属性"对话框如图21-46所示。

图21-46

21.5.2 扶手族的设置

扶手族是系统族中设置比较复杂、变化比较多的一类。在完全依靠外部族的情况下，使用对二维轮廓族的放样，并与三维族进行组合，可形成丰富多样的栏杆模型。

不锈钢玻璃栏杆是一种常见的栏杆样式。在项目文件中实例的三维视图，和在"项目浏览器"中显示的栏杆所用到的外部族列表，指明了族与栏杆中构件间的对应关系，如图21-47所示。

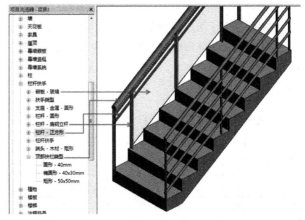

图21-47

21.5.3 设置墙体/楼板/地坪/屋面族

墙体、楼板、地坪及屋面族都有不少的设置项，但在样板文件中需要设置的，主要是各自的结构层构造。

墙体族是一种不依靠外部族存在的系统族，它的设置比较简单，也比较快捷。因此，在样板文件里，只需设置几种常用的墙体，如240砖墙、250加气混凝土墙、200厚钢筋混凝土剪力墙及幕墙。叠层墙这种类型，由于根据不同的设计项目，它的组合方式变化很多，可不必在样板文件中进行设置。

屋面、楼板、地坪族与墙体族类似，可以理解为水平放置的墙体族。因此，它与墙体族的设置类似，只需要在样板文件里设置较常用的类型即可。如210厚的钢筋混凝土楼面、卷材防水带保温层的210厚钢筋混凝土屋面和混凝土垫层水泥砂浆地坪。

21.5.4 设置主体放样族

主体放样是以外部轮廓族为放样断面，在相应的主体（如墙体、楼板和屋面）上进行放样的工具。在定制样板文件时，要结合用户设计中的情况对其进行必要设置，设置好较常用的放样样式，而不必在每个项目文件中重新设置。例如，使用墙饰条来做建筑物的散水，就可以把以散水断面为样式的轮廓族载入样板文件，并定义到一个新的名为散水的墙饰条放样之中。

21.6 样板文件的整理及管理

通过上述介绍的内容，及不同类型可载入族的建立与加载，项目样板中的内容变得异常丰富。但为了在不同的项目中更好地使用项目样板进行工作，还需要经过对现有样板进行最终内容的整理。

21.6.1 控制样板文件大小

经过多方面的设置，定制的样板文件体积可能变得比较大，每次启动软件所花的时间也会变长，因此，必须通过精简控制样板文件的大小。

🌐 清理多余的对象------------------------------------

在载入新族并重新设置了符合国内制图要求的元素之后，对于原有的一些不符合制图要求的族及相关设置应予以清理。

切换到"管理"选项卡，在"设置"面板中单击"清除未使用项"按钮，打开"清除未使用项"对话框，如图21-48所示。单击"放弃全部"按钮，然后逐级展开列表，选择需要清除的对象（已经使用了的对象不会出现在列表中），最后确定清理。

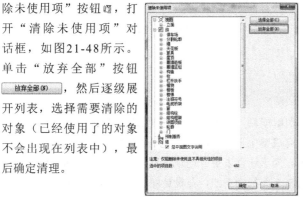

图21-48

🌐 控制三维对象族的数量-------------------------------

在保证基本的门窗、常用的构件族的情况下，对于那些载入后不需要设置，或设置工作量较少就可使用的族，应该尽量少放到样板文件中。对于族文件本身就很大的三维构件族，应该杜绝放到样板文件之中。

21.6.2 管理非样板的系统族

与外部族不同的是，墙体、楼板和屋面，特别是楼梯、扶手这些系统族，都是在样板文件或项目文件里设置的。随着设计师用Revit进行设计项目的增加，各种五花八门、丰富多彩的设置好的系统族会不断增加。我们又不可能把它们全部放到项目样板文件中，必须通过合理的管理，才能方便地再次使用这些宝贵的资源，提高设计效率。

🌐 根据系统族建立样板-------------------------------

把在各个项目中有保存价值的系统族，通过"传递项目标准"功能或直接应用Windows系统的复制、粘贴功能，复制族的实例到相应类别的样板文件里。在样板文件里放置好每种系统族的实例，便于在使用时进行观察和选择。放置好各种楼梯及栏杆实例的样板文件，如图21-49所示。

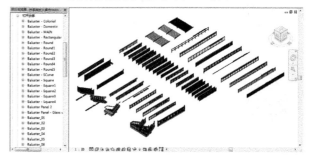

图21-49

> **技巧与提示**
>
> 样板文件里放置好每种系统族的实例，默认选择下可以使用"清除未使用项"清理全部多余项，以减小文件体积。

🌐 根据工程特点建立样板-------------------------------

每个设计师可能会经常参加某一类或多类的设计，如轻钢结构轻质维护结构类的建筑、室内设计、钢筋混凝土框架结构或砌体类的建筑等。我们可以针对不同类别的设计特点，把该类设计中比较常用或比较复杂的设置，都放在对应的样板文件中，这样就可以在控制住样板文件大小的情况下拥有更多的定制内容了。

第22章

综合实例

Learning Objectives
学习要点

Employment Direction
从业方向

建筑设计　结构设计

机电设计　幕墙设计

室内设计　景观设计

22.1　建筑分类

　　建筑物按照使用性质，通常分为生产性建筑与非生产性建筑。生产性建筑包含工业建筑和农业建筑两类；非生产性建筑指民用建筑。民用建筑按使用功能分为居住建筑和公共建筑。本书通过讲解不同建筑类型的实例，来介绍建筑的特点、建模流程与技巧。

　　生产性建筑分为工业建筑和农业建筑两大类。

　　工业建筑： 为生产服务的各类建筑，也可以叫厂房类建筑，如生产车间、辅助车间、动力用房和仓储建筑等。厂房类建筑可以分为单层厂房和多层厂房两大类。

　　农业建筑： 用于农业、畜牧业生产和加工用的建筑，如温室、畜禽饲养场、粮食饲料加工站和农机修理站等。

　　非生产性建筑分为居住建筑和公共建筑两大类。

　　居住建筑： 主要是指提供家庭和集体生活起居用的建筑物，如住宅、公寓、别墅和宿舍等。

　　公共建筑： 主要是指提供人们进行各种社会活动的建筑物，包括以下内容。

　　行政办公建筑：机关、企事业单位的办公楼。

　　文教建筑：学校、图书馆和文化宫等。

　　托教建筑：托儿所和幼儿园等。

　　科研建筑：研究所和科学实验楼等。

　　医疗建筑：医院、门诊部和疗养院等。

　　商业建筑：商店、商场和购物中心等。

　　观览建筑：电影院、剧院和购物中心等。

　　体育建筑：体育馆、体育场、健身房和游泳池等。

　　旅馆建筑：旅馆、宾馆和招待所等。

　　交通建筑：航空港、水路客运站、火车站、汽车站和地铁站等。

　　通信广播建筑：电信楼、广播电视台和邮电局等。

　　园林建筑：公园、动物园、植物园和亭台楼榭等。

　　纪念性建筑：纪念堂、纪念碑和陵园等。

　　其他建筑类：监狱、派出所和消防站等。

22.2　综合实例：简欧风格别墅模型创建

场景位置　无
实例位置　实例文件>第22章>综合实例：简欧风格别墅模型创建
难易指数　★★★★
技术掌握　Revit整体建模流程

　　本例是一个别墅项目，其制作难点是复杂的装饰线条和造型各异的装饰柱及栏杆。完成整个模型的制作流程是本例的重点，图22-1所示的是本例的渲染图。为了让读者更好地理解及完成整个项目的制作，本例将以绘制完成的施工图纸为参照，在设计图纸上基本完成整个项目的建模工作。

图22-1

22.2.1 熟悉并拆分图纸

01 打开学习资源中的"实例文件>第22章>综合实例：简欧风格别墅模型创建>别墅图纸.dwg"文件，如图22-2所示。

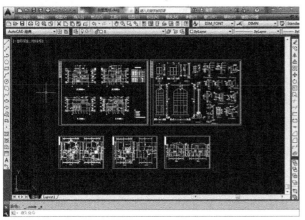

图22-2

02 选择首层平面图，然后按快捷键Ctrl+C，接着新建空白的CAD文件，最后按快捷键Ctrl+V以O点坐标粘贴，如图22-3所示。

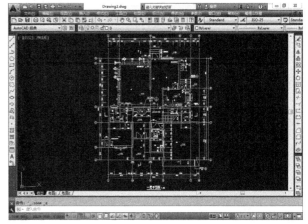

图22-3

03 将其他图纸按照同样的方法，分别另存为独立的文件，如图22-4所示。

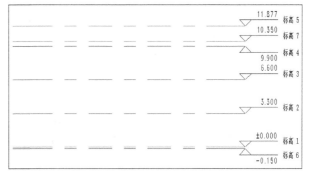

图22-4

22.2.2 创建标高与轴网

01 使用"建筑样板"创建一个项目文件，并切换到西立面视图中，按照施工图纸"立面图G-A"添加对应标高，如图22-5所示。

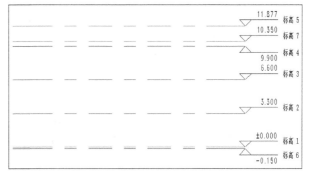

图22-5

02 样板文件中所提供的标高标头与CAD图纸中的不符，需要通过修改来保证和原施工图纸一致。选择任一标高，然后单击"编辑类型"按钮，打开"类型属性"对话框，将光标定位于"符号"参数，复制所对应的参数值，如图22-6所示。

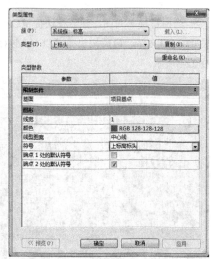

图22-6

图22-10

07 按照同样的方法修改其他标高标头符号，并载入项目中进行替换，替换完成后的效果如图22-11所示。

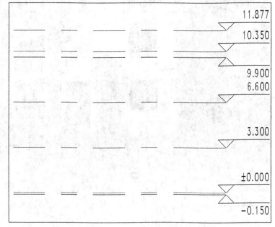

图22-11

03 在"项目浏览器"面板中，选择"族"选项并单击鼠标右键，选择"搜索"命令，如图22-7所示。

图22-7

04 在"在项目浏览器中搜索"对话框中，粘贴之前所复制的名称，然后单击"下一个"按钮 下一个(N)... ，如图22-8所示。

图22-8

05 在搜索结果中选择要编辑的族，然后单击鼠标右键，选择"编辑"命令，如图22-9所示。

图22-9

06 进入族编辑环境，然后删除名称标签，只保留立面标签，如图22-10所示，接着将族文件另存为"上标高标头（无名称）"。

08 因为此前所创建的标高是用复制工具绘制的，所以没有自动生成相应的平面视图。切换到"建筑"选项卡，然后在"创建"面板下单击"平面视图"中的"楼层平面"按钮 ，接着在"新建楼层平面"对话框中，选择"标高3"与"标高4"选项，再单击"确定"按钮 确定 ，如图22-12所示。

图22-12

09 打开楼层平面卷展栏，分别更改各个楼层平面视图的名称，如图22-13所示。

图22-13

10 打开一层平面图，切换到"插入"选项卡，然后单击"链接"面板下的"链接CAD"按钮 🔗，接着在"链接CAD格式"对话框中，选择一层平面图，再选择"仅当前视图"选项，并设置"定位"为"自动-原点到原点"，最后单击"打开"按钮 打开(0)，如图22-14所示。

图22-14

11 选择链接的CAD文件，按↑键进行解锁，然后使用"移动"工具✛将CAD图形移动至视图中央的位置，接着按P、N键进行锁定，如图22-15所示。为了不影响视图效果，可以在立面索引符号的位置，适当地移动以保证视图中的图元不被遮挡。

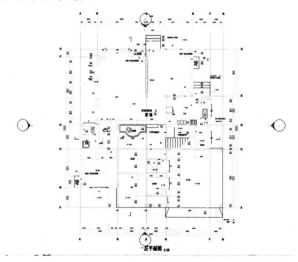

图22-15

技巧与提示

锁定CAD图形的目的是防止在接下来的操作中，对CAD图纸进行移动或其他误操作。当图纸被锁定后，软件将无法删除该对象，需要解锁才能删除。

12 切换到"建筑"选项卡，然后单击"基准"面板中的"轴网"按钮 ▦，接着选择"拾取线"绘制工具 ⚟，再拾取CAD图形中的轴线创建轴网，最后拖曳轴网标头至合适的位置，如图22-16所示。

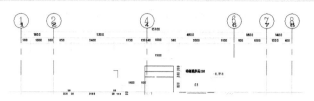

图22-16

技巧与提示

软件默认绘制第一根轴网编号为1，若要继续绘制其他轴网，会根据顺序依次生成2、3、4等轴线编号。

13 拾取创建水平轴线，拾取A轴并将轴号9改为A，然后依次向后进行拾取，如图22-17所示。

图22-17

14 选择任一轴线，单击"编辑类型"按钮 ▦，然后在"类型属性"对话框中，选择"平面视图轴号端点1（默认）"选项，接着单击"确定"按钮 确定，如图22-18所示。

图22-18

15° 根据图纸的实际情况，取消显示部分轴网的端点轴号，然后将CAD图形进行暂时隐藏，查看所绘制的轴网效果，如图22-19所示。

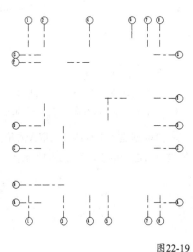

图22-19

22.2.3 添加结构柱

本节采用异形柱框架结构，放置结构柱时无法使用标准柱。在这种情况下，为了绘制方便，通常使用内建模型的方式完成异形柱的创建。

01° 切换到"建筑"选项卡，然后在"构建"面板中，单击"构件"下的"内建模型"按钮，如图22-20所示。

图22-20

02° 在"族类别和族参数"对话框中，选择族类别为"结构柱"选项，然后单击"确定"按钮，如图22-21所示。

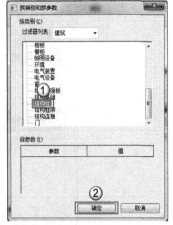

图22-21

03° 在打开的"名称"对话框中，输入"名称"为"L型异形柱"，然后单击"确定"按钮，如图22-22所示。

图22-22

04° 切换到"创建"选项卡，然后单击"形状"面板中的"拉伸"按钮，如图22-23所示。

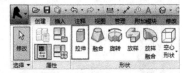

图22-23

05° 选择"直线"绘图工具，然后基于CAD文件中所提供的异形柱轮廓进行绘制，如图22-24所示。

图22-24

06° 由于异形柱类型较多，所以为了方便，统一绘制所有异形柱轮廓，单击"完成编辑模式"按钮，然后选择结构柱，设置"拉伸终点"为3300，如图22-25所示，最后单击"完成模型"按钮，结束结构柱的绘制。

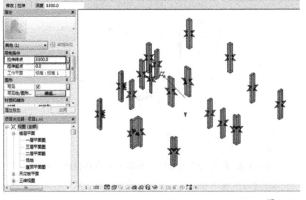

图22-25

07° 切换到"建筑"选项卡，然后在"构建"面板中，单击"构件"下的"内建模型"按钮，接着选择结构柱类别，最后在"名称"对话框中，输入"名称"为"结构柱（门头）"，如图22-26所示。

图22-26

08 选择一层平面图，然后切换到"创建"选项卡，接着单击"形状"面板中的"放样"按钮🔗，如图22-27所示。

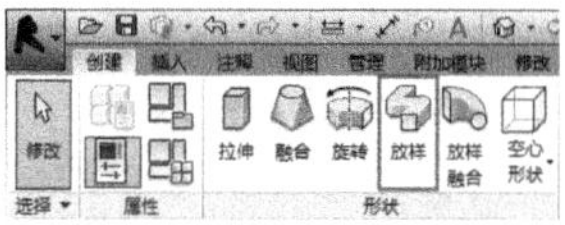

图22-27

09 在"修改|放样"选项卡中，单击"绘制路径"按钮↩，如图22-28所示。

图22-28

10 选择"矩形"绘制工具▭，在视图中绘制结构柱横截面轮廓，如图22-29所示。

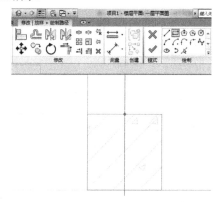

图22-29

11 切换到"修改|放样"选项卡中，单击"选择轮廓"下的"编辑轮廓"按钮📝，如图22-30所示。

图22-30

12 在"转到视图"对话框中，选择"立面：东"选项，然后单击"打开视图"按钮 打开视图 ，如图22-31所示。

图22-31

13 在东立面视图中以参照线交叉点为草图的中心，绘制放样轮廓草图，然后单击"完成"按钮✔，如图22-32所示。

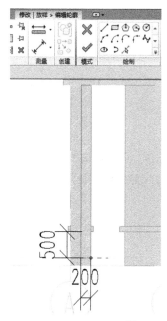

图22-32

14 完成结构柱放样后，切换到一层平面图，然后使用"复制"工具🗐将已完成的结构柱复制到其他位置，如图22-33所示，接着单击"完成"按钮✔，结束内建族的绘制。

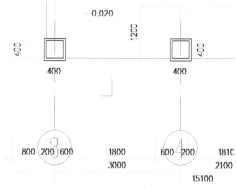

图22-33

15 选择除门头结构柱外的所有图元，然后切换到"修改|选择多个"选项卡，接着单击"剪贴板"面板中的"复制"按钮🗐，如图22-34所示。

图22-34

16 切换到"修改|选择多个"选项卡，然后在"剪贴板"面板中，单击"粘贴"下的"与选定的标高对齐"按钮📋，如图22-35所示。

图22-35

17 在"选择标高"对话框中，同时选择"标高2"与"标高3"，然后单击"确定"按钮 确定 ，如图22-36所示。

图22-36

18 选择"二层平面图"视图，然后切换到"插入"选项卡，接着单击"链接"面板中的"链接CAD"按钮，最后将"二层平面图"的CAD图纸与现有的轴网对齐，如图22-37所示。

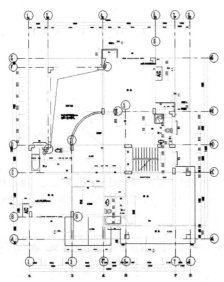

图22-37

19 选择当前视图中的结构柱，然后双击进入编辑状态，接着删除当前视图中右下角的三根结构柱，如图22-38所示。最后单击"完成"按钮，结束当前模型的编辑。

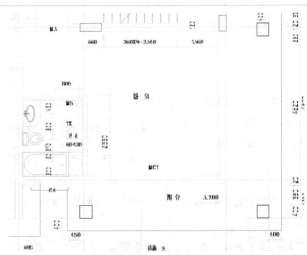

图22-38

20 执行"文件>新建>族"命令，然后在"新族-选择样板文件"对话框中，选择"公制柱"文件，接着单击"打开"按钮 打开(O) ，如图22-39所示。

图22-39

21 切换到"创建"选项卡，然后单击"形状"面板中的"拉伸"按钮，接着选择"矩形"绘制工具，根据现有参照平面绘制矩形，最后单击"完成"按钮，效果如图22-40所示。

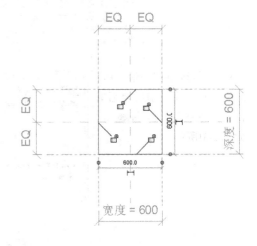

图22-40

22 根据CAD图纸装饰柱大样图，修改相关尺寸，并继续使用"拉伸"工具▤绘制其他组成部分，如图22-41所示。

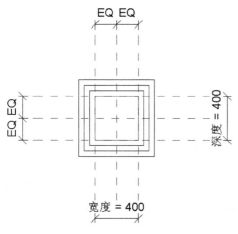

图22-41

23 选择立面视图，然后调整各部位的起始位置及拉伸高度，如图22-42所示，接着选择平面视图，再切换到"创建"选项卡，单击"形状"面板中的"放样"按钮⬡，并选择"绘制路径"按钮⬢，最后选择"矩形"绘制工具▭，沿现有轮廓内侧进行绘制，如图22-43所示。

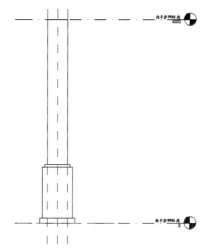

图22-42

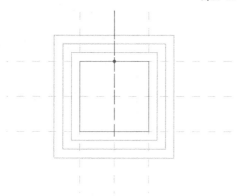

图22-43

24 绘制结束后，单击"完成"按钮✔，然后单击"编辑轮廓"按钮▣，在弹出的"转到视图"对话框中，选择"立面：右"选项，接着单击"打开视图"按钮 打开视图，如图22-44所示。

图22-44

25 分别使用"直线"╱与"弧形"⌒绘制工具，按照装饰柱大样图的样式及尺寸绘制截面轮廓，如图22-45所示。绘制结束后，单击"完成"按钮✔，然后标注柱冠与柱顶的距离并锁定，如图22-46所示。

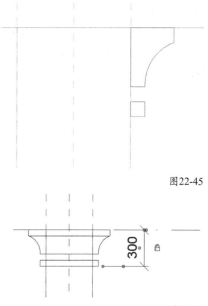

图22-45

图22-46

26 切换到"创建"选项卡，然后在"形状"面板中单击"空心形状"下的"空心拉伸"按钮▤，如图22-47所示。

图22-47

27 选择前立面视图，设置工作平面为柱面，然后按照图纸上的尺寸绘制矩形草图轮廓，接着设置"拉伸终点"为30，如图22-48所示，再单击"完成"按钮 ✔，并切换到三维视图，查看装饰柱最终样式，最后将其载入项目中，如图22-49所示。

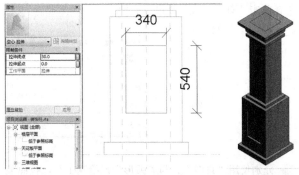

图22-48　　　　图22-49

28 在二层平面图中，设置"高度"为"未连接"，输入数值为2700，然后依次放置装饰柱，如图22-50所示，接着选择三层平面图，再切换到"插入"选项卡，单击"链接"面板中的"链接CAD"按钮 📷，并将"三层平面图"的CAD图纸与现有的轴网对齐，最后根据CAD图纸修改相关图元，如图22-51所示。

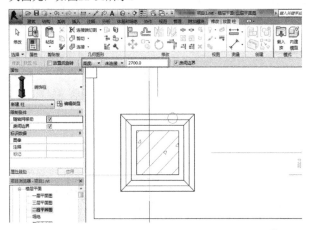

图22-50

图22-51

22.2.4　设置并创建墙体

本节中所采用的墙体材质均为空心砖，墙厚分别为60、80、120和240，共4种。创建墙体之前，需要预先建立这两种墙体类型，方便在项目实施过程中调用。

01 切换到"建筑"选项卡，然后单击"构建"面板中的"墙"按钮 🧱，在实例"属性"面板的类型选择器中，设置"基本墙 常规-200mm"并单击"编辑类型"按钮 🖊。在"类型属性"对话框中，分别复制名称为"F1-外墙-空心砖-240mm""F2-外墙-空心砖-240mm""F3-外墙-空心砖-240mm""内墙-空心砖-240mm""空心砖-120mm""空心砖-80mm"和"空心砖-60mm"7种墙体类型，并修改相应的结构层厚度，如图22-52所示。

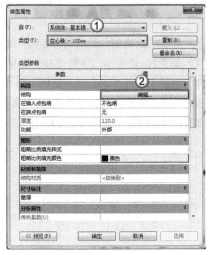

图22-52

02 设置"外墙-空心砖-240mm"墙体构造时需要添加10mm的面层，如图22-53所示。选择"F1-外墙-空心砖-240mm"墙类型，然后选择绘制方式为拾取线，接着设置"高度"为"标高2"，"定位线"为"核心面：内部"，如图22-54所示。

图22-53

图22-54

03 拾取视图中CAD图形墙体的内部轮廓线，创建外墙部分，如图22-55所示。拾取完成后，使用修剪工具进行墙体连接，与结构柱重叠的部分使用连接工具进行连接，如图22-56所示。按照同样的方式，完成室内隔墙的绘制，如图22-57所示。

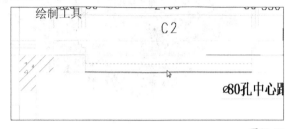

图22-55

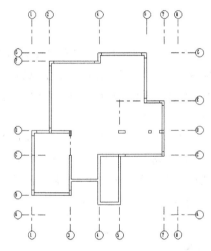

图22-56

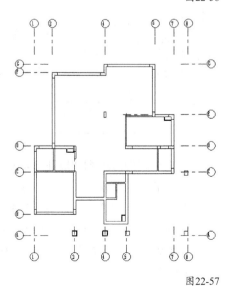

图22-57

04 分别选择"二层平面图"与"三层平面图"视图，然后在"属性"面板中设置"基线"为"无"，如图22-58所示，接着分别在二层和三层平面中导入相应的平面图，绘制外墙与内墙，如图22-59和图22-60所示。

图22-58

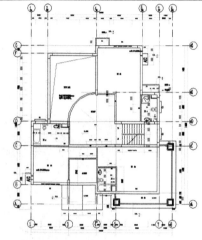

图22-59

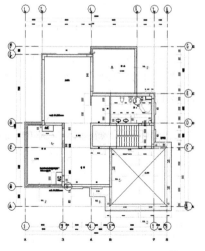

图22-60

技巧与提示

基线的作用是可以参照其他平面视图图元构件布置情况，默认情况下为半透明显示状态。如不需要显示基线，可以将其选项设置为"无"，以防止对其误操作。

05 墙体绘制完成后，选择三维视图，然后选择门头部分三面墙体，设置其"底部偏移"为2700，如图22-61所示，接着选择南立面视图，再选择车库入口部分墙体，最后单击"编辑轮廓"按钮📝，如图22-62所示。

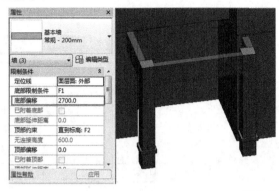

图22-61

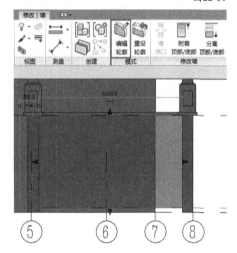

图22-62

06 根据CAD图纸中提供的立面轮廓样式，修改墙体轮廓的草图，如图22-63所示。车库的另一侧墙体，也采用相同方法编辑。

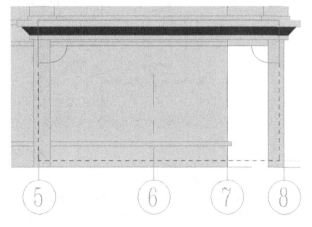

图22-63

07 草图编辑完成后，单击"完成编辑模式"按钮，结束墙体轮廓的编辑。转换到三维视图，查看编辑完成后的效果，如图22-64所示。

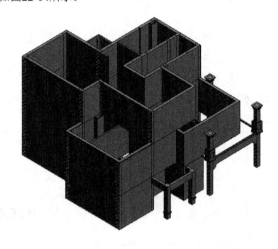

图22-64

22.2.5 添加墙饰条

完成以上步骤以后，室外以及室内的墙体就已经全部完成了。接下来的工作是，在已完成的墙体模型基础上添加墙饰条。本例中所用到的墙饰条轮廓已经完成，在项目制作过程中可以直接加载使用。

01 切换到"插入"选项卡，然后单击"从库中载入"面板中的"载入族"按钮🗂，接着在"载入族"对话框中，选择之前已经做好的3个轮廓族，最后单击"打开"按钮 打开(O) ，如图22-65所示。

图22-65

02 在三维视图中选择F1层外墙，然后单击"编辑类型"按钮🖿，接着在打开的"编辑类型"对话框中单击"编辑"按钮，再在打开的"编辑部件"对话框中，设置"视图"为"剖面：修改类型属性"，最后单击"墙饰条"按钮 墙饰条(W) ，如图22-66所示。

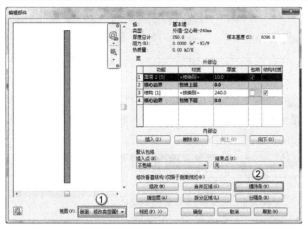

图22-66

03 在"墙饰条"对话框中,单击"添加"按钮 添加(A) ,分别添加两个墙饰条选项,如图22-67所示。

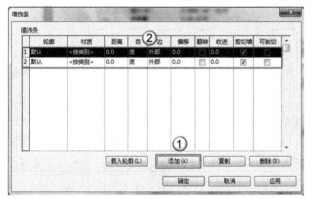

图22-67

04 在"墙饰条"对话框中,分别设置墙饰条轮廓参数为"墙饰条-合并"及"墙饰条-独立",设置"距离"分别为-600与650,"自"分别为"顶"与"底",然后单击"确定"按钮 确定 ,如图22-68所示。

图22-68

05 选择F2层外墙,按照相同的方法打开"墙饰条"对话框,然后设置"轮廓"为"墙饰条 - 合并","距离"为-600,"自"为"顶",如图22-69所示。F3层墙体参数与F2层完全一致。

图22-69

06 至此部分墙饰条已经创建完成,剩余部分需要手动创建。切换到"建筑"选项卡,然后在"构建"面板中,单击"墙"下的"墙:饰条"按钮🔲,如图22-70所示。

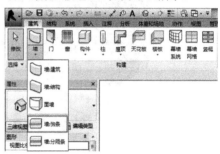

图22-70

07 单击属性面板上的"编辑类型"按钮🔳,然后在"类型属性"对话框中,复制新的墙饰条类型,接着在"轮廓"选项栏中,选择相对应的轮廓族,如图22-71所示。

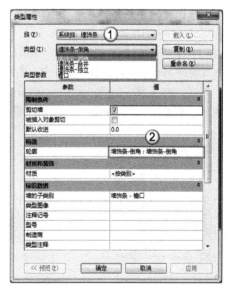

图22-71

08 拾取车库前的墙体进行创建,如图22-72所示。最终完成的整体效果如图22-73所示。

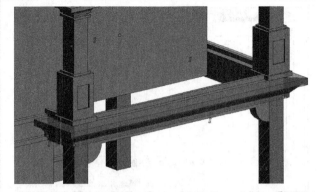

图22-72

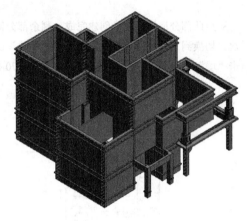

图22-73

22.2.6 添加门窗

由于本例中别墅的门窗样式较为特殊，需要自行创建门窗族以满足项目要求。接下来将根据门窗大样，制作一个窗族作为示例，其余类型窗制作方法相同。读者可以添加案例文件中的窗族，直接进行使用。

01 执行"文件>新建>族"命令，然后在"新族-选择样板文件"对话框中，选择"公制窗"族样板，接着单击"打开"按钮 打开(0)，如图22-74所示。

图22-74

02 选择"外部"立面，然后切换到"创建"选项卡，接着单击"基准"面板中的"参照平面"按钮 ，如图22-75所示。

图22-75

03 选择"直线"绘制工具 ，然后在当前视图中绘制参照平面，并设置当前参照平面与参数标高之间的间距为1200，如图22-76所示。

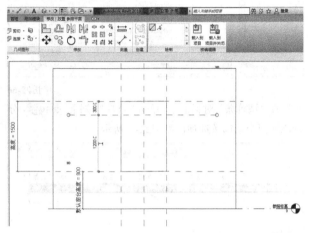

图22-76

04 切换到"创建"选项卡，然后单击"形状"面板中的"拉伸"按钮 ，如图22-77所示，接着使用"矩形"工具 绘制窗框外轮廓，最后使用"偏移"工具 向内侧偏移50复制，如图22-78所示。

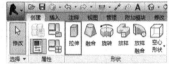

图22-77

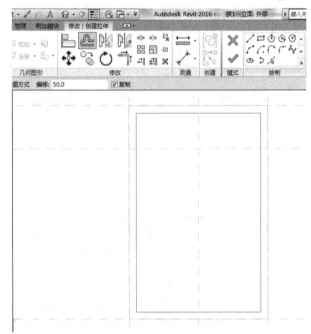

图22-78

05 使用"直线"工具 /，以初始绘制好的参照平面为基准绘制，然后将宽度设置为50mm，并使用"拆分与修剪"工具将轮廓线处理为封闭状态，接着单击"完成"按钮 ✔，如图22-79所示。

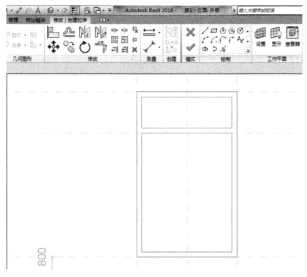

图22-79

06 选择窗框，然后单击"编辑工具平面"按钮 🗃，如图22-80所示，接着在"工作平面"对话框中，选择"名称"选项，再选择"参照平面：中心（前/后）"选项，最后单击"确定"按钮 确定，如图22-81所示。

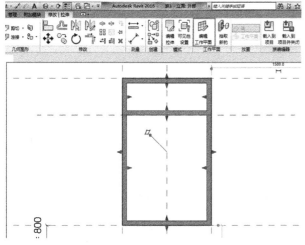

图22-80

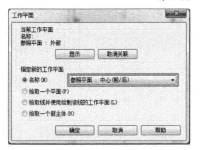

图22-81

07 保持窗框的选择状态，在"属性"面板中，设置"拉伸终点"和"拉伸起点"分别为-40、40，如图22-82所示。

图22-82

08 单击"拉伸"按钮 🗐，设置参照平面为"中心（前/后）"，然后使用"矩形"工具 🗂 绘制窗扇，如图22-83所示，接着设置"拉伸终点"与"拉伸起点"分别为0、40。

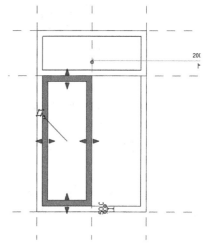

图22-83

09 使用"镜像"工具将绘制好的窗扇复制到另一侧，如图22-84所示，然后设置"拉伸终点"与"拉伸起点"分别为0、-40。

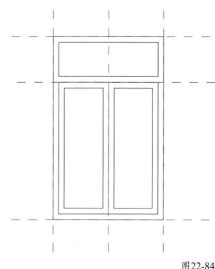

图22-84

⑩ 使用"拉伸"工具沿着窗框内部绘制玻璃，设置"拉伸终点"为2.0，"拉伸起点"为－2.0，如图22-85所示，然后切换到"创建"选项卡，接着单击"形状"面板中的"放样"按钮，如图22-86所示。

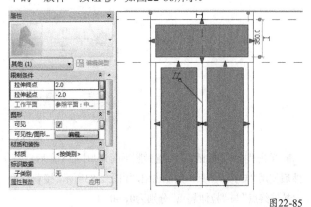

图22-85

图22-86

⑪ 切换到"修改|放样"选项卡，然后单击"放样"面板中的"拾取路径"按钮，如图22-87所示，接着单击"拾取三维边"按钮，再拾取视图中的左、右、上3条边线，最后单击"完成"按钮，如图22-88所示。

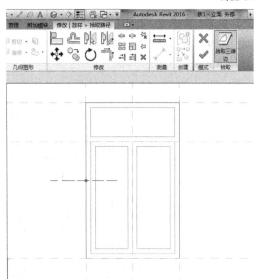

图22-87

图22-88

⑫ 切换到"修改|放样"选项卡，单击"编辑轮廓"按钮，如图22-89所示。在打开的"转到视图"对话框中，

选择"楼层平面：参照标高"选项，然后单击"打开视图"按钮 打开视图，如图22-90所示。

图22-89

图22-90

⑬ 在楼层平面视图中，绘制长宽各为100的矩形截面轮廓，如图22-91所示。连续单击两次"完成"按钮，完成窗外侧装饰线条的放样。转换到外部立面视图查看最终效果，如图22-92所示。

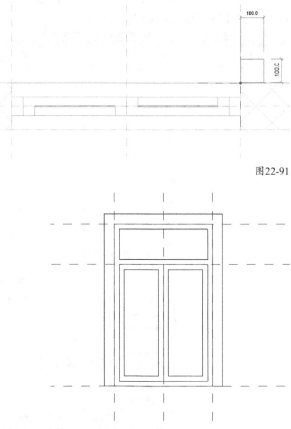

图22-91

图22-92

14 使用"拉伸"工具 □，设置工作平面为"参照平面：
外部"，然后绘制高度为100，宽度与两侧装饰条对齐，
接着设置"拉伸终点"为-200，"拉伸起点"为0，如图
22-93所示。

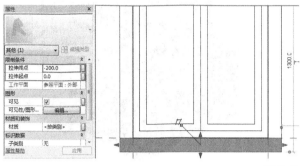

图22-93

15 将绘制好的窗台板向下复制一个，调整两侧句柄与左
右参照平面对齐，并设置"拉伸终点"为-100，如图22-94
所示。转换到三维视图，赋予做窗户各部分相应的材质，
最终效果如图22-95所示。

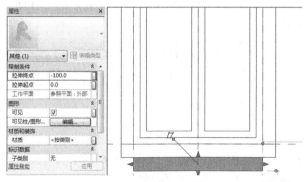

图22-94

图22-95

16 将制作好的窗族保存到项目文件夹中，然后切换到项
目文件，将已完成的窗族及门族载入项目中，如图22-96
所示。

图22-96

17 切换到"建筑"选项卡，然后单击"构建"面板中的
"窗"按钮 □，如图22-97所示，接着选择一层平面图，在
实例"属性"面板中，选择窗类型为C3，再将光标移动至
平面图左下角C3的位置，最后单击进行放置，如图22-98
所示。使用同样的方法完成本层其他类型窗户的放置，如
图22-99所示。

图22-97

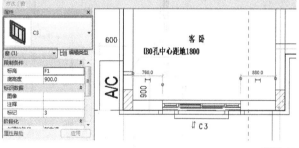

图22-98

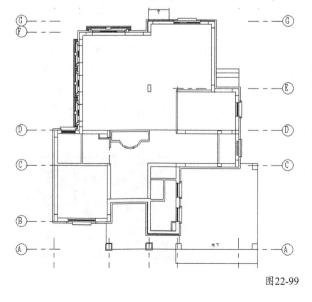

图22-99

18 切换到"建筑"选项卡，然后单击"构建"面板中的"门"按钮，如图22-100所示，接着在实例属性面板的类型选择器中分别选择不同类型的门，并按照CAD图纸门窗表中的尺寸进行修改及调整，如图22-101所示。

图22-100　　　　图22-101

19 在类型选择器中选择相应的门类别，然后在当前平面视图中依次进行放置，如图22-102所示。按照同样的方法完成其他层的门窗布置。

图22-102

20 当门窗放置完成后，需要到立面视图中调整标高位置。打开东立面视图，按照CAD图纸中提供的高度进行调整，如图22-103所示，然后依次切换到其他立面视图进行门窗高度的调整。调整完成之后，转换到三维视图查看调整完成的效果，如图22-104所示。

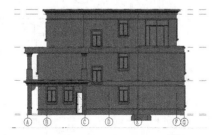

图22-103

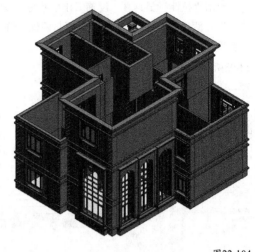

图22-104

22.2.7　创建楼板、楼梯、坡道、洞口

01 切换到"建筑"选项卡，然后单击"构建"面板中的"楼板"按钮，如图22-105所示，接着新建板厚为100的楼板类型。

图22-105

02 根据图纸上标注的高程点，分别绘制各个房间的楼板，然后设置相应的高程，如图22-106所示，接着依据施工图纸完成各层之间楼板的绘制。

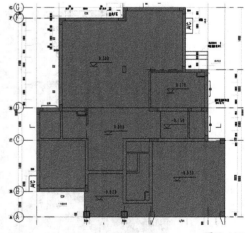

图22-106

03 选择一层平面图，然后切换到"建筑"选项卡，单击"楼梯坡道"面板中的"楼梯"按钮，如图22-107所示，接着在类型选择器中选择"整体浇筑楼梯"类型，再单击"编辑类型"按钮，并在"类型属性"对话框中，复制一个新的楼梯类型，最后设置相关参数，如图22-108所示。

图22-107

图22-108

04 在实例属性面板中，设置标高限制条件，然后根据施工图纸设置相关参数，如图22-109所示，接着切换到"修改|创建楼梯"选项卡，单击"梯段"按钮并选择直梯方式，再在"工具"选项栏中设置相关参数，最后在绘图区域根据图纸绘制楼梯，如图22-110所示。

图22-109

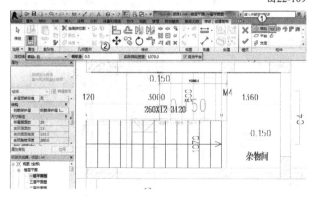

图22-110

05 梯段绘制完成后，自动生成的歇脚平台没有与图纸吻合，这时需要手动拖曳右侧的控制柄，然后拖曳至墙体边缘，接着单击"完成"按钮✔，如图22-111所示。

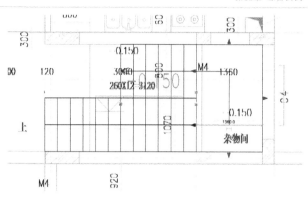

图22-111

06 若系统自动生成的楼梯扶手存在问题，可将其删除。切换到"建筑"选项卡，然后单击"楼梯坡道"面板中的"栏杆扶手"按钮，接着单击"拾取新主体"按钮，再拾取楼梯梯段，选择"链"选项，并选择"直线"工具沿着楼梯边缘绘制扶手路径，最后单击"完成"按钮✔，如图22-112所示。

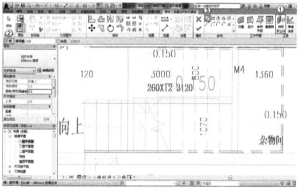

图22-112

07 选择二层平面图，然后按照相同的方法绘制二层楼梯，如图22-113所示。为了更方便地观察楼梯的状态，可以使用"可见性/图形"工具隐藏掉楼板类别。

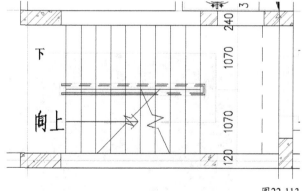

图22-113

08 切换到"建筑"选项卡，然后单击"洞口"面板中的"垂直"按钮，如图22-114所示，接着拾取二层楼板，再使用"直线"工具绘制洞口轮廓，最后单击"完成"按钮✔，如图22-115所示。

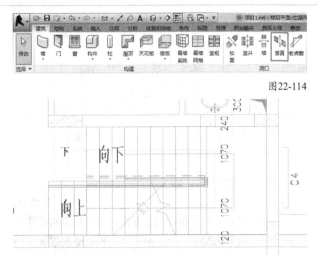

图22-114

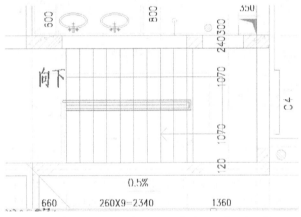

图22-115

09 切换到三层平面图，使用同样的方法进行楼梯洞口的开洞，然后单击"完成"按钮✔，如图22-116所示。洞口绘制完成后，切换到三维视图，使用剖面框工具剖切至楼梯位置，如图22-117所示。

图22-116

图22-117

10 将"上梯梁"轮廓文件载入项目中，然后切换到"建筑"选项卡，接着在"构建"面板中，单击"楼板"下的"楼板：楼板边"按钮◁，如图22-118所示。

图22-118

11 单击"编辑类型"按钮🗐，打开"类型属性"对话框，然后复制新的族类型为"上梯梁"，接着设置"轮廓"为"上梯梁：上梯梁"，如图22-119所示。

图22-119

12 在视图中拾取楼板与楼梯交接的位置，分别添加上梯梁，如图22-120所示。选择一层平面图，然后切换到"建筑"选项卡，接着在"楼梯坡道"面板中，单击"楼梯"下的"楼梯（按草图）"按钮🗐，如图22-121所示。

图22-120

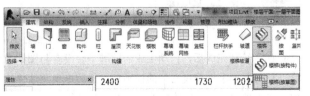

图22-121

13 复制新的楼梯类型为"室外楼梯",然后设置相关参数,如图22-122所示。在当前平面视图中,绘制楼梯草图并进行草图轮廓编辑,如图22-123所示,完成后的三维效果如图22-124所示。

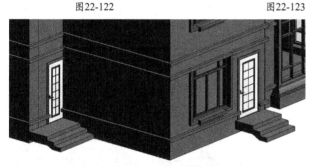

图22-122 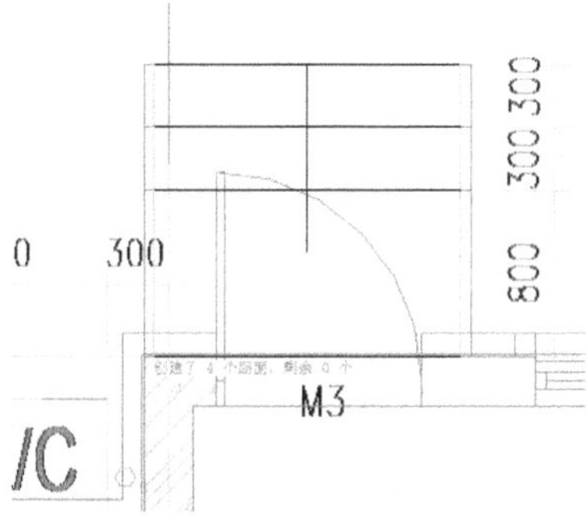   图22-123

图22-124

14 切换到"建筑"选项卡,然后在"楼梯坡道"面板中单击"坡道"按钮,如图22-125所示。

图22-125

15 单击"编辑类型"按钮,复制新的类型为"车库坡道",然后设置相关参数,接着单击"确定"按钮 确定 ,如图22-126所示。

图22-126

16 在实例"属性"面板中,设置坡道的相关参数,如图22-127所示,然后选择"直线"绘制工具,由下至上绘制走道草图,接着进行尺寸编辑,单击"完成"按钮 ✔,如图22-128所示,最终完成的三维效果如图22-129所示。

图22-127

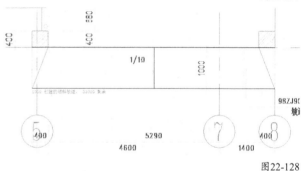

图22-128

图22-129

22.2.8 创建屋顶

完成以上工作内容后,整个模型制作过程就接近尾声了,接下来将创建屋面。整个项目的屋面大致分布在三个标高上,分别是入口门厅部分、二层露台部分以及最高处的屋顶部分。

01 选择南立面视图,然后切换到"建筑"选项卡,接着单击"工作平面"面板中的"参照平面"按钮,最后在视图中分别绘制不同方向的参照平面,如图22-130所示。

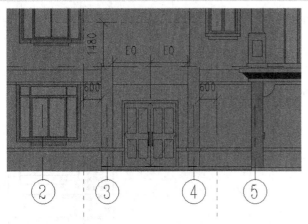

图22-130

02 切换到"建筑"选项卡，然后在"构建"面板中，单击"屋顶"下的"拉伸屋顶"按钮◢，如图22-131所示，接着在打开的"工作平面"对话框中，选择"拾取一个平面"选项，并单击"确定"按钮，如图22-132所示，再将拾取门柱上方的墙体作为工作平面，最后在"屋顶参照标高和偏移"对话框中，设置"标高"为F2，如图22-133所示。

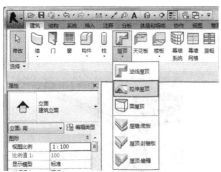

图22-131

图22-132　　　　图22-133

03 在实例"属性"面板中，复制屋顶类型为"常规-100mm"，如图22-134所示，然后设置结构层厚度为100，接着在绘制面板中选择"直线"工具✎，再在当前视图中，按照参数平面绘制外轮廓，最后单击"完成"按钮✔，如图22-135所示。

图22-134

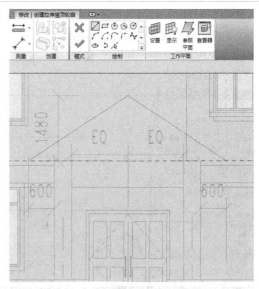

图22-135

04 切换到二层平面图，选择屋顶，然后拖曳两端控制句柄，调整屋顶的实际尺寸与图纸一致，如图22-136所示。

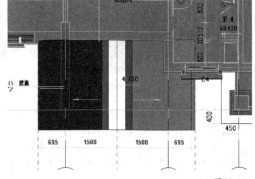

图22-136

05 切换到"建筑"选项卡，然后单击"洞口"面板中的"垂直"按钮，接着选择屋顶，使用"矩形"绘制工具◻绘制屋顶与墙体重叠的部分轮廓线，最后单击"完成"按钮✔，如图22-137所示。

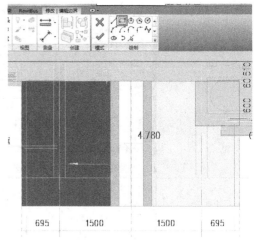

图22-137

06. 单击"载入族"按钮 ，分别将案例文件中的"封檐板""檐沟"和"烟囱"族载入项目中，如图22-138所示。

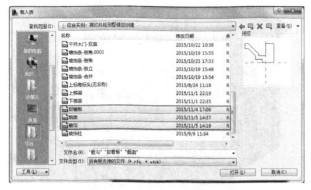

图22-138

07. 切换到"建筑"选项卡，然后在"构建"面板中，单击"屋顶"下的"屋顶：封檐板"按钮，再在"类型属性"对话框中，将"轮廓"设置为"封檐板：封檐板"，如图22-139所示，接着分别拾取屋顶正前方两侧外边线创建封檐带，如图22-140所示。

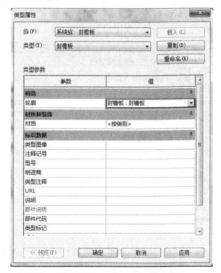

图22-139

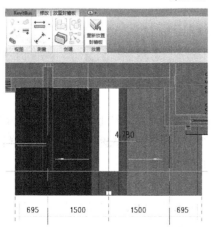

图22-140

08. 选择三维视图，然后选择屋顶下方的所有墙体，接着单击"附着顶部/底部"按钮，拾取屋顶，将墙体全部附着于屋顶底面，如图22-141所示。

图22-141

09. 选择到三层平面图，切换到"建筑"选项卡，然后在"构建"面板中，单击"屋顶"下的"迹线屋顶"按钮，接着绘制矩形轮廓线，再在实例属性面板中设置"自标高的底部偏移"为-115，"椽截面"为"正方形双截面"，最后单击"完成"按钮 ，如图22-142所示。

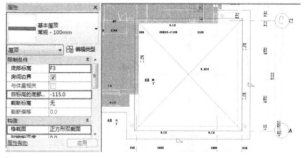

图22-142

10. 切换到屋顶平面图，同样使用"迹线屋顶"命令，沿着外墙边线绘制屋顶表面轮廓线，然后在实例属性面板中，设置"底部标高"为"屋檐"，"椽截面"为"正方形双截面"，最后单击"完成"按钮 ，如图22-143所示。

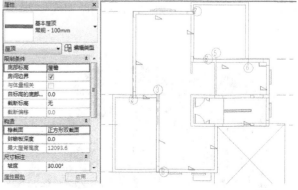

图22-143

⑪ 切换到"建筑"选项卡，然后在"构建"面板中，单击"构件"下的"放置构件"按钮，接着在类型选择器中选择烟囱，最后在右侧屋顶中间放置，如图22-144所示。

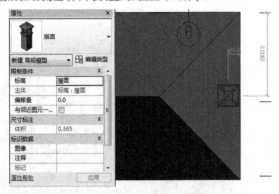

图22-144

⑫ 选择三维视图，切换到"建筑"选项卡，然后在"构建"面板中，单击"屋顶"下的"屋顶：檐槽"按钮，接着打开"类型属性"对话框，将"轮廓"修改为"檐沟：檐沟"，最后单击"确定"按钮，如图22-145所示。

图22-145

⑬ 将光标放置于屋顶边界线上，按Tab键选择所有边线，然后单击生成檐沟，如图22-146所示，最终效果如图22-147所示。

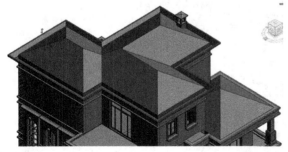

图22-146

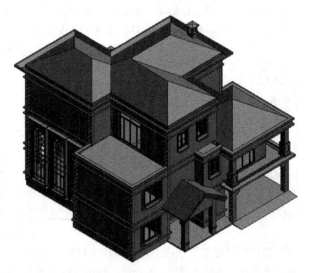

图22-147

22.2.9 创建栏杆

⑪ 单击"载入族"按钮，将案例文件中的栏杆及扶手族载入项目中，如图22-148所示。

图22-148

⑫ 选择二层平面图，然后切换到"建筑"选项卡，接着单击"楼梯坡道"面板中的"栏杆扶手"按钮，如图22-149所示。

图22-149

⑬ 打开"类型属性"对话框，复制出一个新的栏杆类型，然后单击"扶栏结构"后的"编辑"按钮，如图22-150所示。

⑭ 在"编辑扶手（非连续）"对话框中，设置扶栏"高度"为900，"轮廓"为"顶部扶手"，如图22-151所示。

图22-150

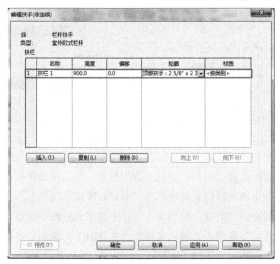

图22-151

05 单击栏杆位置后的"编辑"按钮，然后在"编辑栏杆位置"对话框中，设置"栏杆族"为"栏杆-葫芦瓶：欧式"，"顶部"为"扶栏"，支柱的"栏杆族"为"无"，如图22-152所示。

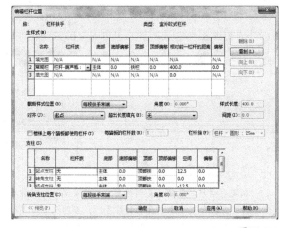

图22-152

06 选择"直线"绘制工具✐，沿着阳台边界线绘制栏杆路径，然后单击"完成"按钮✔，如图22-153所示，接着在"类型属性"对话框中，再次复制出一个新的类型，并单击栏杆位置后的"编辑"按钮，如图22-154所示。

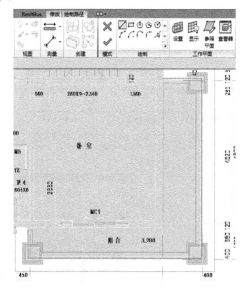

图22-153

图22-154

07 在"编辑栏杆位置"对话框中，分别设置"起点支柱""转角支柱"和"终点支柱"的栏杆族参数，均为"栏杆-支柱：栏杆-支柱"，"起点支柱"的"空间"参数为80，"终点支柱"的"空间"参数为-80，如图22-155所示。

08 选择三层平面图，使用"直线"绘制工具✐绘制栏杆路径，然后单击"完成"按钮✔，如图22-156所示。完成后的三维效果如图22-157所示。

图22-155

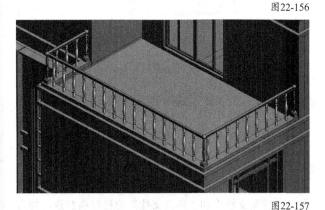

图22-156

图22-157

22.2.10 添加材质与渲染

通过以上操作，模型部分的工作已经全部完成了。接下来，将赋予模型各部分材质，并设置摄像机进行渲染。本项目中共有4种材质，分别为暖棕色文化石、白色外墙漆、米黄色外墙漆和红色西班牙瓦。

01 切换到"管理"选项卡，然后单击"设置"面板中的"材质"按钮，如图22-158所示。

图22-158

02 在"材质浏览器"对话框中，输入"石材"进行材质搜索，然后双击搜索结果中的石材材质，添加到项目材质中，如图22-159所示。

图22-159

03 选择"石材，自然立砌"材质，然后单击鼠标右键复制出新的材质，重命名为"石材，暖棕色文化石"，接着切换到"外观"选项卡，单击"复制此资源"按钮，再展开信息卷展栏，输入名称为"文化石"，最后单击贴图文件名称，如图22-160所示。

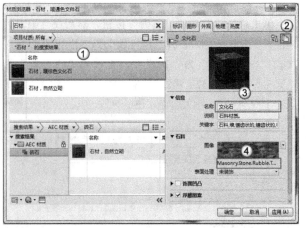

图22-160

技巧与提示

在现有材质的基础上复制材质时，必须先复制材质本身，然后在"外观"选项卡中复制材质资源，否则就会造成两个材质共享一个材质资源，修改其中一个材质会影响其他材质。

04. 在"选择文件"对话框中，选择案例文件中的"暖棕色文化石"贴图文件，然后单击"打开"按钮 打开(O) ，如图22-161所示，接着按同样的方法，设置"浮雕图案"为"暖棕色石材（凹凸贴图）"，如图22-162所示。

图22-161

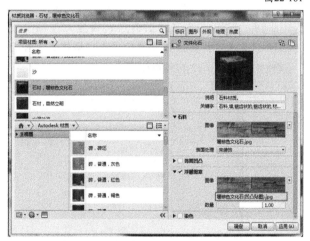

图22-162

05. 单击石料图像缩略图，打开"纹理编辑器"对话框，然后选择"连接纹理变换"选项，接着设置"样例尺寸"为1500mm，如图22-163所示。按照同样的方法，设置屋顶瓦片的材质，并设置贴图规格宽度尺寸为1600mm，如图22-164所示。

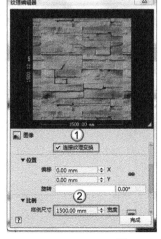

图22-163

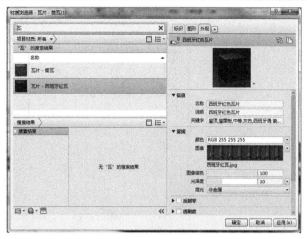

图22-164

06. 搜索"涂料"材质，然后复制白色涂料，更名为"米黄色涂料"材质，设置墙漆"颜色"为（RGB 250 244 184），接着单击"确定"按钮 确定 ，如图22-165所示。

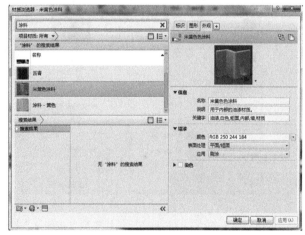

图22-165

07. 选择当前项目中的所有屋面，然后单击"编辑类型"按钮 ，如图22-166所示，接着在打开的"类型属性"对话框中，单击结构参数后的"编辑"按钮，打开"编辑部件"对话框，最后单击结构层后方的材质浏览按钮，如图22-167所示。

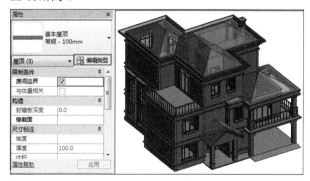

图22-166

图22-167

08 在打开的"材质浏览器"对话框中，选择"瓦片-西班牙红瓦"材质，然后单击"确定"按钮 确定 ，如图22-168所示。

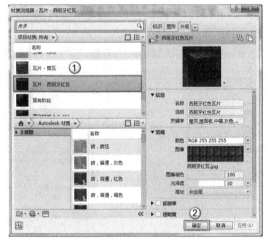

图22-168

09 选择三层室外墙，然后单击"编辑类型"按钮，打开"类型属性"对话框，接着单击结构参数后的"编辑"按钮 编辑... ，打开"编辑部件"对话框，最后单击"面层2[5]"后的按钮，如图22-169所示。

图22-169

10 在"材质浏览器"对话框中，选择"米黄色涂料"材质，然后单击"确定"按钮 确定 ，如图22-170所示。

图22-170

11 回到"编辑部件"对话框后，设置"视图"为"剖面：修改类型属性"，然后单击"墙饰条"按钮 墙饰条(Y) ，如图22-171所示。

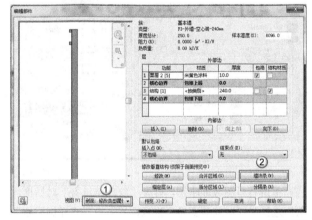

图22-171

12 在"墙饰条"对话框中，单击材质参数下方的按钮，如图22-172所示，然后在打开的"材质浏览器"对话框中，选择"白色涂料"材质，接着单击"确定"按钮 确定 ，如图22-173所示。

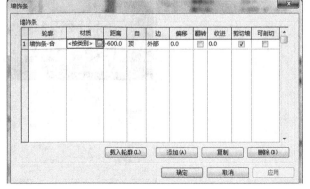

图22-172

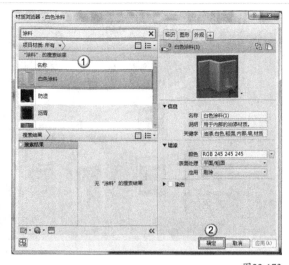

图22-173

13 选择二层墙体进行材质设置，设置步骤与三层墙体基本相同，但二层墙体面层及墙饰条材质均为"米黄色涂料"，如图22-174所示。

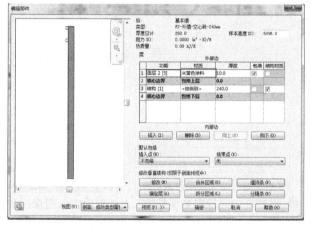

图22-174

14 设置一层墙体的墙面层"材质"为"石材，暖棕色文化石"，墙饰条"材质"为"白色涂料"，如图22-175所示。

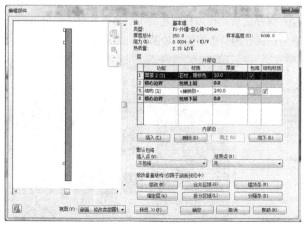

图22-175

15 除楼板、楼梯和坡道外，将剩余图元统一赋予"白色涂料"材质，然后将"视图样式"设置为"真实"，查看最终效果，如图22-176所示。

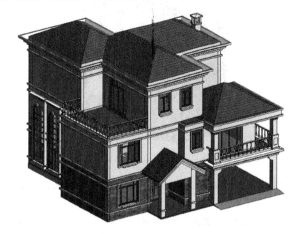

图22-176

16 选择一层平面图，然后切换到"视图"选项卡，接着在"创建"面板中，单击"三维视图"下的"相机"按钮，如图22-177所示，接着在1轴与A轴交叉位置以外放置相机，最后将视点拖曳至右上方结束，如图22-178所示。

图22-177

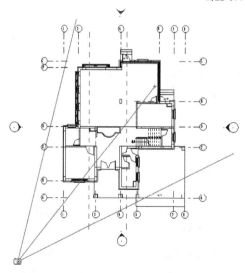

图22-178

17 此时自动跳转到相机视图，将"视图样式"设置为"真实"，拖曳视图范围框以实现整幢建筑完整显示，如图22-179所示。

图22-179

18 切换到"视图"选项卡，然后单击"创建"面板中的"渲染"按钮，如图22-180所示，然后在打开的"渲染"对话框中，设置"引擎"下的"选项"为NVIDIA mental ray，"质量"中的"设置"为"低"，"照明"中的"方案"为"室外：仅日光"，接着单击"渲染"按钮，如图22-181所示。

图22-180　　　　　　　图22-181

技巧与提示

在不确定渲染效果的情况下，可以先用较低的参数进行渲染测试。如果测试没有问题，再将渲染参数调整为"高"或"自定义"，进行最终的渲染。如果计算机配置较高，也可以直接用预设的"高"或"自定义"来渲染。

19 渲染完成后如图22-182所示。如果需要对渲染结果进行颜色或亮度调整，可以单击"渲染"对话框中的"调整曝光"按钮进行调节；如果没有问题，直接单击"保存到项目中"按钮，将渲染好的图像保存在项目文件中，如图22-183所示。

图22-182

图22-183

20 在打开的"保存到项目中"对话框中输入图像的名称，然后单击"确定"按钮，如图22-184所示。

图22-184

21 保存之后，在项目浏览器中的渲染节点下，可以打开查看已保存的渲染图像，如图22-185所示。

图22-185

22.3 综合实例：办公楼模型创建

场景位置 　场景文件>第22章>02.rvt
实例位置 　实例文件>第22章>综合实例：办公楼模型创建
难易指数 　★★★★☆
技术掌握 　公共建筑的Revit建模方法与流程

通过上一个实例，读者学习到了Revit模型创建的全过程。本例是制作办公楼项目，项目体型比较规则。通过这个项目实例，可以掌握一些建模的技巧。图22-186所示的是室外场景的渲染图。

图22-186

22.3.1 创建结构柱与墙体

在当前场景文件中，已经将标高轴网等信息创建完成，可以基于现有文件直接创建模型。

01 打开学习资源中的"场景文件>第22章>02.rvt"文件，如图22-187所示。

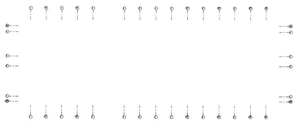

图22-187

02 切换到"建筑"选项卡，然后在"构建"面板中单击"柱"下的"结构柱"按钮，选择混凝土矩形柱进行修改，截面尺寸分别为500×500、400×500和300×500，如图22-188所示。

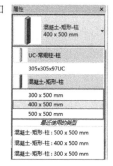

图22-188

03 在实例属性面板中，选择500×500结构柱类型，然后在工具栏中设置为"高度"，顶标高为F2，如图22-189所示。

图22-189

04 切换到"修改|放置 结构柱"选项卡，在轴网单击图标，然后选择所有轴线，接着按shift键分别减选1/0A、C、1/D、1/1、1/2、1/8和1/9共7根轴线，如图22-190所示，最后单击"完成"按钮✔，完成首层的结构柱绘制。

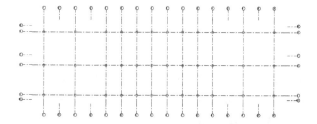

图22-190

05 切换到"建筑"选项卡，然后单击"构建"面板中的"墙"按钮，分别复制出"常规 - 200mm 内墙"与"常规 - 200mm 外墙"，如图22-191所示。

图22-191

06 选择"常规 - 200mm 外墙"墙类型，设置墙顶标高为F2，然后以顺时针方向绘制建筑外墙，接着使用对齐工具将墙外侧与柱外侧对齐，如图22-192所示。

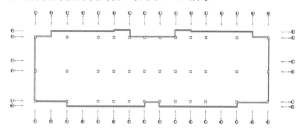

图22-192

07 选择"常规 - 200mm 内墙"墙类型，设置墙顶标高为F2，然后绘制左侧部分的内墙，如图22-193所示。

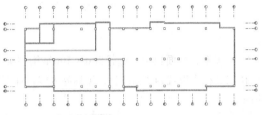

图22-193

08 因为平面布置左右两侧大致相同，所以直接选择左侧已绘制完成的内墙进行镜像复制，然后修改，如图22-194所示。

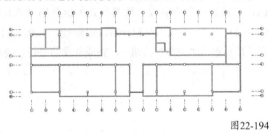

图22-194

09 选择平面视图中的部分结构柱，然后批量替换为300 ×500 mm矩形柱，如图22-195所示，接着将部分结构柱与墙面对齐。

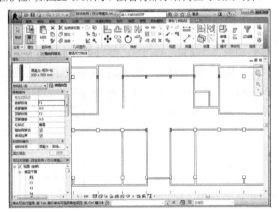

图22-195

10 选择F1平面中的所有模型图元，然后单击"复制到剪贴板"按钮，如图22-196所示。

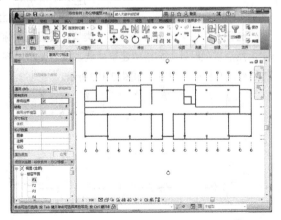

图22-196

11 在当前选项卡中，单击"粘贴"下的"与选定的标高对齐"按钮，如图22-197所示。

图22-197

12 在打开的"选择标高"对话框中，选择F2标高，然后单击"确定"按钮，如图22-198所示。

图22-198

13 选择F2平面视图，将5与6轴墙体删除，然后将1/0A与B轴墙体连接，如图22-199所示，接着分别选择墙体与结构柱图元，将顶部偏移数值设置为0。

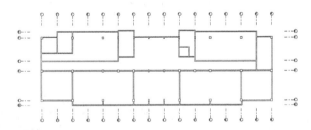

图22-199

14 以F2层为标准层，选择F2层模型图元进行复制，然后粘贴至其他楼层，如图22-200所示。

图22-200

15. 切换至F5楼层平面，选择1/D左右两侧墙体，设置墙高为850，并在D轴位置添加墙体，如图22-201所示。

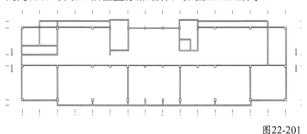

图22-201

16. 将楼梯间与电梯机房的墙体和结构柱进行复制，并粘贴于ROOF标高，然后打开ROOF平面视图，修剪墙体连接，并分别设置墙体与结构柱顶部偏移数值为0，如图22-202所示。

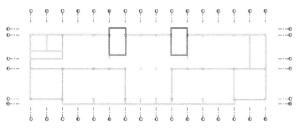

图22-202

17. 切换到"建筑"选项卡，然后单击"构建"面板中的"墙"按钮，接着选择"常规 - 200mm-实心"墙类型，再设置"无连接高度"为1400，最后沿着外墙进行绘制，如图22-203所示。

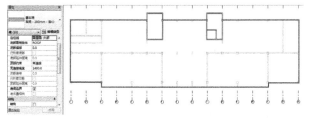

图22-203

技巧与提示

灰色状态显示的图元为基线图元，可以在视图实例属性面板将其关闭，使其不显示。也可以设置不同标高平面图元，作为基础供绘制参考。

18. 选择F1平面视图，选择"常规 - 200mm 外墙"墙类型，然后设置墙底标高为"室外地坪"，墙顶标高为F5，顶部偏移设置为1400，在距1轴2400mm的位置会偏移一段长度为1550的外墙，接着选择所绘制的外墙，再使用镜像工具以C-B轴中心位置为中心线，镜像复制得到另一面墙体，如图22-204所示，最后选择绘制好的两面墙体，使用镜像工具，以5-6轴中心位置镜像到另外一侧。

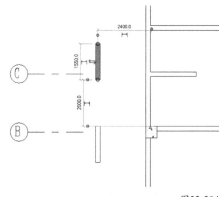

图22-204

22.3.2 放置门窗

01. 切换到"建筑"选项卡，然后单击"构建"面板中的"窗"按钮，接着设置"簇"为"平开窗-带横梃"，再复制一个类型，名称为C1，最后设置"粗略宽度"为2400，"粗略高度"为2300，如图22-205所示。其他类型窗已提前预设，可以直接调用。

图22-205

02. 在1/1轴至1/3轴线间分别放置C1窗，在1/3轴至4轴间放置C2窗，如图22-206所示。

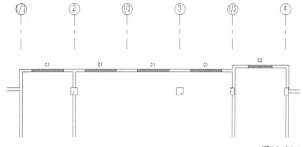

图22-206

03. 按照同样方法，继续放置1-5轴之间的其他窗，如图22-207所示。

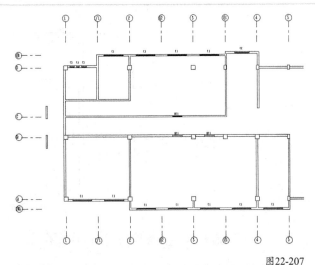

图22-207

04 由于C3、C4两种类型窗在同层平面布置多层，所以需要到立面视图中进行复制。切换到北立面视图，然后选择C3、C4窗，修改底高度为400，如图22-208所示，接着使用"阵列"工具 ，设置项目数为3，阵列距离为800，复制得到其他高度的窗，如图22-209所示。

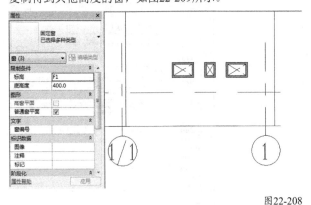

图22-208

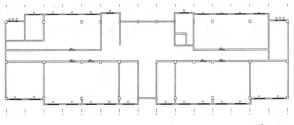

图22-210

06 切换到"建筑"选项卡，然后单击"构建"面板中的"门"按钮，接着设置"簇"为"平开木门-单扇"，再复制新的类型，修改名称为M1，最后设置"粗略宽度"为1000，"粗略高度"为2100，如图22-211所示。其他类型的门，可直接在系统中调用。

图22-211

07 在1-5轴之间分别放置编号为M1、M3、M4和MLC1的门，同时在卫生间前室的位置放置门洞，如图22-212所示。

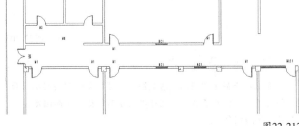

图22-212

08 将绘制好的门使用镜像工具复制到另一侧，然后进行修改与添加，如图22-213所示。

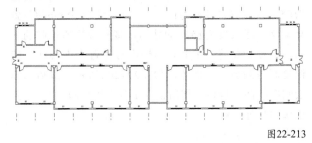

图22-209

05 因为平面布置左右两侧大致相同，所以直接选择左侧已绘制完成的窗进行镜像复制到另一侧，如图22-210所示。

图22-213

09 切换到"建筑"选项卡，然后单击"构建"面板中的"墙"按钮，选择"幕墙"类别，接着设置顶部标高为F1，"顶部偏移"为3200，在4-7轴线间进行绘制，如图22-214所示。

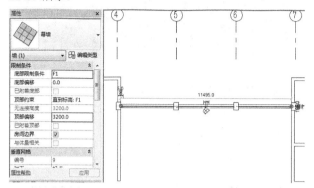

图22-214

10 选择北立面视图，然后切换到"建筑"选项卡，单击"构建"面板中的"幕墙网格"按钮，对现有幕墙进行网格划分。划分完成后，选择幕墙中间嵌板替换为"门嵌板-四开门"，如图22-215所示。

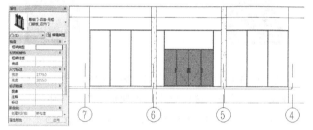

图22-215

11 切换到F1楼层平面，选择当前平面中的所有门窗，然后单击"复制到剪贴板"按钮，粘贴到F2标高，接着打开F2楼层平面，根据图纸添加4-7轴位置窗，如图22-216所示。

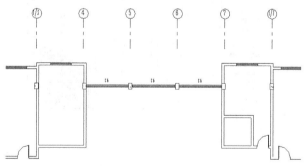

图22-216

12 选择F2层所有窗、门复制到剪贴板，粘贴至F3、F4、F5楼层，然后打开F5楼层平面，切换到"建筑"选项卡，接着单击"构建"面板中的"墙"按钮，选择"幕墙"类别，再打开"类型属性"对话框，复制类型名称为"幕墙（顶层）"，最后设置网格参数，如图22-217所示。

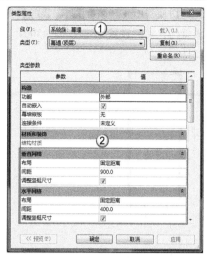

图22-217

13 设置"顶部约束"为"未连接"，"无连接高度"为2900，然后在2-1/3轴线位置进行绘制，如图22-218所示。

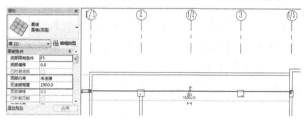

图22-218

14 选择北立面视图，分别在1/2与3轴线位置删除网格线，然后将幕墙嵌板替换为门嵌板，如图22-219所示，接着选择该幕墙，使用镜像工具镜像到另一侧。

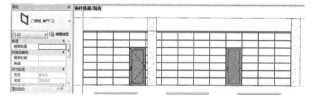

图22-219

15 选择楼梯间与电梯间的窗，替换为"四层两列"，然后复制到ROOF标高，接着设置底偏移为250，如图22-220所示。

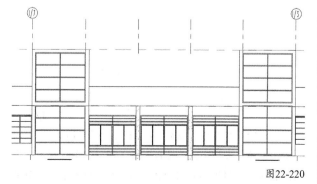

图22-220

16 切换到ROOF楼层平面，分别在楼梯间与机房的位置放置门，然后设置M6偏移值为300，M7为900，如图22-221所示。

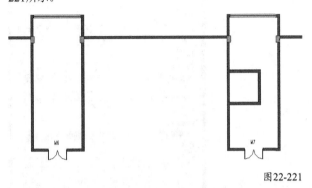

图22-221

22.3.3 创建楼梯、楼板与栏杆

01 打开F1楼层平面，切换到"建筑"选项卡，然后单击"构建"面板中的"楼板"按钮，选择楼板类型"常规-100mm"，接着使用"拾取线"工具，沿外墙内侧绘制楼板轮廓线，如图22-222所示，最后单击"完成"按钮，完成一层楼板的绘制。

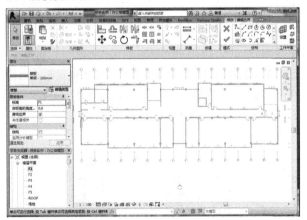

图22-222

02 选择一层楼板，然后复制到F2、F3、F4、F5标高，接着进入F2楼层平面，双击编辑楼板轮廓，如图22-223所示。

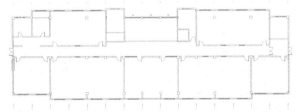

图22-223

03 选择F1楼层平面，然后切换到"建筑"选项卡，接着单击"构建"面板中的"楼板"按钮，分别绘制不同房间内的楼板，设置相应的标高，如图22-224所示。将单独

绘制的各个楼梯，分别复制到每个标高中。

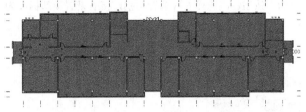

图22-224

04 选择ROOF楼层平面，绘制出屋面楼梯间及电梯机房的楼板，然后设置相应的标高，如图22-225所示。

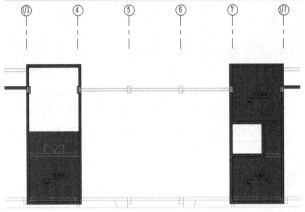

图22-225

05 切换到F1楼层平面，绘制室内的楼梯，然后切换到"建筑"选项卡，接着单击"楼梯坡道"面板中的"楼梯"按钮，再选择整体浇筑楼梯类型，设置楼梯宽度为1850，最后绘制楼梯梯段，如图22-226所示。

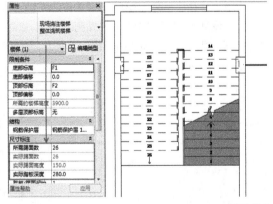

图22-226

06 选择F2楼层平面，绘制楼梯，设置"所需踢面数"为24，绘制完成后设置"多层顶部标高"为ROOF，如图22-227所示。另外一处楼梯与此楼梯的参数及绘制方法相同，就不做重复介绍了。

07 选择ROOF楼层平面，绘制机房内楼梯，然后设置"顶部标高"为"无"，"所需的楼梯高度"为900，"所需踢面数"为6，"实际踏板深度"为260，如图22-228所示。

图22-230

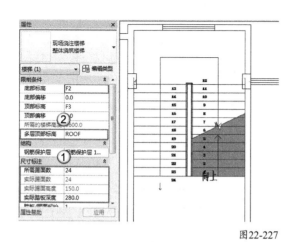

图22-227

10 选择西立面视图，然后使用"拉伸"工具 绘制楼梯截面轮廓，如图22-231所示，接着单击"完成"按钮 ，完成常规模型的创建。

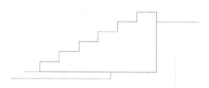

图22-231

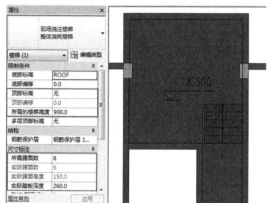

图22-228

11 选择F1平面视图，拖曳控制句柄将室外台阶的外侧与墙内侧对齐，然后将修改好的台阶镜像到另一侧，如图22-232所示。

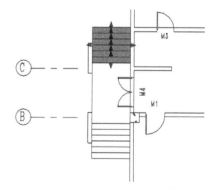

图22-232

技巧与提示

创建楼梯时，如果多层标高一致且排布相同的情况下，可以在绘制完当前层楼梯时，设置多层顶部标高数层。楼梯将根据所设定的标高，自动生成跨多个楼层的楼层，且同步更改。

08 选择"楼梯"工具 ，按草图方式绘制机房外侧楼梯，然后设置相关参数，如图22-229所示。

12 将所创建的常规模型复制到不同区域，然后拖曳控制柄进行形状与尺寸的调整，效果如图22-233所示。

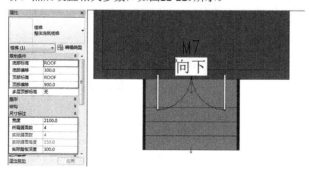

图22-229

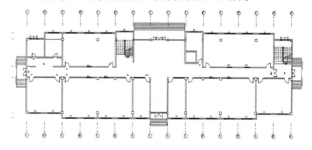

图22-233

09 切换到"建筑"选项卡，然后在"构建"面板中，单击"构件"下的"内建模型"按钮 ，接着在"族类别与族参数"对话框中选择"常规模型"选项，如图22-230所示。

13 在创建好的室外台阶左侧绘制一面墙体，然后选择绘制好的墙体，单击"编辑轮廓"按钮，如图22-234所示。

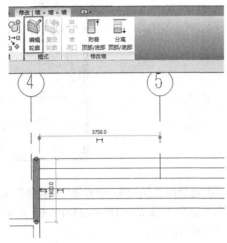

图22-234

14 在打开的对话框中选择"西立面"，然后使用"直线"工具绘制墙体轮廓线并进行修剪，如图22-235所示，接着单击"完成"按钮。

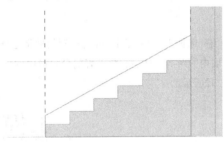

图22-235

15 回到F1平面视图中，将墙体镜像与复制到其他位置，如图22-236所示。

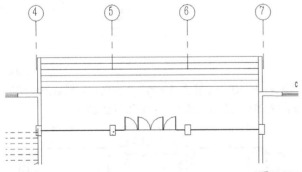

图22-236

16 切换到"建筑"选项卡，然后单击"楼梯坡道"面板中的"栏杆扶手"按钮，选择"栏杆扶手1100mm"类型，接着在左侧室外阶段处绘制栏杆扶手，如图22-237所示。将绘制好的扶手镜像到另一侧，并复制到F2标高。

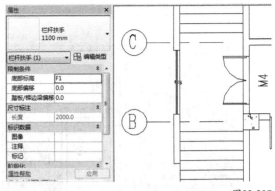

图22-237

17 选择F2平面视图，分别绘制上、下、左三侧的栏杆，如图22-238所示，然后镜像到另一侧，接着复制到其他楼层。

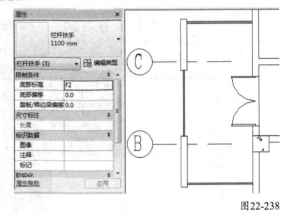

图22-238

> **技巧与提示**
>
> 　　绘制栏杆扶手时，路径必须为一条连续的线。如果在同一位置，需要绘制多段断开的栏杆扶手。

18 选择拉杆扶手类型为"玻璃嵌板-底部填充"，绘制大堂部分的栏杆扶手，如图22-239所示。

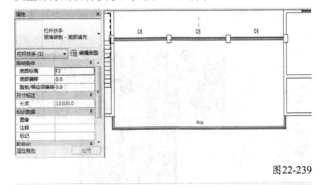

图22-239

22.3.4 创建屋顶

　　完成以上工作后，接下来将进行屋面的创建。整个项目的屋面主要分布在19.700标高上，其余还包括东西两侧以及F1楼层出入口部分。

01 选择ROOF楼层视图，然后切换到"建筑"选项卡，在"构建"面板中单击"屋顶"下的"迹线屋顶"按钮🏠，接着设置"底部标高"为ROOF，再选择"拾取线"工具 ✎ 拾取外墙内侧边缘，选择南北两侧轮廓线，并选择"定义屋顶坡度"选项，设置"坡度"为2°，如图22-240所示，最后单击"完成"按钮 ✔。

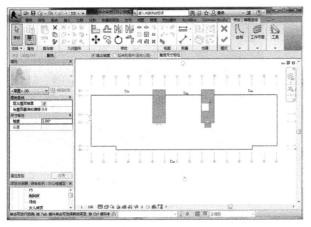

图22-240

02 屋顶完成后，继续绘制露台部分的屋顶，如图22-241所示。绘制完成后，将完成后的屋顶镜像到另一侧。

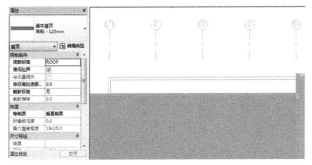

图22-241

03 选择机房屋面楼层视图，绘制楼梯间与电梯机房的屋面，如图22-242所示。

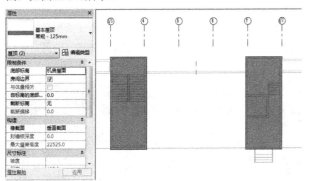

图22-242

04 选择三维视图，然后切换到"建筑"选项卡，在"构建"面板中单击"屋顶"下的"屋顶：檐槽"按钮 ✎，选择檐沟类型为"排水沟"，然后拾取屋顶边进行创建，如图22-243所示。

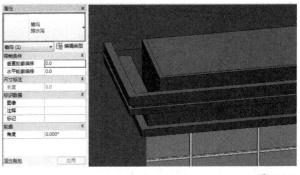

图22-243

22.3.5 创建其他构件

01 选择三维视图，切换到"建筑"选项卡，然后在"构建"面板中单击"墙"下的"墙饰条"按钮 [墙饰条(W)]，接着选择"室外散水-800mm"类型，沿着外墙底部依次绘制散水，如图22-244所示。

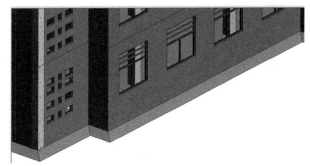

图22-244

02 选择F1楼层平面，然后切换到"建筑"选项卡，接着在"构建"面板中单击"构件"下的"放置构件" 🗔 按钮，最后选择"室内电梯-DT1"类型，放置于电梯井内，如图22-245所示。

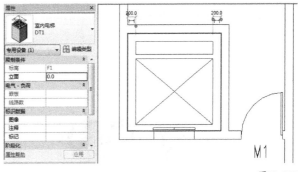

图22-245

03 选择F2楼层平面，然后切换到"建筑"选项卡，接着在"构建"面板中单击"构件"下的"放置构件" 🗔 按钮，再选择"斜拉玻璃雨棚"类型，并设置相关参数，最后进行放置，如图22-246所示。

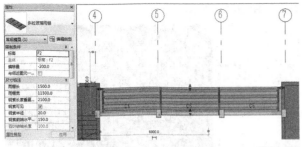

图22-246

04 选择ROOF楼层平面，然后切换到"建筑"选项卡，接着在"构建"面板中单击"构件"下的"放置构件" 按钮，再选择"混凝土雨篷"类型，最后在视图中最左侧位置进行放置，如图22-247所示。放置完成后，镜像到建筑的另一侧。

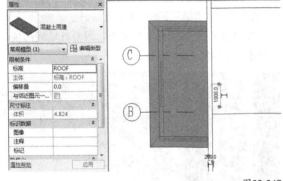

图22-247

22.3.6 创建地形及道路

完成上述步骤后，整个项目的建筑主体就已经全部完成了。接下来的工作，将根据现有建筑主体，创建地形及道路。

01 切换到"建筑"选项卡，然后单击"工作平面"面板中的"参照平面"按钮，接着绘制4个方向的参照平面，作为地形边界的参考线，如图22-248所示。

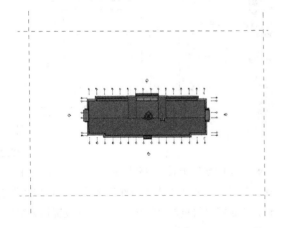

图22-248

02 切换到"体量和场地"选项卡，然后单击"场地建模"面板中的"地形表面"按钮，接着选择放置方式，分别在参照平面4个交点的位置进行放置，高程均为-900，如图22-249所示，最后单击"完成"按钮，完成地形的创建。

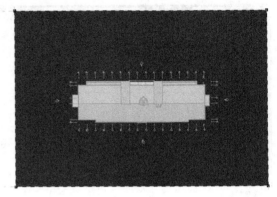

图22-249

03 切换到"体量和场地"选项卡，然后单击"场地建模"面板中的"建筑地坪"按钮，接着选择"直线"工具，在工具栏中选择"半径"选项，设置数值为2000，再设置"标高"为"室外地坪"，在地形上绘制道路左侧外轮廓，并镜像到另一边，如图22-250所示，最后单击"完成"按钮，完成道路的创建。

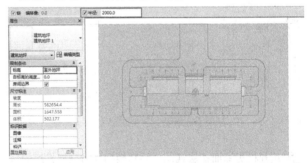

图22-250

04 切换到"建筑"选项卡，然后在"构建"面板中单击"构件"下的"放置构件"按钮，接着在类型选择器中选择"杨叶桦 - 3.1米"类型，在道路两侧进行放置，如图22-251所示。

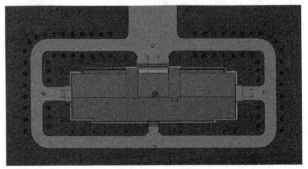

图22-251

22.3.7 添加材质与渲染

模型部分的工作已经全部完成。接下来，将赋予模型各部分材质，并设置摄像机进行渲染。本项目中共有4种材质，分别为面砖、白色外墙漆、沥青和草地。所有材质在材质库中均已完成设置，读者只需要将其赋予至各部分模型中就可以了。

01 单击"墙体"命令，在类型选择器中选择"常规 - 200mm 外墙"类型，然后编辑墙体结构，分别添加外部面层与内部面层，接着设置外面层材质为"涂料-白色"，内面层为"白色乳胶漆"，"厚度"均为10，如图22-252所示。

图22-252

02 基于"常规 - 200mm 外墙"复制出新的类型为"常规 - 200mm 外墙（面砖）"，然后编辑墙体结构，分别添加室外面层与室内面层，接着设置室外面层材质为"面砖-棕色"，"厚度"为20；室内面层为"白色乳胶漆"，"厚度"为10，如图22-253所示。

图22-253

03 选择F1楼层平面，分别选择南北方向两侧边缘的墙体和楼梯间与电梯机房的墙体，然后统一替换为"常规 - 200mm 外墙（面砖）"，如图22-254所示。

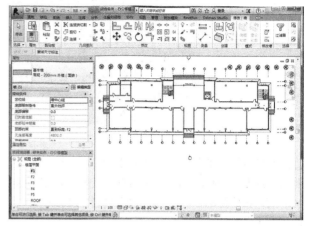

图22-254

04 选择北立面视图，使用"格式刷"工具，将首层墙体类型匹配到其他楼层间，如图22-255所示。

图22-255

05 选择南立面视图，使用"格式刷"工具，将首层墙体类型匹配到其他楼层间，如图22-256所示。

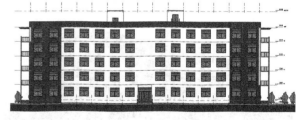

图22-256

06 选择场地平面视图，然后选择"地形"类型，设置"材质"为"草"，接着将首层墙体类型匹配到其他楼层间，如图22-257所示。

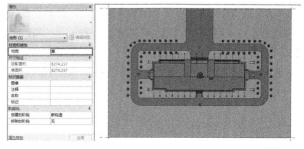

图22-257

07 选择所绘制的道路，设置"材质"为"沥青"，"目标高的高度偏移"为-100，如图22-258所示。

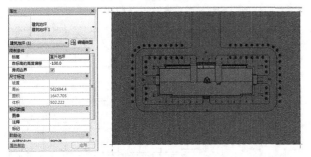

图22-258

08 选择F1楼层平面，然后切换到"视图"选项卡，接着在"创建"面板中单击"三维视图"下的"相机"按钮📷，再单击放置相机，最后拖曳视角以包含建筑主体，如图22-259所示。

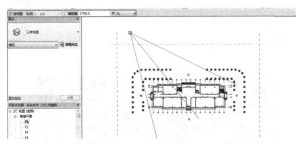

图22-259

09 根据实际信息，为外墙各个立面添加相应的材质信息，将"视觉样式"设置为"真实"，查看最终效果如图22-260所示。

图22-260

10 按快捷键R两次，打开"渲染"对话框，然后设置相关渲染参数，接着单击"渲染"按钮 渲染(R) ，如图22-261所示。

图22-261

11 渲染完成后调整图像的亮度及饱和度参数，最终效果如图22-262所示。

图22-262

22.4 综合实例：工业厂房模型创建

场景位置　无
实例位置　实例文件>第22章>综合实例：工业厂房模型创建
难易指数　★★★☆☆
技术掌握　Revit的技巧运用以及建模思路

本例是一个厂房项目，项目体型比较规则。为了让读者更好地理解及完成整个项目的制作，本例将以绘制完成的施工图纸为参照，完成整个项目的建模工作。

22.4.1 创建标高与轴网

01 打开学习资源中的"实例文件>第22章>综合实例：工业厂房模型创建>厂房 图纸.dwg"文件，如图22-263所示，然后仔细检查图纸的平、立、剖三视图是否存在错误。

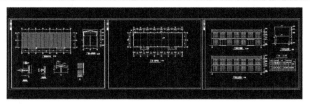

图22-263

02 使用建筑样板创建一个项目文件，然后选择西立面视图，按照施工图纸"厂房南立面"添加相应标高，接着将标高名称修改为与高程数值一致，如图22-264所示。

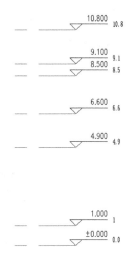

图22-264

03 因为此前所创建的标高是用复制工具绘制的，所以没有自动生成相应的平面视图。切换到"视图"选项卡，然后单击"平面视图"面板中的"楼层平面"按钮，接着在"新建楼层平面"对话框中，选择全部楼层标高，最后单击"确定"按钮 确定 ，如图22-265所示。

图22-265

04 打开楼层平面卷展栏，分别检查各个楼层平面视图的名称与CAD图纸立面图标中是否存在不符或缺少楼层，如图22-266所示。

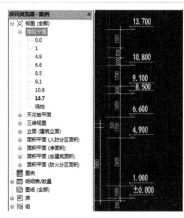

图22-266

05 打开楼层平面中的0.0平面视图，然后切换到"建筑"选项卡，接着单击"基准"面板中的"轴网"按钮，根据图纸绘制轴网，横向与纵向轴网的轴间距均为6000，如图22-267所示。

图22-267

技巧与提示

软件默认绘制第一根轴网编号为1，继续绘制其他轴网时，会按顺序依次生成2、3、4等轴线编号。

06 选择任一轴线，单击"编辑类型"按钮，然后在"类型属性"对话框中，选择"平面视图轴号端点1（默认）"选项，如图22-268所示。

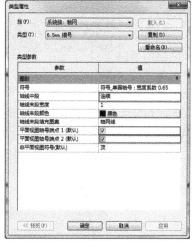

图22-268

371

07 单击"确定"按钮 确定 后，已绘制轴线将根据所设置的参数发生改变，如图22-269所示。

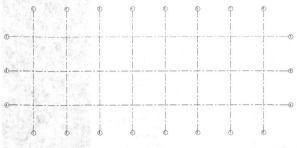

图22-269

22.4.2 添加结构柱

01 切换到"插入"选项卡，然后单击"从库中载入"面板中的"载入族"按钮，接着在"载入族"对话框中，选择"结构>柱>混凝土>混凝土-矩形-柱"文件，最后单击"打开"按钮 打开(O) ，如图22-270所示。

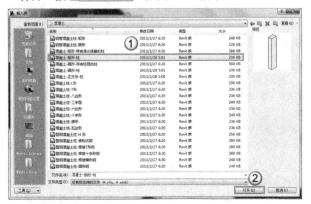

图22-270

02 切换到"建筑"选项卡，然后在"构建"面板中单击"柱"下的"结构柱"按钮，如图22-271所示。

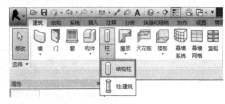

图22-271

03 软件默认放置结构柱时，是按照"深度"参数进行绘制的，需要在选项栏中将"深度"参数更改为"高度"，如图22-272所示。

图22-272

04 在绘制好的轴网添加结构柱，设置结构柱顶部标高为10.8，绘制完成后的效果如图22-273所示。

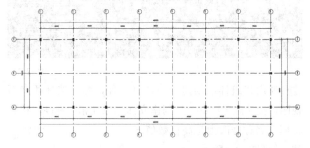

图22-273

05 选择模型中的任意混凝土柱，单击"编辑类型"按钮，然后重命名族类型为500×700 mm，接着修改对应的尺寸参数，如图22-274所示。

图22-274

22.4.3 设置并创建墙体

本例中所采用的墙体"材质"均为"砖墙"，"厚度"为240。在创建墙体之前，需要预先建立这些墙体类型，方便在项目实施过程中调用。

01 切换到"建筑"选项卡，然后单击"构建"面板中的"墙"按钮，接着在实例属性面板的类型选择器中，选择"基本墙 常规-200mm"类型，再单击"编辑类型"按钮，并在"类型属性"对话框中，复制新的墙体类型为"砖-240mm"，最后设置结构层"厚度"为240mm，如图22-275所示。

02 选择"砖-240mm"墙类型，在实例"属性"面板中设置"底部偏移"为-200，"顶部约束"为"直到标高：10.8"，"定位线"为"墙中心线"，如图22-276所示。

图22-275

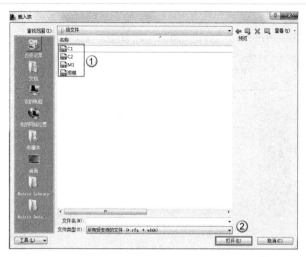

图22-278

02· 选择0.0平面视图，然后切换到"建筑"选项卡，接着单击"构建"面板中的"门"按钮，再在类型选择器中选择"双扇推拉门-墙外"，并设置"标高"为0.0，"底高度"为0，最后进行放置，如图22-279所示。

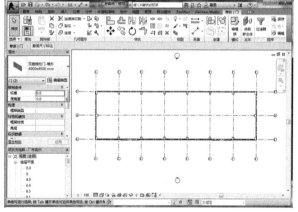

图22-279

图22-276

03· 按轴线绘制墙体，墙体与结构柱重叠的部分使用"连接"工具进行连接，然后使用"对齐"工具将结构柱的最外边界与墙体的最外边界对齐，如图22-277所示。

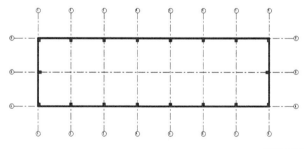

图22-277

22.4.4 添加门窗、雨棚、坡道

本例中厂房的门窗、雨棚，读者可以使用案例文件中的窗族、雨棚族，坡道需要使用"内建模型"创建内建族。

01· 切换到"插入"选项卡，然后单击"从库中载入"面板中的"载入族"按钮，接着在"载入族"对话框中找到案例文件中窗族、雨棚族附件的族文件，最后单击"打开"按钮 打开(O)，如图22-278所示。

03· 切换到"建筑"选项卡，然后单击"构建"面板中的"窗"按钮，接着在类型选择器中选择"C1窗"，再设置"标高"为1，"底高度"为0，最后进行放置，如图22-280所示。

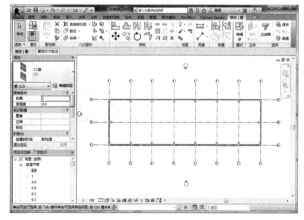

图22-280

04 新建族文件，选择族样板为"基于墙的公制常规模型"，然后单击"打开"按钮 打开(0) ，如图22-281所示。

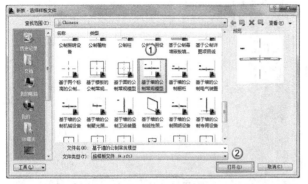

图22-281

05 单击"拉伸"按钮，绘制一个长度为6380、宽度为1400的矩形草图形状，然后设置"拉伸终点"为400，接着单击"完成"按钮，如图22-282所示。

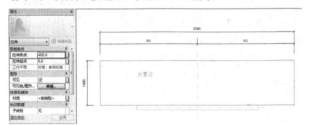

图22-282

06 单击"拉伸"按钮，在此前拉伸轮廓的基础上，向内偏移100绘制草图轮廓，下方的轮廓线与之前的拉伸轮廓边界齐平，然后设置"拉伸终点"为400，"拉伸起点"为100，"实心/空心"为"空心"，接着单击"完成"按钮，如图22-283所示。

图22-283

07 选择三维视图，查看在族编辑环境中的三维效果，如图22-284所示。将族文件保存为"雨棚"，然后载入项目中。

图22-284

08 打开4.9平面视图，然后切换到"建筑"选项卡，然后在"构建"面板中单击"构件"下的"放置构件"按钮，接着在类型选择器中选择"雨棚-混凝土"类型，再在2-3轴与6-7轴位置沿墙放置雨棚，最后设置"立面"为200，如图22-285所示。

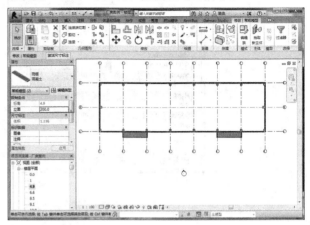

图22-285

09 切换到"建筑"选项卡，然后在"构建"面板中单击"构件"下的"内建模型"按钮，接着在打开的"族类别和族参数"对话框中选择"常规模型"选项，最后单击"确定"按钮，如图22-286所示。

图22-286

10 在打开的"名称"对话框中输入"名称"为"坡道"，如图22-287所示。

图22-287

11 选择南立面，然后切换到"创建"选项卡，接着单击"形状"面板中的"融合"按钮，如图22-288所示，再在打开的"工作平面"对话框中，选择"拾取一个平面"选项，最后拾取墙体。

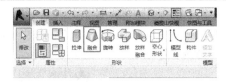

图22-288

12 使用"直线"工具 ✎ 绘制坡道的底部轮廓，如图22-289所示，然后单击"编辑顶部"按钮，绘制顶部轮廓，如图22-290所示。

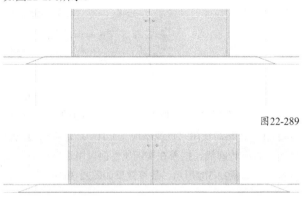

图22-289

图22-290

13 绘制完成后单击"完成"按钮 ✔，然后在实例"属性"面板中设置相关参数，如图22-291所示。

图22-291

14 使用"复制"工具 ❧ 将现有坡道模型复制到6-7轴的位置，如图22-292所示。

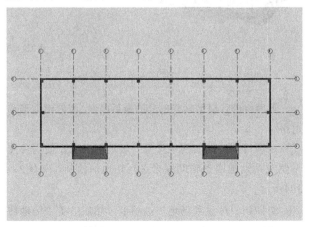

图22-292

22.4.5 创建檐沟、女儿墙、屋顶

完成以上工作后，整个模型制作过程就接近尾声了，接下来将进行檐沟、屋面的创建。

01 切换到"建筑"选项卡，然后在"构建"面板中单击"构件"下的"内建模型"按钮 ❧，接着在打开的"族类别和族参数"对话框中，选择"常规模型"选项，最后单击"确定"按钮 确定 ，如图22-293所示。

图22-293

02 在打开的"名称"对话框中，输入"名称"为"檐沟"，如图22-294所示。

图22-294

03 选择10.8楼层平面，然后切换到"创建"选项卡，接着单击"形状"面板中的"放样"按钮 ❧，如图22-295所示。

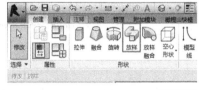

图22-295

04 在楼层10.8平面中绘制檐沟路径，如图22-296所示，然后选择"西"立面绘制轮廓，如图22-297所示，接着单击"完成"按钮 ✔，完成檐沟模型的创建。

图22-296

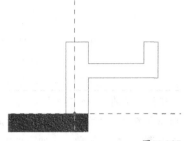

图22-297

05 利用镜像命令沿中心轴线复制出另一侧檐沟模型，如图22-298所示。

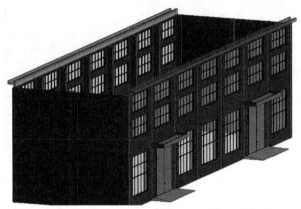

图22-298

06 绘制东、西两侧的女儿墙，然后切换到"建筑"选项卡，接着单击"构建"面板中的"墙"按钮，在10.8平面中绘制女儿墙，设置"顶部约束"为"直到标高：13.7"，如图22-299所示。

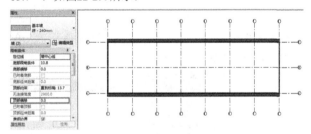

图22-299

07 绘制南、北两侧的女儿墙，然后切换到"建筑"选项卡，接着单击"构建"面板中的"墙"按钮，在10.8平面中绘制女儿墙，最后设置相关参数，如图22-300所示。

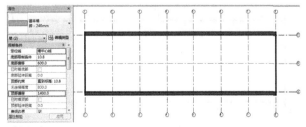

图22-300

08 打开项目浏览器中的10.8楼层平面，然后切换到"建筑"选项卡，接着在"构建"面板中单击"屋顶"下的"迹线屋顶"按钮，如图22-301所示。

图22-301

09 在实例"属性"面板中，选择屋顶类型为"常规-400mm"，然后使用"迹线屋顶"工具，沿着墙边线绘制屋顶表面轮廓线，接着在实例属性面板中设置标高及坡度参数，如图22-302所示。最终效果如图22-303所示。

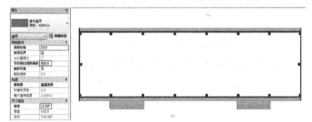

图22-302

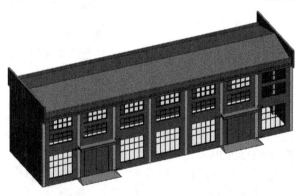

图22-303

22.4.6 创建地形、道路

下面将进行模型创建部分的最后内容，即创建地形和道路。

01 在项目浏览器实例中打开"场地"平面，使用参照平面工具绘制四条辅助线来进行场地的绘制，如图22-304所示。

02 切换到"体量和场地"选项卡，然后单击"场地建模"面板中的"地形表面"按钮，如图22-305所示。

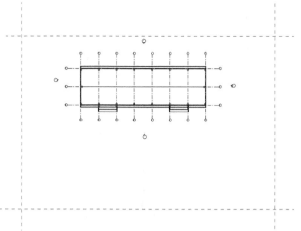

图22-304

图22-305

03 使用"放置点"工具在已经绘制好的辅助线上绘制四个点，就会自动生成地形，如图22-306所示。

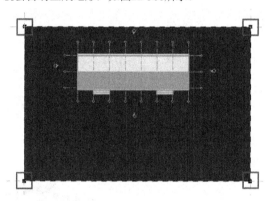

图22-306

04 切换到"体量和场地"选项卡，然后单击"修改场地"面板中的"子面域"按钮，在已经绘制好的地形上进行道路绘制，如图22-307所示。最终效果如图22-308所示。

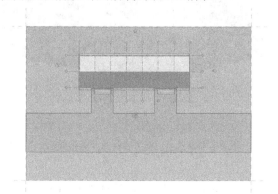

图22-307

图22-308

22.4.7 材质与渲染

通过以上全部操作，模型部分的工作已经全部完成。接下来，将赋予模型各部分材质，并设置摄像机进行渲染。本项目中共有两种材质，分别为白色涂料和深色涂料。

01 切换到"管理"选项卡，然后单击"设置"面板中的"材质"按钮，如图22-309所示。

图22-309

02 在"材质浏览器"对话框中，输入"涂料"进行材质搜索，然后双击搜索结果中的涂料材质，添加到项目材质中，接着选择"涂料 - 黄色"材质，单击鼠标右键复制出新的材质，重命名为"涂料 - 白色"，再切换到"外观"选项卡，单击"复制此资源"按钮，最后设置墙漆颜色为（RGB 234 234 234），如图22-310所示。

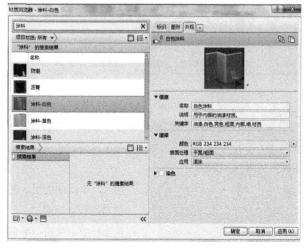

图22-310

03 按照相同操作复制出新的材质，将其命名为"涂料-深色"，然后设置颜色为（RGB 102 102 102），如图22-311所示，接着单击"确定"按钮 确定 关闭材质浏览器。

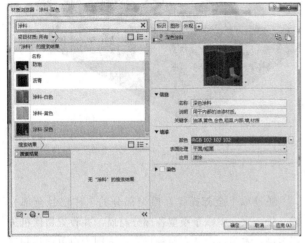

图22-311

04 选择"砖-240mm"墙，然后单击"编辑类型"按钮打开"类型属性"对话框，接着单击结构参数后的"编辑"按钮，进入"编辑部件"对话框，再单击"插入"按钮 插入(I) 插放一个新的面层，最后设置"厚度"为10，"材质"为"涂料-白色"，如图22-312所示。

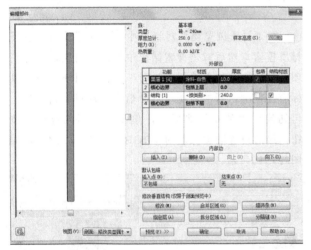

图22-312

05 将样本高度设置为7000，然后使用"拆分区域"按钮 拆分区域(L) 将新添加的面层进行拆分，从下至上第一部分面层高度设定为5960，第二部分面层区域高度设定为300，如图22-313所示。

06 单击"插入"按钮 插入(I)，插入一个新的面层，然后设置"材质"为"涂料-深色"，接着选择新建面层，单击"指定层"按钮 指定层(A)，在预览视图中单击拆分后的面层区域，如图22-314所示。

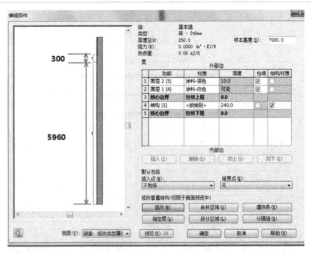

图22-313

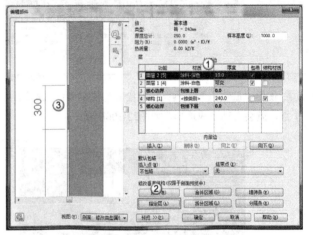

图22-314

07 "砖-240mm"墙设置完成后，在三维视图中查看效果，如图22-315所示。

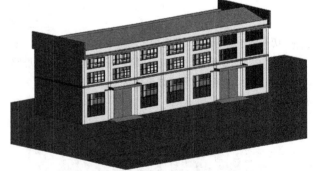

图22-315

技巧与提示

　　查看三维效果时，如发现墙内外颜色相反，可以按Space键来调整。

08 在三维视图中选择已绘制的道路，单击"属性"面板板中"材质和装饰"参数后的"编辑"按钮，进入"编辑部件"对话框，如图22-316所示。

图22-316

09 在打开的"材质浏览器"对话框中，搜索"沥青"材质，然后选择搜索出的材质，单击"确定"按钮 确定 ，如图22-317所示。

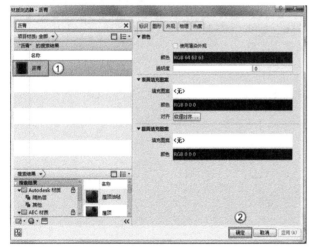

图22-317

10 完成以上操作后，将视图"视觉样式"调整为"真实"，然后查看最终效果，如图22-318所示。

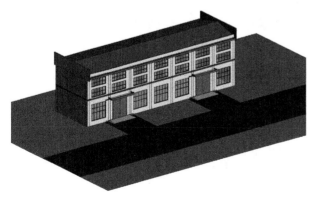

图22-318

11 选择0.0平面图，然后切换到"视图"选项卡，接着在"创建"面板中，单击"三维视图"下的"相机"按钮，如图22-319所示。

图22-319

12 在1轴与A轴交差位置以外放置相机，然后将视点拖曳至右上方结束，如图22-320所示。

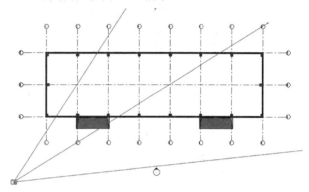

图22-320

13 此时自动跳转到相机视图，将"视图样式"调整为"真实"，拖曳视图范围框以实现整幢建筑完整显示，然后切换到"视图"选项卡，单击"创建"面板中的"渲染"按钮，如图22-321所示。

图22-321

14 在"渲染"对话框中，设置渲染引擎为NVIDIA mental ray，"质量"为"低"，"照明"方案为"室外：仅日光"，然后单击"渲染"按钮 渲染(R) ，如图22-322所示。

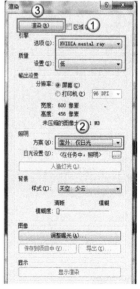

图22-322

15 渲染完成后，单击"调整曝光"按钮，调整曝光值及饱和度参数，然后单击"确定"按钮，查看最终效果，如图22-323所示。

图22-323

16 如果需要对渲染结果进行颜色或亮度调整，可以单击渲染对话框中的"调整曝光"按钮进行调节。如果没有问题，直接单击"保存到项目中"按钮，将渲染好的图像保存在项目文件中，如图22-324所示。

图22-324

17 在打开的"保存到项目中"对话框中输入图像名称，然后单击"确定"按钮 确定 ，如图22-325所示。

图22-325

18 保存之后，在项目浏览器中的渲染节点下，可以打开查看已保存的渲染图像，如图22-326所示。

图22-326